算法详解

（C++11 语言描述）

日沉云起　编著

机 械 工 业 出 版 社

2011 年，C++标准委员会发布了 ISO C++标准的一个重要修订版，即 C++11，揭开了 C++发展的新篇章。目前，许多程序设计竞赛和相关考试都已经提供了支持 C++11 程序运行的编译器。本书的代码完全采用 C++11 的语法进行编写，并力求帮助读者养成一种良好的 C++11 代码编写风格，在程序设计竞赛和相关考试中能够快速而准确地编写代码。

除了介绍 C++11 新特性之外，本书还会详细介绍各类基础的数据结构和算法。本书的具体内容包括 5 个部分：C++11 基础、C++11 标准库简介、算法基础、数据结构基础、C++标准库进阶。本书主要面向计算机专业零基础的学习者，特别适合作为学习 C++语言、数据结构与算法的入门书籍，也可作为计算机专业研究生入学考试复试上机考试、各类算法考试和算法竞赛的辅导书籍。

（责任编辑邮箱：jinacmp@163.com）

图书在版编目（CIP）数据

算法详解：C++11 语言描述 / 日沉云起编著. —北京：机械工业出版社，2021.5（2022.7 重印）

ISBN 978-7-111-67774-1

Ⅰ.①算…　Ⅱ.①日…　Ⅲ.①C++语言—程序设计
Ⅳ.①TP312.8

中国版本图书馆 CIP 数据核字（2021）第 047064 号

机械工业出版社（北京市百万庄大街 22 号　邮政编码 100037）
策划编辑：吉　玲　责任编辑：吉　玲
责任校对：张玉静　封面设计：鞠　杨
责任印制：邝　敏
北京盛通商印快线网络科技有限公司印刷
2022 年 7 月第 1 版第 2 次印刷
184mm×260mm • 32.75 印张 • 830 千字
标准书号：ISBN 978-7-111-67774-1
定价：108.00 元

电话服务　　　　　　　　网络服务
客服电话：010-88361066　机　工　官　网：www.cmpbook.com
　　　　　010-88379833　机　工　官　博：weibo.com/cmp1952
　　　　　010-68326294　金　书　网：www.golden-book.com
封底无防伪标均为盗版　机工教育服务网：www.cmpedu.com

前　　言

　　我是一名在计算机这门学科上开窍比较晚的学生，在本科一年级下学期，我通过转专业的方式进入了计算机专业，当时也并不是多么喜欢计算机这个专业，只是觉得原专业并不适合我，然后便"随意"地选择了计算机专业作为我的转入专业。现在想起来不禁要感谢当初的自己，因为在后来的学习过程中我的确爱上了"编程"这项工作。当然，这段学习过程并没有那么一帆风顺。

　　由于我本科阶段都是"浑浑噩噩"地度过的，没做什么实事，成绩自然不理想，保研已经毫无希望，于是我决定报考浙江大学计算机学院的研究生。由于浙江大学计算机学院研究生的机试成绩可以使用 PAT 甲级成绩代替，我决定在本科三年级的寒假准备 PAT 甲级考试。在朋友们的推荐下，我购买了胡凡师兄的《算法笔记》，开始夜以继日、孜孜不倦地狂刷 PAT 甲级乙级题库。在这个过程中我不仅感觉自己的编程能力得到了很大提升，更重要的是我似乎感受到了编程的魅力，开始真正喜欢上了编程这项工作。可以说，胡凡师兄的《算法笔记》是我学习数据结构与算法的真正启蒙书，我由衷地感谢胡凡师兄能够严谨细致地完成《算法笔记》这部有启发意义的著作。

　　在枯燥、痛苦与快乐交织在一起的刷题过程中，我开始尝试着为每一道题编写自己的博客。后来的事实证明，对程序员来说，编写博客的确是一件非常有意义的事情。在我编写博客的过程中，有许多同学和朋友在社区中给予我鼓励和支持，这使我受到了莫大的鼓舞，在这里对他们致以由衷的感谢。

　　由于我系统学习过 C++11 语法，博客中引用的代码便大多以 C++11 语法的形式给出。这使得相对于网络上给出的同一题的代码中，我的代码总会显得更加简洁，bug 也更少。我开始越发感受到 C++11 的强大魅力，并在博客中尽可能多地利用 C++11 的新特性来解题。但是，网络上的博客终究不系统，许多相似的题目和解法不容易联系在一起，随着我编写的博客越来越多，这种感觉在我脑海中越发强烈。后来有人咨询我是否有兴趣在已发表的博客基础上，撰写一本系统介绍 C++11 与相关题目求解方法的书籍，我开始萌发了编写一部书籍的想法。但是面对编撰书籍的繁杂工作和硕士期间的学业压力，这个看似简单却并不简单的想法又开始动摇了。我咨询了包括胡凡师兄在内的许多师兄师姐，他们切实的回复以及吉玲编辑对本书的莫大兴趣让我下定决心开始撰写本书籍。

　　在经历了无数个日日夜夜的辛苦工作、无数次的编辑和修订后，我的工作成果终于送到了读者的手上。希望它能让读者满意！但是，由于我水平有限，尽管对本书进行了多次校对，书中可能仍有一些有待改进的地方，敬请广大读者提出宝贵建议！

日沉云起

于杭州

关于本书

  C++语言由于运行上的高效率、对 C 语言的兼容，以及对面向过程和面向对象的兼有支持，已成为目前程序设计竞赛和相关考试中的主流编程语言。2011 年，C++标准委员会发布了 ISO C++标准的一个重要修订版，即 C++11，揭开了 C++发展的新篇章。一般会把 C++11以后的 C++标准称为现代 C++（Modern C++）。

  目前，许多程序设计竞赛和相关考试都已经提供了支持 C++11 程序运行的编译器。然而，目前主流的算法书籍大多还是采用"C+STL"的程序编写方式，没有或很少使用 C++11 的新特性，这在笔者看来是相当遗憾的一件事。本书希望能够弥补这一遗憾，书中的代码完全采用 C++11 的语法进行编写，并力求帮助读者养成一种良好的 C++11 代码编写风格，在程序设计竞赛和相关考试中能够快速而准确地编写代码。

本书结构

  本书采取语言和题解相结合的方式，一边讲述 C++11 语法特性，一边列举 PAT 考试和CCF CSP 认证考试中能够利用该特性解决的题目。这样能够帮助读者更快地熟悉相关特性，做到学以致用。本书具体分为以下 5 个部分：

  1）C++11 基础：介绍 C++11 的一些基础语法，利用这些简单语法，读者可以编写一些简单的程序，解决一些比较简单的算法题目。

  2）C++11 标准库简介：这是本书的核心内容，主要介绍 C++11 的一些高级特性，包括：顺序容器库、泛型算法库、容器适配器库、关联容器库等。利用这些高级特性，读者可以编写出比较复杂的程序，解决比较复杂的模拟题目。如果读者曾经利用"C+STL"的风格编写过程序，会发现利用这些特性编写出来的程序显得更加精简，且 bug 更少。

  3）算法基础：主要介绍一些 PAT 考试和 CCF CSP 认证考试中涉及的基础算法，并给出相应的代码模板供读者套用。

  4）数据结构基础：主要介绍一些基本的数据结构，如线性表、散列表、树、图、排序算法等。

  5）C++标准库进阶：通过利用 C++11 标准库解决一些复杂的模拟题目，帮助读者进一步理解和掌握 C++11 标准库知识。此外，本部分还介绍了 C++14 和 C++17 引入的一些新特性。

本书遵循的编码约定

  本书所有的题解程序均遵循相同的编码约定。如果你是一个初学者，笔者也建议先遵循相同的编码约定，等以后解题数目逐渐增多，再逐步形成自己的编码风格。

  1）本书所有的题解程序均基于下面的代码模板：

```
1   #include <bits/stdc++.h>
```

```
2   using namespace std;
3   using gg=long long;
4   int main(){
5       ios::sync_with_stdio(false);
6       cin.tie(0);
7       //要执行的代码
8       return 0;
9   }
```

具体每行代码的作用和意义，会在书中具体章节进行阐释，在此不多赘述。

2）所有的变量名一般都以小写字母和数字字符结合的方式进行命名，一般不使用大写字母。原因很简单，输入大写字母一般需要多按一次上档键，输入不方便。

3）所有需要从控制台读取的输入类型的变量都以小写字母"i"（单词 input 的首字母）作为后缀，以便与自行定义的变量名相区分，例如 ni、mi 等。需要输出的最终结果一般用变量"ans"（单词 answer 的缩写）存储，当然使用"res"（单词 result 的缩写）作为存储最终结果的变量名的情况也很常见。

4）尽可能地在控制流语句中使用花括号，即使花括号内只有一行代码。这是因为经常需要对只有一行执行代码的控制流语句进行扩充，即使最初只有一行代码，在之后调整程序时也可能变成多行代码。

5）尽可能地使用 C++语言的专有语法，抛弃 C++兼容的 C 语言的语法，例如使用 string 取代 char 数组；使用 cin、cout 取代 scanf、printf 等。

读者帮助

本书中涉及的所有代码请使用支持 C++11 语法的 g++编译器编译运行。本书中涉及的所有题解代码均可在开源的 github 代码仓库 https://github.com/richenyunqi/CCF-CSP-and-PAT-solution 中找到。另外，本书的勘误、补充内容以及本书中没有涉及的 PAT 考试和 CCF CSP 认证考试题目的题解和源代码也会在该仓库中进行持续更新，推荐读者关注。

关于 C++语言标准库的相关语言特性可以参考 https://zh.cppreference.com/w/cpp。

以下附上 github 代码仓库和 C++参考手册网址的二维码。

github 代码仓库　　　C++参考手册

致谢

首先要感谢在交流社区中关注和支持我的"粉丝"们，是你们的热情鼓励和对我工作进度的关心，使我能够在繁重的学业压力之余坚持完成本书。

　　然后要感谢《算法笔记》的作者胡凡，无论是《算法笔记》书籍本身对我的启发，还是后续在我编写书籍过程中给予的帮助，都让我获益匪浅。

　　最后，还要特别感谢机械工业出版社的吉玲编辑，容忍我把交稿时间一拖再拖，与她的合作非常轻松愉快。正是由于她的鼓励和帮助，我才顺利完成了本书的编写，期待与她的下一次合作。

目　　录

XIV

第1部分　C++11 基础

本部分介绍 C++11 的一些基础语法，主要包括两部分：

1）数据类型，包括 C++提供的算术类型、复杂类型以及类和对象的设计。

2）程序设计，包括 C++中的控制流语句、变量的输入与输出、函数以及 C++11 提供的一些语法糖。

通过本部分的学习，读者将对 C++语言有一个初步的了解，并能够利用这些基础语法编写一些简单的程序，解决一些比较简单的算法题目。

第 1 章 C++11 简单入门

本章主要介绍：

1）算术类型。算术类型是程序中最常用的数据类型，本章主要介绍程序设计竞赛和考试中常用的算术类型：long long、double、char、bool。

2）控制流语句。C++的控制流语句包括条件执行语句、重复执行相同代码的循环语句和用于中断当前控制流的跳转语句。

3）针对算术类型变量的输入与输出方法。本章会介绍 C 语言和 C++的输入输出方法，笔者更建议使用 C++的输入输出方法。

1.1 从"Hello world"开始

本节主要从一个简单的"Hello world"程序引入，逐行解释"Hello world"程序中每行代码的作用，让不熟悉 C++的读者对 C++程序先有一个简单的认识。

学习程序设计最好的方法就是编写程序，编写一个简单的"Hello world"程序，这个程序将会在控制台打印"Hello world"字符串。程序代码如下：

```
1  #include<bits/stdc++.h>      //引入头文件
2  using namespace std;         //使用命名空间 std
3  int main(){                  //主函数
4      cout<<"Hello world";     //在控制台打印"Hello world"字符串
5      return 0;                //返回值 0
6  }
```

首先要了解"//"之后到本行末尾的文字，称之为**注释**。注释的主要用途是帮助代码的阅读者理解程序。注释通常用于概述算法、确定变量的用途，或者解释晦涩难懂的代码段。编译器会忽略注释，注释也不会被运行，因此注释对程序的行为或性能不会有任何影响。所以第 1 行"引入头文件"就是注释，用来表示第 1 行代码的作用是引入头文件。

下面笔者逐行解释这段程序中每行代码的作用。

1. 头文件

第 1 行代码尖括号中的"bits/stdc++.h"就是一个头文件，头文件中封装了一些功能，使得其他程序能够调用。程序通过"#include"指令引入头文件。一般将一个程序的所有"#include"指令都放在文件的开始位置。

例如，"iostream"头文件就是 C++的标准输入输出库，通过"#include"指令引入头文件"iostream"，代码为"#include<iostream>"（注意**最后没有分号**），在程序开始写入这行代码，整个程序就可以利用 C++的标准输入输出库读取输入和进行输出了。

C++语言中有许多头文件，每个头文件都封装了一些功能，程序中需要哪些功能，就需要用"#include"指令引入哪个头文件。这样的话，在程序设计中不仅需要记住哪个功能封装在哪个头文件中，还需要记住头文件的具体拼写，而且当引入的头文件过多时，也会浪费大量编码时间。这时候头文件"bits/stdc++.h"的优势就体现出来了。

头文件"bits/stdc++.h"称为万能头文件，这个头文件中封装了 C++标准库中几乎所有的头文件。程序中引入这个头文件就相当于引入 C++标准库中所有的头文件，也就是说，引入这个头文件，你就可以使用 C++中所有头文件中的功能了。但是引入万能头文件也有缺点，一是并不是所有的编译器都支持万能头文件的编译，如 Visual Studio 就不支持万能头文件，所以引入万能头文件的程序很可能在一些机器上无法正常编译，限制了程序的可移植性，当然在 CCF CSP 和 PAT 考试中只要选择 g++编译器，万能头文件一般就能够被编译；二是由于万能头文件引入了 C++标准库中所有的头文件，在编写程序的过程中，程序中的变量或函数的命名很可能会与 C++标准库中的命名冲突，这种命名冲突在存在大量程序文件的工程项目中更容易出现；三是利用万能头文件会降低编译效率，增长编译时间，由于在 CCF CSP 和 PAT 考试中，所有的代码都放在一个程序文件中，这些时间可以忽略不计，但是在工程项目中代码可能会被放在数以千计的程序文件中，编译时间过长就是一个影响程序性能的大问题了。所以**在工程项目中不要使用万能头文件！**

2．命名空间

第 2 行代码"using namespace std;"表示使用了命名空间 std。命名空间简单说来，就是为了防止名字冲突而提供的一种可控机制。在 CCF CSP 和 PAT 考试中，无须知道它的具体机制和使用方法，只需知道 C++标准库中的所有数据类型和相关函数都定义在命名空间 std 中。引入万能头文件并使用了命名空间 std 之后，就可以随心所欲地使用 C++标准库中的所有数据类型和相关函数了。

正如前面所说，这样引入万能头文件和命名空间 std，的确会让编码变得更加方便，但它也会带来其他的问题，即命名冲突，在 8.3 节中会探讨这个问题。为了避免命名冲突，**在工程项目中不要直接使用命名空间 std！**

3．主函数

第 3 行代码"int main(){"和第 6 行代码"}"组成了一个主函数 main。每个 C++程序都包含一个或多个函数，其中必须有一个且只能有一个函数命名为 main。main 函数就是所说的主函数，它是整个程序的入口，操作系统通过调用 main 函数来运行整个程序。

4．打印字符串"Hello world"

第 4 行代码负责打印一串字符串"Hello world"。cout 是 C++标准库中的输出流，在 1.6 节中会详细介绍 C++的输入输出流，这里不详细展开。

5．返回值

第 5 行代码"return 0;"表示终止 main 函数的执行并将程序控制权转交回操作系统。在主函数 main 中一般都会返回一个整数值 0 给调用主函数的操作系统，意思是告知操作系统该 C++程序成功执行完毕。关于 return 语句在 2.3.1 节中也会进行详细阐述，这里不详细展开。

1.2　变量

变量是程序中值可以进行改变的量。C++中的每个变量都有其数据类型，数据类型决定着变量所占内存空间的大小、变量能存储的值的范围以及变量能参与的运算。变量需要定义后才能使用，变量的定义语法如下：

变量类型　变量名；

可以在定义变量的时候就赋初值，称这一过程为初始化，语法如下：

变量类型　变量名=初值；

变量名一般来说可以任意取，但要注意以下几点：

1）不能是 C++标识符，如 int、return 都不能作为变量名。

2）变量名的第一个字符必须是字母或下画线，除第一个字符之外的其他字符必须是字母、数字或下画线。

3）区分大小写，如 ccf 和 CCF 可以作为两个不同的变量名。

1.3　算术类型

C++中的算术类型包括整型、浮点型、字符和布尔型。算术类型的尺寸（也就是该类型数据所占的比特数）在不同机器上有所差别，这取决于机器上的编译器。这里主要考虑在 CCF CSP 和 PAT 考试中比较常用的算术类型和常见尺寸。

此外，C++中的算术类型还可以分成有符号类型和无符号类型。在 CCF CSP 和 PAT 考试中一般使用有符号类型就足够了，因此这里只介绍有符号类型。

1.3.1　整型

整型表示的就是数学上的整数。在 CCF CSP 和 PAT 考试中，比较常用的整型类型有两种：int 和 long long，二者的尺寸和能够表示的数据范围不同，如表 1-1 所示。

表 1-1　int 和 long long 数据类型

类　型	尺寸（所占位数）	能够表示的数据范围	能够表示的大致范围
int	32 位	−2147483648 ~ +2147483647	$-2 \times 10^9 \sim 2 \times 10^9$
long long	64 位	$-2^{63} \sim +(2^{63}-1)$	$-9 \times 10^{18} \sim 9 \times 10^{18}$

INT_MAX、**INT_MIN** 分别代表了 int 类型的最大值和最小值，程序中可以直接使用这两个标识符，通常在程序中会把它们当作无穷大或无穷小使用。

利用"="符号为一个变量赋值。可以通过下面的代码定义一个 int 类型的变量 a 和 long long 类型的变量 b，并分别赋予初始值 INT_MAX 和 1000。

```
1    int a=INT_MAX;
2    long long b=1000;
```

1.3.2　浮点型

浮点型表示的是数学上的小数。C++中的浮点型有两种：float 和 double。由于 double 比 float 所能表示的数据范围更广，精度更高，在程序中遇到浮点数只要用 double 就可以。

可以通过下面的代码定义一个 double 类型的变量 a，并赋予初始值 3.14。

```
1    double a=3.14;
```

1.3.3　字符

C++中的字符类型是 char，尺寸是 8 位。

在 C++中，字符常量使用 ASCII 码统一编码。什么是常量？常量就是值不可改变的量。标准 ASCII 码的范围是 0~127，其中包含了控制字符或通信专用字符和常用的可显示字符。在键盘上通过敲击可以在屏幕上显示的字符就是可显示字符，如 0~9、A~Z、a~z 等都是可显示字符。字符常量必须用单引号标注出来。字符常量可以用来给字符变量赋值。

可以通过下面的代码定义一个 char 类型的变量 a，并赋予初始值'c'。

```
1  char a='c';
```

1.3.4　布尔型

布尔型变量又称为"bool 型变量"，它的取值只能是 **true**（真）或者 **false**（假）。在赋值时，可以直接使用 true 或 false 这两个标识符进行赋值，也可以使用整型数值对其进行赋值，**非零值在赋值给布尔型变量时会转换成 true，零赋值给布尔型变量时会转换成 false**。

注意，"非零"是包括正整数和负整数的，即 1 和-1 都会转换为 true。但是对计算机来说，true 和 false 在存储时分别为 1 和 0。因此，如果按整数格式输出 bool 型变量，则 true 和 false 会输出 1 和 0。笔者在这里建议大家尽量用 true 和 false 给布尔型变量赋值，不要用整型变量给布尔型变量赋值。

可以通过下面的代码定义两个布尔类型的变量 a 和 b，并分别赋予初始值 true 和 false。

```
1  bool a=true,b=false;
```

1.3.5　字面值常量

形如"42""3.14""c"的值都是字面值常量。"字面值"是因为只能用它的值来称呼它，"常量"是因为它的值不能被修改。每个字面值都有相应的类型，42 是 int 型，3.14 是 double 型，"c"是字符型。

1. 整型字面值常量

整型字面值常量可以用十进制、八进制（数值前添"0"）、十六进制（数值前添"0x"）表示。例如：

```
1  int i=20;      //20 解释为十进制，i 的值为 20
2  int j=020;     //020 解释为八进制，j 的值为 16
3  int k=0x20;    //0x20 解释为十六进制，k 的值为 32
```

整型字面值常量的类型默认为 int，如果想指定整型字面值常量类型为 long long，需要在数值后添加两个小写字母"l"或两个大写字母"L"。

2. 浮点字面值常量

浮点字面值常量的类型默认为 double。

浮点字面值常量可以用科学计数法（指数用 E 或 e）表示，类型同样默认为 double。例如，"2e3"就代表 double 类型的浮点值"2000.0"。再如：

```
1  //a 的值是-2000.0，b 的值是 0.015，c 的值是 1.9
2  double a=-2e3,b=1.5e-2,c=9e-1+1;
```

当需要表示 10 的幂数时，使用科学计数法形式的浮点字面值常量是一个很好的选择。

3. 字符型字面值常量

字符型字面值常量就是前面谈到的字符常量，它的类型默认为 char，可以用来给 char 类型变量赋值。这里着重提一下转义字符。

非打印字符和特殊字符（如单引号、双引号、反斜杠）都要写为转义字符，转义字符以反斜杠开头。表 1-2 列举了几种常用的转义字符。

当你想使用上表中相关的字符时，必须用对应的转义字符来代替。

表 1-2　常用的转义字符

转义字符	\n	\\	\'	\"	\?
代表的字符	换行符	反斜杠	单引号	双引号	问号

4．布尔型字面值常量

true 和 false 是两个布尔型字面值常量。注意，当把整型转换为布尔型时，非零值会转换成 true，零会转换成 false。

5．字符串字面值常量

类似于"abc""123a"等连续多个字符常量称为字符串字面值常量。字符串字面值常量通常用来给字符串变量赋值（字符串类型会在 2.5 节讲解），赋值时要用两个双引号（""）标注起来。

1.4　运算符

运算符就是用来计算的符号。C++定义了一元运算符、二元运算符和三元运算符。作用于一个运算对象的运算符是一元运算符，如取地址符（&）和解引用符（*）；作用于两个运算对象的运算符是二元运算符，如相等运算符（==）和乘法运算符（*）。除此之外，还有一个作用于三个运算对象的三元运算符（? :）。

一些符号既能作为一元运算符也能作为二元运算符。以符号*为例，作为一元运算符时执行解引用操作，作为二元运算符时执行乘法操作。一个符号到底是一元运算符还是二元运算符由具体情境决定。对于这类符号来说，它的两种用法互不相干，完全可以当成两个不同的符号。

关于取地址符（&）和解引用符（*）以及函数调用运算符会在之后的章节中讲解。本节主要讲解常用的算术运算符、递增和递减运算符、逻辑运算符、关系运算符、条件运算符、位运算符等。

1.4.1　算术运算符

表 1-3 中列举了几种常用的算术运算符，并举例说明了它们的用法。一元运算符正号和负号的优先级最高，接下来是乘法和除法，优先级最低的是加法和减法。

需要注意的是，使用除法运算符（/）时，如果被除数和除数都是整型类型，结果并不会是一个浮点型的小数，而会直接舍去小数部分，得到一个整数，即对运算结果进行向下取整。

表 1-3　算术运算符

运算符	功　能	用法举例	举例解释
+	一元正号	a=+3	a 的值为 3
−	一元负号	a=−3	a 的值为−3
+	加法	a=1+2	a 的值为 3
−	减法	a=1−2	a 的值为−1
*	乘法	a=2*3	a 的值为 6
/	除法	a=5/2	a 的值为 2
%	求余	a=5%2	a 的值为 1

1.4.2　递增和递减运算符

递增运算符（++）和递减运算符（−−）为对象的加 1 和减 1 操作提供了一种简洁的书写

形式。递增和递减运算符有两种形式：前置版本和后置版本。前置版本首先将运算对象加 1（或减 1），然后将改变后的对象的值作为求值结果。后置版本先将对象的值作为求值结果，然后再将运算对象加 1（或减 1）。听起来很绕是不是？看一段程序就会明白了。

```
1    int i=1;          //i 的值是 1
2    int j=++i;        //i、j 的值都是 2
3    int k=1;          //k 的值是 1
4    int m=k++;        //m 的值是 1，k 的值是 2
```

第 2 行代码的执行过程是：先将 i 递增，i 的值变成 2，然后将现在 i 的值 2 赋值给 j。第 4 行代码的执行过程是：先将 k 的值 1 赋值给 m，然后将 k 递增，k 的值变成 2。

递减运算符与之类似，只不过是将对象的值递减 1。

1.4.3　逻辑运算符和关系运算符

表 1-4 中列举了常用的逻辑运算符和关系运算符，并说明了它们的用法。逻辑非运算符的优先级最高，接下来是判断大小的 4 个运算符，再接下来是判断是否相等的运算符，优先级最低的是逻辑与和逻辑或运算符。

表 1-4　逻辑运算符和关系运算符

运算符	功　能	用　法	解　　释
!	逻辑非	!a	如果 a 为真，返回假；如果 a 为假，返回真
<	小于	a<b	a<b 返回真；否则返回假
<=	小于等于	a<=b	a<=b 返回真；否则返回假
>	大于	a>b	a>b 返回真；否则返回假
>=	大于等于	a>=b	a>=b 返回真；否则返回假
==	相等	a==b	a 与 b 相等时返回真；a 与 b 不相等时返回假
!=	不相等	a!=b	a 与 b 不相等时返回真；a 与 b 相等时返回假
&&	逻辑与	a&&b	a 与 b 都为真时返回真；否则返回假
||	逻辑或	a||b	a 与 b 都为假时返回假；否则返回真

需要注意的是，**逻辑与和逻辑或运算符采取短路求值的策略**。对于 a&&b，如果判断出 a 为假，无论 b 是真是假，整个表达式 a&&b 的值都为假，所以这时程序不会再判断 b 的值，而直接会得出最终结果为假。同样对于 a||b，如果判断出 a 为真，无论 b 是真是假，整个表达式 a||b 的值都为真，所以这时程序不会再判断 b 的值，而直接会得出最终结果为真。在程序中常会利用这种短路求值的策略简化代码。

1.4.4　条件运算符

条件运算符（?:）是 C 语言中唯一的三元运算符，其用法如下：

```
1    A? B:C
```

其含义是：如果 A 为真，那么执行并返回 B 的结果；如果 A 为假，那么执行并返回 C 的结果。举一个例子来说明：

```
1    int i=2;          //i 的值为 2
2    int j=i<0 ? 1:2;  //j 的值为 2
3    int k=i>0 ? 3:4;  //k 的值为 3
```

第 2 行代码由于 i 的值为 2，是大于 0 的，所以 i<0 返回假，于是将冒号后面的值 2 赋值给 j。第 3 行代码由于 i 的值是大于 0 的，所以 i>0 返回真，于是将冒号前的值 3 赋值给 k。

1.4.5 位运算符

表 1-5 列举了常用的位运算符。注意，位运算一般仅应用于**整型字面值常量或整型变量**。

表 1-5 位运算符

运算符	功 能	用 法	解 释
~	位求反	~a	整数 a 的二进制的每一位进行 0 变 1、1 变 0 的操作
<<	左移	a<<b	整数 a 按二进制位左移 b 位，相当于 $a \times 2^b$
>>	右移	a>>b	整数 a 按二进制位右移 b 位，相当于 $a/2^b$，注意得到的商要向下取整
&	位与	a&b	整数 a 和 b 按二进制对齐，按位进行与运算（除了 1&1 得 1，其他均为 0）
|	位或	a|b	整数 a 和 b 按二进制对齐，按位进行或运算（除了 0|0 得 0，其他均为 1）
^	位异或	a^b	整数 a 和 b 按二进制对齐，按位进行异或运算（相同为 0，不同为 1），异或运算实质上是一种"无进位二进制加法"

位运算相当高效，运行速度很快。位运算中，以左移、右移运算使用得最多。另外还要额外注意的是，位运算符优先级极低，当你使用位运算时，最好用小括号括起来。下面介绍几种位运算的常见用法。

1. 求 2 的次幂数

假设 a 为正整数，当需要使用 2^a 时，使用左移（1<<a）运算相当简便。下面的代码就展示了它的用法：

```
1    int i=1<<3;            //i 的值为 8
```

但是这里有一个非常容易犯的错误，由于整型字面值常量默认为 int 类型，而 int 类型只有 32 位，当左移位数超过 31 时，就会出现错误。例如，下面的代码：

```
1    long long i=1<<32;    //i 的值为 0
2    long long j=1<<33;    //j 的值为 0
```

之所以结果会错误，是因为超出了 int 的存储范围，但是要解释为什么会得到"0"这样的结果，要使用计算机组成原理的知识，你无须深究。那么如何避免这样的错误？方法很简单，将整型字面值常量强行转换为 long long 类型就可以了（long long 类型有 64 位，左移位数不能超过 63 位，当然左移位数大于 63 位的情况很少见），代码如下：

```
1    long long i=1LL<<32;
2    long long j=1LL<<33;
```

2. 乘或除 2 的次方

既然能够表示 2 的次幂数，那么自然可以求一个数乘或除 2^a 的结果，代码可以是这样：

```
1    int i=100;
2    int j=i<<3;            //相当于 i*8，结果是 800
3    int k=i>>3;            //相当于 i/8，结果是 12
```

注意，右移得到的结果要向下取整。

3. 求邻近的自然数

异或运算有一个特别常见的用法：求邻近的自然数。举个例子，你知道 2 xor 1 和 3 xor 1

的结果吗（xor 表示异或运算）？这个计算很简单，2 xor 1=3，3 xor 1=2。可以做进一步的推广，对于奇数，它的末位二进制位一定是 1，与 1 做异或运算时，末位的二进制位会变成 0，因此奇数与 1 做异或运算的结果为该奇数减 1；对于偶数，它的末位二进制位一定是 0，与 1 做异或运算时，末位的二进制位会变成 1，因此偶数与 1 做异或运算的结果为该偶数加 1。用数学公式表示为

$$x \text{ xor } 1 = \begin{cases} x-1, & x\text{是奇数} \\ x+1, & x\text{是偶数} \end{cases}$$

异或运算通常会用于求邻近的自然数。

1.4.6 赋值运算符和复合赋值运算符

除赋值运算符"="外，表 1-6 中所列符号均为复合赋值运算符。

笔者建议在程序中尽量使用复合赋值运算符代替其等价语句，因为复合赋值运算符一般会比其等价语句效率高。

表 1-6 赋值运算符和复合赋值运算符

运算符	用 法	等价语句
=	a=b	将 b 的值赋给 a
+=	a+=b	a=a+b
-=	a-=b	a=a-b
*=	a*=b	a=a*b
/=	a/=b	a=a/b
%=	a%=b	a=a%b
<<=	a<<=b	a=a<<b
>>=	a>>=b	a=a>>b
&=	a&=b	a=a&b
|=	a|=b	a=a|b
^=	a^=b	a=a^b

1.4.7 代用运算符

代用运算符并不是一种新的运算符，它是现有运算符的替代写法。表 1-7 列举了 C++中定义的代用运算符。

表 1-7 代用运算符

原有运算符	&&	||	!	&	|	^	~	&=	|=	^=	!=
代用运算符	and	or	not	bitand	bitor	xor	compl	and_eq	or_eq	xor_eq	not_eq

代用运算符和其对应的原有运算符是完全等价的，包括优先级、用法都是相同的。换言之，代用运算符只是原有运算符的一个别名。在代用运算符中，最常用的就是 and、or、not、xor，学会熟练使用这些代用运算符，在一定程度上能够加快你的编码效率。

1.5 控制流

1.5.1 if 语句

当碰到需要根据某个条件是否为真来决定执行哪个语句的情况时，可以使用 if 语句。if 语句的格式如下：

```
if(条件 A 成立){
    //执行条件 A 成立时对应的操作
}else if(条件 B 成立){
    //执行条件 B 成立时对应的操作
}else if(条件 C 成立){
```

```
    //执行条件 C 成立时对应的操作
}
…
else{
    //执行所有条件均不成立时对应的操作
}
```

程序的执行过程是：先验证条件 A 是否成立，如果成立则执行条件 A 成立时对应的操作，if 语句执行结束；如果条件 A 不成立，验证条件 B 是否成立，如果成立则执行条件 B 成立时对应的操作，if 语句执行结束；如果条件 B 不成立，验证条件 C 是否成立，如果成立则执行条件 C 成立时对应的操作，if 语句执行结束……如果所有条件均不成立，则执行 else 语句块内的语句，if 语句执行结束。

if 语句非常好理解，当然，实际编程过程中一般不需要验证这么多的条件，如有必要，else 语句和 else if 语句均可省略。

下面给出一个使用 if 语句的简单的代码段：

```
1   int i=3;
2   if(i>0){
3       i=1;
4   } else{
5       i=-1;
6   }
```

执行以上代码段，i 最终的值应为 1。

1.5.2　while 语句

考虑这样一个问题：如何计算 1 到 100 这 100 个数字之和？你可能想到直接用等差数列的公式计算，但是如果要用累加的方式，那岂不是要写很长很长的加法公式？这当然是不用的，C++中提供了**循环语句**来反复执行同一条语句。while 语句就是其中之一。

while 语句的格式如下：

```
while(条件成立){
    //循环体内要执行的语句
}
```

那么就可以通过下面的代码来计算 1 到 100 这 100 个数字之和。

```
1   int i=1,sum=0;
2   while(i<=100){
3       sum+=i;
4       ++i;
5   }
```

当 i 小于等于 100 时，就要反复执行第 3、4 条语句，sum 每一次都增加 i，i 每次递增 1，这样当 i 的值达到 101 时，循环结束，变量 sum 中就存储着 1 到 100 这 100 个数字之和。

这里还要额外提到一个编码小技巧，如果有一个整型变量 n，要执行一个 while 循环 n 次，应该怎么做呢？你可以这样写：

```
1    while(n>0){
2        //执行循环操作
3        --n;
4    }
```

每执行一次循环体就将 n 减去 1，这样当 n==0 跳出循环时，循环体恰好执行了 n 次。还可以结合递减运算符简化上面的代码：

```
1    while(n--){
2        //执行循环操作
3    }
```

后置递减运算符先将对象的值作为求值结果，然后再将运算对象减 1，当 n 递减至 0 时，由于 0 对应的 bool 值为假，就可以跳出循环，因此可以保证这个循环依旧执行了 n 次。但是，如果你在这个 while 循环结束后还要使用这个变量 n，你需要特别注意，当结束 while 循环时，n 的值会变成–1（你可以想一想为什么）。

1.5.3 do-while 语句

do-while 语句是 while 语句的变体，它的格式是：

```
do{
    //循环体内要执行的语句
}while(条件成立);  //注意有分号
```

do-while 语句与 while 语句的不同在于：do-while 语句会先执行循环体中的语句一次，然后才判断条件是否成立，如果条件成立，继续反复执行循环体中的语句，直到条件不再成立，则退出循环。而 while 语句先判断条件是否成立，如果成立才执行循环体中的语句。也就是说，do-while 语句中循环体中的语句至少执行一次，而 while 语句中循环体中的语句可能一次也不会执行。

用 do-while 语句实现 1 到 100 这 100 个数字之和的问题的代码如下：

```
1    int i=1,sum=0;
2    do{
3        sum+=i;
4        ++i;
5    } while(i<=100);
```

1.5.4 for 语句

for 语句是最常用的循环语句，它的格式如下：

```
for(表达式 A;条件 B 成立;表达式 C){
    //循环体内要执行的语句
}
```

for 语句的执行流程是：

1）循环开始前先执行表达式 A；

2）验证条件 B 是否成立，如果成立执行循环体内的语句；不成立则结束循环；

3）循环体内语句执行完毕后，执行表达式 C；

4）返回第 2）步。

for 语句最常用的一种例子是：

```
for(循环变量赋初值;条件 B 成立;改变循环变量){
    //循环体内要执行的语句
}
```

用 for 语句实现 1 到 100 这 100 个数字之和的问题的代码如下：

```
1   int sum=0;
2   for(int i=1;i<=100;++i){
3       sum+=i;
4   }
```

是不是看起来显得简洁多了？这个 for 循环的执行逻辑是：

1）先对变量 i 赋初值 1；

2）i<=100 成立，执行 sum+=1，再执行++i，i 的值变为 2；

3）i<=100 成立，执行 sum+=2，再执行++i，i 的值变为 3；

4）……

5）i<=100 成立，执行 sum+=99，再执行++i，i 的值变为 100；

6）i<=100 成立，执行 sum+=100，再执行++i，i 的值变为 101；

7）i<=100 不成立，循环结束。

执行完该循环后，显然有 sum=1+2+3+…+99+100。

1.5.5 break 语句和 continue 语句

break 语句常用于在循环体内部强制跳出循环。例如，在上述的实现 1 到 100 这 100 个数字之和的 for 语句代码中，如果想实现在 sum>3000 时结束循环，就可以通过 break 语句来实现：

```
1   int sum=0;
2   for(int i=1;i<=100;++i){
3       sum+=i;
4       if(sum>3000)
5           break;
6   }
```

每次执行循环体内部的语句时，都要验证一次 sum 是否大于 3000，如果 sum 大于 3000，通过 break 语句就可以强行结束循环，执行循环体外的下一条语句。

continue 语句与 break 语句类似，但 continue 语句不能结束循环，它可以跳过循环体内部 continue 语句之后的所有语句，直接执行下一次循环。例如，如果需要在实现 1 到 100 这 100 个数字之和的 for 语句代码的基础上，去求解 1 到 100 内所有偶数之和，可以这样实现：

```
1   int sum=0;
2   for(int i=1;i<=100;++i){
3       if(i % 2==1)
```

```
4        continue;
5     sum+=i;
6   }
```

每次执行循环体内部的语句时，都要先验证 i 是否是奇数，如果是奇数，那么执行 continue 语句，跳过 continue 语句后面的 "sum+=i" 代码，直接进入下一次循环，因此最终得到的 sum 值是 1 到 100 以内所有偶数之和。

1.5.6　goto 语句

稍微了解编程的人应该都听说过这个 "臭名昭著" 的 goto 语句。随着 Edsger Dijkstra 著名的论文 *Goto Considered Harmful* 的出版，计算机科学界开始痛斥 goto，甚至建议将 goto 从关键字集合中扫地出门。目前，几乎所有计算机书籍都会劝你不要使用 goto 语句，因为它会破坏程序的模块性，严重降低一段程序的可读性。但是，在并不追求代码质量，而是追求代码速度和准确的程序设计竞赛和考试中，goto 或许能够起到简化代码的作用，它可以让你少定义一些标志变量。最典型的场景就是跳出多层循环。

可以设计程序解决这样一个问题：计算 1!+ 2!+ 3!+ … + 9!+ 10!。

先考虑如何实现一个阶乘。答案很简单，用一个循环就可以了，假设要计算 5!，那么代码应该是这样的：

```
1   int t=1;
2   for(int j=1;j<=5;++j){
3      t *=j;
4   }
```

循环结束后，变量 t 中将存储 5! 的值。那么为了求解 1 到 10 的阶乘之和，只需要像求解 1 到 100 的数字之和那样，在上面的求解阶乘的 for 循环之外再套一个循环，让外部的循环实现阶乘的累加，内部的循环求解整个阶乘，代码如下：

```
1   int ans=0;
2   for(int i=1;i<=10;++i){
3      int t=1;
4      for(int j=1;j<=i;++j){
5         t *=j;
6      }
7      ans+=t;
8   }
```

这样在双层循环结束之后，ans 中存储的就是 1 到 10 的阶乘之和。

那么，假如现在要求在第 5 行后面加一个判断，当 t>1000 时结束双层循环，这该如何实现？使用 break 语句显然是不行的，因为 **break 语句只能跳出单层循环**。当需要跳出两层或者多层循环时，最常见的方法是引入另一个通常为 bool 类型的标志量，将该标志量加入到多层循环的条件中，并在循环体内部根据具体条件去修改这个标志量。具体到刚才提出的问题，代码可以这样实现：

```
1   bool flag=true;
```

```
2    int ans=0;
3    for(int i=1;i<=10 && flag;++i){
4        int t=1;
5        for(int j=1;j<=i && flag;++j){
6            t *=j;
7            if(t>1000)
8                flag=false;
9        }
10       ans+=t;
11   }
```

flag 就是引入的 bool 类型标志量。当 t>1000 时，把 flag 置为 false，这时内层、外层循环继续进行的条件均不满足，就可以跳出多层循环了。

显然，这样的方法并不好，因为需要引入一个额外的标志量，而且需要逐层循环地在条件上添加相同的标志量代码，非常麻烦。这时 goto 语句的优势就体现出来了。goto 语句是跳转语句，它的格式非常简单，语法形式是：

goto 标签名;

标签名可以是任意字母组成。然后，在要跳转到的地方写上标签名并添加一个冒号就可以了。

goto 语句可以说是跳出多层循环的神器，可以这样更改上面的代码：

```
1    int ans=0;
2    for(int i=1;i<=10;++i){
3        int t=1;
4        for(int j=1;j<=i;++j){
5            t *=j;
6            if(t>1000)
7                goto loop;
8        }
9        ans+=t;
10   }
11   loop:;
```

loop 就是标签名。标签名之后需要添加一些执行语句，如果只是想进行一下跳转，不想有额外的执行语句，可以在标签名之后添加一条空语句，即一个分号就可以了。这里，笔者要再次强调，使用 goto 语句会破坏程序的模块性和可读性，你可以在程序设计竞赛和考试中使用 goto，但一定不要在工程项目中使用它！

1.6 C++的输入输出流

本节只讨论算术类型的输入输出方法，关于字符串的输入输出会在 2.5 节具体讲解。C++中主要使用 cin 和 cout 对变量进行输入和输出，它们的语法都很简洁。

1.6.1　用 cin 来输入

C++标准库中的标准输入对象是 cin。针对任何类型的变量，cin 的输入语法都是：

cin>>变量名;

举一个例子会更好理解，如输入一个整数并赋值给 int 型变量 n：

```
1    int n;
2    cin>>n;
```

也可以通过 cin 一次性读取多个变量。例如，可以一次性读取类型分别为 int、double、long long 的 3 个变量：

```
1    int n;
2    double d;
3    long long k;
4    cin>>n>>d>>k;
```

注意，用第 4 行代码读取输入时，输入的变量之间需要用空格或者换行符分隔。

那么，如果变量之间不是用空格或换行符分隔而是用其他符号分隔时，怎么用 cin 进行输入？举个例子，假如输入的是一个 hh:mm:ss 格式的时间，如 12:00:00，当要用 cin 分割读取时分秒这 3 个整数时，需要额外定义一个 char 型变量。读取输入的代码如下：

```
1    int h,m,s;
2    char c;
3    cin>>h>>c>>m>>c>>s;   //c 最终为':'字符
```

是不是很惊奇？类似于这个例子的输入，都可以采取类似的方法进行。例如，"1,2/3"的输入，可以采用下面的代码进行：

```
1    int a,b,c;
2    char d;
3    cin>>a>>d>>b>>d>>c;   //d 最终为'/'字符
```

还需要考虑一个问题，用 cin 读取输入时，如何判断是否到达文件末尾。

在考试过程中的输入一般都是在控制台上进行的，但是在评测机评测你的程序时，测试数据其实都是放在一个文件中，你的程序实际上是从这个文件中读取数据，并将结果输出到另一个文件中。也就是说，测试数据是放在一个文件中，你的程序会从这个文件中读取输入，当文件中所有数据读取完毕后，就到达了文件末尾，在程序设计竞赛和考试中，有时需要通过"到达文件末尾"这一标志来判断数据是否读取完毕。

这个判断非常简单，假设测试数据都可以用 int 型的整数读入，可以通过以下代码读取测试文件中的所有数据：

```
1    int n;
2    while(cin>>n){
3        //处理数据的代码
4    }
```

无论读取什么类型的数据，当到达文件末尾时，"cin>>变量名"语句都会返回假。

在平时和考试过程中，输入输出通常是在控制台窗口上进行的，那么如何在控制台窗口上表示文件末尾这个标志？对于 Windows 操作系统来说，可以在输入结束之后按下键盘上的"Ctrl+Z"键，程序会自动把它当作文件结束的标志。

1.6.2　用 cout 来输出

与 cin 类似，cout 的输出语法显得非常简单，针对任何类型的变量，cout 的输出语法都是：
cout<<变量名；

那么现在就可以写一个简单的小程序：输入两个整数 a 和 b，输出 a+b。代码如下：

```
1    #include<bits/stdc++.h>
2    using namespace std;
3    int main(){
4        int a,b;
5        cin>>a>>b;
6        cout<<"a+b="<<a+b;
7        return 0;
8    }
```

若输入为：

```
1    1 2
```

输出为：

```
1    a+b=3
```

cout 输出换行的方法有两种：一种是输出一个换行符"\n"，一种是利用 endl。输出语法分别为：

```
1    cout<<变量名<<"\n";
2    cout<<变量名<<endl;
```

笔者强烈建议你使用换行符输出换行，而不要使用 endl，因为 endl 过于缓慢，使用它会严重拖慢程序的性能。

在程序设计竞赛和考试中，通常要针对结果进行某种格式化的输出。C++标准库定义了一组**操作符**来修改 cout 的格式状态，使之能够按照需求进行某种格式化的输出。表 1-8 列举了常用的流操作符。

表 1-8　常用的流操作符（*表示该状态为默认流状态）

流操作符	作　用
*dec	整型值显示为十进制
hex	整型值显示为十六进制
oct	整型值显示为八进制
fixed	浮点值显示为定点十进制
scientific	浮点值显示为科学计数法
showpoint	对浮点值总是显示小数点
*noshowpoint	只有当浮点值包含小数部分时才显示小数点
showbase	对整型值输出表示进制的前缀（八进制为 0、十六进制为 0x）
*noshowbase	不生成表示进制的前缀

（续）

流操作符	作 用
uppercase	在十六进制值中打印 0X，在科学计数法中打印 E
*nouppercase	在十六进制值中打印 0x，在科学计数法中打印 e
showpos	对非负数显示+
*noshowpos	对非负数不显示+
boolalpha	将 true 和 false 输出为字符串
*noboolalpha	将 true 和 false 输出为 1 和 0
setfill(ch)	用 ch 填充空白
setw(w)	读或写值的宽度为 w 个字符
setprecision(n)	将浮点精度设置为 n
setbase(b)	将整数输出为 b 进制（b 的值只能为 8、16 或 10）

这里要额外注意一点，除 **setw** 以外的所有操作符都会永久改变 **cout** 的内部状态，除非你再使用新的操作符去覆盖它，而 **setw** 只改变紧接着的第一个输出的方式。

表 1-8 列举了许多流操作符，但通常只需要使用其中的几个，下面列举几种最常见的输出格式。

（1）在整型值高位补 0 使其位数为 m

在程序设计竞赛和考试中，经常会有这样的需求：输出指定位数的整型值，不足在高位补 0；否则按原样输出。这种输出格式可以使用 setw 和 setfill 操作符来实现。请看下面的代码：

```
1   #include<bits/stdc++.h>
2   using namespace std;
3   int main(){
4       int i,j;
5       cin>>i>>j;
6       cout<<setfill('0');   //用 0 填充，注意这是永久性的修改
7       cout<<"i="<<setw(5)<<i<<"\nj="<<setw(6)<<j;
8       return 0;
9   }
```

若输入为：

```
1   33 22
```

输出为：

```
1   i=00033
2   j=000022
```

注意，setw 只能修改紧接着的变量的输出格式，因此你每次要指定一个变量的输出宽度，都要提前调用一次 setw 操作符。

（2）保留 m 位小数

对于浮点值，题目中通常会要求保留 m 位小数输出，可以使用和 fixed 和 setprecision 操作符来实现。请看下面的代码：

```
1   #include<bits/stdc++.h>
```

```
2   using namespace std;
3   int main(){
4       double i,j;
5       cin>>i>>j;
6       cout<<setprecision(2);              //保留两位有效数字
7       cout<<"i="<<i<<",j="<<j<<'\n';
8       cout<<fixed<<setprecision(2);  //保留两位小数
9       cout<<"i="<<i<<",j="<<j<<'\n';
10      return 0;
11  }
```

若输入为：

```
1   3.1415926 2.714825
```

输出为：

```
1   i=3.1,j=2.7
2   i=3.14,j=2.71
```

只有在 setprecision 操作符前设置了 fixed 状态，输出时才能保留指定位数的小数；否则会保留指定位数的有效数字。你需要注意这一点。

（3）输出八进制或十六进制数

输出八进制使用 oct 操作符，输出十六进制使用 hex 操作符。此外，还可以指定是否输出进制前缀，以及输出十六进制时是使用大写字母还是小写字母。请看下面的代码：

```
1   #include<bits/stdc++.h>
2   using namespace std;
3   int main(){
4       int i;
5       cin>>i;
6       cout<<"不输出前缀，十六进制使用小写字母:\n";
7       cout<<"八进制:i="<<oct<<i<<",十六进制:i="<<hex<<i<<'\n';
8       cout<<"输出前缀，十六进制使用大写字母:\n";
9       cout<<showbase<<uppercase;
10      cout<<"八进制:i="<<oct<<i<<",十六进制:i="<<hex<<i<<'\n';
11      return 0;
12  }
```

若输入为：

```
1   220
```

输出为：

```
1   不输出前缀，十六进制使用小写字母:
2   八进制:i=334,十六进制:i=dc
3   输出前缀，十六进制使用大写字母:
4   八进制:i=0334,十六进制:i=0XDC
```

另外，dec、hex、oct 也可以作用于 cin，表示按某个进制读入数字。例如：

```
1    #include<bits/stdc++.h>
2    using namespace std;
3    int main(){
4        int i;
5        cin>>dec>>i;
6        cout<<"按十进制读入数:"<<i<<"\n";
7        cin>>oct>>i;
8        cout<<"按八进制读入数:"<<i<<"\n";
9        cin>>hex>>i;
10       cout<<"按十六进制读入数:"<<i<<"\n";
11       return 0;
12   }
```

若输入为:

```
1    220
2    334
3    0xdc
```

输出为:

```
1    按十进制读入数:220
2    按八进制读入数:220
3    按十六进制读入数:220
```

1.6.3　优化 cin/cout 的方法

C++输入输出流的效率确实要慢于 C 语言输入输出流的效率,原因主要有以下几点:

1)C++输入输出流默认保持了和 stdio 流的同步;

2)cin 默认绑定 cout,绑定的流会在对另一个流进行每次 I/O 操作之前自动刷新;

3)使用 endl 和 flush 会有强制清空缓冲区的操作。

你可能并不能理解上面的话,但这无关紧要,因为你根本就无需知道其中的具体技术细节。你的关注点在于提升优化 cin/cout 效率的方法。经过笔者的实践,使用下面的方法,C++输入输出流的效率会大幅提高。

1)使用代码"ios::sync_with_stdio(false);"取消 C++输入输出流和 stdio 流的同步;

2)使用代码"cin.tie(0);"解除 cin 和 cout 的绑定;

3)使用"\n"换行,而不要使用 endl 和 flush。

通常,将代码"ios::sync_with_stdio(false);"填写在 main 函数的第一行,将代码"cin.tie(0);"填写在 main 函数的第二行,如下所示:

```
1    #include<bits/stdc++.h>
2    using namespace std;
3    int main(){
4        ios::sync_with_stdio(false);
5        cin.tie(0);
6        //要执行的代码
```

```
7        return 0;
8    }
```

本书之后讲解的所有例题、习题的代码都会添加优化 cin/cout 的代码，但是为了讲解方便，本书在讲解知识点时所使用的代码不会添加这些代码，请读者注意。

你可能会想，使用 cin 和 cout 还需要这么多的优化操作，为什么不能直接使用 C 语言的输入输出函数，而非要使用 C++的输入输出流？笔者认为相比于 C 语言的输入输出函数，C++的输入输出流主要有两个优势：

1）string 类型可以用来存储字符串，它是 C++标准库中引入的类型。string 极其常用，会在 2.5 节讲解。cin/cout 可以直接输入输出 string 类型变量，但是 C 语言的输入输出函数不能。

2）针对不同的类型，C 语言的输入输出函数需要指定不同的格式控制符，而 cin/cout 无须关注输入输出的变量的类型，这不仅可以减轻你的记忆负担，还可以减少由于可能的粗心造成的错误。例如，C 语言中你读入了一个 long long 变量，但输出的时候使用 int 变量的控制符输出，如果 long long 变量的值在 int 的存储范围内，这种输出方式不会出现问题。但是当提交代码之后，后台的评测数据可能非常大，使得 long long 变量的值超出了 int 的存储范围，这就会出现问题，而这种问题很难排查。

因此，笔者建议你尽量使用 cin/cout 进行输入输出。

1.7 C 语言的输入输出函数

本节介绍 C 语言的输入输出函数，这是 C++语言为了兼容 C 语言而保留下来的。笔者强烈建议你使用 cin/cout 进行输入和输出，本节介绍的内容可以作为拓展知识。

1.7.1 scanf

scanf 函数实质上是 C++语言为了兼容 C 语言才保留下来的输入函数，其格式如下：
scanf("格式控制符", &变量名);
举一个例子会更好理解，如输入一个整数并赋值给 int 型变量 n：

```
1    int n;
2    scanf("%d",&n);
```

其中，双引号里面是一个 "%d"，表示通过这个 scanf 函数用户需要输入一个 int 型的变量。**注意，n 前面有一个取地址符 "&"**。通过这个 scanf 函数，把输入的一个整数存放在 int 型变量 n 中。

%d 是 int 型变量的格式符，那么其他类型的变量自然也有对应的格式符。表 1-9 列出了常见数据类型的 scanf 格式符。

编写程序时，经常遗忘变量前要加 "&" 符号，这会造成程序异常退出。所以，如果发生程序异常退出的情况，要检查是否用 scanf 函数输入时变量前没有加 "&" 符号。

也可以直接通过一个 scanf 函数输入多个变量。例如，可以一起输入分别为 int、double、long long 类

表 1-9　常见数据类型的 scanf 格式符

数据类型	格式符	代码举例
int	%d	scanf("%d",&n);
long long	%lld	scanf("%lld",&n);
double	%lf	scanf("%lf",&n);
char	%c	scanf("%c",&n);
字符数组（2.6 节会讲解）	%s	scanf("%s",n);//注意没有&
八进制数	%o	scanf("%o",&n);
十六进制数	%x	scanf("%x",&n);

型的 3 个变量：

```
1   int n;
2   double d;
3   long long k;
4   scanf("%d%lf%lld",&n,&d,&k);
```

注意，用第 4 行代码读取输入时，输入的变量之间需要用空格或者换行符分隔。

如果变量之间不是用空格或换行符分隔而是用其他符号分隔，也有其他的输入方法。使用上一节的例子，假设输入的是一个 hh:mm:ss 格式的时间，如 12:00:00，可以采取这样的输入方式将时分秒 3 个整数截取下来：

```
1   int h,m,s;
2   scanf("%d:%d:%d",&h,&m,&s);
```

对于类似 "1,2/3" 的输入，可以采用下面的代码进行：

```
1   int h,m,s;
2   scanf("%d,%d/%d",&h,&m,&s);
```

还需要考虑最后一个问题，用 scanf 函数读取输入时，如何判断是否到达文件末尾。

scanf 函数其实是有返回值的，当到达文件末尾时，它会返回一个称为 "EOF" 的特殊标志。EOF 是 end of file 的缩写。注意，EOF 不是特殊的 ASCII 码字符，而是一个定义在头文件 stdio.h 的常量，一般等于-1。假设测试数据都可以用 int 型的整数读入，可以通过以下代码读取测试文件中的所有数据：

```
1   int n;
2   while(scanf("%d",&n)!=EOF){
3       //处理数据的代码
4   }
```

所以，当未到达文件末尾时，条件 "scanf("%d",&n)!=EOF" 为真，总会执行第 3 行处理数据的代码，直到到达文件末尾，条件 "scanf("%d",&n)!=EOF" 为假时才会结束循环。

由于 "EOF" 通常是-1，而-1 在计算机中的补码表示每一位都是 1，如果对其进行逐位求反运算，其结果将是 0，0 的布尔表示就是假，所以也可以直接通过下面的代码读取测试文件中的所有数据，其中 "~" 是取反运算符。

```
1   int n;
2   while(~scanf("%d",&n)){
3       //处理数据的代码
4   }
```

相对于 scanf 函数，显然用 cin 读取输入简洁许多。

1.7.2　printf

C++中的 printf 函数实际上是从 C 语言中继承来的，其格式如下：

printf("格式控制符"，变量名);

举一个例子会更好理解，如输出一个 int 型变量 n：

```
1   int n=0;
```

21

```
2   printf("%d",n);  //控制台上会打印 0
```

%d 是 int 型变量的格式符，那么其他类型的变量自然也有对应的格式符。表 1-10 列出了常见数据类型的 printf 格式符。

你会发现 printf 函数的格式控制符和 scanf 函数的格式控制符都相同（包括 double 类型在内）。这里要额外提醒一下，如果你以前接触过相关知识，你可能脑海中有这样的一个错误认识：scanf 函数读取 double 类型变量时的格式控制符为 "%lf"，printf 函数输出 double 类型变量时的格式控制符为 "%f"。这只是 C99 标准中的要求，在最近的 C11 标准和 C++11 标准中，scanf 函数和 printf 函数读取和输出 double 类型数据

表 1-10　常见数据类型的 printf 格式符

数据类型	格式符	代码举例
int	%d	printf("%d",n);
long long	%lld	printf("%lld",n);
double	%f、%lf	printf("%f",n); printf("%lf",n);
char	%c	printf("%c",n);
字符数组（详见 2.6 节）	%s	printf("%s",n);
八进制数	%o	printf("%o",n);
十六进制数	%x	printf("%x",n);
百分号%	%%	printf("%%");

时，都可以使用 "%lf" 作为格式控制符，当然更常用的格式控制符是 "%f"。另外，printf 函数在输出变量时，不需要取地址符。

注意，当 printf 函数的双引号内含有格式控制符以外的字符时，这些字符也会按在双引号内的顺序被输出，只不过用变量的具体值替代了格式控制符占据的位置而已。

举一个例子：

```
1   int n=0;
2   printf("变量 n 的值为%d",n);
```

输出结果为：

```
1   变量 n 的值为 0
```

也可以用 scanf 函数和 printf 函数实现上一节提出的 "a+b" 问题，代码如下：

```
1   #include<bits/stdc++.h>
2   using namespace std;
3   int main(){
4       int a,b;
5       scanf("%d%d",&a,&b);
6       printf("a+b=%d",a+b);
7       return 0;
8   }
```

在控制台中输入用空格分隔的两个整数，按一下 Enter 键即可得到输出。例如，若输入为：

```
1   1 2
```

输出结果为：

```
1   a+b=3
```

下面介绍几种程序设计竞赛和考试中常用的输出格式控制符，掌握了这几种输出格式可以很轻松地实现格式化输出。

（1）%0md、%0mo、%0mx、%0mX

%d 用来按十进制输出一个数；%o（注意是字母 o，不是数字 0）用来按八进制输出一个

数；%x、%X 用来按十六进制输出一个数，不同之处在于%x 用小写字母输出超过 9 的数，%X 用大写字母输出超过 9 的数。而%0md、%0mo、%0mx、%0mX 作为格式控制符的作用是当输出的变量不足 m 位时，将在高位补充足够数量的 0 使得变量的输出结果为 m 位。如果变量多于或者正好是 m 位，则按原样输出。

举一个例子：

```
1   #include<bits/stdc++.h>
2   using namespace std;
3   int main(){
4       int a=5,b=222,c=1000;
5       printf("十进制输出：%03d %03d %03d\n",a,b,c);
6       printf("八进制输出：%03o %03o %03o\n",a,b,c);
7       printf("十六进制输出（小写字母）：%03x %03x %03x\n",a,b,c);
8       printf("十六进制输出（大写字母）：%03X %03X %03X\n",a,b,c);
9       return 0;
10  }
```

输出结果为：

```
1   十进制输出：005 222 1000
2   八进制输出：005 336 1750
3   十六进制输出（小写字母）：005 0de 3e8
4   十六进制输出（大写字母）：005 0DE 3E8
```

这种输出格式在许多题中特别有用，请读者务必掌握。

（2）%.mf

%f 作为格式控制符时，默认输出 6 位小数。%.mf 可以让浮点数保留 m 位小数输出。很多题目都会要求浮点数的输出保留 XX 位小数（或是精确到小数点后 XX 位），就可以用这个格式来进行输出。

举一个例子：

```
1   #include<bits/stdc++.h>
2   using namespace std;
3   int main(){
4       double pi=3.1415926;
5       printf("%.0f %.1f %.2f %.3f %f",pi,pi,pi,pi,pi);
6       return 0;
7   }
```

输出结果为：

```
1   3 3.1 3.14 3.142 3.141593
```

1.8　算术类型的类型转换

类型转换，即变量从一种类型转换成另一种类型。C++中存在着两种类型转换：隐式类型转换和显式类型转换。

1.8.1 算术类型的隐式类型转换

先看下面这段代码：

```
1    int v=3.14+3;
```

v 的值是多少？显然是 6。那么计算机是如何计算"3.14+3"的？这个表达式中加法的两个运算对象类型不同：3.14 的类型是 double，3 的类型是 int。C++不会直接将两个不同类型的值相加，而是先根据类型转换规则设法将运算对象的类型统一后再求值。上述的类型转换是自动执行的，无须程序员的介入，有时甚至不需要程序员了解。因此，它们称作隐式类型转换。

算术类型之间的隐式转换的原则是转换过程应尽可能避免损失精度。如果表达式中既有整数类型的运算对象也有浮点数类型的运算对象，整型会转换成浮点型。原因很简单，浮点型比整型的存储范围更大，由浮点型转换成整型极有可能损失精度。在上面的例子中，3 转换成 double 类型，然后执行浮点数加法，所得的结果是 double 类型的 6.14。

接下来就要完成 v 的初始化的任务。由于 v 是 int 类型，加法运算得到的 double 类型的结果就需要转换成 int 类型，这个值被用来初始化 v。由 double 向 int 转换时忽略掉了小数部分，上面的表达式中，数值 6 被赋给了 v。

所以，当两种不同类型的数据出现在同一个表达式中进行某种计算时，不同类型的数据要先统一成一种类型。对于算术类型的数据来说，其转换过程如图 1-1 所示。

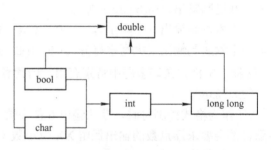

图 1-1 算术类型的转换规则

图 1-1 中箭头所指向的类型为转换的目标类型。例如，当一个 int 类型的变量和一个 long long 类型的变量进行求和运算时，int 类型的变量会自动转换成 long long 类型；当一个 char 类型的变量和一个 int 类型的变量进行求和运算时，char 类型的变量会自动转换成 int 类型。

注意，类型转换只是将字面值常量或变量的值转换了类型，便于后续的计算，变量本身的类型并没有改变！

1.8.2 算术类型的显式类型转换

隐式类型转换可以解决一些问题。但有时希望将无法进行隐式类型转换的变量强行转换成另一种类型。例如，下面这段求 3 除以 2 的商的代码：

```
1    int i=3,j=2;
2    double k=i/j;
```

第 2 行代码的执行过程为：先进行 i/j 运算，由于变量 i 和 j 都是 int 类型，所以 i/j 得到的结果是 1，而不是 1.5；然后将 1 转换成 double 类型并赋值给变量 k，k 的值是 1.0，而不是 1.5。那么如何让 i/j 得到的结果是 1.5？

这就需要先将变量 i 强制转换成 double 类型，然后再进行除法运算。这一过程称为显式类型转换。显式类型转换⊖的语法非常简单，如下所示：

（要转换成的目标类型）变量名

那么可以将上面的代码改成下面的样子：

```
1   int i=3,j=2;
2   double k=(double)i/j;
```

第 2 行代码的执行过程为：先将 i 的值转换成 double 类型，再进行 i/j 运算。这时，由于 i 的值被转换成了 double 类型，j 是 int 类型，所以 j 需要进行一步隐式类型转换，转换成 double 类型，然后 i/j 得到的结果就是 1.5。然后将 1.5 赋值给变量 k，k 的值就是 1.5 了。

事实上，有更简单的一种编码方法，可以完成上述功能，代码如下：

```
1   int i=3,j=2;
2   double k=i * 1.0/j;
```

第 2 行代码执行了两次隐式类型转换，首先 i 和 1.0 相乘，i 为 int 类型，1.0 为 double 类型，对 i 执行一步隐式类型转换，转换成 double 类型，之后执行 i*1.0 操作，得到 3.0。然后执行 3.0/j 运算，由于 3.0 是 double 类型，j 是 int 类型，对 j 执行一步隐式类型转换，转换成 double 类型，之后执行 3.0/j 操作，得到 1.5。最后将 1.5 赋值给变量 k。

同理，当需要将 int 类型转换成 long long 类型时，可以直接在 int 类型变量上乘"1LL"即可，无需使用强制类型转换。下面 2、3 行代码实现的效果是一致的：

```
1   int i=1,j=2;
2   long long k1=i * 1LL+j;
3   long long k2=(long long)i+j;
```

第 2 行代码执行了两次隐式类型转换，首先 i 和 long long 类型的字面值常量相乘，i 为 int 类型，对 i 执行一步隐式类型转换，转换成 long long 类型，结果为 1。然后执行与变量 j 的加法运算，由于 j 是 int 类型，对 j 执行一步隐式类型转换，转换成 long long 类型，之后执行 1+2 的加法操作，得到 3。最后将 3 赋值给变量 k1。

第 3 行代码执行了一次显式类型转换和一次隐式类型转换，首先将 int 类型的变量 i 强制转换为 long long 类型，然后与变量 j 进行加法运算，j 先隐式转换为 long long 类型，再执行加法运算，得到结果 3。最后将 3 赋值给变量 k2。

再次重申，无论是隐式类型转换还是显式类型转换，变量本身的类型是不会改变的！

1.9　算术类型数据运算时可能出现的错误

1.9.1　整型数据的数据溢出错误

在程序设计竞赛和考试中，最容易出现数据溢出错误的类型就是整型数据。如前所述，常用的整型类型包括 int 和 long long 两种。通常需要通过题目描述中数据的范围来考虑使用哪种类型。一般来说，大部分题目使用 int 类型即可解决。但有些题目的数据范围很大，超出

⊖　这里介绍和使用的其实是 C 语言中的强制类型转换方法，实际上这种类型转换并不安全。C++ 引入了 static_cast、dynamic_cast、const_cast、reinterpret_cast 四种类型转换运算符，目的是取代这种来自 C 语言的类型转换方法，但在程序设计竞赛和考试中，无需为此担心，直接使用这种 C 语言的强制类型转换方法即可。

了 int 的存储范围，这时候就需要使用 long long 类型。

此外，有些题目中数据范围的确在 int 存储范围内，但是有时可能需要对两个数据做**乘法、加法或减法运算**，这时可能会超出 int 的存储范围，造成数据溢出，以致程序出现错误。int 能够存储的整数范围为 –2147483648 ~ +2147483647，以下三种情况 a、b 都没有超过 int 的存储范围，但是它们的加法、减法、乘法结果都超出了 int 的存储范围，以致造成了数据溢出错误。

1）当 a = b = 1073741824 时，a + b = 2147483648 > 2147483647；

2）当 a = –2、b = 2147483647 时，a – b = –2147483649 < –2147483648；

3）当 a = 1073741824、b = 2 时，a × b = 2147483648 > 2147483647。

在实际编程中，数据溢出错误是一种极为常见同时也是很难觉察到的错误。因此，笔者建议你在程序中除了主函数 main 的返回值用 int 以外，其他所有整型数据都用 long long 类型来表示。虽然 long long 类型也有可能出现数据溢出错误，但是相比于 int，long long 类型的存储范围大得太多，出现这种错误的情况极为罕见。当然，如果你习惯了使用 int，要更改这个习惯可能会让你感到非常不适。但是，当程序出现莫名其妙的错误，并且 debug 几小时才找到错误的原因源于整型数据的溢出，这时你就会明白尽可能地使用 long long 类型是多么有益的编码习惯。

你可能会觉得 long long 字符太长（有 9 个字符），为了方便，可以在使用 long long 类型之前添加这样一行代码"using gg=long long"，称为类型别名，凡是使用 long long 类型的地方都可以使用"gg"来代替。关于类型别名会在 2.7.1 节具体讲解。这样，还未写入任何有关解题的程序代码可以是：

```
1    #include<bits/stdc++.h>
2    using namespace std;
3    using gg=long long;
4    int main(){
5        ios::sync_with_stdio(false);
6        cin.tie(0);
7        //要执行的代码
8        return 0;
9    }
10
```

本书在接下来的所有代码中都使用 long long 来表示整型数据，而且接下来的所有代码都默认添加了"using gg = long long"，即如果代码中出现了"gg"，它代表的是 **long long** 类型。

1.9.2 浮点数类型的相等性比较错误

假设有两个 double 类型的变量 a 和 b，如何判断这两个变量的值是否相等？你可能会觉得这非常简单啊，用相等运算符"=="进行判断不就行了？很遗憾，这是错误的做法。你可以猜测一下运行下面的代码会产生什么结果？

```
1    #include<bits/stdc++.h>
2    using namespace std;
```

```
3   int main(){
4       for(double i=0.1;i !=1.0;i+=0.1){
5           cout<<i<<" ";
6       }
7       return 0;
8   }
```

你可能觉得输出结果是：

```
1   0.1 0.2 0.3 0.4 0.5 0.6 0.7 0.8 0.9
```

很遗憾，这个输出结果的猜想是错误的。该程序会陷入死循环，程序会一直运行下去，不间断地输出 i 递增 0.1 后的值。如果不相信，你可以在自己的机器上运行一下该程序。这也告诉你，不要相信自己的大脑，遇到问题一定要上机验证一下才能确定。

为什么会这样？这是因为当 i 递增到 1.0 之后，与字面值常量 1.0 进行比较，依然是"不相等"的。至于"不相等"的原因来源于计算机内部表示浮点数时会有略微的误差，这涉及到计算机组成原理的知识，笔者不想过多地讲解。你只需了解，即使数学上相等的小数，由于计算机内部表示的不一致，用"=="或"!="运算符比较它们时依然会认为它们不等。因此，**千万不要用"=="或"!="运算符验证两个浮点数是否相等。**

作为替代方法，可以使用两个浮点数之差的绝对值小于某个可以接受的阈值来判断它们是否相等，这个阈值一般比这两个浮点数小 3 个以上的数量级，通常用 10^{-6}，也就是"1e-6"来表示。因此可以这样修改上面的程序：

```
1   #include<bits/stdc++.h>
2   using namespace std;
3   int main(){
4       //在 i 达到 1.0 之前，i 是一直小于 1.0 的，因此 1.0-i 永远为正。
5       //数学中当 i!=1.0 继续循环，因此可以用 1e-6 作为一个阈值，
6       //当 1.0-i 大于 1e-6 时，认为 1.0 与 i 不相等
7       for(double i=0.1;1.0-i>1e-6;i+=0.1){
8           cout<<i<<" ";
9       }
10      return 0;
11  }
```

它的输出为：

```
1   0.1 0.2 0.3 0.4 0.5 0.6 0.7 0.8 0.9
```

1.10　例题剖析

通过前几节的学习，想必你已经可以通过 C++ 编写一些简单的程序了。接下来通过几道例题巩固你学到的知识。

例题 1-1　【PAT B-1001】害死人不偿命的(3n+1)猜想

【题意概述】

对任意一个正整数 n，如果它是偶数，那么把它砍掉一半；如果它是奇数，那么把(3n+1)

砍掉一半。这样一直反复砍下去，最后一定在某一步得到 n=1。需要多少步（砍几下）才能得到 n=1？

【输入输出格式】

输入一个正整数 n。

输出从 n 计算到 1 需要的步数。

【数据规模】

$$n \leqslant 1000$$

【算法设计】

定义两个整型变量 ni 和 ans，ni 负责存储输入的正整数，ans 存储需要的步数。使用一个循环，当 ni!=1 时，重复执行以下操作：如果 ni 为奇数，令 ni=(3ni+1)/2；否则，令 ni=ni/2。每执行一次这样的操作，就让 ans 递增一次，循环结束时，ans 即为最终结果。

【C++代码】

```cpp
1   #include<bits/stdc++.h>
2   using namespace std;
3   using gg=long long;
4   int main(){
5       ios::sync_with_stdio(false);
6       cin.tie(0);
7       gg ni,ans=0;
8       cin>>ni;
9       for(;ni !=1;++ans){
10          if(ni % 2==1){
11              ni=3 * ni+1;
12          }
13          ni /=2;
14      }
15      cout<<ans;
16      return 0;
17  }
```

例题 1-2 【PAT B-1010】一元多项式求导

【题意概述】

设计函数求一元多项式的导数。[注：$(kx^n)' = knx^{n-1}$]

【输入输出格式】

以指数递降方式输入多项式非零项系数和指数，数字间以空格分隔。

以与输入相同的格式输出导数多项式非零项的系数和指数，数字间以空格分隔，但结尾不能有多余空格。注意，"零多项式"的指数和系数都是 0，但是表示为 0 0。

【数据规模】

输入的系数和指数的绝对值不超过 1000。

【算法设计】

定义两个变量 ci 和 ei 分别存储的系数和指数，每读取一个项，就直接计算出该项的导数并输出。

【注意点】

1）对于多项式只有常数项的情况要进行特判，输出 0 0。

2）求导后系数为 0 的项不予输出。

3）输出的最后一个数字后不要有空格。

【C++代码】

```
1   #include<bits/stdc++.h>
2   using namespace std;
3   using gg=long long;
4   int main(){
5       ios::sync_with_stdio(false);
6       cin.tie(0);
7       gg ci,ei;
8       bool space=false;
9       while(cin>>ci>>ei){
10          ci *=ei;
11          --ei;
12          if(ci !=0){
13              cout<<(space ? " ":"")<<ci<<" "<<ei;
14              space=true;
15          }
16      }
17      if(not space)
18          cout<<"0 0";
19      return 0;
20  }
```

例题 1-3 【PAT B-1011】A+B 和 C

【题意概述】

给定区间 $[-2^{31}, 2^{31}]$ 内的 3 个整数 A、B 和 C，请判断 A+B 是否大于 C。

【输入输出格式】

输入第一行给出正整数 T，是测试用例的个数。随后给出 T 组测试用例，每组占一行，顺序给出 A、B 和 C，整数间以空格分隔。

对每组测试用例，如果 A+B>C，在一行中输出"Case #X: true"，否则输出"Case #X: false"，其中 X 是测试用例的编号（从 1 开始）。

【数据规模】

$$0 < T \leqslant 10$$

【算法设计】

定义 3 个 long long 类型的变量 ai、bi、ci，判断 ai+bi 是否大于 ci 即可。

【C++代码】

```
1   #include<bits/stdc++.h>
```

```
2    using namespace std;
3    using gg=long long;
4    int main(){
5        ios::sync_with_stdio(false);
6        cin.tie(0);
7        gg ti,ai,bi,ci;
8        cin>>ti;
9        for(gg i=1;i<=ti;++i){
10           cin>>ai>>bi>>ci;
11           cout<<"Case #"<<i<<":"<<(ai+bi>ci ? "true":"false")
12               <<"\n";
13       }
14       return 0;
15   }
```

例题 1-4 【PAT B-1066】图像过滤

【题意概述】

图像过滤是把图像中不重要的像素都染成背景色，使得重要部分被凸显出来。现给定一幅黑白图像，要求你将灰度值位于某指定区间内的所有像素颜色都用一种指定的颜色替换。

【输入输出格式】

输入在第一行给出一幅图像的分辨率，即两个正整数 M 和 N，另外是待过滤的灰度值区间端点 A 和 B（$0 \leq A < B \leq 255$），以及指定的替换灰度值。随后 M 行，每行给出 N 个像素点的灰度值，其间以空格分隔。所有灰度值都在[0, 255]区间内。

输出按要求过滤后的图像，即输出 M 行，每行 N 个像素灰度值，每个灰度值占 3 位，其间以一个空格分隔。行首尾不得有多余空格。

【数据规模】

$$0 < M, N \leq 500$$

【C++代码】

```
1    #include<bits/stdc++.h>
2    using namespace std;
3    using gg=long long;
4    int main(){
5        ios::sync_with_stdio(false);
6        cin.tie(0);
7        cout<<setfill('0');
8        gg ni,mi,ai,bi,ri,ki;
9        cin>>mi>>ni>>ai>>bi>>ri;
10       for(gg i=0;i<mi;++i){
11           for(gg j=0;j<ni;++j){
12               cin>>ki;
```

```
13              ki=ki>=ai and ki<=bi ? ri:ki;
14              cout<<setw(3)<<ki<<(j==ni-1 ? '\n':' ');
15          }
16      }
17      return 0;
18  }
```

例题 1-5　【PAT B-1071】小赌怡情

【题意概述】

　　这是一个很简单的小游戏：首先由计算机给出第一个整数；然后玩家下注赌第二个整数将会比第一个数大还是小；玩家下注 t 个筹码后，计算机给出第二个数。若玩家猜对了，则系统奖励玩家 t 个筹码，否则扣除玩家 t 个筹码。

　　注意，玩家下注的筹码数不能超过自己账户上拥有的筹码数。当玩家输光了全部筹码后，游戏就结束。

【输入输出格式】

　　输入在第一行给出两个正整数 T 和 K，分别是系统在初始状态下赠送给玩家的筹码数和需要处理的游戏次数。随后 K 行，每行对应一次游戏，顺序给出 4 个数字 "n1 b t n2"。其中，n1 和 n2 是计算机先后给出的两个[0, 9]内的整数，保证两个数字不相等；b 为 0 表示玩家赌小，为 1 表示玩家赌大；t 表示玩家下注的筹码数，保证在整型范围内。

　　对每一次游戏，根据下列情况对应输出（其中 t 是玩家下注量，x 是玩家当前持有的筹码量）：

　　1）玩家赢，输出 "Win t!　Total = x."；

　　2）玩家输，输出 "Lose t.　Total = x."；

　　3）玩家下注超过持有的筹码量，输出 "Not enough tokens.　Total = x."；

　　4）玩家输光后，输出 "Game Over."，并结束程序。

【数据规模】

$$0 < T, K \leqslant 100$$

【C++代码】

```
1   #include<bits/stdc++.h>
2   using namespace std;
3   using gg=long long;
4   int main(){
5       ios::sync_with_stdio(false);
6       cin.tie(0);
7       gg ti,ki,n1,b,t,n2;
8       cin>>ti>>ki;
9       while(ki--){
10          cin>>n1>>b>>t>>n2;
11          if(t>ti){
12              cout<<"Not enough tokens.  Total="<<ti<<".\n";
13          } else{
14              if((b==0 and n1>n2) or (b==1 and n1<n2)){
```

```
15              ti+=t;
16              cout<<"Win "<<t<<"!  Total="<<ti<<".\n";
17          } else{
18              ti-=t;
19              cout<<"Lose "<<t<<".  Total="<<ti<<".\n";
20              if(ti==0){
21                  cout<<"Game Over.\n";
22                  break;
23              }
24          }
25      }
26  }
27  return 0;
28 }
```

例题 1-6 【CCF CSP-20181201】小明上学

【题意概述】

小明希望能够预计自己上学所需要的时间。他上学需要经过数段道路，相邻两段道路之间设有最多一组信号灯。每组信号灯有红、黄、绿三盏灯和一个能够显示倒计时的显示牌。假设信号灯被设定为红灯 r 秒、黄灯 y 秒、绿灯 g 秒，那么从 0 时刻起，[0, r)秒内亮红灯，车辆不许通过；[r, r+g) 秒内亮绿灯，车辆允许通过；[r+g, r+g+y) 秒内亮黄灯，车辆不许通过，然后依次循环。倒计时的显示牌上显示的数字 1（1>0）是指距离下一次信号灯变化的秒数。

【输入输出格式】

输入的第一行包含空格分隔的 3 个正整数 r、y、g，表示信号灯的设置。输入的第二行包含一个正整数 n，表示小明总共经过的道路段数和看到的信号灯数目。接下来的 n 行，每行包含空格分隔的两个整数 k、t。k=0 表示经过了一段道路，耗时 t 秒；k=1、2、3 时，分别表示看到了一个红灯、黄灯、绿灯，且倒计时显示牌上显示的数字是 t，此处 t 分别不会超过 r、y、g。

输出一个数字，表示此次小明上学所用的时间。

【数据规模】

$$n \leqslant 100, 0 \leqslant r, g, b \leqslant 10^6$$

【C++代码】

```
1  #include<bits/stdc++.h>
2  using namespace std;
3  using gg=long long;
4  int main(){
5      ios::sync_with_stdio(false);
6      cin.tie(0);
7      gg red,yellow,green,ni,ki,ti,ans=0;
8      cin>>red>>yellow>>green>>ni;
9      while(cin>>ki>>ti){
```

```
10          if(ki==0 || ki==1){
11              ans+=ti;
12          } else if(ki==2){
13              ans+=ti+red;
14          }
15      }
16      cout<<ans;
17      return 0;
18  }
```

例题 1-7　【CCF CSP-20180301】跳一跳

【题意概述】

简化后的"跳一跳"规则如下：玩家每次从当前方块跳到下一个方块，如果没有跳到下一个方块上则游戏结束。如果跳到了方块上，但没有跳到方块的中心则获得 1 分；跳到方块中心时，若上一次的得分为 1 分或这是本局游戏的第一次跳跃则此次得分为 2 分，否则此次得分比上一次得分多 2 分（即连续跳到方块中心时，总得分将+2、+4、+6、+8……）。

现在给出一个人跳一跳的全过程，请你求出他本局游戏的得分（按照题目描述的规则）。

【输入输出格式】

输入包含多个数字，用空格分隔，每个数字都是 1、2、0 之一，1 表示此次跳跃跳到了方块上但是没有跳到中心，2 表示此次跳跃跳到了方块上并且跳到了方块中心，0 表示此次跳跃没有跳到方块上（此时游戏结束）。

输出一个整数，为本局游戏的得分（在本题的规则下）。

【数据规模】

输入的数字不超过 30 个，保证 0 正好出现一次且为最后一个数字。

【C++代码】

```
1   #include<bits/stdc++.h>
2   using namespace std;
3   using gg=long long;
4   int main(){
5       ios::sync_with_stdio(false);
6       cin.tie(0);
7       //ai 存储输入数据，ans 为最终得分，num 为连跳方块中心次数
8       gg ai=1,ans=0,num=0;
9       while(cin>>ai and ai !=0){
10          if(ai==1){
11              ans+=ai;          //加上 1 分
12              num=0;            //连跳方块中心次数归零
13          } else if(ai==2){
14              ans+=2*(++num);   //递增连跳方块中心次数，得分为该次数乘2
15          }
16      }
17      cout<<ans;
```

```
18      return 0;
19  }
```

1.11 例题与习题

本章主要介绍了 C++11 的基础语法，如果读者能完全掌握本章介绍的所有内容，那在编程方面基本上是入门了。但仅仅理解理论知识是远远不够的，必须加以大量的练习。表 1-11 列举了本章涉及的所有例题，表 1-12 列举了一些习题。由于这些例题和习题难度都不大，建议读者独立完成所有的例题和习题。

表 1-11 例题列表

编　号	题　号	标　题
例题 1-1	PAT B-1001	害死人不偿命的(3n+1)猜想
例题 1-2	PAT B-1010	一元多项式求导
例题 1-3	PAT B-1011	A+B 和 C
例题 1-4	PAT B-1066	图像过滤
例题 1-5	PAT B-1071	小赌怡情
例题 1-6	CCF CSP-20181201	小明上学
例题 1-7	CCF CSP-20180301	跳一跳

表 1-12 习题列表

编　号	题　号	标　题
习题 1-1	PAT B-1046	划拳
习题 1-2	PAT B-1053	住房空置率
习题 1-3	PAT A-1011	World Cup Betting
习题 1-4	CCF CSP-20170901	打酱油
习题 1-5	CCF CSP-20170301	分蛋糕

第2章 C++11 程序设计

本章主要介绍:

1) C++中的复杂类型,包括引用、指针、数组和字符串。使用这些类型才可以设计更加复杂的程序。

2) 函数。函数实际上是对程序中实现了某种具体功能或多次使用的一段代码的封装,有了函数,代码的逻辑会显得更加清晰。

3) C++中的一些语法糖。通过这些语法可以极大程度地简化代码。

4) 类和对象。类和对象是面向对象程序设计的基础,通过对类和对象的学习,能够设计自己的数据类型,并让这种自定义的数据类型像 C++内置类型一样方便使用。

5) 变量的存储方式、初始化方式以及引用变量的常见应用场景。这是对变量的更进一步的讨论。

2.1 引用

2.1.1 引用的基本概念

C++中引入了引用类型。引用并非定义了一个新的变量,相反的,它只是为一个已经存在的变量所起的别名。引用变量的定义语法如下:

变量类型 &变量名 a=变量 b;

定义引用类型变量要注意以下几点:

1) 定义引用时,程序把引用和它的初始值变量绑定在一起。一旦初始化完成,**引用将和它的初始值变量一直绑定在一起**,无法令引用重新绑定到另外一个变量,因此引用必须初始化。

2) 有引用的类型都要和与之绑定的变量类型严格匹配。例如,你不能把一个 double 类型的引用变量绑定到一个 int 类型的变量上。

3) 引用只能绑定在变量上,而不能与字面值常量或某个表达式的计算结果绑定在一起。

4) 不能定义引用的引用。

例如,下面有几种引用变量的定义是错误的:

```
1   gg i=2;          //定义了一个值为 2 的变量 i
2   gg& j;           //错误,引用变量 j 没有初始化
3   gg& k=i;         //正确,k 是变量 i 的一个别名
4   double& m=i;     //错误,double 类型的引用变量 m 不能绑定到 gg 类型的变量上
5   gg& n=3;         //错误,引用类型的初始值必须是一个变量,不能是字面值常量
6   gg& p=k;         //错误,不能定义引用的引用
```

可以在一条语句中定义多个引用:

```
1   gg i=2;          //定义了一个值为 2 的变量 i
2   gg &j=i,&k=i;//j,k 都是变量 i 的别名
```

```
3   gg m=i,&n=i; //m 是值为 2 的变量，n 是变量 i 的别名
4   gg &r=i,s=i; //r 是变量 i 的别名，s 是值为 2 的变量
```

2.1.2 拷贝赋值与引用赋值

1. 拷贝赋值

在定义一个变量的时候，计算机会为这个变量分配一定的内存空间。不同类型的变量占据的内存空间大小不同，把每个变量在内存中的存放位置称为"地址"，计算机通过这个地址找到变量。如果对这个变量进行了初始化，计算机会把进行初始化的值拷贝到变量的内存空间中，之后这个值就成为变量的值。

为了加深理解，可以把计算机想象成一个宾馆，每个变量就是一个客人。每当定义一个变量的时候，就相当于宾馆接到了客人的一个订单。计算机这个宾馆就会根据客人的要求（变量类型要求的存储空间）为每位客人安排或大或小的房间，而每个房间都会有一个"房间号"，"地址"就是所谓的"房间号"，宾馆可以通过这个房间号找到对应的客人，计算机也通过"地址"找到变量。"&"作为取地址符时，就表示取变量的地址的意思。

在本节介绍引用以前，接触到的赋值方式都是拷贝赋值。例如，下面的代码就实现了一种拷贝赋值：

```
1   gg i=1;          //定义了变量 i，并用 1 初始化
2   gg j=i;          //将变量 i 的值拷贝给 j
```

第 1 行代码定义变量 i 时，计算机会为变量 i 分配一定的内存空间，并把值 1 填入到这个内存空间中，表示对变量 i 进行了初始化。第 2 行代码执行时，计算机会先为变量 j 分配内存空间，然后查询变量 i 的值，再将这个值填入到变量 j 的内存空间中，表示对变量 j 进行了初始化。所以你可以发现变量 i 和变量 j 分别占据了不同的内存空间，变量 i 和变量 j 是完全独立的两个变量，因此针对其中一个变量进行修改时，不会对另一个变量产生任何影响。下面的代码就显示了拷贝赋值的这个特点：

```
1    #include<bits/stdc++.h>
2    using namespace std;
3    using gg=long long;
4    int main(){
5        gg i=1;     //定义了变量 i，并用 1 初始化
6        gg j=i;     //将变量 i 的值拷贝赋值给 j
7        j=2;        //j 的值变成了 2
8        cout<<"i="<<i<<",j="<<j;
9        return 0;
10   }
```

输出为：

```
1   i=1,j=2
```

你会发现，修改变量 j 的值，完全不会对变量 i 产生影响。

2. 引用赋值

下面的代码实现了一种引用赋值：

```
1    gg i=1;          //定义了变量 i，并用 1 初始化
2    gg& j=i;         //定义了引用变量 j，绑定在变量 i 上
```

同样，第 1 行代码定义变量 i 时，计算机会为变量 i 分配内存空间，并进行初始化。第 2 行代码定义了一个引用变量 j，并绑定在变量 i 上。初学阶段，你可以粗浅地理解为：当定义引用变量 j 时，计算机会让引用变量 j 和变量 i 共享一个内存空间。因此，对引用变量 j 进行的赋值操作，就相当于对变量 i 进行相同的赋值操作。对引用赋值，实际上是把值赋给了与引用绑定的变量。获取引用的值，实际上是获取了与引用绑定的变量的值。总之一句话，**引用即别名**。引用并没有创建一个新的变量，它只是对原有的变量起了一个额外的名字。下面的代码就展示了引用赋值的这个特点：

```
1    #include<bits/stdc++.h>
2    using namespace std;
3    using gg=long long;
4    int main(){
5        gg i=1;      //定义了变量 i，并用 1 初始化
6        gg& j=i;     //定义了引用变量 j，绑定在变量 i 上
7        j=2;         //j 的值变成了 2
8        cout<<"i="<<i<<",j="<<j;
9        return 0;
10   }
```

输出为：

```
1    i=2,j=2
```

你会发现，修改引用变量 j 的值，就相当于修改了变量 i 的值。

2.2　指针

指针是"指向"另外一种类型的类型。与引用类似，指针也实现了对其他变量的间接访问。然而，指针与引用又有很多不同点：

1）允许对指针本身进行一些赋值操作，而且指针可以先后指向几个不同的变量；对引用的赋值都相当于对引用绑定的变量赋值，引用将和它的初始值变量一直绑定在一起，无法绑定到另一个变量。

2）指针无须在定义时赋初值，但笔者建议定义指针时赋予一个初值；引用定义时必须赋初值。

指针变量的定义语法如下：

变量类型 *变量名；

指针类型是存放变量地址的类型。变量地址通过取地址符（&）来获取。例如，可以通过下面的代码来初始化一个指针变量：

```
1    gg i=2,r=3;      //定义了值为 2 的变量 i、值为 3 的变量 r
2    gg* j=&i;        //j 存放变量 i 的地址,但更常用的说法是 j 是指向变量 i 的指针
3    j=&r;            //j 现在又成为指向 r 的指针
```

如果不想让指针指向任何一个变量，可以将其声明为一个空指针，表示该指针不指向任何变量，在试图使用一个指针之前都要首先检查该指针是否为空。空指针的定义语法如下：

变量类型 *变量名=nullptr；

你如果以前接触过 C++或 C 语言的话，应该会了解过去的程序还会用到一个名为 NULL 的预处理变量来将一个指针赋值为空指针，这个变量在头文件 cstdlib 中定义，它的值就是 0。当用到一个预处理变量时，预处理器会自动地将它替换为实际值，因此用 NULL 初始化指针和用 0 初始化指针是一样的。在 C++11 标准下，现在的 **C++程序最好使用 nullptr，尽量避免使用 NULL**。

定义指针类型变量要注意以下几点：

1）指针类型变量都要和与之绑定的变量类型严格匹配。例如，你不能把一个 double 类型的指针变量绑定到一个 int 类型的变量上。

2）指针只能绑定在变量上，而不能与字面值常量或某个表达式的计算结果绑定在一起。

3）最好在定义指针变量时给指针赋予初始值，如果定义时不想让指针指向任何一个对象，就用 nullptr 初始化该指针。

例如，下面有几种指针变量的定义是错误的：

```
1  gg i=2;          //定义了一个值为 2 的变量 i
2  gg* j;           //正确，但不建议定义未初始化的指针
3  gg* m=2;         //错误，不能定义指向某个字面值常量的指针
4  double*n=i;      //错误，double 类型的指针变量 n 不能绑定到一个 int 类型的变量上
```

与引用类似，也可以在一条语句中定义多个指针：

```
1  gg i=2;          //定义了一个值为 2 的变量 i
2  gg *j=nullptr,*k=&i; //j 是空指针，k 是指向变量 i 的指针
3  gg m=i,*n=&i; //m 是值为 2 的变量，n 是指向变量 i 的指针
4  gg *r=&i,s=i; //r 是指向变量 i 的指针，s 是值为 2 的变量
```

如果指针指向了一个变量，则允许使用解引用符（*）来访问该变量。对指针解引用会得出所指的变量，如果对解引用的结果进行某种操作，实际上也就是给指针所指的变量进行某种操作。所以要特别注意对指针赋值和对指针指向的对象赋值的区别：

```
1  gg i=2,r=3;      //定义了一个值为 2 的变量 i 和一个值为 3 的变量 r
2  gg* j=&i;        //j 是指向变量 i 的指针
3  *j=0;            //对指针指向的对象赋值，变量 i 的值变成 0
4  j=&r;            //对指针赋值，j 现在成为指向变量 r 的指针
```

第 2 行代码是定义并初始化指针变量 j。第 3 行代码是对指针变量 j 指向的变量 i 赋值。第 4 行代码是对指针变量 j 赋值。读者一定要明确这三者的区别。

另外，一定要注意**空指针不能进行解引用操作**，所以笔者建议在使用指针变量时一定要提前判断该指针变量是否为空。当需要在一个条件语句或循环语句中以一个指针是否为空作为判断条件时，代码可以这样写：

```
1  if(p){
2      //执行指针变量 p 不为空指针时的操作
3  }
```

p 为任意的一个指针变量。上面的代码等价于：

```
1  if(p !=nullptr){
2      //执行指针变量 p 不为空指针时的操作
3  }
```

而要在一个指针变量为空时执行某些操作的代码可以是这样的：

```
1  if(not p){
2      //执行指针变量 p 为空指针时的操作
3  }
```

这几行代码等价于：

```
1  if(p==nullptr){
2      //执行指针变量 p 为空指针时的操作
3  }
```

笔者建议你使用 "if (p)" 和 "if(not p)" 的写法，因为它更加简洁。

2.3　函数

　　函数是对实现了某一种功能的一段代码的封装，它是一个命名了的代码块，通过调用函数执行相应的代码。函数可以有 0 个或多个参数，而且通常会产生一个结果。可以通过传入几个参数，调用函数得到相应的结果。

　　本节会介绍有关函数的一些基本概念和技术，并罗列一些编程时非常常用的、C++ 标准库中已经实现了的一些数学函数。需要额外注意的是，递归函数的设计作为计算机程序中相当常见的一种程序设计方法，它几乎是初学函数时的最难点，为了控制章节的难易程度，笔者将递归函数设计放到 9.7 节中进行介绍。

2.3.1　函数基础

　　一个典型的函数定义包括以下部分：返回类型、函数名、由 0 个或多个*形参*组成的列表以及函数体。其中，形参以逗号隔开，形参的列表位于一对圆括号之内。函数执行的操作在函数体中定义。

　　举一个例子，之前的章节中曾实现了一个计算数的阶乘的程序，如果要将其封装成一个函数，可以这样定义：

```
1  //计算 n!的函数
2  gg factorial(gg n){
3      gg t=1;
4      for(gg j=1;j<=n;++j){
5          t*=j;
6      }
7      return t;  //返回值
8  }
```

函数的名字是 factorial，它作用于一个整型变量 n，返回一个整型值。称 n 为*形参*。

39

通过调用这个函数来执行函数中的代码。调用函数的语法包括：函数名、由 0 个或多个**实参**组成的列表。如果要在 main 函数中调用上面求阶乘的函数 factorial，可以这样调用：

```
1    int main(){
2        gg k=factorial(5);
3        cout<<"5!="<<k<<"\n";
4        return 0;
5    }
```

输出为：

```
1    5!=120
```

第 2 行代码处就调用了函数 factorial。由于函数 factorial 作用于一个整型参数，要调用 factorial 函数，也必须提供一个整型变量或整型字面值常量，提供的这个整型量称为**实参**。调用 factorial 函数会获取其返回的整数值，在代码中直接将其输出。

函数调用完成两项工作：一是用**实参初始化函数对应的形参**，二是将**程序控制权转移给被调用函数**。此时，调用函数的代码的执行被暂时中断，被调函数开始执行。

当在函数体内部遇到一条 return 语句时函数结束执行过程。和函数调用一样，return 语句也完成两项工作：一是返回 return 语句中的值（如果有的话），二是将程序控制权从被调函数转移回调用该函数的程序代码处，函数的返回值（如果有的话）用于初始化或赋值给调用该函数的表达式。

具体来说，上面的代码在调用函数 factorial 时，将实参 5 传给了函数 factorial 的形参 n，相当于将形参 n 赋予了初始值 5。接下来执行了函数 factorial 的函数体内的代码，并在遇到 return 语句时，将函数体内部变量 t 的值作为结果，初始化调用函数 factorial 的表达式中的变量 k。于是，变量 k 中存储了 5! 的值，也就是说 k 的值最后变成了 120。

当然，形参列表中的参数并不是只能有 1 个，一个函数可以有任意多个参数，也可以没有参数。但是在调用函数的过程中，**实参的个数需要与形参个数相同，类型也要相互匹配**。这里有一个例外，当函数的形参具有默认值时，实参个数可以与形参个数不一致，关于默认参数，会在 2.3.5 节讲解，你只需要先留意一下即可。

下面的程序就用调用函数的方法实现了计算任意两数之和的功能：

```
1    #include<bits/stdc++.h>
2    using namespace std;
3    using gg=long long;
4    gg f(gg a,gg b){return a+b;}
5    int main(){
6        gg a,b;
7        cin>>a>>b;
8        cout<<f(a,b);
9        return 0;
10   }
```

若输入为：

```
1    1 2
```

输出为：

```
1    3
```

函数也可以没有返回值，这个时候需要将函数的返回类型设置为"void"，表示该函数没有返回值。当把函数的返回类型设置为"void"之后，函数内的 return 语句就只剩一个作用，就是将程序控制权从函数内部转移回调用该函数的程序代码处。

2.3.2　传值调用与传引用调用

如前所述，每次调用函数时都会重新创建它的所有形参，并分别用传入的实参对形参进行初始化。形参的类型决定了形参和实参交互的方式。如果形参是引用类型，和其他引用一样，引用形参是它对应的实参的别名，函数内对形参的修改相当于对实参进行修改，称这种情况为函数被传引用调用；如果形参不是引用类型，形参是实参的一个副本，形参和实参是两个相互独立的对象，函数内对形参的修改不会反映到实参上，称这种情况为函数被传值调用。你可以结合 2.1.2 节拷贝赋值与引用赋值的内容理解本小节的内容。

1．传值调用

先回忆一下用一个变量 x 去初始化另一个非引用类型的变量 y 的情况，这种情况下，变量 x 的值被拷贝给了变量 y，对变量 y 的值的改动都不会影响变量 x，可以参考下面的程序：

```
1    #include<bits/stdc++.h>
2    using namespace std;
3    using gg=long long;
4    int main(){
5        gg x=1;
6        gg y=x;
7        y=3;
8        cout<<"x="<<x<<"\n";
9        cout<<"y="<<y<<"\n";
10       return 0;
11   }
```

输出为：

```
1    x=1
2    y=3
```

说明程序中第 7 行代码对变量 y 的值的改动没有影响变量 x 的值。

传值调用与之类似。在调用函数时，用实参去初始化形参，如果函数是传值调用，那么函数中对形参值的改动不会影响到实参。可以参考下面交换两个整数的程序：

```
1    #include<bits/stdc++.h>
2    using namespace std;
3    using gg=long long;
4    void f(gg a,gg b){
5        gg t=a;
6        a=b;
```

41

```
7        b=t;
8        cout<<"a="<<a<<",b="<<b<<"\n";
9    }
10   int main(){
11       gg x=1,y=2;
12       f(x,y);
13       cout<<"x="<<x<<",y="<<y<<"\n";
14       return 0;
15   }
```

输出为：

```
1    a=2,b=1
2    x=1,y=2
```

在上面的程序中，利用实参 x 初始化形参 a，利用实参 y 初始化形参 b，通过输出可以发现，函数中的确交换了形参 a 和形参 b 的值，但是由于是传值调用，这种交换并没有影响到实参 x 和实参 y 的值，x 的值依然为 1，y 的值依然为 2。要想通过函数交换两个实参的值，需要进行传引用调用。

2. 传引用调用

同样，也先回忆一下用一个变量 x 去初始化另一个引用类型的变量 y 的情况，这种情况下，引用变量 y 是变量 x 的一个别名，对引用变量 y 的值的改动都相当于对变量 x 的改动，可以参考下面的程序：

```
1    #include<bits/stdc++.h>
2    using namespace std;
3    using gg=long long;
4    int main(){
5        gg x=1;
6        gg& y=x;
7        y=3;
8        cout<<"x="<<x<<"\n";
9        cout<<"y="<<y<<"\n";
10       return 0;
11   }
```

输出为：

```
1    x=3
2    y=3
```

说明程序中第 7 行代码对变量 y 的值的改动相当于对变量 x 的值的改动。

传引用调用与之类似。在调用函数时，用实参去初始化形参，如果函数是传引用调用，那么函数中对形参值的改动都会影响到实参。可以参考下面交换两个整数的程序：

```
1    #include<bits/stdc++.h>
2    using namespace std;
```

```
3    using gg=long long;
4    void f(gg& a,gg& b){
5        gg t=a;
6        a=b;
7        b=t;
8        cout<<"a="<<a<<",b="<<b<<"\n";
9    }
10   int main(){
11       gg x=1,y=2;
12       f(x,y);
13       cout<<"x="<<x<<",y="<<y<<"\n";
14       return 0;
15   }
```

输出为：

```
1    a=2,b=1
2    x=2,y=1
```

通过输出可以发现，函数交换了形参 a 和形参 b 的值，同时实参 x 和实参 y 的值也进行了交换，对形参的改动影响到了实参。

2.3.3 指针做函数形参

在上一小节中，探讨了函数实参与形参的两种交互方式，即传值调用和传引用调用，还使用了交互两数的值的例子探讨了这两种方式之间的差异。那么依然使用这样的例子，探讨当用指针作为函数形参时会产生的效果，请看下面的程序：

```
1    #include<bits/stdc++.h>
2    using namespace std;
3    using gg=long long;
4    void f(gg* a,gg* b){
5        gg t=*a;
6        *a=*b;
7        *b=t;
8        cout<<"a="<<*a<<",b="<<*b<<"\n";
9    }
10   int main(){
11       gg x=1,y=2;
12       gg *px=&x,*py=&y;
13       f(px,py);
14       cout<<"x="<<x<<",y="<<y<<"\n";
15       return 0;
16   }
```

请问第 13 行代码实现的是传值调用还是传引用调用？main 函数中的变量 x 和变量 y 的值交换了吗？最后的输出是什么？

第一个问题应该很容易回答，由于函数 f 中形参并不是引用类型，使用的自然是传值调用。你可能会因为实现的是传值调用，就认为 main 函数中的变量 x 和变量 y 的值没有交换。如果你真的是这样想的，那么很遗憾，你的想法是错误的，变量 x 和变量 y 的值被交换了。这是为什么呢？

第 13 行代码实现的确实是传值调用，但它传递的值是指针的值。介绍指针时曾经介绍过指针中存储的是变量的地址。在初学阶段，你可以直接这样理解：当要将一个指针的值拷贝给另一个指针时，实质上就是将这个指针存储的地址拷贝给另一个指针。可以分析一下在调用 f 函数时以及执行 f 函数函数体时究竟发生了什么。

在调用 f 函数以前，变量的分布情况可能如图 2-1 所示（不同时间不同机器变量的存储地址可能不同）。

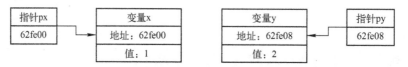

图 2-1　在调用 f 函数以前，变量的分布情况

图 2-1 中的地址均为十六进制数。指针变量 px 存储着变量 x 的地址，指针变量 py 存储着变量 y 的地址。在调用函数 f 之后，用实参 px 的值初始化形参 a 的值，用实参 py 的值初始化形参 b 的值。在调用 f 函数以后，执行函数体之前，变量的分布情况如图 2-2 所示。

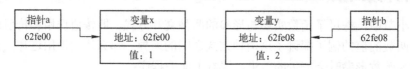

图 2-2　在调用 f 函数以后，执行函数体之前，变量的分布情况

你会发现，由于 a、b 分别和 px、py 存储的地址相同，因此 a、b 也分别指向了变量 x 和变量 y。注意，每次对指针解引用进行的操作都是对指针指向的对象进行操作，那么执行函数 f 的函数体的过程中，变量的变化情况如图 2-3 所示。

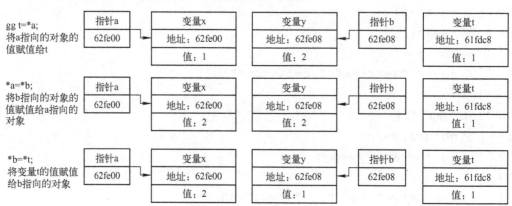

图 2-3　执行函数 f 的函数体的过程中，变量的变化情况

你会发现，从始至终，指针 a 和指针 b 的值都没有变化，所有的赋值操作都是在指针指

向的对象上进行的，所以说指针实现的是对对象的间接访问。因此，即使用指针做形参，实现的是传值调用，依然可以改变变量 x 和变量 y 的值。

实际上，还可以对本小节提出的代码做出一定的简化（注意第 12 行代码）：

```
1   #include<bits/stdc++.h>
2   using namespace std;
3   using gg=long long;
4   void f(gg* a,gg* b){
5       gg t=*a;
6       *a=*b;
7       *b=t;
8       cout<<"a="<<*a<<",b="<<*b<<"\n";
9   }
10  int main(){
11      gg x=1,y=2;
12      f(&x,&y);
13      cout<<"x="<<x<<",y="<<y<<"\n";
14      return 0;
15  }
```

2.3.4　函数重载

如果同一作用域内的几个函数名字相同但形参列表不同，称之为重载函数。所谓形参列表不同，通常指的是形参个数或形参类型不同。当调用这些函数时，编译器会根据传递的实参类型或实参个数推断想要的是哪个函数。

可以看一下下面的代码：

```
1   #include<bits/stdc++.h>
2   using namespace std;
3   void f(int i){cout<<i<<"\n";}
4   void f(int i,int j){cout<<i<<" "<<j<<"\n";}
5   void f(double i){cout<<i<<"\n";}
6   int main(){
7       f(1);        //调用 f(int i)函数
8       f(1,2);      //调用 f(int i,int j)函数
9       f(1.1);      //调用 f(double i)函数
10      return 0;
11  }
```

输出结果为：

```
1   1
2   1 2
3   1.1
```

上面的代码中，定义了 3 个具有相同名字的函数 f，它们接受不同的参数：只接受一个 int

类型参数；接受两个 int 类型参数；只接受一个 double 类型参数。当调用函数 f 时，编译器会根据传递的实参类型或实参个数推断想要的是哪个函数。因此，第 7、8、9 行代码调用的函数名字虽然相同，但实质上它们分别调用了不同的函数。

2.3.5　默认参数

所谓默认参数，就是在声明函数的某个参数的时候为之指定一个默认值，在调用该函数的时候如果你没有向这个参数传递一个实参进行该形参的初始化，这个参数就会使用指定的默认值进行初始化。

听起来很抽象是不是？可以直接看下面的代码：

```
1  #include<bits/stdc++.h>
2  using namespace std;
3  using gg=long long;
4  void f(gg i,gg j=0){cout<<i<<" "<<j<<"\n";}
5  int main(){
6      f(1);
7      f(1,2);
8      return 0;
9  }
```

输出结果为：

```
1  1 0
2  1 2
```

上面的代码中，函数 f 就是一个带有默认参数的函数。通过输出结果就可以发现：第 6 行代码调用函数 f 时，没有指定形参 j 对应的实参值，形参 j 默认被初始化为 0；第 7 行代码调用函数 f 时，指定了形参 j 对应的实参值 2，形参 j 就被初始化为 2。

要注意的是，**带默认值的参数必须放在参数列表的最后面**，否则会报编译错误。例如，"void f(int i=0, int j)" 这样的函数签名是无法通过编译的。

2.3.6　C++标准库中的常用数学函数

在程序中也经常进行一些数学运算，如取绝对值、指数运算、对数运算、三角运算等。C++标准库中的 cmath 头文件中定义了一组函数来进行这些操作。表 2-1 主要列举了在程序设计竞赛和考试中比较常用的一些数学函数以供读者参考。

表 2-1　常用的数学函数

函　数	功　　能
abs(x)	返回 x 的绝对值
max(a,b)	返回 a、b 中的最大值（a、b 必须同类型）
min(a,b)	返回 a、b 中的最小值（a、b 必须同类型）
exp(x)	返回 e^x 的值
exp2(x)	返回 2^x 的值
log(x)	返回 ln x 的值
log10(x)	返回 lg x 的值
log2(x)	返回 $\log_2 x$ 的值
pow(x,y)	返回 x^y 的值
sqrt(x)	返回 $\sqrt{x}$ 的值
cbrt(x)	返回 $\sqrt[3]{x}$ 的值
hypot(x,y)	返回 $\sqrt{x^2+y^2}$ 的值
sin(x)	返回 sin(x)的值
cos(x)	返回 cos(x)的值
tan(x)	返回 tan(x)的值
asin(x)	返回 arcsin(x)的值
acos(x)	返回 arccos(x)的值
atan(x)	返回 arctan(x)的值
ceil(x)	返回将 x 向上取整后的值
floor(x)	返回将 x 向下取整后的值
trunc(x)	返回将 x 向零取整后的值
round(x)	返回将 x 四舍五入后的值
tgamma(x)	返回 $(x-1)!$ 的值，x 必须是正整数

例题 2-1　【PAT B-1026】程序运行时间

【题意概述】

给出两个时钟打点数 C_1 和 C_2，假设常数 CLK_TCK 为 100，求 C_1 到 C_2 间的时间。注意，运行时间（单位为：

秒）为 $(C_2 - C_1) \div CLK\_TCK$。

【输入输出格式】

输入在一行中顺序给出 2 个整数 C_1 和 C_2，且 $C_1 < C_2$。

运行时间必须按照"hh:mm:ss"（即 2 位的时:分:秒）格式输出。时间不足 1 秒要四舍五入到秒。

【数据规模】

$$0 \leqslant C_1, C_2 \leqslant 10^7$$

【算法设计】

可以很轻松地求出以秒为单位的运行时间，那么如何得到"时:分:秒"格式下的时间呢？假设以秒为单位的运行时间为 t，"时:分:秒"格式下的时分秒数分别为 h、m、s，有以下公式：

$$h = \lfloor t/3600 \rfloor$$
$$m = \lfloor t/60 \rfloor \bmod 60$$
$$s = t \bmod 60$$

秒数的四舍五入可以用 round 函数来实现。

【C++代码】

```cpp
1    #include<bits/stdc++.h>
2    using namespace std;
3    using gg=long long;
4    int main(){
5        ios::sync_with_stdio(false);
6        cin.tie(0);
7        gg ai,bi;
8        cin>>ai>>bi;
9        ai=round((bi-ai)/100.0);
10       cout<<setfill('0')<<setw(2)<<ai /3600<<":"<<setw(2)
11          <<ai /60 % 60<<":"<<setw(2)<<ai % 60;
12       return 0;
13   }
```

例题 2-2　【PAT B-1063】计算谱半径

【题意概述】

在数学中，矩阵的"谱半径"是指其特征值的模集合的上确界。换言之，对于给定的 n 个复数空间的特征值，它们的模为实部与虚部的二次方和的开方，而"谱半径"就是最大模。

现在给定一些复数空间的特征值，请你计算并输出这些特征值的谱半径。

【输入输出格式】

输入第一行给出正整数 N 是输入的特征值的个数。随后 N 行，每行给出 1 个特征值的实部和虚部，其间以空格分隔。注意，题目保证实部和虚部均为绝对值不超过 1000 的整数。

在一行中输出谱半径，四舍五入保留小数点后 2 位。

【数据规模】

$$N \leqslant 10^4$$

47

【C++代码】

```
1    #include<bits/stdc++.h>
2    using namespace std;
3    using gg=long long;
4    int main(){
5        ios::sync_with_stdio(false);
6        cin.tie(0);
7        gg ni;
8        cin>>ni;
9        double ans=0;
10       while(ni--){
11           gg ai,bi;
12           cin>>ai>>bi;
13           ans=max(ans,hypot(ai,bi));
14       }
15       cout<<fixed<<setprecision(2)<<ans;
16       return 0;
17   }
```

2.4 内置数组

数组是把相同数据类型的变量组合在一起而产生的数据集合，**数组的元素个数是固定不变的**。

2.4.1 一维数组

一维数组的定义格式如下：

数据类型　数组名[数组大小]；

数组大小一般是大于 0 的整型字面值常量，它规定了数组中元素的个数。在 C++中，用整型变量作为数组大小也是可以的。例如，下面两种数组的定义都是可以的：

```
1   gg a[5];            //用整型字面值常量作为数组大小
2   gg k=5;
3   gg b[k];            //用整型变量作为数组大小
```

可以采用下面的语法访问数组中的特定元素，同时，也要确保下标访问不要越界：

数组名[下标]；

对于长度为 size 的一维数组，只能访问下标为 0 ~ size − 1 的元素。例如，定义 gg a[3]之后，允许正常访问的元素是 a[0]、a[1]、a[2]，而没有 a[3]这个元素，也就是说计算机程序都是从 0 计数的，这和日常生活中的计数方法是不一样的，初学者要特别注意。另外，在访问某个下标的元素时，一定要确保数组中含有这样的元素，否则会造成数组访问越界的段错误，这是许多莫名其妙的错误的来源。就像刚才所说，你不能在含有 3 个元素的数组类型变量 a 中，访问 a[3]这个元素。

可以对数组的元素进行**列表初始化**，即利用花括号括起来的多个初始元素值赋值给数组对象的方法。列表初始化是非常简洁的初始化数组的方法。对数组进行列表初始化时，允许忽略数组的长度。如果在声明时没有指明长度，编译器会根据初始值的数量计算并推测出来；相反，如果指明了长度，那么初始值的总数量不应该超出指定的数组大小，如果长度比提供的初始值数量大，则用提供的初始值初始化靠前的元素，如果是整型数组，剩下的元素将被赋予 0 值。

可以通过下面的代码初始化一维数组：

```
1   gg a[10]{1};            //a[0]被初始化为1，其余元素被初始化为0
2   gg b[]{1,2,3,4,5};      //b是一个包含5个元素的数组
3   b[0]=a[3];              //b中的第1个元素变成了a中的第4个元素0
```

如果想把整个整型数组中的所有元素赋值为 0，只需用一对空的花括号去初始化这个数组就可以了。例如，下面的代码就把一个长度为 10 的一维数组中的所有元素都初始化为 0：

```
1   gg a[10]{};
```

这里还要额外提醒一点，**你无法直接在两个数组之间进行拷贝**。换句话说，下面的代码是无法通过编译的：

```
1   gg a[]{0,1,2,3},b[]{4,5,6,7};
2   a=b;
```

第 1 行代码定义了两个长度为 4 的一维数组，第 2 行代码的本意是将 b 数组中每个元素的值拷贝给 a 数组，但是执行第 2 行代码时会报编译错误"invalid array assignment"，即数组赋值非法。你要意识到这样的赋值操作无法通过编译。

例题 2-3　【PAT B-1012】数字分类

【题意概述】

给定一系列正整数，请按要求对数字进行分类，并输出以下 5 个数字：

1）A_1 = 能被 5 整除的数字中所有偶数的和；

2）A_2 = 将被 5 除后余 1 的数字按给出顺序进行交错求和，即计算 $n_1 - n_2 + n_3 - n_4 + \cdots$；

3）A_3 = 将被 5 除后余 2 的数字的个数；

4）A_4 = 将被 5 除后余 3 的数字的平均数，精确到小数点后 1 位；

5）A_5 = 将被 5 除后余 4 的数字中最大数字。

【输入输出格式】

给出一个正整数 N，随后给出 N 个待分类的正整数，数字间以空格分隔。

按题目要求计算 $A_1 \sim A_5$ 并在一行中顺序输出，数字间以空格分隔，但行末不得有多余空格。若其中某一类数字不存在，则在相应位置输出"N"。

【数据规模】

N ≤ 1000，待分类的正整数不超过 1000。

【算法设计】

定义两个数组 ans 和 num，ans 负责记录 $A_1 \sim A_5$，num 负责记录 $A_1 \sim A_5$ 对应的数字的出现次数。另外还需定义一个辅助变量 help，初始化为 1，每遇到一次被 5 除后余 1 的数字，就让 help 乘上 -1，作为进行交错求和的系数。然后根据题目要求计算 $A_1 \sim A_5$ 即可。输出时要注意，若其中某一类数字不存在，则在相应位置输出"N"。

【C++代码】

```cpp
1   #include<bits/stdc++.h>
2   using namespace std;
3   using gg=long long;
4   int main(){
5       ios::sync_with_stdio(false);
6       cin.tie(0);
7       gg ni,ti,help=1;
8       cin>>ni;
9       gg ans[5]{},
10          num[5]{};    //ans 记录 A[1]~A[5]，num 记录数字出现次数
11      while(ni--){
12          cin>>ti;
13          if(ti % 10==0){  //A[1]
14              ans[0]+=ti;
15              ++num[0];
16          } else if(ti % 5==1){  //A[2]
17              ans[1]+=help * ti;
18              help *=-1;
19              ++num[1];
20          } else if(ti % 5==2){  //A[3]
21              ++ans[2];
22              ++num[2];
23          } else if(ti % 5==3){  //A[4]
24              ans[3]+=ti;
25              ++num[3];
26          } else if(ti % 5==4 and ti>ans[4]){  //A[5]
27              ans[4]=ti;
28              ++num[4];
29          }
30      }
31      for(int i=0;i<5;++i){
32          cout<<(i==0 ? "":" ");
33          if(num[i]==0){
34              cout<<'N';
35          } else{
36              cout<<fixed<<setprecision(i==3 ? 1:0)
37                  <<(i==3 ? ans[i] * 1.0 /num[i]:ans[i] * 1.0);
38          }
39      }
40      return 0;
```

```
41  }
```

2.4.2 数组与指针

数组与指针之间存在着及其密切的关系。把数组第一个元素的地址称为数组的首地址。由于指针存储的是变量的地址，所以可以按照下面的代码获取数组的首地址，并赋值给一个指针变量：

```
1  gg a[10]{};
2  gg* p=&a[0];  //p 存储的就是数组 a 的首地址
```

在 C++中，数组名本身就可以表示数组的首地址，换句话说，你可以直接把数组名当作一种特殊的指针来用。例如，在上面的代码中，可以直接用代码"gg* p= a;"来获取数组的首地址。此外，还可以对存储数组地址的指针进行加减和解引用运算。表 2-2 列举了这些操作的结果。

结合下面的代码能够加深你的理解：

表 2-2　常用的数组指针操作

（a 为存储数组首地址的指针）

操　作	获取的结果
a+i	指向 a[i]的指针
a+i-j	指向 a[i-j]的指针
*(a+i)	相当于 a[i]
(a+i)-(a+j)	a[i]与 a[j]之间的元素个数,相当于 i-j
++a	a 指向的对象移动到下一个元素
--a	a 指向的对象移动到上一个元素

```
1   #include<bits/stdc++.h>
2   using namespace std;
3   using gg=long long;
4   int main(){
5       gg a[10]{0,1,2,3,4,5,6,7,8,9};
6       gg* p=a;     //p 存储的就是数组 a 的首地址
7       cout<<"*p="<<*p<<"\n";
8       gg* m=p+3; //m 是指向 a[3]的指针
9       cout<<"*m="<<*m<<"\n";
10      gg* n=p+7; //n 是指向 a[7]的指针
11      n-=2;        //n 现在是指向 a[5]的指针
12      cout<<"*n="<<*n<<"\n";
13      ++m;         //m 现在是指向 a[4]的指针
14      --n;         //n 现在是指向 a[4]的指针
15      cout<<"m-n="<<(m-n)<<"\n";
16      return 0;
17  }
```

阅读完上面的代码，你理解了数组与指针之间的关系了吗？不妨留给你一个小测试，上面的代码会输出什么？

通过把数组名理解成指针能够加深你对数组的理解，但在实际编码中笔者强烈建议你尽量不要使用指向数组元素的指针。如果要访问数组中的元素，尽量采用"数组名[下标]"的方式，而不要采用指针解引用的方式。因为使用指向数组元素的指针，并进行多种运算，有很多弊端：

第一，不直观，难理解。通过上面的代码就可以发现，同一个指针不同时刻可以指向不同的数组元素，当你使用指向数组元素的指针时，你无法第一时间确定这个指针指向的是数组中哪个元素，你总是需要从该指针的定义处出发，思考完整个程序的执行过程才能确定，这就会增加你编码和 debug 的时间。

第二，在编码过程中，考虑一个指针指向哪一个数组元素极容易出现失误，而 C++又没有检测数组越界的机制，所以在对指针进行加减运算的时候极容易出现数组越界的错误。这和第一点结合起来，一旦出现 bug，debug 的过程将会十分漫长、枯燥和痛苦。事实上，许多 C 语言和 C++的初学者之所以会认为指针与数组非常难，难以掌握，就是因为当指针和数组结合起来使用的时候，很容易出现 bug，而寻找 bug 的过程又非常困难。

所以避免将数组和指针混合使用，是降低程序出现 bug 的可能性的好方法。

2.4.3　二维数组

还可以定义二维数组，定义格式如下：

数据类型　数组名[第一维大小][第二维大小]；

访问其中的具体某一个元素的格式为：

数组名[第一维下标][第二维下标]；

二维数组也可以用列表初始化的方法初始化。下面的代码展示了二维数组的定义、初始化以及访问其中元素的过程：

```
1    //定义了一个 2 行 3 列的数组，并使用列表初始化
2    gg a[2][3]{{1,2,3},{4,5,6}};
3    cout<<a[0][1];  //控制台会打印 2
```

程序设计竞赛和考试中，用到二维数组的情况很多。和一维数组一样，二维数组的数组名本身也可以代表数组首地址。指向二维数组的指针的使用更为复杂，且更容易出现 bug。笔者并不建议使用指向数组的指针。

2.4.4　多维数组

多维数组的定义、初始化和访问元素的语法与二维数组类似，下面直接给出建立三维数组的示例代码：

```
1    gg a[2][3][4]{
2        {{1,2,3,4},{5,6,7,8},{9,10,11,12}},
3        {{1,2,3,4},{5,6,7,8},{9,10,11,12}}
4    };
5    cout<<a[0][1][2];  //控制台会打印 7
```

程序设计竞赛和考试中，用到高于二维的多维数组的情况很少见，你只需稍微了解即可。

2.4.5　数组做函数形参

1．一维数组做函数形参

有时需要用一个一维数组作为函数的形参，这时不需要在形参数组上填写长度。由于一维数组本身的元素个数固定不变，但是又不能从数组本身获取其持有的元素个数，因此一般在用数组做形参时，会额外再定义一个整型形参表示数组持有的元素个数。下面的代码通过

传递数组做参数的方法打印了数组中的所有元素：

```
1    #include<bits/stdc++.h>
2    using namespace std;
3    using gg=long long;
4    void f(gg A[],gg len){
5        for(gg i=0; i<len;++i)
6            cout<<A[i]<<" ";
7    }
8    int main(){
9        gg A[]{1,2,3,4,5};
10       f(A,5);
11       return 0;
12   }
```

输出为：

```
1    1 2 3 4 5
```

由于数组名本身就是个指针，也可以在函数中声明一个指针做形参，然后传递一个数组名做实参，从而调用该函数：

```
1    #include<bits/stdc++.h>
2    using namespace std;
3    using gg=long long;
4    void f(gg* A,gg len){
5        for(gg i=0; i<len;++i)
6            cout<<A[i]<<" ";
7    }
8    int main(){
9        gg A[]{1,2,3,4,5};
10       f(A,5);
11       return 0;
12   }
```

输出为：

```
1    1 2 3 4 5
```

2. 二维数组做函数形参

当用一个二维数组作为函数的形参时，第一维长度可以忽略，但是不能忽略第二维长度！此外，通常还需定义两个整型形参分别表示这个二维数组的第一维长度和第二维长度。下面的代码通过传递数组做参数的方法打印了二维数组中的所有元素：

```
1    #include<bits/stdc++.h>
2    using namespace std;
3    using gg=long long;
4    void f(gg A[][3],gg len1,gg len2){
5        for(gg i=0;i<len1;++i){
```

```
6          for(gg j=0;j<len2;++j){
7              cout<<A[i][j]<<" ";
8          }
9          cout<<"\n";
10     }
11 }
12 int main(){
13     gg A[2][3]{{1,2,3},{4,5,6}};
14     f(A,2,3);
15     return 0;
16 }
```

输出为：

```
1   1 2 3
2   4 5 6
```

在第 2 部分，会介绍大量 C++标准库中定义的容器，其中可以使用 vector 或 array 来实现内置数组的功能。总结来说，内置数组不易使用，且容易出现 bug，笔者建议你在学习第 2 部分后，尽可能使用 vector 或 array 来取代内置数组。

2.5 字符串（1）：string

字符串是程序设计中最为常见的类型。C++语言中，存储字符串的类型有两种，一种是继承自 C 语言的字符数组，一种是 C++标准库中的 string 类型。

相比于字符数组，string 类型使用起来会更为方便，bug 也会更少，所以笔者建议在程序中需要表示字符串时，尽可能地使用 string，而不要使用字符数组。

2.5.1 string 的初始化

C++中利用两个单引号标注起来作为字符常量，利用两个双引号标注起来作为字符串字面值常量。string 变量的初始化方法有很多，以下列举了常见的几种 string 变量的声明和初始化方法：

```
1   string s1;            //s1 是一个空串
2   string s2(s1);        //s2 是 s1 的副本
3   string s3=s1;         //等价于 s3(s1)，s3 是 s1 的副本
4   string s4("value");   //s4 的值为"value"
5   string s5="value";    //等价于 s5("value")，s5 的值为"value"
6   string s6(n,'C');     //把 s6 初始化为由连续 n 个字符'C'组成的串
```

与数组类似，string 变量也可以使用下标"[ ]"索引的方式访问和修改 string 变量中的某个字符：

```
1   string s="123";      //字符串 s 的值为"123"
2   char c=s[1];         //c 的值为'2'
```

```
3    s[1]='a';                      //字符串 s 的值变为"1a3"
```

2.5.2　string 的输入与输出

1. string 的简单输入与输出

string 是 C++标准库中引入的类型，所以无法直接使用继承自 C 语言的 scanf 函数、printf 函数等进行输入输出，只能使用 C++中的 cin、getline()函数进行输入，利用 cout 进行输出。cin 读取字符串遇到**空格符**或**换行符**时会停止，因此当你需要读取用空格或换行符分隔的字符串时可以使用 cin，其语法形式为（s 为 string 类型的变量）：

```
1    cin>>s;
```

那么当你想读取一行可能有空格符的字符串时该怎么办呢？C++中定义了 getline()函数，它读取字符串只有遇到换行符才会停止。其语法形式为：

```
1    getline(cin,s);
```

利用 cout 输出字符串和输出算术类型变量的语法形式是类似的，其语法形式为：

```
1    cout<<s;
```

下面是输入输出 string 变量的示例代码：

```
1    #include<bits/stdc++.h>
2    using namespace std;
3    int main(){
4        string s1,s2;
5        getline(cin,s1);
6        cin>>s2;
7        cout<<s1<<"\n"<<s2;
8        return 0;
9    }
```

若输入为：

```
1    This is a line string.
2    word
```

输出结果为：

```
1    This is a line string.
2    word
```

2. getline 函数的陷阱

字符串的输入输出非常简单，对不对？这里还要讨论一种特殊情形，假设题目的输入数据是：先输入几个整数，然后换行，再输入一行字符串。例如，可以编写一个简单的程序，先读取一个整数，再读取一个字符串（整数和字符串之间有换行）：

```
1    #include<bits/stdc++.h>
2    using namespace std;
3    using gg=long long;
4    int main(){
```

55

```
5        gg n;
6        string s;
7        cin>>n>>s;
8        cout<<n<<"\n"
9            <<s<<"\n"
10           <<"end.";
11       return 0;
12   }
```

若输入为：

```
1   1
2   string
```

输出结果为：

```
1   1
2   string
3   end.
```

结果是不是很正常？但是，如果使用 getline 函数而不是 cin 读取字符串，输入相同时，结果会如何呢？

运行下面的程序：

```
1    #include<bits/stdc++.h>
2    using namespace std;
3    using gg=long long;
4    int main(){
5        gg n;
6        string s;
7        cin>>n;
8        getline(cin,s);
9        cout<<n<<"\n"
10           <<s<<"\n"
11           <<"end.";
12       return 0;
13   }
```

若输入为：

```
1   1
2   string
```

输出结果为：

```
1   1
2
3   end.
```

你会惊奇地发现，输出的第 2 行竟然是一个空行！

这是为什么呢？因为读取的字符串 s 本身就是一个空字符串。输入的数字 1 后面实际上跟了一个换行符，在读取字符串的过程中，cin 会直接忽略这个换行符，而 getline 函数不会忽略这个换行符，所以用 getline 函数读取字符串时，要额外注意，如果是先读取一些数字，接着换行读取一个字符串，要先吸收掉数字后面的换行符，才能保证 getline 函数能够正常读取到字符串。

可以使用"cin.get()"函数吸收数字后面的换行符，cin.get()函数能够读取一个字符。下面的程序展示了它的用法：

```
1    #include<bits/stdc++.h>
2    using namespace std;
3    using gg=long long;
4    int main(){
5        gg n;
6        string s;
7        cin>>n;
8        cin.get();
9        getline(cin,s);
10       cout<<n<<"\n"
11           <<s<<"\n"
12           <<"end.";
13       return 0;
14   }
```

若输入为：

```
1    1
2    string
```

输出结果为：

```
1    1
2    string
3    end.
```

这次输入输出就很正常了。初学阶段，这是非常容易犯的错误，请务必注意！

3. 读取一行内个数不定的整数

题目中的输入数据有时候还会出现这样的情况：所有输入数据均为整数，分为多行，每行个数不定。举个例子，假设要输入 3 行数据，一行内可能有 2 个整数，也可能有 3 个整数，一行内整数用空格字符分隔。你该如何读取这样的输入呢？你可能想使用 getline 函数先将一行内所有整数按字符串形式读取，再用空格字符分割成多个字符串，然后将分割出来的字符串转化为整数。这样的方法显然过于烦琐，时间消耗也比较大。笔者在这里提供一种方法解决这样的问题，请看下面的程序：

```
1    #include<bits/stdc++.h>
2    using namespace std;
3    using gg=long long;
4    int main(){
5        gg a,b,c;
```

```
6        for(gg i=0;i<3;++i){       //读取 3 行数据
7           cin>>a>>b;    //先读取两个整数
8           if(cin.get()=='\n' || cin.eof()){
9               cout<<"(a,b)=("<<a<<","<<b<<")\n";
10          } else{
11              cin>>c;               //读取第 3 个整数
12              cout<<"(a,b,c)=("<<a<<","<<b<<","<<c<<")\n";
13          }
14      }
15      return 0;
16  }
```

若输入为：

```
1  1 2
2  3 4 5
3  6 7
```

输出结果为：

```
1  (a,b)=(1,2)
2  (a,b,c)=(3,4,5)
3  (a,b)=(6,7)
```

程序中最关键的代码是第 8 行代码"cin.get() == '\n' || cin.eof()"的条件，"cin.get() == '\n'"条件负责判断两个整数后面的字符是否为换行符，"cin.eof()"负责判断当前读取是否已到达文件末尾，如果两个整数后面的字符是换行符或者当前读取已到达文件末尾，则表示该行只有两个整数需要读取。注意，使用这样的代码进行判断，你需要保证题目输入数据中每行最后的那个数字之后紧接着换行符，而没有空格符。

这样的输入程序读取某些输入数据时极为方便，建议读者牢记。

2.5.3 字典序比较

本小节主要阐述一个非常重要的概念：字典序。第 2 部分介绍的容器库（包括 string 在内），如果这种数据类型内置了>、>=、<、<=等关系比较运算，那么这四种运算的比较原则都是字典序比较。此外，程序设计竞赛和考试中，也经常会出现如果题目有多解，则让你求字典序最小或者最大的解的要求。因此，本书专门用一个小节来介绍字典序比较，希望你能熟练地掌握它。

字典序，简单来说就是在字典中出现的前后顺序。这么理解好像有些抽象，举一个具体的例子。假设有两个字符串（字符序列）A 和 B，它们存储的字符如下所示：

	0	1	2	3	4
A	a	b	c	d	e
B	a	b	g	h	i

要按照字典序比较这两个序列的大小，需要从前向后逐个元素地进行比较：
1）先比较两个序列的第一个元素 A[0]和 B[0]，发现都是字符 a，即 A[0]==B[0]；

2）比较 A[1]和 B[1]，发现都是字符 b，即 A[1]==B[1]；

3）比较 A[2]和 B[2]，发现 A[2]=='c'，B[2]=='g'，由于 c 在字典中出现在 g 前面，所以 A[2]<B[2]，则序列 A<B，比较结束。

通俗一点来说，假设两个序列并不完全相同，但是一个序列是另一个序列的前缀子序列，如 "abc" 就是 "abcd" 的一个前缀子序列，那么长度短的字典序更小；否则，两个序列中第一个不同的元素的大小比较结果就是这两个序列的比较结果。

如果用数学语言进行描述，它的表述是：对于两个序列 $\{A_0, A_1, \cdots, A_n\}$ 和 $\{B_0, B_1, \cdots, B_m\}$，出现以下两种情况之一时，称序列 A<序列 B：

1）$n<m$ 且对于所有的 $0 \leq i \leq n$，有 $A_i == B_i$；

2）存在 $0 \leq k \leq \min(n, m)$，使得对于所有的 $0 \leq i < k$，有 $A_i == B_i$ 且 $A_k < B_k$。

如果要编码实现针对两个 string 类型变量的字典序比较规则，代码可以是下面这样的：

```
1   bool isSmaller(const string& A,const string& B){
2       gg len=min(A.size(),B.size());
3       for(gg i=0;i<len;++i){
4           if(A[i] !=B[i]){
5               return A[i]<B[i];
6           }
7       }
8       return A.size()<B.size();
9   }
```

在字典序比较规则下，如果 A<B，那么函数 isSmaller 将返回 true，否则返回 false。

以上的举例比较的是字符串，但字典序的含义可以推广到各种类型。如果两个序列都是数字序列，那么字典序认为数字的值小的在字典序中更小。例如，对于两个整数序列 A = {1, 2, 3, 4, 5} 和 B = {1, 2, 3, 5, 6}，如果采用字典序比较方法，那么序列 A<序列 B。

2.5.4　string 中内置的字符串操作

string 中定义了求字符串长度、比较、拷贝等操作，并把它们封装成一个个函数。使用这些函数的语法形式如下：

字符串变量名.函数名(参数列表)

表 2-3 列举了 string 中常用的成员函数，它们可以对 string 字符串变量进行操作。

下面的代码段展示了这些函数的用法：

```
1   #include<bits/stdc++.h>
2   using namespace std;
```

表 2-3　string 中常用的成员函数

函　数	功　能
s.size()	返回 s 中字符的个数
s.empty()	s 为空字符串，即 s.size()==0 时返回 true，否则返回 false
s[n]	返回 s 中第 n 个字符的引用，n 由 0 开始计数
s1+s2	将 s2 附加到 s1 之后，并返回连接后的结果
s1+=s2	将 s1+s2 的结果赋值给 s1
s1=s2	将 s2 拷贝给 s1
s1==s2 s1!=s2	比较字符串 s1 和 s2 所含的字符是否完全相同
s1<s2 s1<=s2 s1>s2 s1>=s2	按字典序比较字符串 s1 和 s2
s.front()	返回 s 的第一个字符的引用
s.back()	返回 s 的最后一个字符的引用

59

```
3    int main(){
4        string s1,s2,s;
5        cin>>s1>>s2;
6        cout<<"s1.size()="<<s1.size()<<"\n";//输出 s1 存储的字符串的长度
7        s=s1;   //将 s1 字符串拷贝给 s
8        cout<<"s="<<s<<"\n";   //输出 s 存储的字符串
9        cout<<"(s<s2):"<<(s<s2)<<"\n";//输出字符串 s 和 s2 大小的比较结果
10       s+=s2;   //将 s2 存储的字符串附加到 s 之后
11       cout<<"s="<<s<<"\n";
12       return 0;
13   }
```

若输入为：

```
1    abc def
```

输出结果为：

```
1    s1.size()=3
2    s=abc
3    (s<s2):1
4    s=abcdef
```

2.5.5 C++标准库中的常用字符处理函数

在程序中经常需要对单个字符进行某种处理，如判断一个字符是否是数字字符、将大写字母转换成小写字母等。C++标准库中的 cctype 头文件中定义了一组函数来进行这些操作。表 2-4 主要列举了在程序设计竞赛和考试中比较常用的一些字符处理函数以供读者参考。

表 2-4 常用的字符处理函数（c 为 char 型变量）

函　　数	功　　能
isalnum(c)	当 c 是字母或数字时返回真，否则返回假
isalpha(c)	当 c 是字母时返回真，否则返回假
isdigit(c)	当 c 是数字时返回真，否则返回假
islower(c)	当 c 是小写字母时返回真，否则返回假
isupper(c)	当 c 是大写字母时返回真，否则返回假
tolower(c)	如果 c 是大写字母，返回对应的小写字母，否则原样返回 c
toupper(c)	如果 c 是小写字母，返回对应的大写字母，否则原样返回 c

2.5.6 例题剖析

string 是非常常用的类型，程序设计竞赛和考试中也经常考查字符串处理的相关问题，本小节希望结合几道例题进一步帮助你掌握 string。

例题 2-4 【PAT B-1006】换个格式输出整数

【题意概述】

用字母 "B" 表示 "百"、字母 "S" 表示 "十"，用 "12…n" 表示不为 0 的个位数字。换个格式来输出任一个不超过 3 位的正整数。例如，234 应该被输出 "BBSSS1234"，因为它有 2 个 "百"、3 个 "十"，以及个位的 4。

【输入输出格式】

输入一个正整数 n。

用规定的格式输出 n。

【数据规模】

$$n < 1000$$

【算法设计】

由于要遍历每一位的数字，可以直接将输入数据读取为一个 string 类型变量。然后遍历所有的字符，按照要求的形式进行输出即可。

【注意点】

输入的数字不一定正好有 3 位。例如，输入如果是 23，输出应为 "SS123"。因此还需要通过整个字符串长度来确定需要输出的字符。

【C++代码】

```
1   #include<bits/stdc++.h>
2   using namespace std;
3   int main(){
4       ios::sync_with_stdio(false);
5       cin.tie(0);
6       string ni;
7       cin>>ni;
8       int s=ni.size();  //s 为字符串长度
9       for(int i=0;i<s;++i){
10          //j 不仅负责计数，还负责遍历从 '1' 到 n[i] 之间的字符
11          for(char j='1';j<=ni[i];++j){
12              //i 为 s-3 说明是百位，i 为 s-2 说明是十位，否则是个位
13              cout<<(i==s-3 ? 'B':i==s-2 ? 'S':j);
14          }
15      }
16      return 0;
17  }
```

例题 2-5 【PAT B-1031】查验身份证

【题意概述】

一个合法的身份证号码由 17 位地区、日期编号和顺序编号加 1 位校验码组成。校验码的计算规则如下：

首先对前 17 位数字加权求和，权重分配为{7, 9, 10, 5, 8, 4, 2, 1, 6, 3, 7, 9, 10, 5, 8, 4, 2}；然后将计算的和对 11 取模得到值 Z；最后按照以下关系对应 Z 值与校验码 M 的值：

Z	0	1	2	3	4	5	6	7	8	9	10
M	1	0	X	9	8	7	6	5	4	3	2

现在给定一些身份证号码，请验证校验码的有效性，并输出有问题的号码。

【输入输出格式】

输入第一行给出正整数 N 是输入的身份证号码的个数。随后 N 行，每行给出 1 个 18 位身份证号码。

按照输入的顺序每行输出 1 个有问题的身份证号码。这里并不检验前 17 位是否合理，只检查前 17 位是否全为数字且最后 1 位校验码计算准确。如果所有号码都正常，则输出 "All passed"。

【数据规模】

$$N \leqslant 100$$

【算法设计】

题目并不难，只是模拟起来略微有些复杂，建议你先手动编码实现一下，再来看下面的代码，相信一定能够有所收获。

【C++代码】

```
1   #include<bits/stdc++.h>
2   using namespace std;
3   using gg=long long;
4   int main(){
5       ios::sync_with_stdio(false);
6       cin.tie(0);
7       gg ni;
8       cin>>ni;
9       string si;
10      gg weight[]={7,9,10,5,8,4,2,1,6,3,7,9,10,5,8,4,2};//前17位权重
11      string m="10X98765432";   //模11取余后的字符
12      bool pass=true;
13      while(ni--){
14          cin>>si;
15          bool f=true;   //记录当前身份证是否有问题
16          gg sum=0;
17          for(int i=0;i<17 and f;++i){
18              if(not isdigit(si[i])){
19                  f=false;
20              } else{
21                  sum+=(si[i]-'0') * weight[i];
22              }
23          }
24          if(m[sum % 11] !=si.back() or not f){
```

```
25              cout<<si<<'\n';
26              pass=false;
27          }
28      }
29      if(pass)
30          cout<<"All passed";
31      return 0;
32  }
```

例题 2-6　【PAT B-1067】试密码

【题意概述】

当你试图登录某个系统却忘了密码时,系统一般只会允许你尝试有限多次,当超出允许次数时,账号就会被锁死。本题就请你实现这个小功能。

【输入输出格式】

输入在第一行给出一个密码(长度不超过 20 的不包含空格、Tab、回车的非空字符串)和一个正整数 N,分别是正确的密码和系统允许尝试的次数。随后每行给出一个以回车结束的非空字符串,是用户尝试输入的密码。输入保证至少有一次尝试。当读到一行只有单个“#”字符时,输入结束,并且这一行不是用户的输入。

对用户的每个输入,如果是正确的密码且尝试次数不超过 N,则在一行中输出“Welcome in”,并结束程序;如果是错误的,则在一行中按格式输出“Wrong password: 用户输入的错误密码”,当错误尝试达到 N 次时,再输出一行“Account locked”,并结束程序。

【数据规模】

$$N \leqslant 10$$

【注意点】

用户输入的密码是空行可能包含空格,需要用 getline 函数输入而不能用 cin。

【C++代码】

```cpp
1  #include<bits/stdc++.h>
2  using namespace std;
3  using gg=long long;
4  int main(){
5      ios::sync_with_stdio(false);
6      cin.tie(0);
7      string ci,in;
8      gg ni;
9      cin>>ci>>ni;           //读取密码和输入次数
10     cin.get();             //吸收换行符
11     while(getline(cin,in) and in !="#"){
12         if(in==ci){        //密码正确
13             cout<<"Welcome in\n";
14             break;
```

```
15            }
16            cout<<"Wrong password:"<<in<<'\n';
17            if(--ni==0){          //输入次数达到上限
18                cout<<"Account locked\n";
19                break;
20            }
21        }
22        return 0;
23    }
```

2.6　字符串（2）：字符数组

字符数组实质上是 C++语言为了兼容 C 语言才保留下来的字符串类型。在 C++中，字符数组更常用的名称是"C 风格字符串"，它实质上就是 char 类型的一维数组，凡是在一维数组上能够实现的操作在字符数组中也都能够实现。但是字符数组和普通数组也有不同之处，本节主要讲述字符数组的具体用法及其输入与输出。笔者更建议你使用 string 类型存储字符串，而不要用字符数组。

2.6.1　字符数组的初始化和存储方法

与 string 类似，可以采取下面的代码初始化一个字符数组：

```
1    char s[4]="str";
```

你会发现，字符串"str"只有 3 个字符，但是字符数组 s 的长度却是 4，这是必须的吗？这并不是必须的，但是字符数组 s 的长度只能大于等于 4，不能比 4 小，这是为什么呢？可以看一下字符数组 s 中是如何存储"str"这个字符串的：

下标	0	1	2	3
字符	s	t	r	\0

你会发现，在 s[3]处，存储了一个"str"中没有的"\0"字符，这个"\0"是什么呢？"\0"的 ASCII 码是 0，在用字符数组存储字符串时，它总会自动添加到字符串的末尾，作为**字符串结束的标志**。所以，在用字符数组存储字符串时，一定要注意字符数组的大小至少要比字符串长度多 1。

2.6.2　字符数组的输入与输出

1. scanf 函数输入，printf 函数输出

在 1.7 节，笔者讲述过字符数组输入输出的格式控制符是"%s"，单个字符输入输出的格式控制符是"%c"。%c 能够识别空格符和换行符并将其输入，而%s 通过空格符或换行符来识别一个输入的字符串的结束。注意，在读取一个输入的字符串时，定义的字符数组的长度至少要比输入的字符串长度多 1。另外，输入字符串时，字符数组名前不用加取地址符"&"，这是因为数组名相当于一个指针，指针就存放着变量的地址，无须再使用取地址符提取一次地址了。示例代码如下：

```
1   #include<bits/stdc++.h>
2   using namespace std;
3   int main(){
4       char input[10];
5       scanf("%s",input);
6       printf("%s",input);
7       return 0;
8   }
```

输入下面的字符串：

```
1   TAT TAT TAT
```

输出结果为：

```
1   TAT
```

2. fgets 函数输入，puts 函数输出

fgets 函数用来读取整行字符串，它与 scanf 函数的区别在于，scanf 函数读取字符串遇到空格符或换行符就会停止，而 fgets 函数只有读取完换行符后才会停止。这样你就可以使用 fgets 函数读取包含空格字符的字符串。fget 函数的语法为：

fgets(字符数组名,字符数组长度,stdin);

你可能使用过 gets 函数读取整行字符串，但是 gets 函数在 C11 标准中已经被废弃，笔者建议以后不要再使用 gets 函数，如有需要使用 fgets 函数作为 gets 函数的替代品。同样，字符数组长度也要比输入的整行字符个数至少多 1。这里要尤其注意，fgets 函数会读取换行符，即用 **fgets 函数读取的字符数组，在末尾的 "\0" 字符之前都会有一个换行符！**

puts 函数用来输出字符串，并在其后紧跟一个换行符。puts 函数的语法为：

puts(字符数组名);

因此，当你仅仅需要输出一个空行时，可以使用下面的代码：

puts("");

使用 fgets 函数读入，puts 函数输出的示例代码如下：

```
1   #include<bits/stdc++.h>
2   using namespace std;
3   int main(){
4       char input[3][10];        //二维数组
5       for(gg i=0;i<3;++i)        //读取三行字符串
6           fgets(input[i],10,stdin);
7       for(gg i=0;i<3;++i)
8           puts(input[i]);
9       return 0;
10  }
```

若输入为：

```
1   123 123
```

```
2   TAT TAT
3   55555
```

输出结果为：

```
1   123 123
2
3   TAT TAT
4
5   55555
6
```

2.6.3　cstring 头文件中处理字符数组的函数

在使用字符数组存储字符串时，经常需要进行求字符串长度、比较、拷贝等操作。注意，字符数组本身是不能直接进行这些操作的，只能借助外部的函数实现这些功能。表 2-5 列举了 C++语言标准库提供的一组函数，这些函数可用于操作字符数组，它们定义在 cstring 头文件中，cstring 是 C 语言头文件 string.h 的 C++版本。

表 2-5　cstring 头文件中处理字符数组的常用函数（p、p1、p2 代表字符数组）

函　　数	功　　能
strlen(p)	返回 p 中 "\0" 字符前字符的个数
strcmp(p1,p2)	返回两个字符串大小的比较结果，比较原则是按字典序。如果 p1==p2，返回 0；如果 p1>p2，返回一个正值（不一定是+1）；如果 p1<p2，返回一个负值（不一定是-1）
strcat(p1,p2)	将 p2 附加到 p1 之后
strcpy(p1,p2)	将 p2 拷贝给 p1

下面的代码段展示了这些函数的用法：

```
1   #include<bits/stdc++.h>
2   using namespace std;
3   int main(){
4       char p1[100]="",p2[100]="",p[100]="";
5       scanf("%s%s",p1,p2);
6       printf("%d\n",strlen(p1));        //输出 p1 存储的字符串的长度
7       strcpy(p,p1);                     //将 p1 字符串拷贝给 p
8       puts(p);                          //输出 p 存储的字符串
9       printf("%d\n",strcmp(p,p2));      //输出字符串 p 和 p2 大小的比较结果
10      strcat(p,p2);                     //将 p2 存储的字符串附加到 p 之后
11      puts(p);
12      return 0;
13  }
```

若输入为：

```
1   abc def
```

输出结果为：

```
1   3
2   abc
3   -1
4   abcdef
```

2.7　C++语法补充

本节主要补充介绍一些边边角角的 C++语法，这些语法不仅可以用在程序设计竞赛和考试中，在平时的工程项目开发中也可以起到一定的作用。

2.7.1　类型别名

目前遇到的类型名都比较简单，但在第 2 部分会遇到许多复杂的类型名，如 "unordered_map<string, int>::iterator"，你现在还无须知道这个类型能用来做什么，到第 2 部分会具体讲解。如果在程序中需要多次使用这样的类型名，那么代码就会显得比较冗长，编码时间也会增加。C++中引入了类型别名，它相当于为一个类型起了一个别名。当为一个类型定义一个类型别名之后，在后续的所有代码中都可以用这个别名代替原有的类型名。定义类型别名的方法有两种：typedef 和 using。

typedef 实质上是 C++从 C 语言继承而来的定义类型别名的方法。它的语法是：

```
typedef 原类型名 类型别名;
```

下面的代码就通过 typedef 定义类型别名的方式声明了一个 long long 类型的变量：

```
1   typedef long long gg;
2   gg i=1;          //相当于代码 long long i=1;
```

通过 using 声明也可以定义一个类型别名，它的语法是：

```
using 类型别名=原类型名;
```

下面的代码就通过 using 定义类型别名的方式声明了一个 long long 类型的变量：

```
1   using gg=long long;
2   gg i=1;          //相当于代码 long long i=1;
```

在需要使用类型别名时，笔者更建议你使用 using 声明而不要使用 typedef。[⊖]

2.7.2　const 限定符

有时希望定义一种值不能被改变的量，这样的量称为常量。为了满足这一要求，C++中引入关键字 const 加以限定[⊜]：

```
1   const double pi=3.1415926;
2   pi=4.0;
```

⊖　具体原因的探讨已经超出本书的范围，如果你对此有兴趣，可以查看 Scott Meyers 的著作 *Effective Modern C++* 的条款 9。

⊜　C++11 引入了"constexpr"限定符来指定编译期常量，但在程序设计竞赛和考试中，一般 const 就可以满足需要。

第 1 行代码定义了一个 double 类型的常量 pi，而第 2 行代码希望修改 pi 的值，这会报编译错误 "error: assignment of read-only variable 'pi'"，意思是 pi 是 "只读" 的，即 pi 是个常量，值不能被修改。

2.7.3　auto 类型说明符

C++11 标准引入了 auto 类型说明符，它能够让编译器替你去分析表达式所属的类型，通过变量的初始值来推算变量的类型。显然，**auto 定义的变量必须有初始值**：

```
1   auto i=a+b;
```

i 的初始值将是变量 a 和变量 b 相加的结果。编译器会根据 i 的初始值自动推断变量 i 的类型。如果 a 和 b 都是 int 类型，那么 i 的类型就是 int；如果 a 和 b 都是 double 类型，那么 i 的类型就是 double。以此类推。

使用 auto 也能在一条语句中声明多个变量。因为一条声明语句只能有一个基本数据类型，所以该语句中所有变量的初始基本数据类型都必须一样：

```
1   auto i=1+3,j=5;          //正确，i 和 j 都是 int 类型
2   auto m=3.14,n=3;         //语法错误，m 是 double 类型，n 是 int 类型
```

额外需要注意的是，当需要利用 auto 声明一个引用和 const 类型时，一般需要手动添加[⊖]：

```
1   auto i=1+3;              //i 为 int 类型
2   auto& m=i;              //m 是绑定在变量 i 上的一个 int 型引用
3   const auto n=i;          //n 是值为 4 的常量
```

相信当你了解了 auto 以后，一定会爱上这个语法。但是 auto 推导的类型并不都是想要的类型，有时一不留神也会出现错误，而且这种错误非常隐蔽，排查起来相当麻烦。不妨猜一猜，运行下面的代码会得到怎样的输出结果？

```
1   #include<bits/stdc++.h>
2   using namespace std;
3   int main(){
4       string s="123";
5       for(auto i=s.size()-1;i>=0;--i)
6           cout<<s[i];
7       return 0;
8   }
```

你可能会很自信，这么简单的代码还需要编码运行吗？凭借肉眼一看，就知道这个程序的作用就是倒序输出字符串 s 中的所有字符，所以输出结果是 "321"。如果你真的这样想，那么很遗憾，你的想法是错误的！请你在你自己的机器上编码验证一下。在笔者的机器上，这个程序的部分输出结果是：

```
1   321            b            @                  鷅€      qh      @,
```

⊖ 可以利用 "万能引用" 和 decltype 让 auto 推导出引用和 const 类型，但这已经超出本书的范围，如果你对此有兴趣，可以查看 Scott Meyers 的著作 *Effective Modern C++* 的第 1 章。

注意，这只是部分输出，上面的程序实际上陷入了**死循环**！输出是永远不会停止的。这是为什么呢？

问题就出在 auto 说明符上，仔细研究一下代码"auto i = s.size() - 1;"，你觉得 i 被推导成什么类型了呢？你可能会以为是 int 或 long long 类型，但事实上 i 被推导成了一种无符号整数类型，这是因为"s.size()"函数返回的就是一个无符号整数类型。本书中没有详细介绍过这种类型，因为在程序设计竞赛和考试中，一般不会用到无符号整数类型。你可以将无符号整数类型当作只能表示非负整数的整型。整个 for 循环中，i 的初始值是 3，经过不断递减变成 0，再次递减时，它的值变成-1，但是由于 i 是无符号整数类型，不能表示负数，因此计算机会将"-1"解释成非常大的正整数值（具体数值依具体机器而异），所以依然满足"i>=0"的条件。由于 C++没有越界检测机制，即使这个正整数值已经超过了字符串的长度，循环体依然可以继续执行，所以程序会有莫名其妙的输出。更重要的是，即便 i 从这个正整数值递减到 0，依然会因为刚刚解释的原因，i 的值会再次回到那个非常大的正整数值，继续循环。所以整个程序会陷入死循环。

想要更正这个程序也很简单，把 auto 改为 int 或者 long long 类型即可。例如：

```
1   #include<bits/stdc++.h>
2   using namespace std;
3   using gg=long long;
4   int main(){
5       string s="123";
6       for(gg i=s.size()-1;i>=0;--i)
7           cout<<s[i];
8       return 0;
9   }
```

输出为：

```
1   321
```

因此，笔者建议你在程序设计竞赛和考试中，尽量不要用 auto 推导算术类型，除非你确保 auto 推导出来的类型是你想要的。

2.7.4 范围 for 语句

范围 for 语句是 C++11 引入的又一语法糖。通过范围 for 语句可以利用非常简单的代码遍历一个容器或内置数组中的所有元素。目前接触到的容器只有一个 string，它是持有 char 类型字符的一个容器，在第 2 部分会介绍更多的容器，它们都可以用范围 for 语句进行遍历。而 C++中的内置数组实际上是从 C 继承来的，严格来讲内置数组不能算是容器。范围 for 语句的语法是：

```
for(元素类型 变量名:容器或数组名){
    //循环体内要执行的语句
}
```

在范围 for 语句中定义一个变量，容器或者数组中的每个元素都要能转换成该变量的类型。确保类型相容，最简单的办法是使用 auto 类型说明符，这个关键字可以让编译器帮助指定合适的类型。范围 for 语句中每次迭代都会重新定义循环控制变量，并将其初始化成序列中的下一个值，之后才会执行循环体，所有元素都处理完毕后循环终止。

下面的代码展示了范围 for 语句的一个用法：

```
1  #include<bits/stdc++.h>
2  using namespace std;
3  using gg=long long;
4  int main(){
5      gg a[]={1,2,3,4,5};
6      for(gg i:a){
7          cout<<i<<" ";
8      }
9      return 0;
10 }
```

输出结果为：

```
1  1 2 3 4 5
```

第 6 行到第 8 行就组成了一个范围 for 语句。第 6 行中声明的变量 i 会被赋值为序列中的每一个元素，然后执行循环体内的语句被打印出来。与之等价的使用普通 for 循环的代码如下：

```
1  #include<bits/stdc++.h>
2  using namespace std;
3  using gg=long long;
4  int main(){
5      gg a[]={1,2,3,4,5};
6      for(gg i=0;i<5;++i){
7          cout<<a[i]<<" ";
8      }
9      return 0;
10 }
```

范围 for 语句是不是显得简洁多了？但要注意的一点是，刚刚举的例子中的变量 i 实质是数组 a 中每一个元素的一个拷贝，也就是说，如果对变量 i 的值进行修改，数组 a 中元素的值是不会随之改变的。所以，如果需要对序列中的元素执行写操作，循环变量必须声明成引用类型。例如，下面的代码将数组中的每一个元素进行了翻倍：

```
1  #include<bits/stdc++.h>
2  using namespace std;
3  using gg=long long;
4  int main(){
5      gg a[]={1,2,3,4,5};
6      for(auto& i:a)
7          i *=2;
8      for(gg i:a)
```

```
9          cout<<i<<" ";
10     return 0;
11 }
```

输出结果为：

```
1   2 4 6 8 10
```

上面的例子中还展示了在范围 for 语句中使用 auto 类型说明符的方法。

范围 for 语句的遍历对象除了是数组和容器外，还可以是一对花括号括起来的初始值列表。例如，下面的代码计算了 1~5 这 5 个数字之和：

```
1    #include<bits/stdc++.h>
2    using namespace std;
3    using gg=long long;
4    int main(){
5        gg sum=0;
6        for(auto i:{1,2,3,4,5})
7            sum+=i;
8        cout<<sum;
9        return 0;
10   }
```

输出结果为：

```
1   15
```

下面的程序实现了将字符串中所有的小写字母转换成大写字母、大写字母转换成小写字母的功能：

```
1    #include<bits/stdc++.h>
2    using namespace std;
3    int main(){
4        string s;
5        cin>>s;
6        for(char& c:s){
7            if(islower(c)){
8                c=toupper(c);
9            } else if(isupper(c)){
10               c=tolower(c);
11           }
12       }
13       cout<<s;
14       return 0;
15   }
```

若输入为：

```
1   abcABC
```

则输出为：

```
1   ABCabc
```

2.8 类和对象

类和**对象**是 C++面向对象编程的核心。在 C++语言中，使用类定义自己的数据类型。通过定义新的类型来反映待解决问题中的各种概念，使编写、调试和修改程序更容易。前面介绍的类型 string 就是一个类。

你可能会问：什么是类和对象？类就是一种自定义的数据类型，当你想自己设计一种数据类型时，就可以使用类，而通过类类型定义的变量就是该类的对象。

考虑这样一个问题：假设要设计一个学校或公司人员的详细信息表，其中要统计每个人的姓名（name）、性别（gender）、年龄（age）、手机号码（phone number）、住址（address）等信息。如果分别用前面介绍的 C++自带的数据类型来表示，那么表示起来会相当麻烦，操作起来也很不方便。这时可以设计一个自定义的新类型 Person，来表示每个人的详细信息。这个新类型 Person 就是一个类,而使用这个类定义的每个变量就是一个个 Person 类型的对象。

C++中关于类和对象的语法相当繁杂，笔者在这里只介绍在程序设计竞赛和考试中常用的一些简单语法。在接下来的几节中，会以上面提到的类 Person 为例，详细阐述程序设计竞赛和考试中可能涉及到的类和对象的相关语法。

2.8.1 类的定义和实例化

首先，该如何定义一个类呢？C++中定义类的关键字有两个：struct 和 class。如果你了解过 C 语言的话，会发现 C 语言中用来定义结构体的关键字就是 struct。但是 C++中没有结构体的概念，只有类的概念，可以通过 struct 关键字来定义一个类。struct 和 class 的区别在于 struct 定义的类的默认访问权限是公有的，而 class 定义的类的默认访问权限是私有的。在程序设计竞赛和考试中，并不需要对数据进行封装，相反，如果把默认访问权限设置成私有的，访问起来就会非常麻烦。当然，你如果不清楚默认访问权限和封装的概念也没有关系，你只需要记住：**在程序设计竞赛和考试中，使用 struct 关键字来定义类。**

定义一个类的简单语法可以是：

```
struct 类名{
    //数据成员
};  //注意有分号
```

那么定义一个上述的类 Person 的代码可以是：

```
1   struct Person{
2       string name;            //姓名
3       bool gender;            //性别(男为 true；女为 false)
4       gg age;                 //年龄
5       string phone_number;    //手机号码
6       string address;         //住址
7   };
```

类中使用 C++自带类型以及类类型定义的变量称为**数据成员**。通过上面的代码就定义了一个新的数据类型，就可以通过这个数据类型定义变量了：

```
1    Person p;
2    p.name="zhangsan";
3    p.gender=true;
4    p.age=11;
5    p.phone_number="12345678";
6    p.address="wu";
```

上面的代码创建了一个 Person 类型的变量 p，p 也可称为类类型 Person 的一个对象，而用类创建对象的过程称为**实例化**。上面的代码还展示了如何通过一个对象来引用对象内的某个成员的方法：在对象名和要引用的成员名之间添加一个 "."。例如，第 2~6 行代码就分别对对象 p 的各个成员的值进行了修改。

也可以定义指向某个类类型对象的指针，语法与前面介绍指针时的定义语法是一致的：

```
1    Person* i=&p;
2    i->gender=false;
```

上面的代码定义了一个指向对象 p 的指针 i。同时，上面的代码还展示了如何利用一个指针来引用其指向的对象中的成员：在指针名和要引用的成员名之间添加一个 "->"。这和利用对象来引用成员的方法是不同的，读者要额外注意。

C++11 标准规定，可以为数据成员提供一个**类内初始值**，创建对象时，类内初始值将用于初始化数据成员。下面就使用了类内初始值初始化数据成员：

```
1    struct Person{
2        string name="ZhangSan";  //姓名，使用类内初始值"ZhangSan"初始化
3        bool gender=true;         //性别，使用类内初始值 true 初始化
4        gg age;                   //年龄
5        string phone_number;      //手机号码
6        string address;           //住址
7    };
```

这样当为 Person 类创建一个新的对象时，它的 name 成员的值会默认初始化为 "ZhangSan"，gender 成员的值会默认初始化为 true。

2.8.2　构造函数

构造函数的任务是初始化类对象的数据成员，无论何时只要类的对象被创建，就会执行构造函数。**构造函数的名字和类名相同**。和其他函数不一样的是，**构造函数没有返回类型**。除此之外，类似于其他函数，构造函数也有一个参数列表和一个函数体。类可以包含多个构造函数，和其他重载函数差不多，不同的构造函数之间必须在参数数量或参数类型上有所区别。

你可能会奇怪，在上面的定义类 Person 的代码中，并没有定义构造函数的代码，为什么又说 "无论何时只要类的对象被创建，就会执行构造函数" 呢？这是因为，如果没有显式指定构造函数的话，编译器会自动合成一个默认的构造函数，这个默认的构造函数没有参数，它会针对类的对象执行默认的初始化操作。**当显式定义构造函数时**，**编译器就不会再为类合成默认构造函数了**。笔者建议你在定义类时，都显式定义一个构造函数。这里为定义的 Person

类型显式定义一个构造函数：

```
1   struct Person{
2       string name;                //姓名
3       bool gender;                //性别(男为true；女为false)
4       gg age;                     //年龄
5       string phone_number;        //手机号码
6       string address;   //住址
7       Person(string n,bool g,gg a,string p,string add){//构造函数
8           name=n;
9           gender=g;
10          age=a;
11          phone_number=p;
12          address=add;
13      }
14  };
```

上面的代码就展示了构造函数的定义方法，还有与上面的代码等价的但更精简的写法，即初始化列表：

```
1   struct Person{
2       string name;                //姓名
3       bool gender;                //性别(男为true；女为false)
4       gg age;                     //年龄
5       string phone_number;        //手机号码
6       string address;             //住址
7       Person(string n,bool g,gg a,string p,string add):
8           name(n),gender(g),age(a),phone_number(p),address(add){}
                                    //构造函数
9   };
```

上面介绍的定义构造函数的两种写法是完全等价的。于是可以这样定义 Person 类型的对象：

```
1   Person p("zhangsan",true,11,"12345678","wu");
```

当然，可以将函数重载和默认参数用在构造函数中，这样会使构造函数的语法更加丰富。

2.8.3 成员函数

除构造函数外，还可以在类中定义其他函数。类内定义的函数统称为类的成员函数。

例如，在类 Person 中，希望添加一个函数 setAge，它负责修改某个人的年龄为 a，如果 a 在 1~100 之间就进行修改，否则不进行修改，并返回一个 bool 值表示修改是否成功。那么可以直接在类 Person 的定义中添加一个这样的函数：

```
1   struct Person{
2       string name;                //姓名
3       bool gender;                //性别(男为true；女为false)
```

```
4        gg age;                          //年龄
5        string phone_number;        //手机号码
6        string address;             //住址
7        Person(string n,bool g,gg a,string p,string add):
8            name(n),gender(g),age(a),phone_number(p),address(add){}
                                         //构造函数
9        bool setAge(int a){
10           if(a>=1 && a<=100){
11               age=a;
12               return true;
13           } else{
14               return false;
15           }
16       }
17   };
```

与引用对象的成员类似，调用成员函数的语法同样是在对象名和要调用的成员函数名之间添加一个 "."，在指针名和要调用的成员函数名之间添加一个 "->"。假设在类外创建了这样一个 Person 类的对象 p 以及指向 Person 类对象的一个指针 i，那么调用函数 setAge 的代码为：

```
1   p.setAge(10);
2   i->setAge(10);
```

在 2.5.4 节中介绍的函数都是 string 类型的成员函数。

例题 2-7 【PAT B-1004】成绩排名

【题意概述】

读入 n 个学生的姓名、学号、成绩，分别输出成绩最高和成绩最低学生的姓名和学号。

【输入输出格式】

输入格式为：

第 1 行：正整数 n

第 2 行：第 1 个学生的姓名 学号 成绩

第 3 行：第 2 个学生的姓名 学号 成绩

······

第 n+1 行：第 n 个学生的姓名 学号 成绩

其中，姓名和学号均为不超过 10 个字符的字符串，成绩为 0~100 之间的一个整数，这里保证在一组测试用例中没有两个学生的成绩是相同的。

输出第 1 行是成绩最高学生的姓名和学号，第 2 行是成绩最低学生的姓名和学号，字符串间有 1 个空格。

【数据规模】

n>0，姓名和学号均为不超过 10 个字符的字符串，成绩为 0~100 之间的一个整数，这里保证在一组测试用例中没有两个学生的成绩是相同的。

75

【算法设计】

可以定义一个学生类，包括 3 个数据成员：姓名、学号、成绩。由于只需要求出成绩最高和成绩最低学生的姓名和学号，只需定义一个存储最高成绩学生的对象 Max 和存储最低成绩学生的对象 Min，另外定义一个临时学生类的对象 temp 读取输入数据，并且可以直接在读取输入数据的过程中将 Max、Min 和 temp 逐一进行比较并及时更新。

【C++代码】

```cpp
1   #include<bits/stdc++.h>
2   using namespace std;
3   using gg=long long;
4   struct Student{
5       string name,number;
6       gg score;
7       Student(gg s=0):score(s){}
8   };
9   int main(){
10      ios::sync_with_stdio(false);
11      cin.tie(0);
12      gg ni;
13      cin>>ni;
14      Student Max(-1),Min(101),temp;   //Max 初始成绩为-1, Min 初试成
                                          绩为 101
15      for(gg i=0;i<ni;++i){
16          cin>>temp.name>>temp.number>>temp.score;
17          if(Max.score<temp.score)
18              Max=temp;
19          if(Min.score>temp.score)
20              Min=temp;
21      }
22      cout<<Max.name<<" "<<Max.number<<"\n"
23          <<Min.name<<" "<<Min.number;
24      return 0;
25  }
```

例题 2-8　【PAT A-1006】Sign In and Sign Out

【题意概述】

读入 m 个人的名字、进入房间的时间和离开房间的时间，第一个进房间的人会开门，最后一个离开房间的人会锁门，要求找出开门和锁门的人的名字。

【输入输出格式】

第一行给出一个正整数 m，表示要读取的 m 个人的相关信息，接下来的 m 行每行给出一个人的名字、进入房间的时间和离开房间的时间。其中，姓名为不超过 15 个字符的字符串，时间以 "hh:mm:ss" 格式给出。

输出开门和锁门的人的名字，中间以空格符分隔。

【算法设计】

可以定义一个 Person 类，包括 3 个数据成员：姓名 name、进入房间的时间 in 和离开房间的时间 out。这 3 个数据成员均可以用 string 类型存储。可以利用 string 字典序比较的特性，直接通过比较 in 和 out 得出开门和锁门的人，其中 in 最小的即为开门的人，out 最大的即为锁门的人。

【C++代码】

```
1   #include<bits/stdc++.h>
2   using namespace std;
3   using gg=long long;
4   struct Person{
5       string name,in,out;
6       Person(string n="",string i="99:99:99",string o="00:00:00"):
7           name(n);in(i),out(o){}
8   };
9   int main(){
10      ios::sync_with_stdio(false);
11      cin.tie(0);
12      Person in,out,temp;
13      gg mi;
14      cin>>mi;
15      while(mi--){
16          cin>>temp.name>>temp.in>>temp.out;
17          if(temp.in<in.in){
18              in=temp;
19          }
20          if(temp.out>out.out){
21              out=temp;
22          }
23      }
24      cout<<in.name<<" "<<out.name;
25      return 0;
26  }
```

2.9　再谈变量

2.9.1　全局变量和局部变量

C++中的变量按存储方式可以分为全局变量、局部变量、静态变量等。在程序设计竞赛与考试中，主要关注全局变量和局部变量。

全局变量是指在所有函数外部声明的变量，全局变量的值在程序的整个生命周期内都是有效的，可以被程序内的任何函数访问。局部变量是指在函数或一个代码块内部声明的变量，它们只能被函数内部或者代码块内部的语句使用，离开了声明的函数或者代码块，局部变量即被销毁，不能再被访问。所谓代码块，可以简单理解成两个花括号（{}）括起来的部分。下面的代码段使用了全局变量和局部变量：

```
1    #include<bits/stdc++.h>
2    using namespace std;
3    using gg=long long;
4    gg g=1;                 //全局变量g的值初始化为1
5    int main(){
6        {
7            gg a,b;         //局部变量声明
8            a=10;
9            b=20;
10           g=a+b;          //g的值为30
11       }
12       ++g;                //g的值为31
13       //++a;              //非法，变量a已被销毁，不能再使用
14       return 0;
15   }
```

程序中只有一个 main 函数，变量 g 是定义在 main 函数之外的，所以 g 是全局变量，在整个程序的生命周期内都可被访问，所以在第 10 行代码和第 12 行代码处对变量 g 的访问都是有效的。然而，变量 a 和变量 b 是在第 6 行和第 11 行两个花括号组成的代码块之内声明的，所以变量 a 和变量 b 只在第 6 行和第 11 行代码之间可以被访问，如第 10 行代码处对变量 a 和变量 b 的访问是有效的，而离开了第 6 行和第 11 行代码之间组成的代码块，变量 a 和变量 b 即被销毁，不能再被访问，所以第 13 行代码处对变量 a 的访问是非法的、无效的。如果第 13 行代码不是注释，执行第 13 行代码时会报编译错误 "'a' was not declared in this scope"，即变量 a 没有声明过。

2.9.2　全局区、栈区、堆区

前面讲到过变量存储在内存中，程序运行过程中内存会被划分成多个区域。针对由 C/C++ 编译的程序占用的内存，主要关注以下几个区域：

1）栈区（stack）：由编译器自动分配释放，速度较快，主要存放局部变量、函数参数等。

2）堆区（heap）：一般由程序员分配释放，速度比较慢。若程序员不释放，程序结束时会由操作系统回收。

3）全局区（static）：又称为静态区，主要存放全局变量、静态变量，程序结束后由系统释放。

局部变量、函数参数都存放在栈上。初学阶段，你可以认为介绍过的 string 以及第 2 部分介绍的大部分 C++ 标准库类型中存储的元素都存放在堆上。在程序运行过程中，栈区和全

局区内存空间的分配和使用是由编译器自动完成的，而堆区内存空间的分配和使用只能由手动编码完成。

1. 用 new 分配堆区内存，用 delete 释放堆区内存

在 C++中，使用 new 运算符分配堆区内存，使用 delete 运算符释放堆区内存。注意，new 和 delete 都是**运算符**。

new 运算符负责在堆上分配内存，并返回指向这块内存的指针。它的语法如下：

类型名* 指针变量名=new 类型;

delete 运算符负责释放堆上已分配的内存。它的语法如下：

delete 指针变量名;

举个例子，如果想在堆上创建一个 double 类型的变量，代码可以这样写：

```
1    double* p=new double;
```

释放这片堆内存的代码是：

```
1    delete p;
```

还可以在堆上为自定义的类类型分配内存，并调用需要的构造函数对这片内存进行初始化。例如，对于 2.8 节定义的类类型，可以这样在堆上为它分配内存：

```
1    Person* p=new Person("zhangsan",true,11,"12345678","wu");
```

释放这片堆内存的代码是：

```
1    delete p;
```

通常，new 运算符和 delete 运算符需要成对出现，也就是说，分配了堆区内存，就必须要在适当的时候释放它。如果只分配了内存，而忘记了释放内存，就可能会造成**内存泄漏**。什么是内存泄漏呢？在计算机科学中，内存泄漏指由于疏忽或错误造成程序未能释放已经不再使用的内存。内存泄漏并非指内存在物理上的消失，而是应用程序分配某段内存后，在释放该段内存之前就失去了对该段内存的控制，从而造成了内存的浪费。举个例子：

```
1    #include<bits/stdc++.h>
2    using namespace std;
3    int main(){
4        {
5            double* p=new double;
6            *p=3.0;
7            delete p;
8        }
9        return 0;
10   }
```

上面的代码很好理解，第 5 行代码在堆上创建了一个 double 类型的变量，第 6 行代码将这个变量赋值为 3.0，第 7 行代码释放了这片堆空间。图 2-4 描述了执行第 4 行代码到执行第 8 行代码内存空间的变化过程。

"√"表示堆上内存分配成功。注意，第 7 行代码释放的是指针变量 p 指向的堆上的内存，但是指针变量 p 依然存在，只不过它指向了已经释放了的内存。在第 8 行代码之后，指针变量 p 才被销毁，栈和堆上的内存均被释放。

如果注释掉第 7 行代码，执行第 4 行代码到执行第 8 行代码内存空间的变化过程如图 2-5 所示。

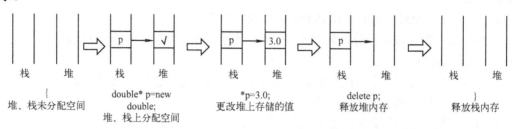

图 2-4 执行第 4 行代码到执行第 8 行代码内存空间的变化过程

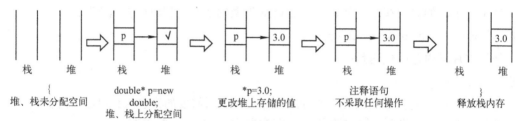

图 2-5 内存空间的变化过程

发现了吗？当执行第 8 行代码之后，堆上内存没有被释放，但是指向这块内存的指针变量 p 却被释放了！由于指针变量 p 已被销毁，在之后的程序中将没有任何办法去释放这片内存，这片内存在整个程序运行过程中都会被占据着，无法分配给其他变量，只能等待程序结束运行后由操作系统来回收这片内存。这就是内存泄漏。如果这样的无法释放的内存过多，会造成可用内存的数量过少从而降低计算机的性能。在最糟糕的情况下，过多的内存被分配掉导致部分或全部设备停止正常工作，或者应用程序崩溃。

但是，在程序设计竞赛和考试中，通常给定的空间上限都是远远高于程序所需使用的内存的，所以即使不用 delete 运算符释放堆上内存也不会造成什么不利影响。因此，**本书中所展示的所有使用 new 运算符分配的内存，均不会使用 delete 运算符释放**。但是，在工程项目中，请你务必记住要用 delete 释放内存！

2. 不要返回栈上的局部变量的指针或引用，但可以返回堆上的变量的指针或引用

在初学堆区内存分配时，你可能会有疑问，为什么非要在堆区上分配内存？要在堆上分配内存的原因有很多，但在程序设计竞赛和考试中，在堆上分配内存的目的通常只有一个：保证在函数内分配的内存在函数返回之后依然有效，不被销毁。有时需要在函数内部为某个对象分配一些内存，但在该函数结束以后依然希望继续保持对这个对象的访问，通过在函数内定义一个存储在栈上的局部变量是无法实现这个目的的，请参考下面的代码：

```
1    //严重错误：该函数试图返回存储在栈上的局部变量的指针
2    double* f(){
3        double pi=3.14;
4        return &pi;
5    }
```

函数 f 在第 3 行代码处定义了一个局部变量 pi，在第 4 行代码试图返回指向该局部变量的指针，这种返回是严重错误的。这是因为在函数 f 执行返回语句以后，函数内定义的局部变量 pi 就会被销毁，pi 占据的内存会被释放，这时获取该函数的返回值的指针会指向一个不再可用的内存空间，那么针对该指针进行的一切操作产生的后果都会是未定义的。返回一个局部变量的引用与之类似。所以，请**务必不要返回栈上的局部变量的指针或引用**。

那么要保证函数内部分配的内存在函数结束执行以后不被释放，依然可用，就需要使用堆空间：

```
1    //正确，堆上分配的内存在函数外依然可用
2    double* f(){
3        double* p=new double;
4        *p=3.14;
5        return p;
6    }
```

在函数 f 返回以后，获取该函数的返回值的指针会指向一个堆上的内存空间。正如前面所说，在程序运行过程中，堆上的内存除非用 delete 手动释放，否则会一直可用。初学阶段，如果你的代码中没有 delete 语句，你可以认为通过 new 运算符分配的内存的生命周期与全局变量一致。因此，只要一直保持着指向这片内存的指针，就总可以访问这片内存上存储的值。

当然，**在实际工程项目中，返回分配在堆上的变量的指针或引用也并不可取**，因为这种做法极有可能造成内存泄漏，但是在程序设计竞赛和考试中，可以暂不考虑内存泄漏的风险。

2.9.3　变量的默认初始化、值初始化

1. 默认初始化

默认初始化是指定义变量时没有指定初值时进行的初始化操作。默认初始化后变量的值与变量的类型以及变量是否为全局变量有关系。

本书目前介绍的除 string 类型以外的所有类型都是 C++中的内置类型，与之对应的是类类型，如 string、第 2 部分介绍的标准库类型以及自定义的类类型等。C++的内置类型变量在作为全局变量和局部变量时，默认初始化的结果不同。针对 C++内置类型和 C++类类型变量，默认初始化的结果也不同。

默认初始化的具体规则如下：

1）对于内置类型变量，如果它是全局变量，那么程序将会把 0 赋给变量，称之为**零初始化**；如果它是局部变量，变量将拥有未定义的值。不同类型的 C++内置类型全局变量执行零初始化后的结果不同，表 2-6 列举了对于 C++内置类型全局变量执行零初始化后的表现。

2）对于类类型的变量，无论是全局变量还是局部变量，都会执行默认构造函数。如果该类没有默认构造函数，则会引发错误。因此，建议为每个类都定义一个默认构造函数。

注意，在定义 C++内置类型的局部变量时，如果不对这样的局部变量赋予初始值，那么变量的值将是未定义的，即可能

表 2-6　C++内置类型全局变量执行零初始化后的表现

类　型	执行零初始化后的表现
int	0
long long	0
double	0.0
char	\0
bool	False
引用	需要显式初始化
指针	nullptr
内置数组	针对数组内每一个元素执行零初始化

出现各种未知的结果。许多莫名其妙的 bug 都是这种原因造成的。所以，笔者建议在定义任何 C++内置类型的局部变量时请务必对其赋予初始值。举个简单的例子来帮助你理解：

```
1    #include<bits/stdc++.h>
2    using namespace std;
3    using gg=long long;
4    gg a[5];
5    int main(){
6        gg b[5];
7        cout<<"a:";
8        for(int i=0;i<5;++i)
9            cout<<a[i]<<",";
10       cout<<"\n";
11       cout<<"b:";
12       for(int i=0;i<5;++i)
13           cout<<b[i]<<",";
14       return 0;
15   }
```

在笔者的机器上，这个程序的输出为：

```
1    a:0,0,0,0,0,
2    b:4199840,24,0,0,8,
```

你会发现，由于数组 a 是全局变量，因此针对 a 中的元素全部执行零初始化，而数组 b 由于是局部变量，因此 b 中的元素的值是未定义的。

2. 值初始化

值初始化不区分全局变量和局部变量，它的具体规则如下：

1）对于内置类型变量，无论是全局变量还是局部变量，都执行零初始化。

2）对于类类型的变量，无论是全局变量还是局部变量，都会执行默认构造函数。如果该类没有默认构造函数，则会引发错误。

编译器执行值初始化的典型场景就是用一对花括号初始化一个数组：

```
1    #include<bits/stdc++.h>
2    using namespace std;
3    using gg=long long;
4    int main(){
5        gg a[5]{};
6        gg b[5]{1,2};
7        cout<<"a:";
8        for(int i=0;i<5;++i)
9            cout<<a[i]<<",";
10       cout<<"\n";
11       cout<<"b:";
12       for(int i=0;i<5;++i)
```

```
13          cout<<b[i]<<",";
14      return 0;
15  }
```

输出为：

```
1   a:0,0,0,0,0,
2   b:1,2,0,0,0,
```

第 5 行和第 6 行代码都是用了值初始化。发现了吗？虽然数组 a 和数组 b 都是局部变量，但是由于使用了值初始化，数组 a 中所有元素都被初始化为 0，数组 b 在用列表初始化前两个元素之后，剩余的元素也都被初始化为 0。在第 2 部分，会看到更多关于值初始化的例子。

2.9.4   注意控制数组和容器的大小

前面已经讲解过，在程序中定义的变量存放在栈区、堆区、全局区中。然而，计算机的内存并不是无限的，栈区、堆区、全局区也都有容量限制。这就使得对于能够存储多个元素的数组以及第 2 部分介绍的容器来说，它们持有的元素个数具有一个上限，超过这个上限就会导致内存不足以致于程序崩溃。

通常来讲，全局区、堆区空间容量比栈区大得多，但具体的容量大小在不同的机器上又是不同的。因此，笔者只能给出比较**保守**的能够保证在评测机上成功运行的上限。另外，在第 2 部分介绍的各种容器，它们的元素一般保存在堆上，虽然还没有介绍容器，但你可以提前留意一下。表 2-7 展示了笔者建议在栈区、堆区、全局区上开辟的数组或容器能够容纳的元素个数的上限。注意，这里容纳的元素默认为 gg 类型，数组和容器默认是一维的。

表 2-7   栈区、堆区、全局区上数组或容器的元素个数上限数量级

内存区	栈区	全局区	堆区
元素个数上限数量级	10^5	10^7	10^7

如果你需要分配的数组过大，无法定义成栈上的局部变量，可以把它定义成全局变量或定义成在堆上分配的局部变量。

笔者建议你在自己的机器上编码验证一下数组或容器（容器可以先用 string）能够开辟的最大大小。

2.9.5   再谈引用

引用是 C++ 中一个非常重要的概念。2.1 节介绍了引用的基本语法，但究竟在哪些场景中需要使用引用呢？本小节主要介绍使用引用变量的几个典型场景。

1．修改实参

使用传引用调用修改实参，是引用最典型的作用。之前的章节已经详细介绍过它的用法，在此不再展开。

2．避免拷贝

引用的又一个重要作用就是避免拷贝。拷贝大的类类型对象或者容器对象比较低效，这时使用引用是一个不错的选择。

举个例子，准备编写一个函数比较两个 string 对象的长度。因为 string 对象可能会非常长，如果使用传值调用，拷贝过程可能会非常低效。所以应该尽量避免直接拷贝它们，这时使用

引用形参是比较明智的选择。例如：

```
1    bool f(string& s1,string& s2){return s1.size()<s2.size();}
```

由于传引用调用可能会改变实参，又不希望在比较两个 string 对象的长度的函数中改变实参的值，那么可以在函数 f 的参数上加上 const 限定符，这时形参类型称为**常量引用或常引用**，在函数 f 中对参数值的任何修改都会被视为一种语法错误。例如：

```
1    bool f(const string& s1,const string& s2)
2    {return s1.size()< s2.size();}
```

对只读变量加上 const 限定符是一个非常好的编码习惯。

除了使用引用形参避免拷贝以外，在其他任何需要避免拷贝的环境中都可以使用引用形参。例如，范围 for 循环：

```
1    for(const string& s:str)
2        cout<<s<<"\n";
```

str 是一个 string 类型的数组。整个范围 for 循环负责逐个输出 str 中的所有字符串。循环变量 s 使用常量引用类型，就可以避免拷贝，提高程序效率。

3. 避免复杂的变量名

使用引用还可以避免使用过于复杂的变量名。假设有一个整型的三维数组 m，希望对 m 进行这样的操作：将所有的 1 都变为 0，将所有的 0 都变为 1，其他值不变。通常可以使用一个三重循环来实现这个功能，代码可以是：

```
1    for(gg i=0;i<len1;++i){          //len1 是第一维长度
2        for(gg j=0;j<len2;++j){      //len2 是第二维长度
3            for(gg k=0;k<len3;++k){  //len3 是第三维长度
4                if(m[i][j][k]==1){
5                    m[i][j][k]=0;
6                } else if(matrix[i][j][k]==0){
7                    m[i][j][k]=1;
8                }
9            }
10       }
11   }
```

你会发现 m[i][j][k]这个量出现了多次，且这个变量名比较复杂。可以使用引用来简化代码：

```
1    for(gg i=0;i<len1;++i){          //len1 是第一维长度
2        for(gg j=0;j<len2;++j){      //len2 是第二维长度
3            for(gg k=0;k<len3;++k){  //len3 是第三维长度
4                auto& v=m[i][j][k];
5                if(v==1){
6                    v=0;
7                } else if(v==0){
8                    v=1;
9                }
```

```
10          }
11      }
    }
```

定义了一个 m[i][j][k] 的引用变量 v，此后所有针对 m[i][j][k] 的更改操作都可以在 v 上进行，这样不仅减轻了编码负担，还降低了可能的编码失误。

4．函数返回多个值

C++语言中，函数只能返回一个值，当希望函数能够返回多个值时，可以使用引用形参。例如，编写一个函数返回两个数的商和余数，代码可以这样写：

```
1   #include<bits/stdc++.h>
2   using namespace std;
3   using gg=long long;
4   gg DIV(gg a,gg b,gg& r){
5       r=a % b;
6       return a /b;
7   }
8   int main(){
9       gg a,b,r;
10      cin>>a>>b;
11      gg t=DIV(a,b,r);
12      cout<<"a/b="<<t<<",a%b="<<r;
13      return 0;
14  }
```

若输入为：

```
1   5 2
```

输出为：

```
1   a/b=2,a%b=1
```

当然，你可以定义一个含有两个 gg 类型数据成员的类，通过返回一个这样的类的对象的方法使得这个函数能够"返回多个值"，你可以尝试着实现一下。这样的方法虽然可行，但需要额外设计一个类，未免过于麻烦。在第 2 部分，你会看到 C++标准库中已经定义了新的工具类型帮助实现"让函数返回多个值"的目的，这样的代码将更为简洁和常用。**通过定义引用形参的方式让函数返回多个值的方法已经过时了，笔者不建议你再使用这种方法。**

2.10　例题剖析

通过本章的学习，想必你已经可以设计一些复杂的程序了，本节通过几道例题帮助你巩固前面学到的知识。

例题 2-9　【CCF CSP-20190901】小明种苹果

【题意概述】

小明要进行若干轮疏果操作，也就是提前从树上把不好的苹果去掉。第一轮疏果操作开始前，小明记录了每棵树上苹果的个数。每轮疏果操作时，小明都记录了从每棵树上去掉的

85

苹果个数。在最后一轮疏果操作结束后，请帮助小明统计相关的信息。

【输入输出格式】

输入第 1 行包含两个正整数 N 和 M，分别表示苹果树的棵数和疏果操作的轮数。第 1+i（1≤i≤N）行，每行包含 M+1 个整数 a_{i0}, a_{i1}, …, a_{iM}。其中，a_{i0} 为正整数，表示第一轮疏果操作开始前第 i 棵树上苹果的个数；a_{ij} 为零或负整数，表示第 j 轮疏果操作时从第 i 棵树上去掉的苹果个数（如果为零，表示没有去掉苹果；如果为负，其绝对值为去掉的苹果个数）。每行中相邻两个数之间用一个空格分隔。

输出只有一行，包含 3 个整数 t、k 和 p。其中：

1）t 为最后一轮疏果操作后所有苹果树上剩下的苹果总数；

2）k 为疏果个数（也就是疏果操作去掉的苹果个数）最多的苹果树编号(如有并列，输出满足条件的最小编号)；

3）p 为第 k 棵苹果树的疏果个数。

相邻两个数之间用一个空格分隔。输入数据保证是正确的，也就是说，每棵树在全部疏果操作结束后剩下的苹果个数是非负的。

【数据规模】

$$N, M \leq 1000, |a_{ij}| \leq 10^6$$

【C++代码】

```cpp
1   #include<bits/stdc++.h>
2   using namespace std;
3   using gg=long long;
4   int main(){
5       ios::sync_with_stdio(false);
6       cin.tie(0);
7       gg ni,mi,t=0,k=0,p=-1;
8       cin>>ni>>mi;
9       for(gg i=1;i<=ni;++i){          //遍历所有苹果树
10          gg ai,b=0,ci;
11          cin>>ai;                     //疏果之前的苹果个数
12          t+=ai;
13          for(gg j=0;j<mi;++j){        //遍历每一轮的疏果个数
14              cin>>ci;
15              b+=ci;                   //累加疏果总数
16          }
17          t+=b;
18          if(abs(b)>p){                //当前苹果树的疏果总数比 p 大，更新 p 和 k
19              k=i;
20              p=abs(b);
21          }
22      }
```

```
23      cout<<t<<" "<<k<<" "<<p;
24      return 0;
25  }
```

例题 2-10 【CCF CSP-20181202】小明放学

【题意概述】

一次放学的时候，小明已经规划好了回家路线，并且能够预测经过各个路段的时间。同时，小明通过学校里安装的"智慧光明"终端，看到了**出发时刻**路上经过的所有红绿灯的指示状态。请帮忙计算小明此次回家所需要的时间。

【输入输出格式】

输入的第一行包含空格分隔的 3 个正整数 r、y、g，表示红绿灯的设置。输入的第二行包含一个正整数 n，表示小明总共经过的道路段数和路过的红绿灯数目。接下来的 n 行，每行包含空格分隔的两个整数 k、t。k=0 表示经过了一段道路，将会耗时 t 秒；k=1、2、3 时，分别表示出发时刻，此处的红绿灯状态是红灯、黄灯、绿灯，且倒计时显示牌上显示的数字是 t，此处 t 分别不会超过 r、y、g。

输出一个数字，表示此次小明放学回家所用的时间。

【数据规模】

$$n \leqslant 10^5, \ 0 \leqslant r, \ g, \ b \leqslant 10^6$$

【算法设计】

可以定义一个长度为 3 的数组 light 来存储红灯、绿灯、黄灯时长，令 sum 为红绿黄灯的总时长。注意，由于 k=1、2、3 时，分别表示出发时刻，红绿灯状态是红灯、黄灯、绿灯，需要当 k==1 时令 k=0，当 k==3 时令 k=2，才能建立起 k 和数组 light 的映射关系。关键是计算出小明到达某一个红绿灯时亮的是哪种灯，以及该灯还能亮多长时间。

假设初始时刻某一个红绿灯还能亮的时间为 b，且该灯在数组 light 中的下标为 a，那么该灯已经点亮的时间为 light[a]-b。假设小明到达该灯前已经用时 ans，那么到达该灯时，如果不变灯，该灯已经点亮时间为 light[a]-b+ans。sum 为红绿黄灯从红到绿再变黄最后转化到红灯，即红绿灯变换一圈的总时长，那么(light[a]-b+ans)%sum 就表示该红绿灯变换的最后一周的时长。不妨令 b=(light[a]-b+ans)%sum，若 b 比当前红绿灯时长长，就让 b 减去当前的红绿灯时长，并令 a 转向下一个红绿灯，如此反复，直到 b 比当前红绿灯时长短，那么当前的 a 就指向小明到达某一个红绿灯时亮的灯，b 表示该灯已经点亮的时间。

【注意点】

本题中红绿灯转换顺序为红灯->绿灯->黄灯->红灯。

【C++代码】

```
1   #include<bits/stdc++.h>
2   using namespace std;
3   using gg=long long;
4   int main(){
5       ios::sync_with_stdio(false);
6       cin.tie(0);
7       gg light[3],ni,a,b,ans=0;
```

```
8       cin>>light[0]>>light[2]>>light[1]>>ni;
9       gg sum=light[0]+light[1]+light[2];//sum 为红绿灯变换一周的总时长
10      while(cin>>a>>b){
11          if(a==0){              //是道路
12              ans+=b;           //时长直接递增
13          } else{               //是红绿灯
14              if(a==1){          //将红绿灯标号变为 light 数组的下标
15                  a=0;
16              } else if(a==3){
17                  a=1;
18              }
19              b=(light[a]-b+ans) % sum;//该红绿灯变换的最后一周的时长
20              while(b>light[a]){        //若 b 比当前红绿灯时长长
21                  b-=light[a];          //减去当前的红绿灯时长
22                  a=(a+1) % 3;          //转向下一个红绿灯
23              }
24              if(a==0){                 //是红灯
25                  ans+=light[a]-b;      //加上红灯剩余时长
26              } else if(a==2){          //是黄灯
27                  ans+=light[a]-b+light[0];//加上黄灯剩余时长以及红灯时长
28              }
29          }
30      }
31      cout<<ans;
32      return 0;
33  }
```

例题 2-11 【CCF CSP-20151202】消除类游戏

【题意概述】

消除类游戏是深受大众欢迎的一种游戏，游戏在一个包含 n 行 m 列的游戏棋盘上进行，棋盘的每一行每一列的方格上放着一个有颜色的棋子，当一行或一列上有连续 3 个或更多的相同颜色的棋子时，这些棋子都被消除。当有多处可以被消除时，这些地方的棋子将同时被消除。

现在给你一个 n 行 m 列的棋盘，棋盘中的每一个方格上有一个棋子，请给出经过一次消除后的棋盘。

请注意：一个棋子可能在某一行和某一列同时被消除。

【输入输出格式】

输入的第一行包含两个整数 n、m，用空格分隔，分别表示棋盘的行数和列数。接下来 n 行，每行 m 个整数，用空格分隔，分别表示每一个方格中的棋子的颜色。颜色使用 1~9 编号。

输出 n 行，每行 m 个整数，相邻的整数之间使用一个空格分隔，表示经过一次消除后的棋盘。如果一个方格中的棋子被消除，则对应的方格输出 0，否则输出棋子的颜色编号。

【数据规模】

$$1 \leqslant n, m \leqslant 30$$

【算法设计】

需要统计一行或一列中连续相同的数字是否超过 3 个，如果超过，那么这些数字都应该被消除（值变为 0）。可以先处理每行中连续出现超过 3 次的数字，再处理每列中连续出现超过 3 次的数字。由于一个棋子可能在某一行和某一列同时被消除，因此不能直接将这个数字变为 0，不然在处理每列中连续相同数字时就无法统计该数字了。为此，一个解决办法是，先将所有需进行消除的位置存储起来，然后等待行、列都处理完后，再统一进行消除。这种方法虽然能解决问题，但是要使用额外的空间。

有不使用额外空间的方法。由于颜色的编号为 1~9，均为正整数，在统计需要消除的位置时，如果该位置应该被消除，可以将其值变为它的相反数，即变成一个负数，以此作为应该被消除的标记。当然，这样的话，在统计连续相等的数字时，如果绝对值相等即可认为它们相等。最后输出结果的时候，将所有的负数均输出为 0 即可。

【C++代码】

```
1    #include<bits/stdc++.h>
2    using namespace std;
3    using gg=long long;
4    int main(){
5        ios::sync_with_stdio(false);
6        cin.tie(0);
7        gg ni,mi;
8        cin>>ni>>mi;
9        vector<vector<gg>> ai(ni,vector<gg>(mi));
10       for(gg i=0;i<ni;++i){
11           for(gg j=0;j<mi;++j){
12               cin>>ai[i][j];              //读取数据
13           }
14       }
15       //处理每行连续超过 3 次的数字
16       for(gg i=0;i<ni;++i){
17           //k 记录当前连续相同数字开始列号，num 记录连续出现的次数
18           //last 记录连续相同数字的值
19           gg k=0,num=0,last=0;
20           for(gg j=0;j<=mi;++j){
21               if(j==mi or abs(ai[i][j])!=last){
22                   if(num>=3){              //连续出现超过 3 次
23                       for(gg t=0;t<num;++t){   //需要消除，均变为负数
24                           ai[i][k+t]=-abs(ai[i][k+t]);
25                       }
26                   }
27                   if(j<mi){
```

89

```
28                    last=abs(ai[i][j]);
29                    num=1;
30                    k=j;
31                }
32            } else{                      //颜色相同，递增 num
33                ++num;
34            }
35        }
36    }
37    //处理每列连续超过 3 次的数字
38    for(gg j=0;j<mi;++j){
39        //k 记录当前连续相同数字开始行号，num 记录连续出现的次数
40    //last 记录连续相同数字的值
41        gg k=0,num=0,last=0;
42        for(gg i=0;i<=ni;++i){
43            if(i==ni or abs(ai[i][j])!=last){
44                if(num>=3){              //连续出现超过 3 次
45                    for(gg t=0;t<num;++t){   //需要消除，均变为负数
46                        ai[k+t][j]=-abs(ai[k+t][j]);
47                    }
48                }
49                if(i<ni){
50                    last=abs(ai[i][j]);
51                    num=1;
52                    k=i;
53                }
54            } else{                      //颜色相同，递增 num
55                ++num;
56            }
57        }
58    }
59    for(auto& i:ai){
60        for(auto j:i){
61            cout<<max(j,0ll)<<" ";  //负数要输出为 0
62        }
63        cout<<"\n";
64    }
65    return 0;
66 }
```

2.11 例题与习题

本章主要介绍了 C++11 的复杂类型、函数以及类和对象，在理解了这些知识之后，就可以设计一些稍显复杂的程序了。表 2-8 列举了本章涉及到的所有例题，表 2-9 列举了一些习

题。这些例题和习题难度都不大，建议读者独立完成所有的例题和习题。

表 2-8　例题列表

编　号	题　号	标　题	备　注
例题 2-1	PAT B-1026	程序运行时间	数学函数的使用
例题 2-2	PAT B-1063	计算谱半径	数学函数的使用
例题 2-3	PAT B-1012	数字分类	数组的使用
例题 2-4	PAT B-1006	换个格式输出整数	字符串处理
例题 2-5	PAT B-1031	查验身份证	字符串处理
例题 2-6	PAT B-1067	试密码	字符串处理
例题 2-7	PAT B-1004	成绩排名	类和对象
例题 2-8	PAT A-1006	Sign In and Sign Out	类和对象
例题 2-9	CCF CSP-20190901	小明种苹果	简单模拟
例题 2-10	CCF CSP-20181202	小明放学	简单模拟
例题 2-11	CCF CSP-20151202	消除类游戏	简单模拟

表 2-9　习题列表

编　号	题　号	标　题	备　注
习题 2-1	CCF CSP-20160901	最大波动	数学函数的使用
习题 2-2	CCF CSP-20190301	小中大	数学函数的使用
习题 2-3	PAT B-1016	部分 A+B	字符串处理
习题 2-4	PAT B-1076	WiFi 密码	字符串处理
习题 2-5	PAT B-1081	检查密码	字符串处理
习题 2-6	CCF CSP-20131202	ISBN 号码	字符串处理
习题 2-7	PAT A-1036	Boys vs Girls	类和对象

第 2 部分　C++11 标准库简介

随着 C++版本的一次次修订，C++标准库也在不断成长。目前的 C++标准库已经非常庞大且复杂，要完全掌握绝非易事，而且在程序设计竞赛和考试中，也并非需要用到所有 C++标准库中的设施。但是，笔者认为有些核心库设施是应该熟练掌握的，这些设施将很大程度简化代码，减少程序可能出现的 bug。而且，C++标准库的性能都相当优越，普通 C++程序员很少能够设计出性能更好的算法。因此，当你想实现某种功能时，如果 C++标准库中已经有了完成这一功能的设施，请尽可能使用 C++标准库中的设施。

关于本部分在本书中的位置，笔者思考了很久，因为本部分介绍的 C++标准库中的所有容器其实都是某种数据结构的具体实现，而泛型算法库也是对一些经典算法的具体实现，这些数据结构和经典算法会在本书的其他部分进行介绍，按理来说应该把本部分放在这些部分之后。但是，如果这样进行章节设计，本部分介绍的 C++标准库内容就过于靠后了，考虑到 C++标准库在程序设计中相当常用，笔者还是希望你能够尽早地了解它和使用它。因此，笔者最终还是把 C++标准库的内容放在了第 2 部分。

本部分在描述 C++标准库设施时，难免会涉及一些 C++语言、数据结构和算法的术语，这些术语将在本部分之后的其他部分进行具体讲解。如果你现在已经有了一定的 C++语言、数据结构和算法基础，那么你在理解这些标准库设施以及在这些标准库设施中进行取舍时，会更加地容易。当然，如果你基础不算很好，也不用担心，**只需将这些不太了解的术语暂时跳过即可**，先把精力放在掌握使用这些容器和泛型算法的用法上。当阅读完本书的其他部分，了解了这些 C++标准库底层的实现原理之后，笔者建议你再回头来将本部分阅读一遍，相信你一定会有许多新的收获。

本部分涉及大量的 C++标准库类型以及相关的算法，有些你可能使用过，有些你可能只是简单了解过，有些你可能根本没有听说过。由于新的类型和算法过多，初次阅读本部分可能会令你心烦意燥。因此，笔者强烈建议你**囫囵吞枣、不求甚解式地快速浏览本部分**，本部分介绍的许多特性只需要在脑海中留下一些印象，当需要使用一个特定操作时再回过头来仔细阅读。另外，请千万不要通过死记硬背的方式记忆 C++标准库设施，笔者更希望你能通过不断的练习使用这些特性来达到熟练掌握它们的目的。相信你在完全掌握了本部分的知识后，编写的代码一定会发生翻天覆地的变化。

第3章 准备知识

本章主要介绍一些要熟练掌握 C++11 标准库所必须了解的一些知识, 包括:

1) 复杂度。复杂度是描述算法性能的一个常用标准, 理解了复杂度的概念, 才能知道哪些算法性能更好。

2) 迭代器。迭代器是 C++11 容器库和泛型算法库的基石, 它将容器的数据结构和算法分离开来, 使得可以调用同一接口处理储存着不同类型数据的不同容器。

3) pair 类型。pair 是非常简单、非常常用的标准库类型, 它是后面要讲解的关联容器 map 和 unordered_map 的元素类型。

4) tuple 类型。tuple 是 pair 类型的拓展, 可以使用 tuple 来让函数返回任意多个值以及向自定义类型注入比较规则。

3.1 复杂度

编程过程中会发现, 对于同一个问题, 通常能够有多种解决的算法, 那么这些算法中哪个更好? 有没有一个标准对不同算法的性能进行评价? 答案是肯定的, 这个评价的标准就是算法的复杂度。

算法的复杂度分为时间复杂度和空间复杂度。算法的时间复杂度是一个定性描述该算法运行时间的函数; 算法的空间复杂度是一个定性描述该算法临时占用存储空间大小的函数。时间复杂度和空间复杂度通常都用大 O 符号表述。一个好的算法, 除了保证算法的正确性以外, 还应该保证有尽可能低的时间复杂度和空间复杂度。

本书并不想过多地介绍有关复杂度的数学理论, 只比较粗略地介绍估算算法复杂度的方法。

3.1.1 时间复杂度

1. 时间复杂度的概念

程序设计竞赛和考试中, 通常都会设置时间上限, 如果你的算法时间复杂度过高, 就会出现 "运行超时" 的错误。那么如何估算算法的时间复杂度呢?

举个例子, 比如本书第一个打印 "hello world" 字符串的程序, 把它写在一个函数内:

```
1   void f1(){
2       cout<<"hello world";
3   }
```

那么这个函数的时间复杂度是多少呢?

你可以把算法的时间复杂度理解成函数内运算的执行次数。函数 f1 的函数体只有一行代码, 当调用这个函数时, 第 2 行代码只会执行一次, 因此称这个函数的时间复杂度为O(1)。

再看一个例子, 下面的函数 f2 输出了 n 个 "hello world" 字符串:

```
1   void f2(gg n){
```

```
2        for(gg i=0;i<n;++i){          //i 从 0 增加到了 n，执行了 n 次运算
3            cout<<"hello world\n";     //执行 n 次
4        }
5    }
```

函数 f2 共执行了 n 次运算，因此它的时间复杂度为 O(n)。要注意，计算复杂度时，只考虑**最高次项，所有非最高次项以及最高次项的系数均可被忽略**。

这里，笔者提供几个便利的方法，希望能够帮助你尽快地估算算法的时间复杂度。

1）在计算时间复杂度时，一般只考虑循环执行的次数，顺序执行语句和分支语句一般不考虑。例如：

```
1    void g1(gg n){
2        for(gg i=0;i<n;++i){
3            if(i % 2==0){
4                cout<<"hello world\n";
5            }
6        }
7    }
```

循环体内部有一个分支语句，但并不考虑它。由于循环执行了 n 次，因此这个循环的时间复杂度为 O(n)。函数 g1 中由于只有这一个循环，因此它的时间复杂度就是 O(n)。

2）对于一个循环，假设循环体内部代码的时间复杂度为 O(n)，循环执行次数为 m，则这个循环的时间复杂度为 O(nm)。例如：

```
1    void g2(int n){
2        for(int i=0;i<n;++i){
3            cout<<"hello world\n";
4        }
5    }
```

循环体内部只有一行代码，时间复杂度为 O(1)，循环执行次数为 n，因此这个循环的时间复杂度为 O(n)。函数 g2 中由于只有这一个循环，因此它的时间复杂度就是 O(n)。

3）对于嵌套的 k 个循环，假设最内层循环体内部代码的时间复杂度为 O(n)，每层循环执行次数分别为 $m_1,m_2,\cdots,m_k$，则这个循环的时间复杂度为 $O(m_1m_2\cdots m_k n)$。例如：

```
1    void g3(gg n,gg m){
2        for(gg i=0;i<n;++i){
3            for(gg j=0;j<m;++j){
4                g2(m);
5            }
6        }
7    }
```

最内层循环体内部只有一行代码，它调用了前面定义的函数 g2，传递给函数 g2 的实参是 m，则函数 g2 的时间复杂度为 O(m)，因此循环体内的时间复杂度为 O(m)。两层循环执行次数分别为 n、m，因此这个循环的时间复杂度为 $O(nm^2)$。函数 g3 的时间复杂度也是

$O(nm^2)$。

4）对于顺序执行的代码，总的时间复杂度等于其中最大的时间复杂度。例如：

```
1    void g4(gg n,gg m){
2        for(gg i=0;i<n;++i){
3            cout<<"hello world\n";
4        }
5        for(gg j=0;j<m;++j){
6            cout<<"hello world\n";
7        }
8    }
```

函数内有两个循环，它们是顺序执行的，第一个循环的时间复杂度为 $O(n)$，第二个循环的时间复杂度为 $O(m)$，因此整个函数的时间复杂度为 $O(\max(n,m))$。

通过以上的几个方法，你将能快速估算一些算法的时间复杂度。但是有一些算法的时间复杂度无法快速估算，需要进行一些数学推导，如下面的代码：

```
1    void g5(gg n){
2        for(gg i=0;i<n;i*=2){
3            cout<<"hello world\n";
4        }
5    }
```

请问函数 g5 的时间复杂度是多少？还是 $O(n)$ 吗？显然不是了，因为每次循环体执行之后，循环变量 i 不再是每次增加 1，而是每次变成它原来的 2 倍。那么这种情况下循环执行了多少次呢？可以进行一个大致估算，i 每次变成原来的 2 倍，当 i 的值达到 n 时，循环即结束。那么可以假设循环执行了 x 次，于是得到一个方程：

$$2^x = n$$

求出 $x = \log_2 n$，所以循环可以执行 $\log_2 n$ 次，函数 g5 的时间复杂度就是 $O(\log_2 n)$。时间复杂度的表示中，如果对数的底数是 2，通常可以省略，因此函数 g5 的时间复杂度可以用 $O(\log n)$ 表示。

通常，一个算法的时间复杂度越低，代表这个算法的性能越好。一些常见的时间复杂度的表示从低到高排列为：$O(1) < O(\log n) < O(n) < O(n \log n) < O(n^2) < O(n^2 \log n) < O(n^3) < O(2^n) < O(n!)$。

2. 判断算法是否会超时的方法

在程序设计竞赛和考试中，超时是经常出现的一种错误，这种错误意味着你的算法的时间复杂度过高。知道了如何估算算法的时间复杂度，那么接下来如何判断算法是否会超时呢？

一般来说，程序设计竞赛和考试中，都会给出评测数据的规模。通常，设计的算法执行运算的次数在 10^8 以下时，一般都能通过评测。如果你计算出了算法的时间复杂度，可以把题目给出的评测数据最大规模代入到时间复杂度的式子中，判断结果与 10^8 的大小。

举个例子，假设算法的时间复杂度为 $O(n^2)$，题目给出的评测数据最大规模为 10^5，将 10^5 代入到 n^2 中，结果为 10^{10}，超过了 10^8，那么这个算法提交之后几乎可以肯定会超时，你就需要对算法进行优化。

假设算法的时间复杂度为 $O(n \log n)$，题目给出的评测数据最大规模为 10^5，将 10^5 代入到

nlogn 中，由于 $2^{10}=1024$，$2^7=128$，那么 $2^{17}>10^5$，因此 $\log 10^5<17$，所以 $10^5\log 10^5<1.7\times 10^6<10^8$，那么这个算法提交之后大概率不会超时。

将评测数据最大规模代入到时间复杂度的式子中，比较结果与 10^8 的大小，如果比 10^8 大，往往会超时；如果比 10^8 小，很大可能不会超时；如果正好是 10^8 左右，那么只能看运气，评测机性能好就不会超时，性能不好就会超时。

3. 同一时间复杂度的算法效率依然有差异

经过前面的讨论，想必你已经知道了如何估算算法的时间复杂度。那么处于同一时间复杂度的算法效率是否是一致的呢？答案是否定的。举个例子，同样的一个数组，遍历一次和遍历两次所用的时间肯定是不一样的，但是它们的时间复杂度都是 $O(n)$。严格来讲，遍历一次的时间复杂度是 $O(n)$，遍历两次的时间复杂度应该是 $O(2n)$，只不过系数"2"直接被忽略了而已，这种系数称为**常数**。

处于同一时间复杂度的算法，常数越大通常效率越低，但是与处于不同时间复杂度的算法相比，这种效率上的差异通常是非常小的。例如，$O(n)$ 和 $O(2n)$ 的算法在效率上的差异，与 $O(n)$ 和 $O(n^2)$ 的算法效率差异相比，几乎可以忽略不计。在程序设计竞赛和考试中，如果题目的时间上限严格到这种常数级别的差异上，这种情况称为"卡常"。卡常的题目非常罕见，在笔者的经验中，PAT、CSP 等相关题目完全不会出现卡常的情况，所以你大可放心。而笔者之所以谈这一点，只是希望告诉你，即使优化到同一时间复杂度上的算法，依然可以在常数级别上继续优化，如果能通过一次遍历解题，就不应该遍历两次。

4. 最好情况、最坏情况、平均情况

通常情况下，时间复杂度的大小不仅和输入数据的规模有关，还和输入数据的具体分布情况有关。根据输入数据的具体分析情况，通常考虑 3 种时间复杂度：最好情况、最坏情况、平均情况的时间复杂度。

举个例子，在一个有 n 个字符的字符串中查找某个字符的下标，如果未找到，返回-1。这样的算法应该怎么实现呢？笔者建议你手动编码实现一下，然后再查看笔者下面给出的代码：

```
1   int findCharacter(const string& s,char c){
2       for(int i=0;i<s.size();++i){
3           if(s[i]==c)
4               return i;
5       }
6       return -1;
7   }
```

那么 findCharacter 函数的时间复杂度是多少呢？你可能觉得是 $O(n)$，但这是不准确的。根据字符串 s 和要查找的字符 c 的不同，时间复杂度的估算分成以下 3 种情况：

1）s 的第一个字符就是 c，此时时间复杂度为 $O(1)$，这种情况称为最好情况；

2）s 中没有字符 c，此时依然要遍历整个字符串 s，时间复杂度为 $O(n)$，这种情况称为最坏情况；

3）从概率角度看，如果要查找的字符出现在字符串 s 的每个位置的可能性是相同的，那么平均查找时间为 n/2，算法时间复杂度为 $O(n)$，这种情况称为平均情况。

从理论上而言，算法在最好情况下会表现出最好的运行性能，对于这类输入来说，算法只进行很少的计算，不过在实际情况下，最好情况很少出现。相对的，算法会在最坏情况下表现出最坏的运行性能，这类输入阻止了算法高效地运行，**平时提到的运行时间都是最坏情况的运行时间**。平均情况是表示算法在随机给定的数据上期望的执行情况。在程序设计竞赛和考试中，考虑的一般是最坏情况下的时间复杂度，因为出题人给出的评测数据不是随机的，而是精心设计过的，它通常会覆盖造成最坏情况的输入。

3.1.2 空间复杂度

程序设计竞赛和考试中，也会设置空间上限，但这个上限往往很大，一般情况下，程序只会使用这个空间上限的很小一部分。因此，"以空间换时间"的策略在程序设计竞赛和考试中很常见。

空间复杂度的表示方法与时间复杂度类似，只考虑最高次项，所有非最高次项以及最高次项的系数均可被忽略。估算空间复杂度的方法也很简单，只需看程序中使用的数组和容器的大小。例如：

```
1   void h1(gg n){
2       gg a;
3       for(gg i=0;i<n;++i){
4           cin>>a;
5           cout<<a<<" ";
6       }
7   }
```

上面的代码读取 n 个整数并输出，它只额外定义了一个变量 a，因此空间复杂度为 O(1)。再如：

```
1   void h2(gg n){
2       gg a[n];
3       for(gg i=0;i<n;++i){
4           cin>>a[i];
5       }
6       for(gg i=0;i<n;++i){
7           cout<<a[i]<<" ";
8       }
9   }
```

上面的代码同样是读取 n 个整数并输出，但它开辟了一个长度为 n 的数组，因此空间复杂度为 O(n)。又如：

```
1   void h3(gg n,gg m){
2       gg a[n][m];
3       for(gg i=0;i<n;++i){
4           for(gg j=0;j<m;++j){
5               cin>>a[i];
6           }
7       }
```

97

```
8      for(gg i=0;i<n;++i){
9          for(gg j=0;j<m;++j){
10             cout<<a[i][j]<<" ";
11         }
12     }
13 }
```

上面的代码读取 n×m 个整数并输出，而它开辟了一个 n×m 的二维数组，因此空间复杂度为 O(nm)。

3.2 迭代器

访问容器或数组中元素的方法通常分为两种：随机访问和顺序访问。随机访问要求元素在内存中必须连续存放，特点是可以通过下标运算符"[ ]"直接定位到某一个元素存放的位置，存取某个元素的时间复杂度通常为 O(1)；顺序访问不要求元素在内存中连续存放，若要访问某个元素，顺序访问会从容器的第一个元素开始遍历，这样存取某个元素的时间复杂度通常为 O(n)。显然，支持随机访问的容器必然支持顺序访问。目前介绍过的 C++ 内置数组和 string 都支持随机访问。

C++ 标准库中的容器并不都支持随机访问，为此，C++ 标准库设计了一种更加通用的访问容器中元素的机制，这就是迭代器。所有标准库容器都支持迭代器，但是其中只有少数几种支持随机访问的容器同时支持下标运算符。

迭代器是一种"泛化"的指针，它也提供了对对象的间接访问。初学阶段，你可以直接把它当作指针来看待。只不过，迭代器指向的对象只能是容器中的元素，而指针可以指向任意对象。另外，和指针还有一点不同的是，获取迭代器的方法不是使用取地址符，而是使用容器的 begin 和 end 成员。

3.2.1 begin 成员和 end 成员

C++ 标准库中每个容器都定义了 begin 和 end 成员，以供获取指向这个容器元素的迭代器：

```
1  string s="abc";
2  auto b=s.begin(),e=s.end();
```

b 和 e 是相同类型的迭代器，使用了 auto 进行类型推导。

begin 成员负责返回指向容器中第一个元素的迭代器，end 成员则负责返回指向容器"最后一个元素的下一位置"的迭代器，称之为**尾后迭代器**。也就是说，尾后迭代器指向的是容器的一个本不存在的元素，它没什么实际含义，仅仅是一个标记，表示已经处理完了容器中的所有元素。特殊情况下如果容器为空，则 begin 和 end 返回的是同一个迭代器，即尾后迭代器。

3.2.2 迭代器运算符

表 3-1 列举了 C++ 标准库大部分容器的迭代器都支持的运算符，还有一些特定容器的迭代器运算符会在接下来的几章中再讲解。

表 3-1　C++标准库大部分容器的迭代器都支持的运算符

运算符	功　　能
it1==it2 it1!=it2	判断两个迭代器是否相等（不相等），如果两个迭代器指示的是同一个容器的同一个元素或者它们是同一个容器的尾后迭代器，则相等；反之，不相等
++it	令 it 指向容器中的下一个元素
--it	令 it 指向容器中的上一个元素
*it	返回迭代器 it 所指元素的引用
it->mem	解引用 it 并获取其名为 mem 的成员，等价于 (*it).mem

通常，把一个元素在容器中的下一个元素称为该元素的后继元素，把一个元素在容器中的上一个元素称为该元素的前驱元素。

下面的程序利用迭代器实现了将字符串中所有的小写字母转换成大写字母、大写字母转换成小写字母的功能：

```
1   #include<bits/stdc++.h>
2   using namespace std;
3   int main(){
4       string s;
5       cin>>s;
6       for(auto it=s.begin();it!=s.end();++it){
7           if(islower(*it)){
8               *it=toupper(*it);
9           } else if(isupper(*it)){
10              *it=tolower(*it);
11          }
12      }
13      cout<<s;
14      return 0;
15  }
```

若输入为：

```
1   abcABC
```

则输出为：

```
1   ABCabc
```

先对循环变量 it 赋予初始值 s.begin()，让它成为一个指向字符串 s 首字符的迭代器，接着通过对 it 解引用来获取 it 指向的对象的引用。每次循环体结束利用 "++" 运算符，让 it 向后移动一个位置，指向字符串 s 的下一个字符。而循环结束条件就是判断 it 是否到达了尾后迭代器的位置，注意，当迭代器遍历完所有容器中的元素之后一定会到达尾后迭代器的位置。于是就通过迭代器实现了与范围 for 语句相同的功能，实质上，范围 for 语句的底层就是用迭代器实现的。

3.2.3　迭代器操作

本小节介绍一些关于迭代器的操作。表 3-2 列举了 C++标准库所有容器的迭代器都支持的操作。

表 3-2   C++标准库所有容器的迭代器都支持的操作

函　　数	功　　能
next(it, n=1)	返回迭代器 it 的第 n 个后继的迭代器，n 默认为 1
prev(it, n=1)	返回迭代器 it 的第 n 个前驱的迭代器，n 默认为 1
distance(it1, it2)	[it1, it2)之间包含的元素个数

注意，next（prev）函数中的参数 n 可以不是正数，当 n 为 0 时，直接返回 it；当 n 为负数时，会返回迭代器 it 的第|n|个前驱（后继）的迭代器。

这些迭代器操作在不支持随机访问的容器中尤其常用。

3.2.4　迭代器的类型

前面的代码中都是通过 auto 来自动推导迭代器的类型的，那么迭代器的准确类型究竟是什么呢？

迭代器的准确类型和具体容器类型有关。对于 string 来说，它的迭代器的类型是 string::iterator。对于 vector<int>类型（这是一个存储 int 类型对象的 vector 容器，在下一章会详细介绍），它的迭代器的类型是 vector<int>::iterator。是不是有点长？还有更长的，例如，vector<vector<int>>的迭代器类型是 vector<vector<int>>::iterator，unordered_map<string, gg>的迭代器类型是 unordered_map<string, gg>::iterator。

迭代器的类型很长，主要是由于容器类型可能也很长，不过通过以上几个例子，可以总结出迭代器的具体类型是：

```
容器类型::iterator
```

请记住迭代器具体类型的表示，因为并不是所有情况下你都可以用 auto 去自动推导迭代器的类型，有时你需要写出迭代器的具体类型。

3.2.5　迭代器范围

一个迭代器范围由一对迭代器表示，两个迭代器分别指向同一个容器中的元素或者是尾后迭代器，这两个迭代器通常称为 first 和 last，它们标记了容器中元素的一个范围。虽然第二个迭代器常常称为 last，但这种叫法有些误导，因为第二个迭代器从来都不会指向范围中的最后一个元素，而是指向尾元素之后的位置。迭代器范围中的元素包含 first 所表示的元素以及从 first 开始直至 last（但不包含 last）之间的所有元素。这种元素范围称为左闭右开区间，其标准数学描述为

$$[\text{first, last})$$

表示范围自 first 开始，于 last 之前结束。总结起来，如果同时满足以下两个条件，两个迭代器 first 和 last 构成一个迭代器范围：

1）first 和 last 指向同一个容器中的元素，或者是尾后迭代器；

2）可以通过反复递增 first 来到达 last。

如果 first 和 last 构成一个合法的迭代器范围，则能够得到以下性质：

1）如果 first 与 last 相等，则范围为空；

2）如果 first 与 last 不等，则范围至少包含一个元素，且 first 指向该范围中的第一个元素；

3) 可以对 first 递增若干次，使得 first==last。

拥有了这些性质，意味着总是可以通过一个循环来处理迭代器范围内指向的一个元素序列。**C++标准库中所有需要传递一对迭代器做参数的算法或函数，都是左闭右开区间**，它们都满足刚刚讨论的性质。

3.2.6　反向迭代器

反向迭代器就是在容器中从尾元素向首元素反向移动的迭代器。与前几节介绍的迭代器相比，反向迭代器上操作的含义会颠倒过来。例如，递增一个反向迭代器（++it）会移动到序列的前一个元素，递减一个反向迭代器（--it）会移动到序列的后一个元素。

可以通过 rbegin、rend 成员来获取反向迭代器。假设拥有一个值为"abcde"的 string 类型变量 s，它的 begin、end、rbegin、rend 成员指向的位置如图 3-1 所示。

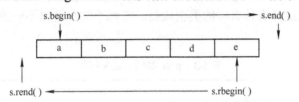

图 3-1　begin、end、rbegin、rend 成员指向的位置

分别使用 begin、end 和 rbegin、rend 打印 s 中的字符的效果是这样的：

```
1   #include<bits/stdc++.h>
2   using namespace std;
3   int main(){
4      string s="abcde";
5      cout<<"使用 begin 和 end: \n";
6      for(auto i=s.begin();i!=s.end();++i){
7          cout<<*i<<" ";
8      }
9      cout<<"\n 使用 rbegin 和 rend: \n";
10     for(auto i=s.rbegin();i!=s.rend();++i){
11         cout<<*i<<" ";
12     }
13     return 0;
14  }
```

输出为：

```
1   使用 begin 和 end:
2   a b c d e
3   使用 rbegin 和 rend:
4   e d c b a
```

你会发现，使用反向迭代器打印的效果是将 s 中的字符反向输出，这正是引入反向迭代器的意义所在，它提供了一种反向访问容器的方法。

　　前几节提到的迭代器运算符和迭代器操作均可适用于反向迭代器，但是它们的操作效果是正好相反的。同样，也可以将一对反向迭代器作为一个迭代器范围，传递给 C++标准库中的算法和函数。但是，**在一个迭代器范围中，请务必不要混用普通迭代器和反向迭代器。**

3.3　pair

　　pair 是非常常用的标准库**模板**类型，它定义在头文件 utility 中。所谓模板，就是通过需要提供一些额外的类型信息来指定模板到底实例化成什么样的类，需要提供哪些类型信息由模板决定。提供信息的方式是在模板名字后面跟一对尖括号，在尖括号内放上信息。一个 pair 需要保存两个数据成员，成员名分别是 first 和 second，这两个数据成员的类型可以是任意的。那么当创建一个 pair 时，必须提供分别代表 first 和 second 类型的两个类型名作为额外的信息，告诉编译器希望让 pair 持有什么样的类型成员。这两个类型可以不一致。表 3-3 列举了 pair 类型的一些相关操作。

表 3-3　pair 类型的相关操作

操　　作	解　　释
pair<T1, T2>p	p 是一个 pair，p 的 first 成员是 T1 类型，second 成员是 T2 类型，两个成员都进行了值初始化
pair<T1, T2>p(v1, v2)	p 的 first 成员是 T1 类型，second 成员是 T2 类型，分别用 v1 和 v2 的值进行初始化
make_pair(v1, v2)	返回一个用 v1 和 v2 初始化的 pair 类型对象，first 和 second 成员的类型分别从 v1 和 v2 的类型推断出来
p.first	返回 p 的名为 first 的数据成员的引用
p.second	返回 p 的名为 second 的数据成员的引用
p1<p2	比较 p1、p2 两个 pair 类型对象的大小，比较方法是字典序比较，即先比较 first 成员的大小，再比较 second 成员的大小
p1>p2	
p1<=p2	
p1>=p2	
p1==p2	当 first 和 second 成员分别相等时，两个 pair 对象相等
p1!=p2	

　　下面的代码展示了这些操作的用法：

```
1    #include<bits/stdc++.h>
2    using namespace std;
3    int main(){
4        pair<gg,string>p1,p2{1,"123"},p3=make_pair(2,"123");
5        p1.first=p2.first;
6        p1.second=p3.second;
7        cout<<p1.first<<" "<<p1.second<<"\n";
8        cout<<(p2<p3)<<"\n";
9        cout<<(p1==p3)<<"\n";
10       return 0;
11   }
```

输出为：

```
1    1 123
2    1
3    0
```

3.4　tuple

上一节介绍了 C++标准库中的 pair 类型，它可以存储两个任意类型的成员。C++标准库中还设计了一种可以存储任意多个成员的数据类型——tuple。它的用法和 pair 非常类似，当希望将一些数据组合成单一对象，但又不想麻烦地定义一个新的类来表示这些数据时，就可以使用 tuple。表 3-4 列出了 tuple 支持的操作。

表 3-4　tuple 类型的相关操作

操　　作	解　　释
tuple<T1,T2,…,Tn>t	t 是一个 tuple，拥有 n 个成员，第 i 个成员的类型为 Ti，所有成员执行值初始化
tuple<T1,T2,…,Tn>t(v1,v2,…,vn)	t 是一个 tuple，成员类型为 T1,T2,…,Tn，每个成员用对应的初始值 vi 进行初始化
make_tuple(v1,v2,…,vn)	返回一个用 v1,v2,…,vn 初始化的 tuple 类型对象，成员的类型分别从 v1,v2,…,vn 的类型推断出来
get<i>(t)	返回 t 的第 i 个数据成员的引用，i 由 0 开始计数。注意，这里的 i 只能是一个整型字面值常量
t1<t2	
t1>t2	比较 t1、t2 两个 tuple 类型对象的大小，两个 tuple 必须具有相同数量的成员。比较方法是按照字典序逐个地比较对应数据成员的大小
t1<=t2	
t1>=t2	
t1==t2	两个 tuple 必须具有相同数量的成员，当所有成员分别相等时，两个 tuple 对象相等
t1!=t2	

由于 tuple 类型名通常会很长，一般使用类型别名来简化 tuple 类型对象的声明。下面的代码展示了这些操作的用法：

```
1    #include<bits/stdc++.h>
2    using namespace std;
3    int main(){
4        //T 是 tuple 的一个别名
5        using T=tuple<int,long long,double,string>;
6        T t1{1,10,1.0,"123"},t2=make_tuple(1,11,0.5,"456");
7        //获取 T 类型数据成员的具体数量
8        int size=tuple_size<T>::value;
9        cout<<"t1 成员数量为"<<size<<"\n";
10       //输出 t1 中所有数据成员
11       //for(int i=0;i<size;++i)
12       //    cout<<get<i>(t1)<<" ";//错误！i 不是整型字面值常量
```

```
13      cout<<get<0>(t1)<<" "<<get<1>(t1)<<" "<<get<2>(t1)
14        <<" "<<get<3>(t1)<<"\n";
15      cout<<(t1<t2)<<"\n";
16      cout<<(t1==t2)<<"\n";
17      return 0;
18  }
```

输出为：

```
1   t1 成员数量为 4
2   1 10 1 123
3   1
4   0
```

你会发现几乎在程序设计竞赛和考试中需要设计的类都可以用一个 tuple 来表示，但是笔者并不建议你在程序中将所有的需要自定义的类型都定义成 tuple 类型。由于 tuple 中的数据成员没有名字，你只能通过它在类型参数中的相对位置来访问该数据成员，这就意味着你需要记住哪个位置的数据成员记录哪种信息，这额外增加了你的记忆负担，而且一旦出现 bug，调试起来也会比较麻烦，因此不要滥用 tuple！那么可以用 tuple 来做什么呢？笔者认为在以下几种情景中可以使用 tuple。

1．让一个函数返回多个值

在 2.9.5 节中，曾编写过一个返回两数的商和余数的函数，借以说明如何利用引用来返回多个值。引入 tuple 之后，代码可以这样写：

```
1   #include<bits/stdc++.h>
2   using namespace std;
3   using gg=long long;
4   tuple<gg,gg>DIV(gg a,gg b){return{a/b,a % b};}
5   int main(){
6       gg a,b;
7       cin>>a>>b;
8       auto t=DIV(a,b);
9       cout<<"a/b="<<get<0>(t)<<",a%b="<<get<1>(t);
10      return 0;
11  }
```

若输入为：

```
1   5 2
```

输出为：

```
1   a/b=2,a%b=1
```

当然，由于只有两个返回值，你也可以使用 pair 来实现这一功能。

2．为自定义类型注入比较规则

tuple 内置的关系运算是通过按照字典序逐个地比较对应数据成员的大小的方式来实现的，因此如果题目中需要通过字典序比较多种数据，使用 tuple 就是一种绝佳的选择。本书会在 5.2 节详细讲解这个功能。

第 4 章   顺序容器

本章主要介绍 C++标准库中常用的顺序容器，包括 vector、deque、list、array 和 string。一个容器就是一些特定类型对象的集合。顺序容器为程序员提供了控制元素存储和访问顺序的能力。这种顺序不依赖于元素的值，而是与元素加入容器时的位置相对应。本章还将介绍定义在这些容器上的一些公共接口，这些公共接口使得对容器的操作更加容易。每种容器都有自己的特点，存储元素的方法也不完全一致，所以在使用这些容器时，需要对它们的性能和功能进行权衡，选出最合适的容器。

4.1   顺序容器概览

表 4-1 列举了一些常见的顺序容器。**所有的顺序容器都提供了快速顺序访问元素的能力，但是它们在随机访问元素以及插入和删除元素方面的性能表现却并不同。**

表 4-1   常见的顺序容器

容器类型	代表的数据结构	元素存储方式	优　点	缺　点
vector	可变大小数组	数据连续存放，容器大小可变	支持快速随机访问,尾部插入删除元素速度快	在尾部以外的任何位置插入删除元素都很慢
string	字符串	数据连续存放，容器大小可变		
array	固定大小数组	数据连续存放，容器大小不可变	C++内置数组的等价替代品,支持快速随机访问	不能添加和删除元素，大小不可变
deque	双端队列	数据连续存放，容器大小可变	支持快速随机访问,头部、尾部插入删除元素速度都很快	在头部、尾部以外的任何位置插入删除元素都很慢
list	双向链表	数据不连续存放，容器大小可变	支持双向顺序访问,在任何位置插入删除元素都很快	不支持元素的随机访问

4.2   顺序容器对象的定义和初始化

除 string 外，顺序容器都可以持有任意类型的元素，持有的元素类型甚至可以是另一个容器。C++中除 string 以外都是模板类，需要为其额外提供元素的类型，如 vector<gg>就是一个存储 gg 类型元素的 vector 容器类型。string 存储字符串，其元素类型只能是 char 类型。容器 array 由于是固定大小的数组，在定义一个 array 时，还需指定数组的大小，这个大小只能是一个整型字面值常量,而不能是一个变量,如 array<gg, 3>就是存储 3 个 int 类型元素的 array 容器类型，而 array<gg>和 array<gg, n>都是不合法的 array 类型定义（假设 n 是一个 gg 类型变量）。

每个容器类型都定义了一个默认构造函数。除 array 之外，其他容器的默认构造函数都会创建一个指定类型的空容器，且都可以接受指定容器大小和元素初始值的参数。表 4-2 列举了几种顺序容器对象都支持的定义和初始化方法。

表 4-2　顺序容器对象定义和初始化方法

语　　法	解　　释
C c	调用容器的默认构造函数。如果 c 是一个 array 容器，则 c 内所有元素的值将是未定义的，否则 c 为空容器
C c1(c2) C c1=c2	c1 初始化为 c2 的一个拷贝。c1 和 c2 必须是相同的容器类型，且持有的元素类型也要相同。array 容器还需具有相同的大小
C c{a,b,c,…} C c={a,b,c,…}	c 初始化为列表中元素的拷贝。列表中元素的类型必须能转化成 C 中元素的类型。对于 array 容器，列表中元素的个数要小于或等于 array 的大小，对于遗漏的元素，执行值初始化
C c(n)	c 中包含 n 个元素，元素执行值初始化。注意，array 和 string 不支持这种语法
C c(n,t)	c 中包含 n 个初始化为值 t 的元素。注意，array 不支持这种语法
C c(b,e)	c 初始化为迭代器 b 和 e 指定范围中的元素的拷贝。迭代器范围中元素的类型必须能转化成 C 中元素的类型。注意，array 不支持这种语法

下面的代码展示了顺序容器对象的定义和初始化方法：

```
1    vector<gg>c1;               //c1 是一个空的 vector
2    array<gg,5>c2;              //c2 包含 5 个元素，元素值是未定义的
3    string c3{'1','2','3'};     //等价于 string c3="123";
4    string c4(c3);             //c4 是 c3 的一个拷贝，值也是"123"
5    deque<gg>c5(5,1);          //c5 中包含 5 个值为 1 的元素
6    list<gg>c6={1,2,3};        //c6 中包含 3 个元素，分别是 1,2,3
7    list<gg>c7(c5.begin(),c5.end());  //c7 中包含 5 个值为 1 的元素
```

4.3　顺序容器的大小操作和赋值运算

在使用容器时，往往需要了解容器中现有的元素个数，因此，所有的容器中都内置了 size 和 empty 成员函数，帮助程序员了解容器中的元素总量。另外，讲解数组时，曾经说过内置数组之间不能直接进行拷贝，如果要实现拷贝功能，必须借助外部的函数。然而，C++标准库中的所有容器都可以直接使用赋值运算符进行拷贝，当然前提是容器类型和元素类型都要相同。表 4-3 列举了顺序容器的大小操作和赋值运算的相关方法。

表 4-3　顺序容器的大小操作和赋值运算

操　　作	功　　能
c.size()	返回容器 c 中元素的个数
c.empty()	如果 c 为空，返回真，否则返回假
c1=c2	将 c1 中的元素替换为 c2 中元素的拷贝
c={a,b,c,…}	将 c 中元素替换为列表中元素的拷贝。注意，array 不支持这种语法

4.4　访问元素

表 4-4 列出了可以用来在顺序容器中访问元素的操作。如果容器中没有这样的元素，访问操作的结果是未定义的。另外，如果你使用下标访问元素，请务必保证该下标在容器中是存在的，否则访问操作的结果同样是未定义的。总之，访问元素之前请务必保证元素访问不

越界。

表 4-4　顺序容器访问元素的操作

操　作	功　能
c[n]	返回容器中下标为 n 的元素的引用。注意，list 不支持这种语法
c.front()	返回容器中第一个元素的引用
c.back()	返回容器中最后一个元素的引用

下面的代码展示了这些操作的用法：

```
1    #include <bits/stdc++.h>
2    using namespace std;
3    using gg=long long;
4    int main(){
5        vector<gg>v{1,2,3,4,5};
6        if(!v.empty()){
7            v.front()=0;
8            v.back()=0;
9            v[v.size()/2]=0;
10       }
11       for(gg i:v){
12           cout<<i<<" ";
13       }
14       return 0;
15   }
```

输出结果为：

```
1    0 2 0 4 0
```

4.5　添加元素

由于 array 是固定大小的容器，无法向 array 容器中添加元素，因此本节描述的操作对 array 容器均不适用。表 4-5 列举了向非 array 的顺序容器中添加元素的操作。

表 4-5　顺序容器添加元素的操作

操　作	功　能
c.push_back(t)	在 c 的尾部创建一个值为 t 的元素，返回 void
c.push_front(t)	在 c 的头部创建一个值为 t 的元素，返回 void。注意，vector 和 string 不支持这种操作
c.insert(p,t)	在迭代器 p 指向的元素之前创建一个值为 t 的元素，返回指向新添加的元素的迭代器
c.insert(p,n,t)	在迭代器 p 指向的元素之前插入 n 个值为 t 的元素，返回指向新添加的第一个元素的迭代器。若 n 为 0，则返回 p
c.insert(p,b,e)	将迭代器 b 和 e 指定范围内的元素插入到迭代器 p 指向的元素之前，b 和 e 不能指向 c 中的元素，返回指向新添加的第一个元素的迭代器。若范围为空，则返回 p
c.insert(p, {a,b,c,…})	将列表中元素的值插入到迭代器 p 指向的元素之前，返回指向新添加的第一个元素的迭代器。若列表为空，则返回 p

下面的代码展示了向容器中插入元素的操作：

```
1   #include <bits/stdc++.h>
2   using namespace std;
3   using gg=long long;
4   int main(){
5       list<gg>k;   //k 为空
6       //在 k 尾部插入一个值为 1 的元素，k 元素为{1}
7       k.push_back(1);
8       //在 k 头部插入一个值为 2 的元素，k 元素为{2,1}
9       k.push_front(2);
10      //在尾后迭代器之前插入一个值为 3 的元素，k 元素为{2,1,3}，i 指向 3
11      auto i=k.insert(k.end(),3);
12      //在迭代器 i 之前插入两个值为 4 的元素，k 元素为{2,1,4,4,3}，i 指向第
          一个 4
13      i=k.insert(i,2,4);
14      //在迭代器 i 之前插入 5,6,7,8，k 元素为{2,1,5,6,7,8,4,4,3}，i 指向 5
15      i=k.insert(i,{5,6,7,8});
16      for(gg j:k)
17          cout<<j<<" ";
18      return 0;
19  }
```

输出结果为：

```
1   2 1 5 6 7 8 4 4 3
```

4.6 删除元素

同样，由于 array 是固定大小的容器，无法从 array 容器中删除元素，因此本节描述的操作对 array 容器也不适用。删除元素的成员函数并不检查其参数是否存在，所以，在删除元素之前，请务必确保要删除的元素是存在的。

表 4-6 列举了从非 array 的顺序容器中删除元素的操作。

表 4-6 顺序容器删除元素的操作

操　作	功　能
c.pop_back()	删除 c 中尾元素，返回 void。若 c 为空，则函数行为未定义
c.pop_front()	删除 c 中首元素，返回 void。若 c 为空，则函数行为未定义。注意，vector 和 string 不支持这种操作。
c.erase(p)	删除迭代器 p 所指定的元素，返回一个指向被删元素之后元素的迭代器。若 p 指向尾元素，则返回尾后迭代器；若 p 是尾后迭代器，则函数行为未定义
c.erase(b,e)	删除迭代器 b 和 e 所指定范围内的元素，返回一个指向最后一个被删元素之后元素的迭代器。若 e 本身就是尾后迭代器，则函数返回尾后迭代器
c.clear()	删除 c 中的所有元素，返回 void

下面的代码展示了从容器中删除元素的操作：

```
1   #include <bits/stdc++.h>
2   using namespace std;
3   using gg=long long;
4   int main(){
5       list<gg>k={1,2,3,4,5,6};
6       //删除尾元素，k 元素为{1,2,3,4,5}
7       k.pop_back();
8       //删除首元素，k 元素为{2,3,4,5}
9       k.pop_front();
10      //在尾部添加7,8,9，k 元素为{2,3,4,5,7,8,9}，i 指向 7
11      auto i=k.insert(k.end(),{7,8,9});
12      //删除 i 指向的元素，k 元素为{2,3,4,5,8,9}，i 指向 8
13      i=k.erase(i);
14      //删除[k.begin(),i)范围内所有元素，k 元素为{8,9}，i 指向 8
15      i=k.erase(k.begin(),i);
16      for(gg i:k)
17          cout<<i<<" ";
18      return 0;
19  }
```

输出结果为：

```
1   8 9
```

4.7　vector、string、array、deque 迭代器的其他操作

在本章介绍的除 list 以外的容器，即 vector、string、array、deque，元素在内存中都是连续存放的，它们都支持元素的随机访问。在这些容器上，迭代器拥有了一些特有的操作，如表 4-7 所示。

表 4-7　vector、string、array、deque 迭代器的其他操作

操　　作	功　　能
it+n	迭代器加上一个整数值仍是一个迭代器，结果迭代器指示的新位置与原来相比向前移动了 n 个元素
it-n	迭代器减去一个整数值仍是一个迭代器，结果迭代器指示的新位置与原来相比向后移动了 n 个元素
it+=n	将 it+n 的结果赋值给 it
it-=n	将 it-n 的结果赋值给 it
it1-it2	返回 it1 和 it2 之间的元素个数

下面的代码展示了这些操作的用法：

```
1   #include <bits/stdc++.h>
2   using namespace std;
```

```
3    using gg=long long;
4    int main(){
5        vector<gg>v={0,1,2,3,4};
6        auto i=v.begin(),j=v.begin();
7        cout<<*i<<"\n";
8        i+=3;
9        cout<<*i<<"\n";
10       i-=2;
11       cout<<*i<<"\n";
12       cout<<i-j<<"\n";
13       return 0;
14   }
```

输出结果为：

```
1    0
2    3
3    1
4    1
```

4.8 例题剖析

本节通过讲解例题的方式帮助你掌握前几节介绍的顺序容器的相关知识。

例题 4-1 【PAT B-1009】说反话

【题意概述】

给定一个英文句子，将句中所有单词倒序输出。

【输入输出格式】

给出一个英文句子，保证句子末尾没有多余的空格。

倒序输出句子中的单词。

【数据规模】

字符串长度小于 80 个字符。

【算法设计】

可以读取每个字符串并存储到一个 vector 中。要求倒序输出，你可以使用下标的方式倒序访问元素，但有更好的方法实现这一目的——反向迭代器。

【C++代码】

```
1    #include <bits/stdc++.h>
2    using namespace std;
3    int main(){
4        ios::sync_with_stdio(false);
5        cin.tie(0);
6        string s;
```

```
7      vector<string>v;
8      while(cin>>s){
9          v.push_back(s);
10     }
11     for(auto i=v.rbegin();i!=v.rend();++i){
12         cout<<(i==v.rbegin() ? "":" ")<<*i;
13     }
14     return 0;
15 }
```

例题 4-2　【CCF CSP-20150301】图像旋转

【题意概述】

旋转是图像处理的基本操作，在这个问题中，你需要将一个图像逆时针旋转 90°。

计算机中的图像可以用一个矩阵来表示，为了旋转一个图像，只需要将对应的矩阵旋转即可。

【输入输出格式】

输入的第一行包含两个整数 n、m，分别表示图像矩阵的行数和列数。接下来 n 行每行包含 m 个整数，表示输入的图像。

输出 m 行，每行包含 n 个整数，表示原始矩阵逆时针旋转 90° 后的矩阵。

【数据规模】

$1 \leq n, m \leq 1000$，矩阵中的数都是不超过 1000 的非负整数。

【算法设计】

可以将矩阵存放在二维的 vector 中，然后按列号从大到小输出每一列即可。

【注意点】

如果你用二维的 C++ 内置数组存储该矩阵，那么必须把它定义成全局变量，不然运行时会报错误，因为矩阵的元素最多可达到 10^6 个，会超出栈区空间。

【C++代码】

```
1      #include <bits/stdc++.h>
2      using namespace std;
3      using gg=long long;
4      int main(){
5          ios::sync_with_stdio(false);
6          cin.tie(0);
7          gg ni,mi;
8          cin>>ni>>mi;
9          vector<vector<gg>>ai(ni,vector<gg>(mi));
10         for(auto& i:ai){
11             for(auto& j:i){
12                 cin>>j;
13             }
```

```
14        }
15    for(gg j=mi-1;j>=0;--j){
16        for(gg i=0;i<ni;++i){
17            cout<<ai[i][j]<<" ";
18        }
19        cout<<"\n";
20    }
21    return 0;
22 }
```

例题 4-3　【CCF CSP-20141202】Z 字形扫描

【题意概述】

在图像编码的算法中，需要将一个给定的方形矩阵进行 Z 字形扫描(Zigzag Scan)。给定一个 n×n 的矩阵，Z 字形扫描的过程如图 4-1 所示。

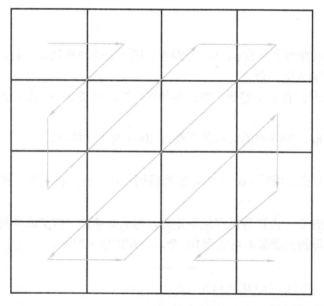

图 4-1　Z 字形扫描示意图

请实现一个 Z 字形扫描的程序，给定一个 n×n 的矩阵，输出对这个矩阵进行 Z 字形扫描的结果。

【输入输出格式】

输入的第一行包含一个整数 n，表示矩阵的大小。输入的第二行到第 n+1 行每行包含 n 个正整数，由空格分隔，表示给定的矩阵。

输出一行，包含 n×n 个整数，由空格分隔，表示输入的矩阵经过 Z 字形扫描后的结果。

【数据规模】

1≤n≤500，矩阵元素为不超过 1000 的正整数。

【算法设计 1】

先将矩阵存放在二维的 vector 中，然后按题目要求进行模拟。

扫描过程中的方向共有 4 种：右、下、左下、右上。其中，右、下两个方向移动时只移动一格，左下、右上方向移动时要移动到在该方向上无法移动（即再移动一步就会超出矩阵界限）为止。所以可以建立两个数组，一个数组表示右、下两个方向，一个数组表示左下、右上两个方向。

要注意，若初始移动方向是右上，如果在当前方向上无法移动了，就要先考虑向右移动一格，如果向右也无法移动，就转为向下移动一格，之后移动方向转为左下；如果移动方向是左下，而且在当前方向上无法移动了，就要先考虑向下移动一格，如果向下也无法移动，就转为向右移动一格，之后移动方向转为右上。循环往复，直至遍历完所有数字为止。

算法时间复杂度为 $O(n^2)$，空间复杂度为 $O(1)$。

仔细阅读实现代码应该能够加深你的理解。

【C++代码 1】

```
1    #include <bits/stdc++.h>
2    using namespace std;
3    using gg=long long;
4    int main(){
5        ios::sync_with_stdio(false);
6        cin.tie(0);
7        gg ni;
8        cin>>ni;
9        vector<vector<gg>>ai(ni,vector<gg>(ni));
10       for(auto& i:ai){
11           for(auto& j:i){
12               cin>>j;
13           }
14       }
15       vector<array<gg,2>>d1={{-1,1},{1,-1}},//右上、左下
16           d2={{0,1},{1,0}};  //右、下
17       gg index=0,x=0,y=0;//index 指示目前移动方向的索引，x、y 为横纵坐标
18       auto outOfBorder=[ni](gg x,gg y){  //坐标是否越界
19           return x<0 or x>=ni or y<0 or y>=ni;
20       };
21       for(gg i=0;i<ni * ni;++i){  //遍历 n×n 个数字
22           cout<<ai[x][y]<<" ";  //输出当前数字
23           //在当前方向上已无法移动
24           if(outOfBorder(x+d1[index][0],y+d1[index][1])){
25               auto d=d2[index];  //确定向右还是向下移动一格
26               if(outOfBorder(x+d[0],y+d[1])){
27                   d=d2[index xor 1];
28               }
29               x+=d[0],y+=d[1],index^=1;  //更新坐标和移动方向
```

```
30          }else{   //在当前方向上可以继续移动，那就继续移动
31              x+=d1[index][0],y+=d1[index][1];
32          }
33      }
34      return 0;
35  }
```

【算法设计 2】

细心观察可以发现，Z 字形扫描实际上实现的是类似于图 4-2 所示的对角线扫描的方式。

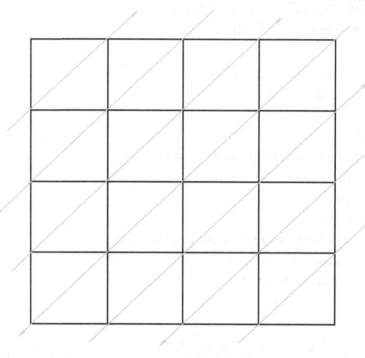

图 4-2   对角线扫描示意图

扫描线共有 2n−1 条，因此可以直接按左上到右下的顺序模拟这些扫描线的扫描。每次扫描时，定义一个 vector 存储这条扫描线上的数字，为了方便，可以都从左下到右上扫描。假设扫描线由 $0 \sim (2n-2)$ 编号，那么扫描完成后，如果扫描线编号是偶数，则正序输出所有的数字，否则逆序输出。

算法时间复杂度为 $O(n^2)$，空间复杂度为 $O(n)$。

【C++代码 2】

```
1   #include <bits/stdc++.h>
2   using namespace std;
3   using gg=long long;
4   int main(){
5       ios::sync_with_stdio(false);
6       cin.tie(0);
7       gg ni;
```

```
8       cin>>ni;
9       vector<vector<gg>>ai(ni,vector<gg>(ni));
10      for(auto& i:ai){
11          for(auto& j:i){
12              cin>>j;
13          }
14      }
15      for(gg i=0;i<2 * ni-1;++i){   //2n-1 条扫描线
16          array<gg,2>c=  //初始位置
17              i<ni ? array<gg,2>{i,0}:array<gg,2>{ni-1,i-ni+1};
18          vector<gg>v;   //存储扫描线上的所有数字
19          while(c[0]>=0 and c[0]<ni and c[1]>=0 and c[1]<ni){
20              v.push_back(ai[c[0]][c[1]]);
21              --c[0],++c[1];
22          }
23          if(i % 2==0){
24              for(gg j:v){
25                  cout<<j<<" ";
26              }
27          }else{
28              for(auto j=v.rbegin();j!=v.rend();++j){
29                  cout<<*j<<" ";
30              }
31          }
32      }
33      return 0;
34  }
```

例题 4-4 　【CCF CSP-20160903】炉石传说

【题意概述】

玩家会控制一些角色，每个角色有自己的生命值和攻击力。当生命值小于等于 0 时，该角色死亡。角色分为英雄和随从。

1）玩家各控制一个英雄，游戏开始时，英雄的生命值为 30，攻击力为 0。当英雄死亡时，游戏结束，英雄未死亡的一方获胜。

2）玩家可在游戏过程中召唤随从。棋盘上每方都有 7 个可用于放置随从的空位，从左到右一字排开，称为战场。当随从死亡时，将被从战场上移除。

3）游戏开始后，两位玩家轮流进行操作，每个玩家的连续一组操作称为一个回合。

4）每个回合中，当前玩家可进行零个或者多个以下操作：

① 召唤随从：玩家召唤一个随从进入战场，随从具有指定的生命值和攻击力。

② 随从攻击：玩家控制自己的某个随从攻击对手的英雄或者某个随从。

③ 结束回合：玩家声明自己的当前回合结束，游戏将进入对手的回合。该操作一定是一个回合的最后一个操作。

5）当随从攻击时，攻击方和被攻击方会同时对彼此造成等同于自己攻击力的伤害。受到伤害的角色的生命值将会减少，减少的数值等同于受到的伤害。例如，随从 X 的生命值为 HX、攻击力为 AX，随从 Y 的生命值为 HY、攻击力为 AY，如果随从 X 攻击随从 Y，则攻击发生后随从 X 的生命值变为 HX-AY，随从 Y 的生命值变为 HY-AX。攻击发生后，角色的生命值可以为负数。

本题将给出一个游戏的过程，要求编写程序模拟该游戏过程并输出最后的局面。

【输入输出格式】

输入第一行是一个整数 n，表示操作的个数。接下来 n 行，每行描述一个操作，格式为：<action> <arg1> <arg2>……其中<action>表示操作类型，是一个字符串，共有 3 种：summon 表示召唤随从，attack 表示随从攻击，end 表示结束回合。这 3 种操作的具体格式如下：

1）summon <position> <attack> <health>：当前玩家在位置<position>召唤一个生命值为<health>、攻击力为<attack>的随从。其中<position>是一个 1~7 的整数，表示召唤的随从出现在战场上的位置，原来该位置及右边的随从都将顺次向右移动一位。

2）attack <attacker> <defender>：当前玩家的角色<attacker>攻击对方的角色<defender>。<attacker>是 1~7 的整数，表示发起攻击的本方随从编号；<defender>是 0~7 的整数，表示被攻击的对方角色，0 表示攻击对方英雄，1~7 表示攻击对方随从的编号。

3）end：当前玩家结束本回合。

注意：随从的编号会随着游戏的进程发生变化，当召唤一个随从时，玩家指定该随从放入战场的位置，此时，原来该位置及右边的所有随从编号都会增加 1。而当一个随从死亡时，它右边的所有随从编号都会减少 1。任意时刻，战场上的随从总是从 1 开始连续编号。

输出共 5 行：

第 1 行包含一个整数，表示这 n 次操作后（以下称为 T 时刻）游戏的胜负结果，1 表示先手玩家获胜，-1 表示后手玩家获胜，0 表示游戏尚未结束，还没有人获胜。第 2 行包含一个整数，表示 T 时刻先手玩家的英雄的生命值。第 3 行包含若干个整数，第一个整数 p 表示 T 时刻先手玩家在战场上存活的随从个数，之后 p 个整数分别表示这些随从在 T 时刻的生命值（按照从左往右的顺序）。第 4 行和第 5 行与第 2 行和第 3 行类似，只是将玩家从先手玩家换为后手玩家。

【数据规模】

操作的个数 n 满足 $0 \leqslant n \leqslant 1000$。随从的初始生命值为 1~100 的整数，攻击力为 0~100 的整数。保证所有操作均合法，包括但不限于：

1）召唤随从的位置一定是合法的，即如果当前本方战场上有 m 个随从，则召唤随从的位置一定在 1~(m+1)之间，其中 1 表示战场最左边的位置，m+1 表示战场最右边的位置。

2）当本方战场有 7 个随从时，不会再召唤新的随从。

3）发起攻击和被攻击的角色一定存在，发起攻击的角色攻击力大于 0。

4）一方英雄如果死亡，就不再会有后续操作。

【算法设计】

题目其实很简单，用 array<gg, 2>存储一个角色的生命值和攻击力，用 vector< array<gg, 2>>存储一个玩家的所有角色，用 vector 的 insert 和 erase 函数实现角色的插入和删除。具体实现可见代码。

【C++代码】

```
1    #include <bits/stdc++.h>
2    using namespace std;
3    using gg=long long;
4    int main(){
5        ios::sync_with_stdio(false);
6        cin.tie(0);
7        gg ni;
8        cin>>ni;
9        vector<vector<array<gg,2>>>player{{{30,0}},{{30,0}}};
10       gg cur=0;
11       while(ni--){
12           string si;
13           gg ai,bi,ci;
14           cin>>si;
15           if(si=="summon"){
16               cin>>ai>>bi>>ci;
17               player[cur].insert(player[cur].begin()+ai,{ci,bi});
18           }else if(si=="attack"){
19               cin>>ai>>bi;
20               player[cur][ai][0]-=player[cur ^ 1][bi][1];
21               player[cur ^ 1][bi][0]-=player[cur][ai][1];
22               if(player[cur][ai][0]<=0 and ai>0){
23                   player[cur].erase(player[cur].begin()+ai);
24               }
25               if(player[cur ^ 1][bi][0]<=0 and bi>0){
26                   player[cur^1].erase(player[cur^1].begin()+bi);
27               }
28           }else{
29               cur^=1;
30           }
31       }
32       cout<<(player[0][0][0]>0 and player[1][0][0]>0 ? 0 :
33               player[0][0][0]>0 ? 1:-1)<<"\n";
34       for(auto& i:player){
35           cout<<i[0][0]<<"\n"<<i.size()-1;
36           for(gg j=1;j<i.size();++j){
37               cout<<" "<<i[j][0];
38           }
```

```
39          cout<<"\n";
40      }
41      return 0;
42  }
```

4.9 再谈 string

string 类型作为程序设计中最常用的字符串类型，除了顺序容器共同的操作之外，C++标准库还专门为其定义了大量额外的操作。这些操作中的大部分要么是提供了 string 类和 C 风格字符数组之间的相互转换，要么是增加了允许用下标代替迭代器的版本。显然使用下标访问会比使用迭代器访问更加方便，因此，笔者在这里只介绍一些使用下标版本的额外的 string 操作，用这些操作来应对程序设计竞赛和考试已经足够。

4.9.1 构造 string 的其他方法

除了在 2.5.1 节以及与其他顺序容器相同的构造函数外，string 类型还支持其他几种构造方法，如表 4-8 所示。

表 4-8 构造 string 的其他方法

操　　作	功　　能
string s(s2, pos2)	s 是 s2 从下标 pos2 开始直到末尾所有字符的拷贝。若 pos2>s2.size()，构造函数的行为未定义
string s(s2,pos2, len2)	s 是 s2 从下标 pos2 开始 len2 个字符的拷贝。若 pos2>s2.size()，构造函数的行为未定义。不管 len2 的值是多少，构造函数至多拷贝 s2.size()-pos2 个字符
s.substr(pos, len)	返回一个 string，包含 s 中从 pos 开始的 len 个字符的拷贝。pos 的默认值为 0。如果 len 被省略，则拷贝从 pos 开始的所有字符

下面的代码展示了这些操作的用法：

```
1   #include <bits/stdc++.h>
2   using namespace std;
3   int main(){
4       string s1="hello world";
5       string s2(s1,3);  //从 s1[3]开始拷贝，直至 s1 末尾
6       string s3(s1,3,2);  //从 s1[3]开始拷贝 2 个字符
7       cout<<s2<<"\n";
8       cout<<s3<<"\n";
9       cout<<s2.substr(3,4)<<"\n";  //从 s2[3]开始拷贝 4 个字符
10      return 0;
11  }
```

输出结果为：

```
1   lo world
2   lo
```

```
3  worl
```

4.9.2 修改 string 的其他方法

顺序容器中用于添加元素的 insert 成员函数和用于删除元素的 erase 成员函数，都需要输入迭代器作为参数，string 对这两个函数进行了函数重载，使得它们能够使用下标作为参数。此外，string 还支持用于替换的 replace 成员函数，使其可以更加灵活方便地操作字符串。表 4-9 列举了相关的操作。

表 4-9 修改 string 的其他方法

操　作	功　能
s.insert(pos,s2)	在下标 pos 之前插入 s2 整个字符串
s.insert(pos,s2,pos2,len)	在下标 pos 之前插入字符串 s2 从下标 pos2 开始 len 个字符的拷贝。若 pos2>s2.size()，构造函数的行为未定义
s.insert(pos,n,c)	在下标 pos 之前插入 n 个字符 c
s.erase(pos,len)	删除从位置 pos 开始的 len 个字符。如果 len 被省略，则删除从 pos 开始直至 s 末尾的所有字符
s.replace(pos,len,s2)	将从 pos 开始的 len 个字符替换成字符串 s2 的拷贝
s.replace(pos,len1,s2,pos2,len2)	将从 pos 开始的 len1 个字符替换成字符串 s2 从下标 pos2 开始 len2 个字符的拷贝
s.replace(pos,len,n,c)	将从 pos 开始的 len 个字符替换成 n 个字符 c

下面的代码展示了这些操作的用法：

```
1   #include <bits/stdc++.h>
2   using namespace std;
3   int main(){
4       string s1="123456789",s2="abc",s3;  //s3 为空
5       s3.insert(0,s2);            //s3 为"abc"
6       s3.insert(1,s1,1,2);        //s3 为"a23bc"
7       s3.insert(3,2,'d');         //s3 为"a23ddbc"
8       s3.erase(3,2);              //s3 为"a23bc"
9       s3+=s2;                     //s3 为"a23bcabc"
10      s3.replace(0,1,"def");      //s3 为"def23bcabc"
11      s3.replace(0,7,s2,0,3);     //s3 为"abcabc"
12      s3.replace(0,s3.size(),1,'a'); //s3 为"a"
13      return 0;
14  }
```

4.9.3　string 搜索操作

字符串匹配是一个非常常用的操作。为此，C++标准库定义了 6 种字符串的搜索函数，如果查找成功，返回匹配成功位置的下标；如果查找失败，则返回-1（实际上是返回 string::npos，但初学阶段，你可以认为它的值与-1 相等）。表 4-10 列举了 string 的这 6 种搜索操作。

119

表 4-10　string 搜索操作

操　作	功　能
传入的参数 args 可以是以下两种形式之一： 1）c：字符 c； 2）s2：字符串 s2	
搜索操作返回指定字符出现的下标，如果未找到则返回-1	
s.find(args, pos=0)	查找 s 的[pos, s.size())范围中 args 第一次出现的位置，pos 默认为 0
s.rfind(args, pos=-1)	查找 s 的[0, pos]范围中 args 最后一次出现的位置，pos 默认为-1，表示查找范围为[0, s.size())
s.find_first_of(args, pos=0)	在 s 的[pos, s.size())范围中查找 args 中任意一个字符第一次出现的位置，pos 默认为 0
s.find_first_not_of(args, pos=0)	在 s 的[pos, s.size())范围中查找第一个不在 args 中的字符，pos 默认为 0
s.find_last_of(args, pos=-1)	在 s 的[0, pos]范围中查找 args 中任何一个字符最后一次出现的位置，pos 默认为-1，表示查找范围为[0, s.size())
s.find_last_not_of(args, pos=-1)	在 s 的[0, pos]范围中查找最后一个不在 args 中的字符，pos 默认为-1，表示查找范围为[0, s.size())

下面的代码展示了这些操作的用法：

```
1    #include <bits/stdc++.h>
2    using namespace std;
3    int main(){
4        string s1="12123123",s2="123",s3="abc";
5        cout<<s1.find(s2)<<"\n";
6        cout<<s1.rfind(s2)<<"\n";
7        cout<<s1.find_first_of(s2)<<"\n";
8        cout<<s1.find_last_of(s2)<<"\n";
9        cout<<s1.find_first_not_of(s3)<<"\n";
10       cout<<s1.find_last_not_of(s3)<<"\n";
11       return 0;
12   }
```

输出为：

```
1    2
2    5
3    0
4    7
5    0
6    7
```

4.9.4　数值转换

程序中经常需要在算术类型和字符串类型之间进行转换。C++标准库中的 string 头文件中定义了一组函数来进行这些数值转换操作。表 4-11 主要列举了比较常用的一些数值转换函数以供读者参考。

表 4-11　常用的数值转换函数

函　　数	功　　能
to_string(v)	返回算术类型的数值 v 对应的字符串表示
stoi(s,p=0,b=10) stoll(s,p=0,b=10)	返回 s 的起始子串（表示整数内容）的数值，返回值类型分别是 int、long long。b 表示转换所用的基数，默认值为 10。p 是 size_t 类型的指针，用来保存 s 中第一个非数值字符的下标，p 默认为 0，即函数不保存下标
stod(s,p=0)	返回 s 的起始子串（表示浮点数内容）的数值，返回值类型是 double。p 是 size_t 类型的指针，用来保存 s 中第一个非数值字符的下标，p 默认为 0，即函数不保存下标

下面的程序展示了这些操作的用法：

```
1   #include <bits/stdc++.h>
2   using namespace std;
3   using gg=long long;
4   int main(){
5       string s1="1at",s2="1.2a";
6       size_t p1=0,p2=0; //负责存储字符串 s1、s2 中第一个非数值字符的下标
7       gg k1=stoll(s1,&p1,16);　//将字符串 s1 按十六进制字符串转换成十进
                                制整数
8       double k2=stod(s2,&p2);　//将字符串 s2 转换成浮点数
9       cout<<k1<<","<<p1<<"\n";
10      cout<<k2<<","<<p2<<"\n";
11      s1=to_string(k1);　//将 k1 转换成字符串
12      s2=to_string(k2);　//将 k2 转换成字符串
13      cout<<s1<<"\n"<<s2;
14      return 0;
15  }
```

输出为：

```
1   26,2
2   1.2,3
3   26
4   1.200000
```

4.9.5　stringstream：按任意字符分割字符串

前面的章节中，讲解了 C++标准库中针对 string 定制的各种操作，你可能觉得有些眼花缭乱。但是 C++标准库中 string 类型的设计并非尽善尽美，令人惊讶的是，出于种种因素的考虑，对于许多相当常用的字符串操作，string 类型中并没有提供相应的成员函数，最典型的例子就是按任意字符分割字符串的问题。

按任意字符分割字符串的问题利用编程解决并不难，但是比较烦琐，你可以尝试着编程解决一下这个问题。string 类型并没有针对该操作提供对应的成员函数，而该操作又是极为常用的字符串操作，必须另辟蹊径。C++标准库中的 stringstream 类型可以帮助你更方便地解决这个问题。stringstream 是一个字符串的输入输出流，它可以读取任意一个字符串，并按空格

121

字符进行分割后，逐个字符串地输出。下面的代码很好地展示了它的用法：

```
1   #include <bits/stdc++.h>
2   using namespace std;
3   int main(){
4       string s="  hello   world!  ";
5       stringstream ss(s);  //读取字符串 s
6       //ss 将按空格符分割后的每个字符串逐个输出到 s 中，输出完成时跳出循环
7       while(ss>>s)
8           cout<<s<<"\n";
9       return 0;
10  }
```

输出为：

```
1   hello
2   world!
```

你会发现 stringsteam 的用法类似于 cin 和 cout，这是因为 stringstream 本身就和 cin、cout 一样，是标准的输入输出流。

stringstream 可以按空格符分割字符串，那如果需要按其他字符分割字符串呢？可以将 stringstream 和 getline 函数结合起来解决这个问题。下面的代码利用逗号"，"字符分割字符串：

```
1   #include <bits/stdc++.h>
2   using namespace std;
3   int main(){
4       string s="  hello,world!";
5       stringstream ss(s);  //读取字符串 s
6       //按 "," 分割后的每个字符串逐个输出到 s 中，输出完成时跳出循环
7       while(getline(ss,s,','))
8           cout<<s<<"\n";
9       return 0;
10  }
```

输出为：

```
1     hello
2    world!
```

这里的 getline 函数接受 3 个参数：stringstream 流、目的字符串、分割字符。getline 函数会将分割后的字符串逐个输出到目的字符串中。

最后还要提醒的是，虽然本小节介绍的分割字符串的方法非常方便，但是它的**效率比较低**，在对程序运行时间要求比较严格的题目中，最好不要使用本小节提出的方法。

4.9.6 例题剖析

在程序设计竞赛和考试中，字符串处理的相关问题非常常见。要解决这类问题，你必须能够熟练使用 string 类型。有些题目可能会比较刁钻，实现逻辑比较复杂，而且可能会考查

很多边界情况，对于编码能力较弱的考生是一个挑战，但同时也是一个很好的锻炼。对于此类题目需要多做多想多编码，接下来通过几道例题来帮助你进一步提高解决此类问题的能力。

例题 4-5　【PAT A-1132】Cut Integer

【题意概述】

剪切整数意味着将 K 位的整数 Z 剪切为两个（K/2）位长的整数 A 和 B。例如，剪切 Z = 167334 之后，得到 A = 167 和 B =334。可以看到 Z 正好是 A 和 B 乘积的倍数。给定一个整数 Z，您应该测试它是否是这样的整数。

【输入输出格式】

第一行给出一个正整数 N，表示要检测 N 个整数。然后跟随 N 行，每行给出一个整数 Z。保证 Z 的位数是偶数。

针对每个要检测的数，输出一行，如果满足要求输出 "Yes"，否则输出 "No"。

【数据规模】

$$N \leqslant 20, 10 \leqslant Z < 2^{31}$$

【算法设计】

将读入的整数 Z 转换成字符串，就可以非常容易地分割它了。然后利用 stoll 函数将分割后的 A 和 B 再转换回整数即可。

【注意点】

分割得到的 A、B 可能为 0，要特别判断。

【C++代码】

```cpp
1   #include <bits/stdc++.h>
2   using namespace std;
3   using gg=long long;
4   int main(){
5       ios::sync_with_stdio(false);
6       cin.tie(0);
7       gg ni,zi;
8       cin>>ni;
9       while(ni--){
10          cin>>zi;
11          string s=to_string(zi);
12          gg a=stoll(s.substr(0,s.size()/2)),
13              b=stoll(s.substr(s.size()/2));
14          cout<<((a*b!=0 and zi % (a*b)==0 ? "Yes":"No")<<"\n";
15      }
16      return 0;
17  }
```

例题 4-6　【PAT B-1052】卖个萌

【题意概述】

萌萌哒表情符号通常由"手""眼""口"三个主要部分组成。简单起见，假设一个表情符号是按"[左手]([左眼][口][右眼])[右手]"格式输出的，现给出可选用的符号集合，请你按用户的要求输出表情。

【输入输出格式】

输入首先在前三行顺序对应给出手、眼、口的可选符号集。每个符号括在一对方括号[ ]内。题目保证每个集合都至少有一个符号，并不超过 10 个符号；每个符号包含 1~4 个非空字符。之后一行给出一个正整数 K，为用户请求的个数。随后 K 行，每行给出一个用户的符号选择，顺序为左手、左眼、口、右眼、右手，这里只给出符号在相应集合中的序号（从 1 开始），数字间以空格分隔。

对每个用户请求，在一行中输出生成的表情。若用户选择的序号不存在，则输出"Are you kidding me? @\V@"。

【算法设计】

可以用 array<vector<string>, 3>类型存储前三行给出的表情符号。最关键的问题是如何从读取的字符串中把方括号[ ]内的表情符号截取下来。这里可以定义两个变量 i 和 j，i 负责查找"["的下标，j 负责查找"]"的下标，这种字符查找可以借助 string 内置的 find 函数完成。每找到一对方括号，就可以利用 string 内置的 substr 函数将方括号内的表情符号截取下来。

针对每个客户选择的每个表情包，要逐个读取每个客户指定的序号，注意序号从 1 开始。由于序号可能越界，可以额外定义两个变量：一个 bool 变量 f 判断下标是否存在非法情况；一个 string 变量 out 存储一个客户要输出的表情字符串。如果下标越界了，置 f 为 false，表示有越界情况；否则，将当前获取得到的表情字符串添加到 out 尾部。当一个客户选中的一个表情包读取完成后，再根据 f 的状态判断是输出"Are you kidding me? @\V@"还是输出 out。

结合代码能够帮助你进一步理解。

【注意点】

1）前三行给出的手、眼、口的可选符号集可能存在空格，因此要使用 getline 函数读入。

2）"Are you kidding me? @\V@"中的"\"字符是转义字符，需用"\\"形式输出。

3）用户的符号选择中给出的序号是从 1 开始的。

4）有些表情符号无法用 ASCII 码编码表示，因此在本地控制台输出时可能有异常，建议遇到这种情况直接提交查看程序是否正确。

【C++代码】

```cpp
1    #include <bits/stdc++.h>
2    using namespace std;
3    using gg=long long;
4    int main(){
5        ios::sync_with_stdio(false);
6        cin.tie(0);
7        array<vector<string>,3>e{};   //存储表情符号
8        for(auto& v:e){
9            string line;
10           getline(cin,line);   //读取一行字符串
11           //i负责查找"["的下标，j负责查找"]"的下标
12           for(auto i=line.find('['); i!=-1;){
```

```
13                auto j=line.find(']',i);
14                v.push_back(line.substr(i+1,j-i-1));
15                i=line.find('[',j);
16            }
17        }
18        gg ki,ai;
19        cin>>ki;
20        while(ki--){
21            string out;   //存储要输出的表情字符串
22            bool f=true;   //表示下标是否存在非法情况
23            for(auto i=0;i<5;++i){
24                cin>>ai;
25                //v 负责获取 a 是手眼口中哪个表情数组的下标
26                const auto& v=i==2 ? e[2]:(i==0 or i==4) ? e[0]:e[1];
27                if(ai-1>=v.size()){   //下标非法
28                    f=false;
29                }else{
30                    out+=v[ai-1]+(i==0 ? "(":i==3 ? ")":"");
31                }
32            }
33            f ? cout<<out<<'\n':cout<<"Are you kidding me? @\\/@\n";
34        }
35        return 0;
36    }
```

例题 4-7　【PAT B-1078】字符串压缩与解压

【题意概述】

把由相同字符组成的一个连续的片段用这个字符和片段中含有这个字符的个数来表示，如 "ccccc" 就用 "5c" 来表示。如果字符没有重复，就原样输出，如 "aba" 压缩后仍然是 "aba"。解压方法就是反过来，把形如 "5c" 这样的表示恢复为 "ccccc"。

本题需要你根据压缩或解压的要求，对给定字符串进行处理。这里简单地假设原始字符串是完全由英文字母和空格组成的非空字符串。

【输入输出格式】

输入第一行给出一个字符，如果是 "C" 就表示下面的字符串需要被压缩，如果是 "D" 就表示下面的字符串需要被解压。第二行给出需要被压缩或解压的字符串。

逆序输出句子中的单词。

【数据规模】

需要被压缩或解压的字符串不超过 1000 个字符，以回车结尾。题目保证字符重复个数在整型范围内，且输出文件不超过 1MB。

根据要求压缩或解压字符串，并在一行中输出结果。

【算法设计】

　　分别定义一个压缩函数和一个解压函数，利用 string 内置的函数实现相应的功能即可。笔者建议你先手动实现一下本题程序，然后再参考笔者给出的代码，细细揣摩一下 string 类型的相关用法。

【C++代码】

```
1   #include <bits/stdc++.h>
2   using namespace std;
3   using gg=long long;
4   string compress(const string& s){  //压缩
5       string r;
6       for(gg i=0,j=0;i<s.size();i=j){
7           //找到下标i之后第一个与s[i]不同的字符的下标
8           j=s.find_first_not_of(s[i],i);
9           if(j==-1)
10              j=s.size();
11          //压缩当前字符
12          r+=(j-i==1 ? "":to_string(j-i)) +
13              string(1,s[i]);
14      }
15      return r;
16  }
17  string decompress(const string& s){  //解压
18      string r;
19      for(gg i=0,j=0;i<s.size();i=j+1){
20          //找到下标i之后第一个非数字字符的下标
21          j=s.find_first_not_of("0123456789",i);
22          //解析字符s[j]的个数
23          gg k=j-i==0 ? 1:stoll(s.substr(i,j-i));
24          //解压s[j]字符
25          r+=string(k,s[j]);
26      }
27      return r;
28  }
29  int main(){
30      ios::sync_with_stdio(false);
31      cin.tie(0);
32      string fi,si;
33      getline(cin,fi);
34      getline(cin,si);
35      cout<<(fi=="C" ? compress(si):decompress(si));
```

```
36      return 0;
37  }
```

例题 4-8 【PAT A-1060】Are They Equal

【题意概述】

如果一台机器只能保存 3 位有效数字，则浮点数 12300 和 12358.9 被认为是相等的，因为它们都可以通过简单的截断保存为 0.123×10^5。现在给定一台机器上的有效位数和两个浮点数，判断在该机器上它们是否相等。

【输入输出格式】

输入给出 3 个数字 N、A、B，其中 N 是有效数字的数量，而 A 和 B 是要比较的两个浮点数字。每个浮点数均为非负数，不大于 10^{100}，并且其总位数小于 100。

如果两个数字被视为相等，则先打印 "YES"，然后按题目描述形式打印它们的截断表示；如果不相等，先打印 "NO"，再分别打印这两个数字的截断表示。注意，保留有效数字时直接截断，而不是四舍五入。

【算法设计】

要用 string 类型读取两个浮点数。针对一个浮点数，只要确定它的 N 位有效数字以及截断表示中的指数，那么它的截断表示就确定了。换句话说，如果两个浮点数的 N 位有效数字以及截断表示中的指数均相同，这两个浮点数就是相等的。

可以写一个函数来求出一个浮点数的有效数字和指数，可以把结果用 pair<string, gg> 类型保存下来并返回。

首先介绍求解有效数字的方法，先找到浮点数中第一个非 0 数字的位置，假设为 i，那么该位置就是有效数字的起始位置，从该位置向后的 N 位数字就构成了 N 位有效数字，不足 N 位要在末位补 0。

如何求指数的值呢？找到浮点数中小数点的位置，假设为 num，如果浮点数中没有小数点，则令 num 为浮点数的长度。那么通过 num-i 即可求解指数，如果 num-i<0，则指数的值为 num-i+1，否则指数的值就是 num-i。

【注意点】

如果浮点数中全是 0，它的截断表示中，有效数字全是 0，指数也是 0。

【C++代码】

```cpp
1   #include <bits/stdc++.h>
2   using namespace std;
3   using gg=long long;
4   //返回 n 位有效数字和指数
5   pair<string,gg>f(const string& s,gg n){
6       string ans;
7       gg i=find_if(s.begin(),s.end(),
8                   [](char c){ return isdigit(c) and c!='0';})-
9           s.begin();   //查找第一个非 0 数字的位置
10      if(i==s.size()){   //输入的数字都是 0，说明这个数字的值就是 0
11          return{string(n,'0'),0};
```

```
12          }
13          for(gg j=i;j<s.size();++j){   //将最多 n 位有效数字放入 ans 中
14              if(ans.size()<n and isdigit(s[j])){
15                  ans.push_back(s[j]);
16              }
17          }
18          ans+=string(n-ans.size(),'0');   //有效数字不足 n 位，末位补 0
19          gg num=s.find('.');   //小数点的位置
20          if(num==-1){
21              num=s.size();
22          }
23          //如果 num-i 是负数，指数是 num-i+1，否则为 num-i
24          return{ans,num-i>0 ? num-i:num-i+1};
25      }
26      int main(){
27          ios::sync_with_stdio(false);
28          cin.tie(0);
29          string s1,s2;
30          gg ni;
31          cin>>ni>>s1>>s2;
32          auto ans1=f(s1,ni),ans2=f(s2,ni);
33          if(ans1==ans2){
34              cout<<"YES 0."<<ans1.first<<"*10^"<<ans1.second<<"\n";
35          }else{
36              cout<<"NO 0."<<ans1.first<<"*10^"<<ans1.second<<"0."
37                  <<ans2.first<<"*10^"<<ans2.second<<"\n";
38          }
39          return 0;
40      }
```

例题 4-9 【PAT A-1140、PAT B-1084】Look-and-say Sequence、外观数列

【题意概述】

外观数列是指具有以下特点的整数序列：

d,d1,d111,d113,d11231,d112213111,…

它从不等于 1 的数字 d 开始，序列的第 n+1 项是对第 n 项的描述。比如，第 2 项表示第 1 项有 1 个 d，所以就是 d1；第 2 项是 1 个 d（对应 d1）和 1 个 1（对应 11），所以第 3 项就是 d111。又比如，第 4 项是 d113，其描述就是 1 个 d，2 个 1，1 个 3，所以下一项就是 d11231。当然，这个定义对 d=1 也成立。本题要求你推算任意给定数字 d 的外观数列的第 N 项。

【输入输出格式】

输入第一行给出[0,9]范围内的一个整数 d，以及一个正整数 N，用空格分隔。

在一行中给出数字 d 的外观数列的第 N 项。

【数据规模】

$$N \leqslant 40$$

【算法设计】

这道题主要难在要理解题目的意思，编程实现并不难。以样例为例：

给定的 d 为 1，N 为 8，那么就需要进行 8 步操作，以字符串 str 作为第 i 步操作的结果：

1）str="1"；

2）由于 str 中有 1 个 1，故 str="11"，开始的 1 表示 1 这个字符，末尾的 1 表示 1 这个字符共有 1 个；

3）由于 str 中有 2 个 1，故 str="12"；

4）由于 str 中依次有 1 个 1,1 个 2，故 str="1121"；

5）由于 str 中依次有 2 个 1,1 个 2,1 个 1，故 str="122111"；

6）由于 str 中依次有 1 个 1,2 个 2,3 个 1，故 str="112213"；

7）由于 str 中依次有 2 个 1,2 个 2,1 个 1,1 个 3，故 str="12221131"；

8）由于 str 中依次有 1 个 1,3 个 2,2 个 1,1 个 3,1 个 1，故 str="1123123111"。

执行完毕，最后结果为"1123123111"。

【C++代码】

```cpp
1    #include <bits/stdc++.h>
2    using namespace std;
3    using gg=long long;
4    int main(){
5        ios::sync_with_stdio(false);
6        cin.tie(0);
7        string si;
8        gg ni;
9        cin>>si>>ni;
10       while(--ni){
11           string t;
12           for(gg i=0,j;i<si.size();i=j){
13               j=si.find_first_not_of(si[i],i+1);
14               if(j==-1)
15                   j=si.size();
16               t+=string(1,si[i])+to_string(j-i);
17           }
18           si=t;
19       }
20       cout<<si;
21       return 0;
22   }
```

例题 4-10　【CCF CSP-20160403】路径解析

【题意概述】

为了指定文件系统中的某个文件，需要用路径来定位，路径由若干部分构成，每个部分是一个目录或者文件的名字，相邻两个部分之间用"/"符号分隔。

有一个特殊的目录称为根目录，是整个文件系统形成的这棵树的根结点，用一个单独的"/"符号表示。在操作系统中，有当前目录的概念，表示用户目前正在工作的目录。根据出发点可以把路径分为两类：

1）绝对路径：以"/"符号开头，表示从根目录开始构建的路径。

2）相对路径：不以"/"符号开头，表示从当前目录开始构建的路径。

对于 d4 目录下的 f1 文件，可以用绝对路径"/d2/d4/f1"来指定。如果当前目录是"/d2/d3"，这个文件也可以用相对路径"../d4/f1"来指定，这里".."表示上一级目录（注意，根目录的上一级目录是它本身）。还有"."表示本目录，如"/d1/./f1"指定的就是"/d1/f1"。注意，如果有多个连续的"/"出现，其效果等同于一个"/"，如"/d1///f1"指定的也是"/d1/f1"。

本题会给出一些路径，要求对于每个路径，给出正规化以后的形式。一个路径经过正规化操作后，其指定的文件不变，但是会变成一个不包含"."和".."的绝对路径，且不包含连续多个"/"符号。如果一个路径以"/"结尾，那么它代表的一定是一个目录，正规化操作要去掉结尾的"/"。若这个路径代表根目录，则正规化操作的结果是"/"。若路径为空字符串，则正规化操作的结果是当前目录。

【输入输出格式】

输入第一行包含一个整数 P，表示需要进行正规化操作的路径个数。第二行包含一个字符串，表示当前目录。以下 P 行，每行包含一个字符串，表示需要进行正规化操作的路径。

输出共 P 行，每行一个字符串，表示经过正规化操作后的路径，顺序与输入对应。

【数据规模】

1≤P≤10，输入的所有路径每个长度不超过 1000 个字符。

【注意点】

由于路径可能为空字符串，不能用 cin 读取路径，因为 cin 会跳过空行，只能用 getline 读取路径。

【C++代码】

```
1    #include <bits/stdc++.h>
2    using namespace std;
3    using gg=long long;
4    //按字符"/"分割字符串
5    vector<string>split(string& s){
6        vector<string>ans;
7        stringstream ss(s);
8        while(getline(ss,s,'/')){
9            ans.push_back(s);
10       }
11       return ans;
```

```
12  }
13  int main(){
14      ios::sync_with_stdio(false);
15      cin.tie(0);
16      gg ni;
17      string si,cur;
18      cin>>ni;
19      cin.get();  //吸收换行符
20      getline(cin,cur);  //读取当前目录
21      while(ni--){
22          getline(cin,si);  //读取路径
23          //路径为空或不是以"/"开始，那么该路径是以当前目录开始的
24          if(si.empty() or si[0]!='/'){
25              si=cur+"/"+si;  //在路径首部添加当前路径
26          }
27          auto path=split(si);  //按"/"分割路径
28          vector<string>ans;
29          for(auto& s:path){  //遍历分割后的路径中每个目录或文件
30              if(s=="." or s.empty() or (s==".." and ans.empty())){
31                  //遇到"."或者空字符串或遇到".."但没有父目录，不进行任
                        何操作
32                  continue;
33              }else if(s==".."){//回到父目录，即从ans尾部弹出一个目录
34                  ans.pop_back();
35              }else{  //压入ans中一个目录或文件
36                  ans.push_back(s);
37              }
38          }
39          string out;
40          for(string& i:ans){  //将各目录或文件用"/"连接起来
41              out+="/"+i;
42          }
43          cout<<(out.empty() ? "/":out)<<"\n";
44      }
45      return 0;
46  }
```

4.10　例题与习题

　　本章主要介绍了顺序容器及其支持的操作。表4-12列举了本章涉及到的所有例题，表4-13

列举了一些习题。习题 4-5 有些难度，建议完成其他所有例题和习题后，再来解决该题目。

表 4-12　例题列表

编　号	题　号	标　题	备　注
例题 4-1	PAT B-1009	说反话	反向迭代器
例题 4-2	CCF CSP-20150301	图像旋转	二维 vector
例题 4-3	CCF CSP-20141202	Z 字形扫描	对角线遍历
例题 4-4	CCF CSP-20160903	炉石传说	vector 操作的综合应用
例题 4-5	PAT A-1132	Cut Integer	字符串处理
例题 4-6	PAT B-1052	卖个萌	字符串处理
例题 4-7	PAT B-1078	字符串压缩与解压	字符串处理
例题 4-8	PAT A-1060	Are They Equal	字符串处理
例题 4-9	PAT A-1140、PAT B-1084	Look-and-say Sequence、外观数列	字符串处理
例题 4-10	CCF CSP-20160403	路径解析	字符串分割与处理

表 4-13　习题列表

编　号	题　号	标　题	备　注
习题 4-1	PAT B-1061	判断题	vector 的使用
习题 4-2	CCF CSP-20160401	折点计数	vector 的使用
习题 4-3	CCF CSP-20191201	报数	vector 与 string 的使用
习题 4-4	PAT A-1001	A+B Format	字符串处理
习题 4-5	PAT A-1082	Read Number in Chinese	字符串处理

第 5 章　泛型算法

　　经过上一章的学习，相信你已经对顺序容器及它们的相关操作有了初步的认识。初学容器时，你可能会觉得容器上定义的成员函数已经相当丰富，但事实正好与之相反，顺序容器本身只定义了很少的操作。在实践中，一定会用到其他更加常用的操作，如查找、排序、去重等。标准库并未给每个容器都定义一组成员函数来实现这些操作，而是定义了一组泛型算法。

　　本章主要介绍 C++标准库中的泛型算法。之所以称"泛型"，是因为这些算法通用性非常好。泛型算法的通用性体现在两个层面：可应用于不同类型的序列；可应用于不同的元素类型。不仅标准库中的容器类型，甚至 C++内置的数组类型也可以使用这样的泛型算法。几乎所有的泛型算法都使用迭代器范围作为参数，它们负责告知泛型算法要处理的序列的边界。一般情况下，**这些算法并不直接操作容器，也不会改变容器的大小，而是遍历由一对迭代器指定的一个元素范围来进行操作**。

　　泛型算法库实现了各种经典算法，如排序和搜索算法，并向外暴露了相似的接口。这些泛型算法接受的参数结构都是类似的，这大大减轻了你的记忆负担。熟练掌握这些泛型算法，能够帮助你写出更简洁、更健壮的程序。同时，它也可以减轻重复"造轮子"的困扰。

5.1　泛型算法概览

　　大多数算法都定义在头文件 algorithm 中。下面以最常用的排序函数 sort 为例，简单介绍泛型算法如何使用。下面的代码使用了 C++标准库中的sort 函数对一个存储int型数据的vector进行排序：

```
1    #include<bits/stdc++.h>
2    using namespace std;
3    using gg=long long;
4    int main(){
5    vector<gg>v={2,1,4,3,6,5,8,10,5,3};
6        sort(v.begin(),v.end());
7        for(gg i:v)
8            cout<<i<<" ";
9        return 0;
10   }
```

输出为：

```
1    1 2 3 3 4 5 5 6 8 10
```

　　sort 函数默认执行的是从小到大的排序，它接受一对迭代器作为参数。3.2.5 节已经讲过，C++标准库中所有的迭代器范围都是左闭右开的，泛型算法也不例外。上面的代码将容器vector 的首尾迭代器传给 sort 函数，于是 sort 函数对整个 vector 容器中的所有数据进行了排序。

　　那么如何对没有迭代器的 C++内置数组进行排序呢？2.4.2 节在讲解数组与指针的关系

时，曾说过数组名本身就可以表示数组的首地址，即数组名本身就是一个指针，而且数组名本身还可以与整数进行加减操作。迭代器就是"泛化"的指针，可以用数组名与整数的加减结果作为参数传递给泛型算法，它可以起到和迭代器相同的作用。下面的代码就利用 sort 函数对一个 C++内置数组进行了排序操作：

```
1    #include<bits/stdc++.h>
2    using namespace std;
3    using gg=long long;
4    int main(){
5        gg v[10]={2,1,4,3,6,5,8,10,5,3};
6        sort(v,v+10);
7        for(gg i:v)
8            cout<<i<<" ";
9        return 0;
10   }
```

输出为：

```
1    1 2 3 3 4 5 5 6 8 10
```

很简单是不是？那么问题来了，假如希望 sort 函数执行从大到小排序应该怎么做呢？更进一步，假设容器内存储的不是 C++内置类型，而是自定义的类类型，怎么让 sort 函数按照你的想法进行自定义排序呢？这就是下一节要讨论的内容：自定义排序。

5.2 自定义排序

假设有一个学生成绩单，成绩单上每个学生的信息包括学号、姓名、语文成绩、数学成绩、英语成绩、总分。于是可以定义这样一个类来表示学生信息：

```
1    struct Student{
2        gg id;  //学号
3        string name;  //姓名
4        //语文成绩、数学成绩、英语成绩、总分
5        gg Chinese,math,English,total;
6        Student(gg i,string n,gg c,gg m,gg e):
7            id(i),name(n),Chinese(c),math(m),English(e){
8            total=c+m+e;
9        }
10   };
```

假设所有的学生成绩已经录入，利用一个 vector 来存储已有的所有学生信息：

```
1    vector<Student>students;
```

希望借助 sort 函数进行这样一种排序：

1）先按总分从大到小排序；

2）总分相同的，按姓名的字典序从小到大排序；

3）姓名相同的，按学号从小到大排序。保证不同学生的学号一定是不同的。

接下来介绍实现这种排序的几种方法。

5.2.1 比较规则代码的编写

在讲解自定义排序之前，首先要解决的一件事情就是：实现这种比较规则的代码应该如何编写？假设参与比较的两个对象分别为 s1 和 s2，C++中通常要实现这样的一个比较函数：它在希望定义的比较规则下，当 **s1<s2** 时该函数要返回 **true**，这时 **sort** 函数会把 **s1** 排在 **s2** 前面；当 **s1>s2** 时要返回 **false**，这时 **sort** 函数会把 **s1** 排在 **s2** 后面；当 **s1==s2** 时也要返回 **false**，但是这时 **s1** 和 **s2** 的位置是不确定的。如果将这个比较函数命名为 **cmp**，它的函数原型应该是：

```
1   bool cmp(const Student& s1,const Student& s2){  //比较函数
2       //函数体
3   }
```

该函数代码逻辑实现起来并不复杂，但是如果你不经考虑，写出来的代码可能会比较烦琐。通常，你的第一反应得到的代码写出来可能是这样的：

```
1    bool cmp(const Student& s1,const Student& s2){
2        if(s1.total>s2.total){
3            return true;
4        }else if(s1.total==s2.total and s1.name<s2.name){
5            return true;
6        }else if(s1.total==s2.total and s1.name==s2.name and s1.id<
         s2.id){
7            return true;
8        }else{
9            return false;
10       }
11   }
```

这样的代码显然过于臃肿丑陋，它只是定义的比较规则的直观翻译。可以通过下面的代码简化比较函数的逻辑：

```
1    bool cmp(const Student& s1,const Student& s2){
2        if(s1.total!=s2.total){
3            return s1.total>s2.total;
4        }else if(s1.name!=s2.name){
5            return s1.name<s2.name;
6        }else{
7            return s1.id<s2.id;
8        }
9    }
```

如果必须使用条件语句进行判断，上面的代码可以说是最简洁的了。想必你也察觉到了笔者的意思，没错，可以不使用条件语句实现上面的比较逻辑。你可能非常惊讶，这怎么可

能呢？计算机的世界"一切皆有可能"。

还记得曾经介绍过的 tuple 类型吗？它可以将不同的数据类型封装到一起，最关键的是，它还内置了关系运算符，采用的当然是字典序比较方法。可以通过下面的代码复习一下：

```
1   #include<bits/stdc++.h>
2   using namespace std;
3   using gg=long long;
4   int main(){
5       auto t1=make_tuple(1,"123",2.0),t2=make_tuple(1,"123",3.0);
6       if(t1<t2){
7           cout<<"t1<t2";
8       }else if(t1==t2){
9           cout<<"t1==t2";
10      }else{
11          cout<<"t1>t2";
12      }
13      return 0;
14  }
```

输出为：

```
1   t1<t2
```

定义了两个 tuple 类型对象 t1 和 t2，它们分别持有 3 个数据类型：int、string 和 double。当比较 t1 和 t2 的大小时，C++编译器会按照 tuple 类型中数据类型的声明顺序，采用字典序比较的方法分别比较 t1 和 t2 中数据元素的大小，所以比较过程是先比较 int 类型元素，再比较 string 类型元素，最后比较 double 类型元素。由于 t1 和 t2 的 int、string 类型元素的大小均相同，而 t1 的 double 类型元素显然小于 t2 的 double 类型元素，因此认为 t1<t2。

基于 tuple 字典序比较的启发，可以在定义比较规则时，生成两个 tuple 对象，将要比较的数据分别作为这两个 tuple 类型对象的元素，这样写成的比较函数的代码将会非常简洁，就像下面这样：

```
1   bool cmp(const Student& s1,const Student& s2){
2       return make_tuple(s1.total,s1.name,s1.id)<
3              make_tuple(s2.total,s2.name,s2.id);
4   }
```

利用 make_tuple 函数生成了两个 tuple 对象，由于定义的比较规则是"先比较总分，再比较姓名，最后比较学号"，因此生成的 tuple 对象中所持有的 Student 类型数据成员的顺序应该为 total、name、id。这样，利用 tuple 的字典序比较特性，使用一行代码即可实现比较规则。

眼尖的你可能已经发现了，上面的代码并不正确。希望先按总分从大到小排序，但是代码中生成的 tuple 对象在比较时，如果 s1.total<s2.total 会直接返回 true，相当于按总分从小到大排序了。那该怎么办？难道将代码中的小于号"<"改成大于号">"？改成">"后，确实是按总分从大到小排序了，但是在比较学号时，如果 s1.id>s2.id 会直接返回 true，相当于按学号从大到小排序，这与希望的比较规则又背道而驰了。推广到一般情况，当定义的比较规则中，有些数据成员要从大到小排序，有些数据成员要从小到大排序，比较方法不统一时，该怎么办呢？

其实问题没有那么复杂，仍可以保留 "<"，只需将要从大到小排序的元素进行交换就可以了，请看下面的代码：

```
1    bool cmp(const Student& s1,const Student& s2){
2        return make_tuple(s2.total,s1.name,s1.id)<
3            make_tuple(s1.total,s2.name,s2.id);
4    }
```

由于要按总分从大到小排序，交换了 s1.total 和 s2.total 的位置，这样在比较两个 tuple 对象时，如果 s2.total<s1.total 会直接返回 true，即 s1.total>s2.total 会直接返回 true，就相当于按总分从大到小排序了。

此外，也可以通过 C++标准库中的 **tie 函数**来生成 tuple 对象，它的用法与 make_tuple 函数一样。下面的代码与上述的比较规则代码等价：

```
1    bool cmp(const Student& s1,const Student& s2){
2    return tie(s2.total,s1.name,s1.id)<tie(s1.total,s2.name,s2.id);
3    }
```

tie 函数与 make_tuple 函数有所不同的是，**tie 函数的参数必须是一个变量，而不能是字面值常量，make_tuple 函数的参数可以是任意的**。这一点要额外注意。当你使用 tie 函数造成编译器报错时，可以用 make_tuple 函数替换 tie 函数。那为什么还要介绍 tie 函数，直接使用 make_tuple 函数不就可以了吗？当然是可以的，这里之所以介绍 tie 函数，是因为使用 "tie" 比使用 "make_tuple" 可以少敲几下键盘，仅此而已。

最后，还要提醒一点，无论是 tie 函数还是 make_tuple 函数，它们都会生成额外的 tuple 对象，这会带来额外的开销，在一定程度上会降低程序的性能，但通常这种开销是可以接受的。

5.2.2 重载小于运算符

从本小节开始，将正式介绍自定义排序的方法。

C++标准库中的泛型算法和容器都会比较输入序列中的元素。默认情况下，这些算法和容器使用元素类型的 "<" 运算符比较它们的大小，用 "==" 运算符比较它们是否相等。当需要自定义排序时，可以通过重载小于运算符的方法达到想要的效果。

重载小于运算符的方法有两种：成员函数形式和非成员函数形式。

1．成员函数形式

在类内定义一个成员函数进行小于运算符重载，它的语法通常是：

```
1    //T 是类型名，注意函数列表后面有 const 限定符
2    bool operator<(const T& t)const{
3        //函数体
4    }
```

"operator<" 是之前没有见过的函数名，它告诉编译器要重载小于运算符。当然，你还可以把 "<" 换成任何一个运算符，它将告诉编译器要重载这个运算符。例如，"operator==" 就

137

是在重载等于关系运算符，"operator>"就是在重载大于运算符。

传入的参数是常引用类型，使用引用类型可以避免这种类类型对象的拷贝，提高运行效率；使用 const 限定符可以保证函数内不会对传入的实参进行修改，毕竟只是要比较它们的大小。

参数列表后紧跟一个 const 限定符，它的具体作用你无须关心，目前你只需要知道在以成员函数形式重载运算符时都需要在参数列表后添加 const 限定符即可。

另外，你会发现只设置了一个参数，但是比较大小不是应该有两个比较对象吗？那另一个比较对象在哪里呢？以成员函数形式重载运算符时，使用 this 指针访问另一个比较对象，也就是调用这个小于运算符的对象。

关于代码逻辑的设计，你可以这样理解：**this 指针指向的对象应该是排序结束后排在前面的对象，它应该满足你想要排在前面的对象的性质；传入的参数对象应该是排序结束后排在后面的对象，它应该满足你想要排在后面的对象的性质。** 于是可以像下面的代码这样重载 Student 类型的小于运算符：

```
1  struct Student{
2      //相关数据成员和构造函数
3      //注意函数列表后面有 const 限定符
4      bool operator<(const Student& s)const{
5          return tie(s.total,this->name,this->id)<
6                  tie(this->total,s.name,s.id);
7      }
8  };
```

将 this 指针省略掉也是可以的，这时 C++编译器会将无对象引用的数据成员默认为 this 指针指向的数据成员。例如：

```
1  struct Student{
2      //相关数据成员和构造函数
3      //注意函数列表后面有 const 限定符
4      bool operator<(const Student& s)const{
5          return tie(s.total,name,id)<tie(total,s.name,s.id);
6      }
7  };
```

然后就可以直接调用 sort 函数进行排序了：

```
1  sort(students.begin(),students.end());
```

2. 非成员函数形式

以非成员函数形式重载运算符相当于在类外定义一个重载运算符的函数，通常把这个函数写在类代码之后，它的语法是：

```
1  bool operator<(const T& t1,const T& t2){  //T 是类型名
2      //函数体
3  }
```

以非成员函数形式重载小于运算符，也使用"operator<"作为函数名，const 引用类型作为参数类型，不同的是需要有两个参数。类似地，可以这样理解代码的逻辑：**第一个参数对**

象应该是排序结束后排在前面的对象，它应该满足你想要排在前面的对象的性质；第二个参数对象应该是排序结束后排在后面的对象，它应该满足你想要排在后面的对象的性质。于是可以像下面的代码这样在类外重载 Student 类型的小于运算符：

```
1   struct Student{
2       //相关数据成员和构造函数
3   };
4   bool operator<(const Student& s1,const Student& s2){
5       return tie(s2.total,s1.name,s1.id)<
6               tie(s1.total,s2.name,s2.id);
7   }
```

然后就可以直接调用 sort 函数进行排序了：

```
1   sort(students.begin(),students.end());
```

139

例题 5-1　【PAT B-1028】人口普查
【题意概述】
　　给定全体居民的姓名和出生日期，找出镇上最年长和最年轻的人。今天是 2014 年 9 月 6 日，所有超过 200 岁的生日和未出生的生日都是不合理的，应该被过滤掉。
【输入输出格式】
　　输入在第一行给出正整数 N。随后 N 行，每行给出 1 个人的姓名以及按"yyyy/mm/dd"（即年/月/日）格式给出的生日。题目保证最年长和最年轻的人没有并列。
　　在一行中顺序输出有效生日的个数、最年长人和最年轻人的姓名，其间以空格分隔。
【数据规模】
$$0 < N \leqslant 10^5$$
【算法设计】
　　定义一个类 Person，数据成员包含名字以及出生年、月、日。利用 tie 函数重载小于运算符，之后就可以通过"<"运算符比较两个 Person 的大小，并可以使用 max 和 min 函数，然后读取数据，逐个进行比较即可。
【注意点】
　　题目的测试数据存在有效生日个数为 0 的情况，这种情况下只应该输出一个 0，不能包含任何其他字符。
【C++代码】

```
1   #include<bits/stdc++.h>
2   using namespace std;
3   using gg=long long;
4   struct Person{
5       string name;
6       gg y,m,d;
7       Person(gg yy,gg mm,gg dd,string n=""):y(yy),m(mm),d(dd),
    name(n){}
```

```
8      bool operator<(const Person& p)const{
9          return tie(y,m,d)<tie(p.y,p.m,p.d);
10     }
11  };
12  int main(){
13     ios::sync_with_stdio(false);
14     cin.tie(0);
15     gg ni,num=0;
16     cin>>ni;
17     Person old(2014,9,6),young(1814,9,6),b1=old,b2=young,
       t(0,0,0);
18     while(ni--){
19         char c;
20         cin>>t.name>>t.y>>c>>t.m>>c>>t.d;
21         if(b1<t or t<b2)   //注意这里不能使用>，因为没有重载>运算符
22             continue;
23         old=min(old,t);
24         young=max(young,t);
25         ++num;
26     }
27     if(num==0)   //有效生日个数为0，进行特判
28         cout<<"0";
29     else
30         cout<<num<<' '<<old.name<<' '<<young.name;
31     return 0;
32  }
```

5.2.3 比较函数

重载小于运算符的确能够进行排序，但它还不够完美。假如在按照前面的比较规则重载过小于运算符之后，又有了一种新的排序需求：按数学成绩从大到小排序，数学成绩相同按学号从小到大排序。重载小于运算符的方法就无法实现这样的功能了，因为你已经按前面的排序需求重载过一次小于运算符，如果再次重载，参数列表和之前重载运算符的参数列表是一致的，这不满足函数重载的要求，会报编译错误。该怎么办呢？

C++标准库对 sort 函数进行了重载，使得 sort 函数除了接受一对迭代器范围以外，其实还可以接受第三个参数作为排序时两个元素之间的比较规则，这个参数称为**谓词**。一般可以向这个谓词传递一个函数或函数对象，传递的函数或函数对象的返回结果一般是一个 bool 值。标准库算法所使用的谓词一般分为两类：一元谓词（即传递的函数或函数对象只接受一个参数）和二元谓词（即传递的函数或函数对象接受两个参数）。

sort 函数的第三个参数是一个二元谓词，可以向这个谓词传递一个接受两个参数、返回一个 bool 值的比较函数。同样，第一个参数对象应该是排序结束后排在前面的对象，它应该

满足想要排在前面的对象的性质；第二个参数对象应该是排序结束后排在后面的对象，它应该满足想要排在后面的对象的性质。例如：

```
1   struct Student{
2   //相关数据成员和构造函数
3   };
4   bool cmp(const Student& s1,const Student& s2){
5       return tie(s2.total,s1.name,s1.id)<
6               tie(s1.total,s2.name,s2.id);
7   }
```

你会发现这个比较函数和以非成员函数形式重载小于运算符非常相似，然后就可以调用 sort 函数进行排序了：

```
1   //传递了三个参数，注意 cmp 后没有()
2   sort(students.begin(),students.end(),cmp);
```

当有不同的排序需求时，可以定义不同的比较函数，然后根据需要传递给 sort 函数就可以进行相应的排序。

5.2.4　函数对象/仿函数

你可能觉得通过定义一个比较函数的方式来排序已经足够完美了，实际上并非如此。比如要设计这样一种排序方法：数学成绩达到分数 score 的学生排在前面，没达到分数 score 的学生排在后面。这个 score 是需要用户输入的数据，因此不能在程序运行前明确它的值。这时的比较函数该怎样写呢？

你现在可能有些手足无措，因为目前为止你接触到的都是比较两个对象的相关数据成员，而没有把对象的数据成员和额外的变量进行比较。但是不用着急，这样的比较函数并不难编写，只要时刻铭记笔者一直在提及的这句话：**第一个参数对象应该是排序结束后排在前面的对象，它应该满足你想要排在前面的对象的性质；第二个参数对象应该是排序结束后排在后面的对象，它应该满足你想要排在后面的对象的性质**。当然还需要传递第三个参数 score 给比较函数，所以比较函数可以这样也只能这样写：

```
1   bool cmp(const Student& s1,const Student& s2,gg score){
2       return s1.math>=score and s2.math<score;
3   }
```

显然，这样的比较函数无法传递给 sort 函数，因为 sort 函数只接受二元谓词，即传递的函数只能有两个参数，这样的排序需求已经不是普通的比较函数可以实现的了。那该怎么办呢？

这时候就需要引入又一个概念：函数对象。函数对象又称仿函数，是 C++中的一种术语，字面意思是"虽然它不是函数，但它的行为可以像函数一样"。C++语言中函数对象有很多，这里介绍两种：函数对象类和 lambda 表达式。

1. 函数对象类

不知道你注意过没有，每次调用函数，都是先写函数名，紧跟着一对圆括号"()"，圆括号内写入传递的实参列表，整个函数调用就完成了。C++中称调用函数的这对圆括号"()"为**函数调用运算符**。如果类重载了函数调用运算符，则可以像使用函数一样使用该类的对象。

而重载了函数调用运算符的类称为函数对象类。例如，下面的代码就定义了一个函数对象类：

```
1   #include<bits/stdc++.h>
2   using namespace std;
3   struct T{   //定义函数对象类
4       int operator()(gg v)const{   //重载函数调用运算符
5           return v<0?-v:v;
6       }
7   };
8   int main(){
9       T p;   //创建 T 类的一个对象
10      cout<<p(-5)<<","<<p(0)<<","<<p(5);
11      return 0;
12  }
```

输出为：

```
1   5,0,5
```

上面的代码定义了一个重载了函数调用运算符的函数对象类 T。重载函数调用运算符的参数列表和返回类型都是任意的，这一点和普通函数一致，但要额外注意的是，**以成员函数形式重载函数调用运算符的参数列表之后、函数体之前都要加上一个"const"限定符**。上述的代码重载的函数调用运算符，实现了返回一个 int 类型数的绝对值的功能，这一点应该很容易理解。

第 9 行代码处，定义了类 T 的一个对象。注意，要调用函数调用运算符，必须先创建一个对象，然后通过对象名调用，而不能直接用类类型名调用。第 10 行代码通过构建的对象，调用了三次函数调用运算符。你会发现，第 10 行代码和调用普通函数的语法几乎一模一样！这就是"仿函数"名字的由来。

所以，可以定义一个函数对象类，让它重载的函数调用运算符的函数体内，实现比较函数的逻辑。相比于普通的比较函数，函数对象类拥有一个不可比拟的优势，因为类内可以定义数据成员！因此，可以将 score 作为类内的数据成员，在创建对象时去初始化它，这样就不必将它作为比较函数的第三个参数了！定义的函数对象类的代码可以是：

```
1   struct Student{
2   //相关数据成员和构造函数
3   };
4   struct cmp{
5       gg score;
6       cmp(gg s):score(s){}
7       bool operator()(const Student& s1,const Student& s2)const{
8           return s1.math>=score and s2.math<score;
9       }
10  };
```

于是可以这样将函数对象类的对象传递给 sort 函数：

```
1    gg score;
2    cin>>score;   //读取用户输入的 score
3    cmp c(score);   //创建函数对象类的一个对象
4    sort(students.begin(),students.end(),c);   //将函数对象类的对象传
     递给 sort 函数
```

当然，如果你 C++基础不错，你也可以直接在向调用的 sort 函数传实参时，实例化 cmp 类的对象，就像这样：

```
1    gg score;
2    cin>>score;   //读取用户输入的 score
3    //这里的 cmp(score)调用的是 cmp 类的构造函数，不是函数调用运算符！
4    sort(students.begin(),students.end(),cmp(score));
```

当然，函数对象类也可以完成要求的第一种排序方法，即先按总分从大到小排序，总分相同的，按姓名的字典序从小到大排序，姓名相同的，按学号从小到大排序。函数对象类的定义代码可以是：

```
1    struct cmp{
2        bool operator()(const Student& s1,const Student& s2)const{
3            return tie(s2.total,s1.name,s1.id)<
4                    tie(s1.total,s2.name,s2.id);
5        }
6    };
```

调用 sort 函数可以是：

```
1    //这里的 cmp()调用的是 cmp 类的构造函数创建对象，不是函数调用运算符！
2    sort(students.begin(),students.end(),cmp());
```

到此，函数对象类能够实现的功能已经足够完善了，它已经可以完成任何你想到的比较操作了。它的不足之处不在于它的功能，而在于它的语法。每当需要一种排序规则，都需要重写一个函数对象类，如果比较函数中需要第三个参数（如上述的 score），往往还需要在函数对象类中添加数据成员和构造函数，这种代码实现未免过于烦琐了。毕竟，在程序中，往往只需要在 sort 函数中用到定义的函数对象类一次，此后整个程序可能都不会再去使用它，没有必要为此定义一个新类。因此，需要一种更加简洁的实现方法，这就是 C++11 标准引入的 lambda 表达式。

2. lambda 表达式

lambda 表达式也是一种函数对象。一个 lambda 表达式表示一个可调用的代码单元，可以将其理解为一个未命名的函数。与普通函数类似，一个 lambda 具有一个返回类型、一个参数列表和一个函数体。但与函数不同，lambda 可以定义在其他函数内部。一个 lambda 表达式具有如下形式：

[捕获列表](参数列表) -> 返回类型 {函数体}

其中，捕获列表和参数列表可以为空。另外，可以忽略 "->" 和返回类型，编译器将从函数体内的返回值自动推导返回类型。因此，常用的 lambda 表达式的语法形式是：

[捕获列表](参数列表) {函数体}

　　当定义一个 lambda 时，编译器将自动生成一个与 lambda 表达式对应的新的未命名的类类型。这个类类型比较复杂，这里不多做解释，一般用 auto 说明符自动推导 lambda 表达式的类型。在前面实现的返回整数的绝对值的等价程序可以是这样的：

```
1   #include<bits/stdc++.h>
2   using namespace std;
3   using gg=long long;
4   int main(){
5       auto p=[ ](gg v){return v<0?-v:v;};
6       cout<<p(-5)<<","<<p(0)<<","<<p(5);
7       return 0;
8   }
```

　　输出为：

```
1   5,0,5
```

　　此时再看一下前面利用函数对象类求 int 型数绝对值的程序，利用 lambda 表达式是不是简单多了？同样，可以向 sort 函数的二元谓词参数传递一个 lambda 表达式，下面的代码实现了要求的第一种排序方法——先按总分从大到小排序，总分相同的，按姓名的字典序从小到大排序，姓名相同的，按学号从小到大排序：

```
1   //lambda 表达式
2   auto cmp=[ ](const Student& s1,const Student& s2){
3       return tie(s2.total,s1.name,s1.id)<
4               tie(s1.total,s2.name,s2.id);
5   };
6   sort(students.begin(),students.end(),cmp);
```

　　也可以直接在调用 sort 函数时写 lambda 表达式的具体代码，无须额外定义变量，就像这样：

```
1   sort(students.begin(),students.end(),
2       [ ](const Student& s1,const Student& s2){
3       return tie(s2.total,s1.name,s1.id)<
4               tie(s1.total,s2.name,s2.id);
5   });
```

　　下一个问题是，如何利用 lambda 表达式实现这样的排序：数学成绩达到分数 score 的学生排在前面，没达到 score 的学生排在后面。

　　这时就要使用 lambda 表达式中的新概念——捕获列表。

　　由于 lambda 表达式可以定义在一个函数内，这个函数往往定义了一些内部的局部变量，lambda 表达式可以在捕获列表中捕获这些局部变量，从而在 lambda 表达式的函数体内使用它们。

　　类似于函数的参数传递，捕获也分为**值捕获**和**引用捕获**。使用值捕获捕获所在函数的局部变量，只需在 lambda 表达式的捕获列表中写入这个局部变量的名字，lambda 表达式会对捕获列表中的所有变量进行拷贝，所以在 lambda 表达式的函数体内对这一局部变量的修改都不会反映到这个局部变量上；使用引用捕获捕获所在函数的局部变量，需要在 lambda 表达式的捕获列表中写入这个局部变量的名字，并在名字前面加上一个"&"，lambda 表达式的函数体内对这一局部变量的修改都会反映到这个局部变量上。如果想捕获多个变量，变量名之间请用","分割。总结来说，lambda 表达式的捕获列表可以是以下形式之一：

1）[ ]：空捕获列表。lambda 不能使用所在函数中的任何局部变量；

2）[a, b, …]：以值捕获方式捕获局部变量 a, b, …；

3）[&a, &b, …]：以引用捕获方式捕获局部变量 a, b, …；

4）[=]：以值捕获方式捕获 lambda 表达式所在的函数体内所有局部变量；

5）[&]：以引用捕获方式捕获 lambda 表达式所在的函数体内所有局部变量；

6）[&, a, b, …]：以值捕获方式捕获局部变量 a, b, …，除此以外 lambda 表达式所在的函数体内所有局部变量都以引用捕获方式捕获；

7）[=, &a, &b, …]：以引用捕获方式捕获局部变量 a, b, …，除此以外 lambda 表达式所在的函数体内所有局部变量都以值捕获方式捕获。

注意，lambda 表达式无须捕获即可直接使用全局变量以及全局函数。

因此，可以这样实现上述的排序规则：

```
1   gg score;
2   cin>>score;
3   sort(students.begin(),students.end(),
4       [score](const Student& s1,const Student& s2){
5           return s1.math>=score and s2.math<score;
6   });
```

假如希望知道上面的 lambda 表达式在排序函数中被调用了多少次，可以使用引用捕获，就像这样：

```
1   gg score,num=0;   //num 存储 lambda 表达式调用次数
2   cin>>score;
3   sort(students.begin(),students.end(),
4       [score, &num](const Student& s1,const Student& s2){
5           ++num;
6           return s1.math>=score && s2.math<score;
7   });
```

上面的代码执行完后，变量 num 就存储着 lambda 表达式在排序函数中被调用的次数。

5.2.5 与内置小于运算符相反的排序

针对未定义小于运算符的类型的排序方法已经介绍完了，但对于已经定义好小于运算符的类型，还有一些其他的排序方法。举个例子，如何对 vector<gg>类型变量元素进行从大到小排序呢？前面几个小节介绍的方法均可实现这一功能，但是知道 gg 类型已经内置了"<"运算符，要执行的从大到小排序实际上是一种正好和 gg 类型内置的"<"运算符相反的排序需求，通过利用 gg 类型内置的"<"运算符，有两种更简单的方法可以实现从大到小排序的这一功能。

1. greater 和 less

讨论 C++标准库中的另外两个常用的函数对象：greater 和 less。

本书一开始提到过，C++中的函数对象有很多，其中比较常用的涉及大小比较的有两个：greater 和 less，它们实质上都是函数对象类。注意，**greater（less）这种函数对象只针对本身定义或重载过大于（小于）运算符的类型起作用**。

类似于容器，greater 和 less 也是模板类。greater 调用元素类型的 ">" 运算符，用于 sort 函数中，表示将元素从大到小排序；less 调用元素类型的 "<" 运算符，用于 sort 函数中，表示将元素从小到大排序。C++标准库中所有涉及元素比较的，几乎都是使用 less 作为默认元素比较方法。因此可以这样对 vector<gg> 类型变量元素进行从大到小和从小到大排序：

```
1   #include<bits/stdc++.h>
2   using namespace std;
3   using gg=long long;
4   int main(){
5       vector<gg>v={5,4,7,9,3,2,0,1};
6       sort(v.begin(),v.end(),greater<gg>());
7       cout<<"greater:\n";
8       for(gg i:v)
9           cout<<i<<" ";
10      cout<<"\nless:\n";
11      sort(v.begin(),v.end(),less<gg>());
12      for(gg i:v)
13          cout<<i<<" ";
14      return 0;
15  }
```

输出为：

```
1   greater:
2   9 7 5 4 3 2 1 0
3   less:
4   0 1 2 3 4 5 7 9
```

2. 反向迭代器

还可以利用反向迭代器对 vector<gg> 类型元素进行从大到小排序。显然，sort 函数针对普通的迭代器会进行从小到大排序，针对反向迭代器则恰好会执行反向排序，达到的效果就是对容器执行了从大到小的排序。例如：

```
1   #include<bits/stdc++.h>
2   using namespace std;
3   using gg=long long;
4   int main(){
5       vector<gg>v={5,4,7,9,3,2,0,1};
6       sort(v.begin(),v.end());
7       cout<<"普通迭代器:\n";
8       for(gg i:v)
```

```
9          cout<<i<<" ";
10       cout<<"\n 反向迭代器:\n";
11       sort(v.rbegin(),v.rend());
12       for(gg i:v)
13          cout<<i<<" ";
14       return 0;
15   }
```

输出为:

```
1   普通迭代器:
2   0 1 2 3 4 5 7 9
3   反向迭代器:
4   9 7 5 4 3 2 1 0
```

5.2.6　排名

还有最后一个问题需要讨论,经常需要在排序之后得到每个数据的排名,其中应该保证相等的数据排名是一致的。举个例子,有一份学生的成绩单: {98, 97, 93, 93, 87, 84, 84, 84, 80},注意这里已经按从大到小排好序了,那么对应的排名应该为{1, 2, 3, 3, 5, 6, 6, 6, 9},注意相同成绩的排名也是一样的。

应该怎么编写得到排名的代码呢?假设学生成绩存储在一个 vector 类型变量 grade 中,最终排名需存储在一个 vector 类型变量 rank 中。需要定义一个额外的变量 r,用于存储当前的排名。遍历 grade,如果 grade[i]!=grade[i-1],则更新 r 为 i+1(排名由 1 开始,而 i 由 0 开始),否则不更新 r,然后令 rank[i]=r 即可。代码实现可以是这样的:

```
1   for(gg i=0,gg r=1;i<grade.size();++i){
2       if(i==0 or grade[i]!=grade[i-1]){
3           r=i+1;
4       }
5       rank[i]=r;
6   }
```

5.2.7　总结

本节介绍了自定义排序的多种方法:重载小于运算符、比较函数、函数对象类和 lambda 表达式。本节还讨论了相关方法的缺陷,以及其他方法对这些缺陷的弥补。几乎所有常见的 C++自定义排序方法都囊括在本节中。经过本节的讨论,你会发现,C++11 引入的 lambda 表达式是语法最为简洁、适用范围最广的自定义排序的方法。在接下来的章节中,将讨论泛型算法库中的其他算法,这些算法中大部分也可以接受类似于 sort 函数的谓词参数。在此,笔者建议你使用这些泛型算法库中的算法时,尽量使用 lambda 表达式传递参数。

你可能会问:既然 lambda 表达式是最为简洁的,适用范围最广,那何必还要介绍其他方法,直接介绍 lambda 表达式不就可以了?笔者对此有两点考虑:第一,目前并不是所有人都在使用 lambda 表达式，在相关算法书籍和互联网上的各类博客中，往往采取的是传递比较函数或函数对象类的方法，本节介绍了所有这些方法之后，你在平时浏览其他人的代码时，能够更好地理解；第二，在本节这样循序渐进地介绍所有方法之后，你会更加清晰地理解每种方法的使用方法和优缺点，会知道在哪些情况下哪种方法是不能适用的，会更加明确地了解到 lambda 表达式的优越性。

最后，如果元素类型已经内置了比较运算符，当希望得到与 C++ 标准库默认实现相反的实现时，笔者建议你使用 greater 函数对象或反向迭代器。

5.2.8　例题剖析

下面通过一些例题来加深你的理解。

例题 5-2　【PAT A-1069、PAT B-1019】The Black Hole of Numbers、数字黑洞

【题意概述】

给定任一个各位数字不完全相同的 4 位正整数，如果先把 4 个数字按非递增排序，再按非递减排序，然后用第 1 个数字减第 2 个数字，将得到一个新的数字。一直重复这样做，很快会停在有"数字黑洞"之称的 6174。现给定任意 4 位正整数，请编写程序演示到达黑洞的过程。

【输入输出格式】

输入给出一个[0, 10^4) 区间内的正整数 N。

如果 N 的 4 位数字全相等，则在一行内输出"N－N＝0000"；否则将计算的每一步在一行内输出，直到 6174 作为差出现。注意，每个数按 4 位数格式输出。

【算法设计】

按题意所说模拟即可。先将 N 转换成字符串 s，然后将 s 升序排序，用 stoll 函数将其转换成整数 a；再将 s 降序排序，用 stoll 函数将其转换成整数 b；最后按要求的格式输出即可。

【注意点】

1）输入的正整数可能不足 4 位，转成字符串后，要补字符"0"补充成 4 位。例如，输入为 12，转成字符串后只有两位，要补字符"0"补充成 4 位，以保证升序排序并转换成的整数是 1200 而不是 12。

2）当输入的数为 0 或者 6174 时要特殊判断，输入 0 输出应为 0000－0000＝0000，输入 6174 输出应为 7641－1467＝6174，而不能没有输出。因此，笔者建议你使用 do-while 语句而不要用 while 语句。

3）输出的数必须为 4 位，不够 4 位要在高位补 0。

【C++代码】

```
1    #include<bits/stdc++.h>
2    using namespace std;
3    using gg=long long;
4    int main(){
5        ios::sync_with_stdio(false);
6        cin.tie(0);
7        cout<<setfill('0');
8        gg ni;
```

```
9       cin>>ni;
10      do{
11          string s=to_string(ni);
12          while(s.size()<4)
13              s.push_back('0');
14          sort(s.begin(),s.end());
15          gg a=stoll(s);
16          sort(s.begin(),s.end(),greater<char>());
17          gg b=stoll(s);
18          ni=b-a;
19          cout<<setw(4)<<b<<"-"<<setw(4)<<a<<"="<<setw(4)<<ni
20              <<'\n';
21      }while(ni!=0 and ni!=6174);
22      return 0;
23  }
```

例题 5-3　【PAT A-1062、PAT B-1015】Talent and Virtue、德才论

【输入输出格式】

输入第一行给出 3 个正整数 N、L、H。N 表示考生总数。L 为录取最低分数线，即德分和才分均不低于 L 的考生才有资格被考虑录取。H 为优先录取线，德分和才分均不低于此线的考生为第 1 类；才分不到但德分到线为第 2 类，排在第 1 类考生之后；德才分均低于 H，但是德分不低于才分的考生为第 3 类，排在第 2 类考生之后；其他达到最低线 L 的考生排在第 3 类考生之后。随后 N 行，每行给出一位考生的信息，包括准考证号、德分、才分，其中准考证号为 8 位整数，德才分为区间[0, 100]内的整数。数字间以空格分隔。

输出第一行首先给出达到最低分数线的考生人数 M，随后 M 行，每行按照"准考证号 德分 才分"的格式输出每位考生的信息。同类考试先按德才总分降序排序，当某类考生中有多人总分相同时，按其德分降序排列，若德分也并列，则按准考证号的升序输出。

【数据规模】

$$N \leqslant 10^5$$

【算法设计】

先定义一个考生类 Student，其中应该包括以下几种数据成员：准考证号、德分、才分、总分、类别。定义一个 vector<Student>类型的变量 students 存储可被录取的考生。需要先确定好每位考生的类别：

1）德分和才分都低于 L，不能被录取，该考生不放入 students 中；

2）德分和才分均不低于 H 为第 1 类考生；

3）才分小于 H 但德分大于等于 H 为第 2 类考生；

4）德分和才分均低于 H，但是德分不低于才分的考生为第 3 类考生；

5）其他考生为第 4 类考生。

将 1~4 类考生均放入 students 中，使用 sort 函数进行排序，排序优先级为：

1）先按类别从小到大排序；

2）再按总分从大到小排序；

3）再按德分从大到小排序；

4）最后按准考证号从小到大排序。

排序后按要求输出 students 中所有考生信息即可。

【注意点】

由于准考证号为 8 位整数，完全可以使用一个 gg 类型来存储它，但在输出时也要输出 8 位，不足在高位补 0。

【C++代码】

```
1    #include<bits/stdc++.h>
2    using namespace std;
3    using gg=long long;
4    struct Student{
5        gg id,de,cai,total,level;
6        Student(gg i,gg d,gg c,gg le):id(i),de(d),cai(c),level(le){
7            total=de+cai;
8        }
9    };
10   int main(){
11       ios::sync_with_stdio(false);
12       cin.tie(0);
13       vector<Student>students;
14       gg ni,li,hi,id,de,cai,level;
15       cin>>ni>>li>>hi;
16       cout<<setfill('0');
17       while(ni--){
18           cin>>id>>de>>cai;
19           if(de<li or cai<li)
20               continue;
21           if(de>=hi and cai>=hi){
22               level=1;
23           }else if(de>=hi and cai<hi){
24               level=2;
25           }else if(de<hi and cai<hi and de>=cai){
26               level=3;
27           }else{
28               level=4;
29           }
30           students.push_back(Student(id,de,cai,level));
31       }
32       sort(students.begin(),students.end(),
```

```
33        [](const Student& s1,const Student& s2){
34            return tie(s1.level,s2.total,s2.de,s1.id)<
35                  tie(s2.level,s1.total,s1.de,s2.id);
36        });
37    cout<<students.size()<<'\n';
38    for(auto& s:students){
39        cout<<setw(8)<<s.id<<' '<<s.de<<' '<<s.cai<<'\n';
40    }
41    return 0;
42 }
```

例题 5-4　【PAT A-1025】PAT Ranking

【输入输出格式】

输入第一行给出一个正整数 N，表示考场数。针对每个考场，第一行给出一个正整数 K，表示该考场的考生总数，紧跟着 K 行，每行按"考生 ID 考生成绩"的格式给出一个考生的信息。注意，考场按 1~N 编号。

输出第一行首先给出考生总数，然后每行按"考生 ID 总排名 考场编号 考场排名"的格式输出一个考生的信息。注意，输出的考生应按总排名升序输出，如果总排名一致，按考生 ID 升序输出。

【数据规模】

$$N \leqslant 100, K \leqslant 300$$

【算法设计】

先定义一个考生类 Testee，其中应该包括以下几种数据成员：ID、成绩 score、所在考场编号 num、考场排名和总排名。考场排名和总排名可以放入一个长度为 2 的数组 rank 中，rank[0] 表示考场排名，rank[1] 表示总排名。由于不仅需要计算所有考生中的排名，还需要计算考生在所在考场中的排名，可以在读入一场考生后直接对该考场中考生进行排序并计算考场内排名。所有考生的考场内排名计算完毕，再对所有考生进行排序，并计算每个考生的最终排名。

【C++代码】

```
1  #include<bits/stdc++.h>
2  using namespace std;
3  using gg=long long;
4  struct Testee{
5      string id;
6      gg score,num;
7      array<gg,2>rank;
8      Testee(string i,gg s,gg n):id(i),score(s),num(n){}
9  };
10 vector<Testee>ts;
11 void setRank(gg b,gg e,gg index){
```

```
12      sort(
13          ts.begin()+b,ts.begin()+e,
14          [](const Testee& t1,const Testee& t2){return t1.score>
            t2.score;});
15      gg r=1;
16      for(gg i=b;i<e;++i){
17          if(i==b or ts[i].score!=ts[i-1].score){
18              r=i-b+1;
19          }
20          ts[i].rank[index]=r;
21      }
22  }
23  int main(){
24      ios::sync_with_stdio(false);
25      cin.tie(0);
26      gg ni,ki;
27      cin>>ni;
28      for(gg i=1;i<=ni;++i){
29          cin>>ki;
30          string id;
31          gg score,n=ts.size();
32          while(ki--){
33              cin>>id>>score;
34              ts.push_back(Testee(id,score,i));
35          }
36          setRank(n,ts.size(),0);
37      }
38      setRank(0,ts.size(),1);
39      sort(ts.begin(),ts.end(),[](const Testee& t1,const Testee&
        t2){
40          return tie(t1.rank[1],t1.id)<tie(t2.rank[1],t2.id);
41      });
42      cout<<ts.size()<<"\n";
43      for(auto& i:ts){
44          cout<<i.id<<" "<<i.rank[1]<<" "<<i.num<<" "<<i.rank[0]<<
            "\n";
45      }
46      return 0;
47  }
```

例题 5-5 【PAT A-1109、PAT B-1055】Group Photo、集体照

【题意概述】

对给定的 N 个人 K 排的队形设计规则如下：

1）每排人数为 N/K（向下取整），多出来的人全部站在最后一排；

2）后排所有人的个子都不比前排任何人矮；

3）每排中最高者站中间（中间位置为 m/2+1，其中 m 为该排人数，除法向下取整）；

4）每排其他人以中间人为轴，按身高非增序，先右后左交替入队站在中间人的两侧（例如，5 人身高为 190、188、186、175、170，则队形为 175、188、190、186、170。这里假设你面对拍照者，所以你的左边是中间人的右边）；

5）若多人身高相同，则按名字的字典序升序排列。这里保证无重名。

现给定一组拍照人，请编写程序输出他们的队形。

【输入输出格式】

输入第一行给出两个正整数 N 和 K，分别表示总人数和总排数。随后 N 行，每行给出一个人的名字（不包含空格、长度不超过 8 个英文字母）和身高（[30, 300] 区间内的整数）。

输出拍照的队形，即 K 排人名，其间以空格分隔，行末不得有多余空格。注意，假设你面对拍照者，后排的人输出在上方，前排的人输出在下方。

【数据规模】

$$N \leqslant 10^4, \ K \leqslant 10$$

【算法设计】

将输入的数据存储在数组 p 中。由于输出是按后排向前排输出，所以在排序的时候可以直接按所给排序规则相反的方式排序，这样在后排的人就可以位于排序后的数组 Person 中的前列，方便输出。每一排人的数量均为 N/K，最后一排人的数量要加上 N%K。可以一排一排进行输出，定义一个临时数组储存数组 p 元素的下标，先确定中间位置的人，按排队规则先右后左进行填充，然后输出即可。

【C++代码】

```
1    #include<bits/stdc++.h>
2    using namespace std;
3    using gg=long long;
4    int main(){
5        ios::sync_with_stdio(false);
6        cin.tie(0);
7        using Person=pair<string,gg>;
8        gg ni,ki;
9        cin>>ni>>ki;
10       vector<Person>p(ni);
11       for(gg i=0;i<ni;++i){
12           cin>>p[i].first>>p[i].second;
13       }
14       sort(p.begin(),p.end(),[](const Person& p1,const Person&
```

```
15          return tie(p2.second,p1.first)<tie(p1.second,p2.first);
16      });
17      for(gg i=0;i<ni;){
18          gg left=i,right=i+ni/ki+(i==0?ni % ki:0);
19          vector<gg>ans(right-left);
20          gg mid=ans.size()/2;  //中间位置
21          for(gg j=left;j<right;++j){
22              gg k=j-left;
23              if(k % 2==1){  //该向中间人右边排
24                  ans[mid-(k+1)/2]=j;
25              }else{  //该向中间人左边排
26                  ans[mid+k/2]=j;
27              }
28          }
29          i=right;
30          for(gg j=0;j<ans.size();++j){
31              cout<<(j==0?"":" ")<<p[ans[j]].first;
32          }
33          cout<<"\n";
34      }
35      return 0;
36  }
```

例题 5-6 【PAT A-1047】Student List for Course

【输入输出格式】

输入第一行给出两个数字 N 和 K，分别表示学生总数和课程总数。接下来 N 行，每行先给出一个学生的姓名（3 个大写英文字母加一个数字），再给出一个正整数 C，即该学生已注册的课程数，然后给出 C 个课程编号。为了简单起见，课程编号从 1 到 K。

按课程编号的升序打印所有课程的学生姓名列表。对于每门课程，请首先在一行中打印课程号和注册学生的数量，并用空格隔开；然后按字典序升序输出学生的姓名，每个名称占一行。

【数据规模】

$$N \leqslant 40000, K \leqslant 2500$$

【算法设计】

题目不难，不过数据量很大，很容易超时。可以定义一个 string 数组 names 按读入顺序存储读取的名字字符串。然后定义一个长度为 K+1 的数组 course，其数组下标存储课程号，数组元素存储选修该课程的学生的名字在 name 中的下标。在输出时对 course 中的数组元素按要求排序，然后输出即可。

【C++代码】

```
1    #include<bits/stdc++.h>
2    using namespace std;
3    using gg=long long;
4    int main(){
5        ios::sync_with_stdio(false);
6        cin.tie(0);
7        gg ni,ki;
8        cin>>ni>>ki;
9        vector<vector<gg>>course(ki+1);
10       vector<string>names;
11       for(gg i=0;i<ni;++i){
12           string si;
13           gg ci,ai;
14           cin>>si>>ci;
15           names.push_back(si);
16           while(ci--){
17               cin>>ai;
18               course[ai].push_back(i);
19           }
20       }
21       for(gg i=1;i<=ki;++i){
22           cout<<i<<" "<<course[i].size()<<"\n";
23           sort(course[i].begin(),course[i].end(),
24               [&names](gg a,gg b){return names[a]<names[b];});
25           for(auto& s:course[i]){
26               cout<<names[s]<<"\n";
27           }
28       }
29       return 0;
30   }
```

5.3 泛型算法大观园

C++标准库的泛型算法数量超过 100 个,本书在此列举一些在程序设计竞赛和考试中常用的泛型算法。要想使用这些算法,你只需要了解它们的结构而不需要了解每个算法的细节。本节介绍的泛型算法不仅适用于上一章介绍的顺序容器,也适用于后面要介绍的关联容器。

笔者建议你简单地快速浏览本部分,本节介绍的泛型算法你只需要在脑海中留下一些印象,当需要使用一个特定操作时再回过头来仔细阅读。由于列举的算法过多,限于篇幅,笔者不能一一给出代码样例,只简要描述每个算法的函数名、参数列表、返回值。在列举的参数列表中:

1）b、m 和 e 是表示元素范围的迭代器。

2）b2 是表示第二个序列开始位置的迭代器。e2 表示第二个序列的末尾位置。如果没有 e2，则假定 b2 指向的序列与 b 和 e 表示的序列一样大。

3）d 是表示目的序列的迭代器。注意，算法需要向目的序列写入多少元素，目的序列必须保证能保存同样多的元素。通常，d 可以与 b 相同，表示直接在原序列上进行修改。

4）val、val1、val2 是一些要进行比较的值。

5）{a,b,c,…}是用一对花括号括起来的初始值列表，列表内元素不限个数。

6）p1 和 p2 分别是一元和二元谓词，分别接受一个和两个参数。

本节列举的泛型算法只是 C++标准库中的一小部分，如果你有兴趣了解更多的泛型算法，可以参考 https://zh.cppreference.com/w/cpp/algorithm。

5.3.1　只读算法

所谓只读算法，是指只读取元素，不修改元素的算法。这些算法一般采用线性扫描的方式，只针对一个序列操作的算法时间复杂度为 O(n)，针对两个序列进行操作的算法时间复杂度为 O(nm)。不提供谓词的算法使用底层类型的相等运算符 "==" 来比较元素，否则使用用户给定的谓词 p1 或 p2 比较元素。

find(b, e, val)：返回一个迭代器，指向序列中第一个==val 的元素。如果序列中没有这样的元素，则返回 e。

find_if(b, e, p1)：返回一个迭代器，指向序列中第一个满足 p1 的元素。如果序列中没有这样的元素，则返回 e。

find_if_not(b, e, p1)：返回一个迭代器，指向序列中第一个不满足 p1 的元素。如果序列中没有这样的元素，则返回 e。

count(b, e, val)：返回一个整数值，返回序列中==val 的元素个数。

count_if(b, e, p1)：返回一个整数值，返回序列中满足 p1 的元素个数。

all_of(b, e, p1)：返回一个 bool 值，表示序列中是否所有元素都满足 p1。

any_of(b, e, p1)：返回一个 bool 值，表示序列中是否至少有 1 个元素满足 p1。

none_of(b, e, p1)：返回一个 bool 值，表示序列中是否所有元素都不满足 p1。

equal(b, e, b2)、equal(b, e, b2, p2)：确定两个序列是否相等。如果[b, e)中每个元素都与从 b2 开始的序列中对应元素相等，则返回 true，否则返回 false。

mismatch(b, e, b2)、mismatch(b, e, b2, p2)：比较两个序列[b, e)和[b2, b2+e–b)中的元素是否相同。返回一个迭代器的 pair，分别指向两个序列中第一个不相同的元素。如果所有元素都相同，则返回的 pair 中 first 成员为 e，second 成员为 e–b+b2。若第二个序列长度短于第一个序列长度则行为未定义，换句话说，你需要确保第二个序列的长度至少和第一个序列长度一样长。

search(b, e, b2, e2)、search(b, e, b2, e2, p2)：返回第二个序列在第一个序列中第一次出现的位置。如果未找到，则返回 e。

find_first_of(b, e, b2, e2)、find_first_of(b, e, b2, e2, p2)：返回第二个序列中任意一个元素在第一个序列中第一次出现的位置。如果未找到，则返回 e。

这里着重提一下 equal 函数，它与反向迭代器结合起来可以判断一个字符串是否为一个回文字符串。所谓回文字符串，就是指顺着读和反过来读都一样的字符串，如"aba"和"bcddcb"

等。下面的程序展示了它的用法：

```
1    #include<bits/stdc++.h>
2    using namespace std;
3    int main(){
4        ios::sync_with_stdio(false);
5        cin.tie(0);
6        string si;
7        cin>>si;
8        if(equal(si.begin(),si.end(),si.rbegin())){
9            cout<<si<<"是一个回文字符串";
10       }else{
11           cout<<si<<"不是一个回文字符串";
12       }
13       return 0;
14   }
```

若输入为：

```
1    aba
```

输出为：

```
1    aba 是一个回文字符串
```

5.3.2　写算法

写算法将改变序列中的元素的值，但请注意，**写算法无法改变底层容器的大小**。这些算法一般也采用线性扫描的方式，时间复杂度为 O(n)。

swap(val1, val2)：返回 void，交换 val1 和 val2 两个对象的值。这个函数也可以交换两个容器的值。

fill(b, e, val)：返回 void，将序列中的元素值均设置为 val。

reverse(b, e)：返回 void，翻转序列中的元素。

replace(b, e, old_val, new_val)：返回 void，将序列中==old_val 的元素的值替换为 new_val。

replace_if(b, e, p1, new_val)：返回 void，将序列中满足 p1 的元素的值替换为 new_val。

remove(b, e, val)：从序列中"删除"元素，被删除的是那些==val 的元素。算法返回一个迭代器，指向最后一个未删除的元素的下一个位置。

remove_if(b, e, p1)：从序列中"删除"元素，被删除的是那些满足 p1 的元素。算法返回一个迭代器，指向最后一个未删除的元素的下一个位置。

unique(b, e)：用"=="确定两个元素是否相同，对**相邻的**相同元素，只保留第一个，其他均"删除"。返回一个迭代器，指向最后一个未删除的元素的下一个位置。

unique(b, e, p2)：用谓词 p2 确定两个元素是否相同，对**相邻的**相同元素，只保留第一个，其他均"删除"。返回一个迭代器，指向最后一个未删除的元素的下一个位置。

这里重点说明一下 remove 函数系列和 unique 函数系列。这两类函数并没有真正地删除元素，只不过是用要保留的元素覆盖掉了要删除的元素，最终的效果是将所有要保留的元素移动到了序列的前端。因此，使用这两类函数，整个序列的元素个数并没有改变。还记得在本章开始讲过的泛型算法的特点吗？**泛型算法并不直接操作容器，也不会改变容器的大小，而是遍历由一对迭代器指定的一个元素范围来进行操作。即使是写算法，也只会去修改元素的值，而不会改变整个序列的大小。想要真正删除元素，你只能调用容器的成员函数。**因此，调用 remove 函数系列和 unique 函数系列之后，再调用容器的 erase 方法，这样才能做到真正删除元素，改变容器大小的效果。

下面的代码展示了 remove 函数、unique 函数与容器的 erase 方法相配合的用法：

```cpp
1   #include<bits/stdc++.h>
2   using namespace std;
3   using gg=long long;
4   int main(){
5       vector<gg>v1={1,1,2,2,3,3,4,3,3};
6       vector<gg>v2=v1;   //将 v1 容器所有元素拷贝给 v2
7       auto i1=remove(v1.begin(),v1.end(),3);
8       auto i2=unique(v2.begin(),v2.end());
9       cout<<"调用容器的 erase 方法之前：\n";
10      cout<<"v1:\n";
11      for(gg i:v1)
12          cout<<i<<" ";
13      cout<<"\nv2:\n";
14      for(gg i:v2)
15          cout<<i<<" ";
16      v1.erase(i1,v1.end());
17      v2.erase(i2,v2.end());
18      cout<<"\n 调用容器的 erase 方法之后：\n";
19      cout<<"v1:\n";
20      for(gg i:v1)
21          cout<<i<<" ";
22      cout<<"\nv2:\n";
23      for(gg i:v2)
24          cout<<i<<" ";
25      return 0;
26  }
```

输出为：

```
1   调用容器的 erase 方法之前：
2   v1:
3   1 1 2 2 4 3 4 3 3
4   v2:
5   1 2 3 4 3 3 4 3 3
```

```
6    调用容器的 erase 方法之后:
7    v1:
8    1 1 2 2 4
9    v2:
10   1 2 3 4 3
```

观察代码你也会发现,remove 函数系列和 unique 函数系列并没有真正地删除元素。另外,还需注意的是,**unique 函数只会对相邻的重复元素"去重",如果你想对整个序列"去重",可以先将序列排序,然后调用 unique 函数。**当然,要完成这种"去重"功能,笔者更建议你使用第 7 章介绍的关联容器。

5.3.3 排序与划分算法

每个排序和划分算法都提供稳定和不稳定版本。稳定算法保证保持"相等"元素的相对顺序。由于稳定算法会做更多工作,可能比不稳定版本慢得多并消耗更多内存。你可能会想,元素既然已经"相等"了,保持它们的相对顺序又有什么意义呢?事实上,这里的"相等"可能只是定义的比较规则下的相等。假设对于 5.2 节定义的 Student 类型,如果在排序时只按总分从大到小排序,这种比较规则下,排序过程中如果两个 Student 对象总分相同就表示这两个对象"相等",而实质上,这两个对象并不是完全相同的元素。稳定算法就可以保持总分相同的 Student 对象的原有顺序。

5.3.3.1 排序算法

每个排序算法都提供两个重载的版本,一个版本用元素类型的"<"运算符来比较元素,另一个版本用谓词 p2 来指定排序关系。

sort(b, e)、sort(b, e, p2)/stable_sort(b, e)、stable_sort(b, e, p2):对整个序列做升序排序,返回 void。sort 为不稳定版本,stable_sort 为稳定版本。**注意,list 容器和关联容器不支持 sort 函数!**

is_sorted(b, e)、is_sorted(b, e, p2):返回一个 bool 值,表示序列是否按升序排列。

is_sorted_until(b, e)、is_sorted_until(b, e, p2):查找序列中从第一个元素开始最长升序连续子序列,并返回子序列的尾后迭代器。

partial_sort(b, m, e)、partial_sort(b, m, e, p2):将序列[b,e)中的前 m-b 个最小元素放到[b, m)的位置并按升序排序,其余元素放到[m,e)的位置,顺序未指定。该函数适合解决找出序列中前 k 个最小值的问题。通过下面的代码可以加深你的理解:

```
1    #include<bits/stdc++.h>
2    using namespace std;
3    using gg=long long;
4    int main(){
5        vector<gg>v={10,9,8,7,6,5,4,3,2,1};
6        partial_sort(v.begin(),v.begin()+5,v.end());
7        for(gg i=0;i<v.size();++i)
8            cout<<v[i]<<" ";
9        return 0;
10   }
```

输出为：

```
1    1 2 3 4 5 10 9 8 7 6
```

你会发现，前 5 个最小数字都被放到了序列前端并按升序排序，其他元素放到了序列尾部，但并未进行排序。

nth_element (b, m, e)、nth_element (b, m, e, p2)：执行 nth_element 函数后，迭代器 m 指向的元素恰好是整个序列排好序后此位置上的值。序列中的元素会围绕迭代器 m 进行划分：m 之前的元素都小于等于它，而之后的元素都大于等于它。

乍看起来，nth_element 函数实现的功能似乎有些难以理解。其实它与 partial_sort 的不同在于：partial_sort 将序列[b,e)中的前 m−b 个最小元素放到[b, m)的位置并按升序排序，而[m,e)范围内的元素并未排序；nth_element 函数只是将迭代器 m 指向的位置的值替换成了整个序列排好序后应该放在这个位置的值，而迭代器 m 指向的位置之前的元素以及之后的元素均未进行排序。换句话说，partial_sort 适合求解序列中前 k 个最小值，而 nth_element 适合求解序列中第 k 个最小值。结合下面的代码应该可以加深你对这两个函数的理解：

```cpp
1    #include<bits/stdc++.h>
2    using namespace std;
3    using gg=long long;
4    int main(){
5        vector<gg>v={10,9,8,7,6,5,4,3,2,1};
6        partial_sort(v.begin(),v.begin()+5,v.end());
7        for(gg i=0;i<v.size();++i)
8            cout<<v[i]<<" ";
9        cout<<"\n";
10       v={10,9,8,7,6,5,4,3,2,1};
11       nth_element(v.begin(),v.begin()+5,v.end());
12       for(gg i=0;i<v.size();++i)
13           cout<<v[i]<<" ";
14       return 0;
15   }
```

输出为：

```
1    1 2 3 4 5 10 9 8 7 6
2    5 1 2 3 4 6 7 10 8 9
```

partial_sort 对序列 v 的前 5 个元素进行了排序；而 nth_element 并没有进行排序，它只是将排序后应该处于 v[5]位置的元素放到了 v[5]这个位置上，同时也应注意，执行 nth_element 函数后，v[5]之前的元素都小于等于 v[5]，v[5]之后的元素都大于等于 v[5]。事实上，partial_sort、nth_element 都是未完成的快速排序。

5.3.3.2 划分算法

一个划分算法将输入范围中的元素划分为两组，第一组包含那些满足给定谓词的元素，第二组则包含不满足谓词的元素。

partition(b, e, p1)/stable_partition(b, e, p1)：使用 p1 划分输入序列，满足 p1 的元素放置

在序列开始，不满足的元素放在序列尾部。返回一个迭代器，指向最后一个满足 p1 的元素之后的位置。如果所有元素都不满足 p1，则返回 b。partition 为不稳定算法，stable_partition 为稳定算法。

is_partitioned(b, e, p1)：如果所有满足谓词 p1 的元素都在不满足 p1 的元素之前，则返回 true，否则返回 false。若序列为空，也返回 true。

5.3.4　在有序序列上的泛型算法

有序序列是指已经经过排序的序列。根据序列有序的特点，实现相关功能的时间复杂度要比在无序序列上低得多。泛型算法库中设计了许多针对有序序列的算法，它们的效率都很高。在使用这些算法之前，请你务必保证传递给这些算法的序列是有序的。

5.3.4.1　二分查找算法

以下列举的算法都将使用二分查找算法查找序列中满足要求的元素，时间复杂度为 $O(\log n)$。

每种算法都重载了两个版本，第一个版本使用元素类型的"<"运算符比较两个元素大小，第二个版本使用谓词 p2 比较两个元素大小。注意，谓词 p2 接受两个参数，第一个参数表示序列中的元素，第二个参数表示要查找的值。

lower_bound(b, e, val)、lower_bound(b, e, val, p2)：返回一个迭代器，表示第一个大于等于 val 的元素。如果不存在这样的元素，则返回 e。

upper_bound(b, e, val)、upper_bound(b, e, val, p2)：返回一个迭代器，表示第一个大于 val 的元素。如果不存在这样的元素，则返回 e。

equal_range(b, e, val)、equal_range(b, e, val, p2)：返回一个 pair，first 成员为 lower_bound 返回的迭代器，second 成员为 upper_bound 返回的迭代器。

binary_search(b, e, val)：用 "<" 比较两个元素大小，当 !(x < y) && !(y < x) 时，认为 x 与 y 相等。返回一个 bool 值，表示序列中是否包含等于 val 的元素。

binary_search(b, e, val, p2)：用 p2 比较两个元素大小，当 !p2(x, y) && !p2(y, x) 时，认为 x 与 y 相等。返回一个 bool 值，表示序列中是否包含等于 val 的元素。

5.3.4.2　集合算法

集合算法实现了有序序列上的一般集合操作，如交集、并集、补集。这些算法还接受一个表示目的序列的迭代器 d，唯一的例外是 includes。除 includes 之外的算法返回一个迭代器，表示写入目的序列的最后一个元素之后的位置。

每种算法都重载了两个版本，第一个版本使用元素类型的"<"运算符比较两个元素大小，第二个版本使用谓词 p2 比较两个元素大小。

includes(b, e, b2, e2)、includes(b, e, b2, e2, p2)：返回一个 bool 值，表示是否第二个序列中每个元素都包含在第一个序列中。

set_union(b, e, b2, e2, d)、set_union(b, e, b2, e2, d, p2)：将两个序列中的所有元素写入到目的序列中，目的序列最终是有序的。

set_intersection(b, e, b2, e2, d)、set_intersection(b, e, b2, e2, d, p2)：将两个序列都包含的元素写入到目的序列中，目的序列最终是有序的。

set_difference(b, e, b2, e2, d)、set_difference(b, e, b2, e2, d, p2)：将只出现在第一个序列中，没出现在第二个序列中的元素写入到目的序列中，目的序列最终是有序的。

5.3.4.3 有序序列合并算法

有序序列合并算法的功能是将两个有序序列或者一个序列的两个有序子序列，合并成一个有序序列。它是归并排序算法的关键步骤。

每种算法都重载了两个版本，第一个版本使用元素类型的"<"运算符比较两个元素大小，第二个版本使用谓词 p2 比较两个元素大小。

merge(b, e, b2, e2, d)、merge(b, e, b2, e2, d, p2)：将两个有序序列合并成一个有序序列，并写入目的序列中。返回一个迭代器，表示写入目的序列的最后一个元素之后的位置。

inplace_merge(b, m, e)、inplace_merge(b, m, e, p2)：将同一个序列中的两个有序子序列合并为单一的有序序列。[b, m)的子序列和[m, e)的子序列被合并，并被写入到原序列中，返回 void。

5.3.5 堆操作算法

堆操作算法的功能是与二叉堆有关的相关操作，二叉堆是堆排序引入的数据结构。

每种算法都重载了两个版本，第一个版本使用元素类型的"<"运算符比较两个元素大小，第二个版本使用谓词 p2 比较两个元素大小。

is_heap(b, e)、is_heap(b, e, p2)：返回一个 bool 值，表示序列能否构成一个大根堆。

is_heap_until(b, e)、is_heap_until(b, e, p2)：查找序列中从第一个元素开始能构成大根堆的连续子序列，并返回子序列的尾后迭代器。

make_heap(b, e)、make_heap(b, e, p2)：将整个序列调整成为一个大根堆。

push_heap(b, e)、push_heap(b, e, p2)：将位于 e−1 的元素插入到范围[b, e−1)构成的大根堆中。

pop_heap(b, e)、pop_heap(b, e, p2)：交换位置 b 和位置 e−1 的值，并将范围[b, e−1)调整为一个大根堆。

sort_heap(b, e)、sort_heap(b, e, p2)：将范围[b, e)构成的大根堆调整为以升序排序的范围。该算法和 make_heap 算法结合起来就是堆排序的完整过程。

5.3.6 排列算法

排列算法生成序列的字典序排列。对于一个给定序列，这些算法通过重排它的一个排列来生成字典序中下一个或前一个排列。算法返回一个 bool 值，指出是否还有下一个或前一个排列。

为了理解什么是下一个或前一个排列，考虑下面这个三字符的序列：abc。它有六种可能的排列：abc、acb、bac、bca、cab 及 cba。这些排列是按字典序递增序列出的，abc 是第一个排列。

对于任意给定的排列，基于字典序，可以获得它的前一个和下一个排列。给定排列 bca，知道其前一个排列为 bac，下一个排列为 cab。序列 abc 没有前一个排列，而 cba 没有下一个排列。

每种算法都重载了两个版本，第一个版本使用元素类型的"<"运算符比较两个元素大小，第二个版本使用谓词 p2 比较两个元素大小。

next_permutation(b, e)、next_permutation(b, e, p2)：如果序列已经是最大的排列，则 next_permutation 将序列重排为最小的排列，并返回 false；否则，它将输入序列转换为字典序中下一个排列，并返回 true。

prev_permutation(b, e)、prev_permutation(b, e, p2)：如果序列已经是最小的排列，则 prev_permutation 将序列重排为最大的排列，并返回 false；否则，它将输入序列转换为字典序中前一个排列，并返回 true。

is_permutation(b, e, b2)、is_permutation(b, e, b2, p2)：如果第二个序列的某个排列和第一个序列具有相同数目的元素，且元素都相等，则返回 true，否则返回 false。

5.3.7　最大值最小值算法

求最大值和最小值是程序中经常会用到的操作。在 2.3.6 节介绍 cmath 头文件中的数学函数时，曾介绍过 max 和 min 函数，但这两个函数的功能过于单一，只能求两个数之间的最大值和最小值，C++标准库对这两个函数进行了重载，使之能够处理更多的类型和更多的数据，并添加了一些其他的最大值最小值相关算法。现在最大值最小值相关算法也成为了泛型算法库的一部分。

每种算法都重载了两个版本，第一个版本使用元素类型的"<"运算符比较两个元素大小，第二个版本使用谓词 p2 比较两个元素大小。注意，如果最大值/最小值不止一个，下面的算法会返回第一个最大值/最小值。

max(val1, val2)、max(val1, val2, p2)/min(val1, val2)、min(val1, val2, p2)：返回 val1 和 val2 的最大值/最小值。

max({a,b,c,...})、max({a,b,c,...}, p2)/min({a,b,c,...})、min({a,b,c,...}, p2)：返回初始值列表中元素的最大值/最小值。

你以前想过如何求 3 个数 a、b、c 的最大值吗？如果使用 cmath 头文件中的 max 函数，代码是：

```
1    max(max(a,b),c)
```

但是如果使用上面重载的 max 函数，代码将会简单很多：

```
1    max({a,b,c)
```

minmax(val1，val2)、minmax(val1，val2, p2)：返回一个 pair，其 first 成员为较小者，second 成员为较大者。

minmax({a,b,c,...})、minmax({a,b,c,...}, p2)：返回一个 pair，其 first 成员为初始值列表中元素的最小值，second 成员为最大值。

min_element(beg, end)、min_element(beg, end, p2)：返回指向序列中最小元素的迭代器。

max_element(beg, end)、max_element(beg, end, p2)：返回指向序列中最大元素的迭代器。

minmax_element(beg, end)、minmax_element(beg, end, p2)：返回一个 pair，first 成员是指向序列中最小元素的迭代器，second 成员是指向序列中最大元素的迭代器。

5.3.8　数值算法

iota(b, e, val)：将 val 赋予首元素并递增 val，将递增后的值赋予下一个元素，继续递增 val，不断重复这一过程，直至序列中所有元素均被赋值（这个函数特别适合用来初始化之后会介绍的并查集数组）。

accumulate(b, e, val)、accumulate(b, e, val, p2)：返回输入序列中所有值的和。和的初值

由 val 指定，返回类型与 val 的类型相同。第一个版本求和时使用元素类型的加法（+）运算符；第二个版本求和时使用 p2 指定的二元操作，p2 的返回值应该与 val 的类型相同。注意，谓词 p2 接受的两个参数，第一个参数表示递增中的和，第二个参数才表示序列中的元素。

可以通过指定 p2 来让 accumulate 执行求和以外的其他操作，如下面的代码可以求出整个序列的乘积：

```
1   #include<bits/stdc++.h>
2   using namespace std;
3   using gg=long long;
4   int main(){
5       vector<gg>v={5,4,7,9,3,2,1};
6       cout<<accumulate(v.begin(),v.end(),1,[](gg a,gg b){return a
        *b;});
7       return 0;
8   }
```

输出为：

```
1   7560
```

inner_product(b, e, b2, val)、inner_product(b, e, b2, val, p21, p22)：返回两个序列的内积，即对应元素的积的和。两个序列一起处理，来自两个序列的元素相乘，乘积被累加起来。和的初值由 val 指定，val 的类型确定了返回类型。第一个版本使用元素类型的加法（+）和乘法（*）运算符；第二个版本使用给定的二元操作，使用第一个操作 p21 代替加法，第二个操作 p22 代替乘法。

partial_sum(b, e, d)、partial_sum(b, e, d, p2)：将新序列写入目的序列，每个新元素的值都等于原序列中当前位置和之前位置上所有元素之和，通常称之为**前缀和**。第一个版本使用元素类型的加法（+）运算符；第二个版本使用指定的二元操作 p2。算法返回指向目的序列中最后一个写入元素之后的位置。下面的代码可以求出整个序列的前缀和：

```
1   #include<bits/stdc++.h>
2   using namespace std;
3   using gg=long long;
4   int main(){
5       vector<gg>v={1,2,3,4,5};
6       partial_sum(v.begin(),v.end(),v.begin());
7       for(gg i=0;i<v.size();++i)
8           cout<<v[i]<<" ";
9       return 0;
10  }
```

输出为：

```
1   1 3 6 10 15
```

adjacent_difference (b, e, d)、adjacent_difference (b, e, d, p2)：将新序列写入目的序列，每个新元素（除了首元素之外）的值都等于输入范围中当前位置和前一个位置元素之差。第一个版本使用元素类型的减法（−）运算符；第二个版本使用指定的二元操作 p2。算法返回指向目的序列中最后一个写入元素之后的位置。该算法和 partial_sum 正好相反，注意该算法会将原序列的第一个元素保留下来。下面的代码可以帮助你进一步理解这个算法：

```
1   #include<bits/stdc++.h>
2   using namespace std;
3   using gg=long long;
4   int main(){
5       vector<gg>v={1,3,6,10,15};
6       adjacent_difference(v.begin(),v.end(),v.begin());
7       for(gg i=0;i<v.size();++i)
8           cout<<v[i]<<" ";
9       return 0;
10  }
```

输出为：

```
1   1 2 3 4 5
```

5.4 例题剖析

泛型算法通常会和顺序容器结合起来使用，你需要熟练掌握它们的用法。本节通过几道例题帮助你进一步加深对顺序容器和泛型算法的理解。

例题 5-7 【CCF CSP-20160902】火车购票

【题意概述】

请实现一个铁路购票系统的简单座位分配算法，来处理一节车厢的座位分配。

假设一节车厢有 20 排，每一排 5 个座位。为方便起见，用 1~100 来给所有的座位编号，第一排是 1~5 号，第二排是 6~10 号，依次类推，第 20 排是 96~100 号。

购票时，一个人可能购一张或多张票，最多不超过 5 张。如果这几张票可以安排在同一排编号相邻的座位，则应该安排在编号最小的相邻座位，否则应该安排在编号最小的几个空座位中（不考虑是否相邻）。

假设初始时车票全部未被购买，现在给了一些购票指令，请你处理这些指令。

【输入输出格式】

输入的第一行包含一个整数 n，表示购票指令的数量。第二行包含 n 个整数，每个整数 p 在 1~5 之间，表示要购入的票数，相邻的两个数之间使用一个空格分隔。

输出 n 行，每行对应一条指令的处理结果。对于购票指令 p，输出 p 张车票的编号，按从小到大排序。

【数据规模】

$1 \leqslant n \leqslant 100$，所有购票数量之和不超过 100。

【算法设计】

定义一个长度为 20 的一维数组 v 表示每排剩余的座位数量，那么第 $i(0 \leqslant i < 20)$ 排剩余座位的起始编号就应该是 $i \times 5 + 6 - v[i]$。每次给定一个购票数量 p，就遍历数组 v 查找有无剩余座位数量大于等于 p 的元素，有则从起始编号输出 p 个递增的数字，若没有则从有剩余座

位的每一排中输出其所有剩余座位直至输出座位总数为 p。

【C++代码】

```cpp
1    #include<bits/stdc++.h>
2    using namespace std;
3    using gg=long long;
4    int main(){
5        ios::sync_with_stdio(false);
6        cin.tie(0);
7        gg ni,pi;
8        cin>>ni;
9        vector<gg>v(20,5);
10       while(ni--){
11           cin>>pi;
12           //查找有没有剩余座位数量大于等于 pi 的排
13           auto i=find_if(v.begin(),v.end(),[pi](int a){return a>=
                 pi;});
14           if(i!=v.end()){   //有
15               gg start=(i-v.begin())*5+6-(*i);  //剩余座位起始编号
16               *i-=pi;  //该排减去 pi 个空闲座位
17               for(gg j=0;j<pi;++j){  //输出 pi 个连续座位编号
18                   cout<<start+j<<" ";
19               }
20               cout<<"\n";
21               continue;
22           }
23           //以下代码处理没有剩余座位数量大于等于 pi 的排的情况
24           for(gg j=0;pi>0;++j){  //遍历所有的排
25               //输出该排空闲座位编号，直至输出 pi 个座位
26               for(gg start=j*5+6-v[j];v[j]>0;--v[j],++start,--pi){
27                   cout<<start<<" ";
28               }
29           }
30           cout<<"\n";
31       }
32       return 0;
33   }
```

例题 5-8 【CCF CSP-20190902】小明种苹果（续）

【题意概述】

小明在他的果园里种了一些苹果树，这些苹果树排列成一个圆。为了保证苹果的品质，

在种植过程中要进行疏果操作。为了更及时地完成疏果操作，小明会不时地检查每棵树的状态，根据需要进行疏果。检查时，如果发现可能有苹果从树上掉落，小明会重新统计树上的苹果个数（然后根据之前的记录就可以判断是否有苹果掉落了）。在全部操作结束后，请帮助小明统计相关的信息。

【输入输出格式】

输入第 1 行包含一个正整数 N，表示苹果树的棵数。第 $1+i$ 行（$1 \leq i \leq N$），每行的格式为 m_i，a_{i1}，a_{i2}，…，a_{im_i}。其中，第一个正整数 m_i 表示本行后面的整数个数，后续的 m_i 个整数表示小明对第 i 棵苹果树的操作记录。若 a_{ij} 为正整数，则表示小明进行了重新统计该棵树上的苹果个数的操作，统计的苹果个数为 a_{ij}；若 a_{ij} 为零或负整数，则表示一次疏果操作，去掉的苹果个数是 $|a_{ij}|$。输入保证一定是正确的，满足：

1）$a_{i1} > 0$，即对于每棵树的记录，第一个操作一定是统计苹果个数（初始状态，此时不用判断是否有苹果掉落）；

2）每次疏果操作保证操作后树上的苹果个数仍为正。

输出只有一行，包含 3 个整数 T、D、E。其中：

1）T 为全部疏果操作结束后所有苹果树上剩下的苹果总数；

2）D 为发生苹果掉落的苹果树的棵数；

3）E 为相邻连续 3 棵树发生苹果掉落情况的组数。注意，苹果树排成一个圆，所以任意一棵树都有两棵树相邻。

【数据规模】

$$N \leq 1000, \ m_i \leq 1000, \ |a_{ij}| \leq 10^6$$

【C++代码】

```cpp
1   #include<bits/stdc++.h>
2   using namespace std;
3   using gg=long long;
4   int main(){
5       ios::sync_with_stdio(false);
6       cin.tie(0);
7       gg ni,mi,t=0,d=0,e=0;
8       cin>>ni;
9       vector<bool>f(ni);   //存储果树是否有苹果掉落
10      for(gg i=0;i<ni;++i){
11          gg ai,bi;
12          cin>>mi>>ai;
13          while(--mi){
14              cin>>bi;
15              if(bi<=0){   //进行疏果操作
16                  ai +=bi;
17              }else{
18                  if(ai>bi)   //有苹果掉落
19                      f[i]=true;
```

```
20              ai=bi;
21          }
22      }
23      t +=ai;  //存储最终的总苹果数
24   }
25   d=count(f.begin(),f.end(),true);  //计算有多少棵果树有苹果掉落
26   for(ggi=0;i<ni;++i){  //统计连续 3 棵苹果树有苹果掉落的组数
27       if(f[i] && f[(i+1) % ni] && f[(i+2) % ni])
28           ++e;
29   }
30   cout<<t<<" "<<d<<" "<<e;
31   return 0;
32 }
```

例题 5-9 【PAT B-1072】开学寄语

【输入输出格式】

输入第一行给出两个正整数 N 和 M，分别是学生人数和需要被查缴的物品种类数。第二行给出 M 个需要被查缴的物品编号，其中编号为 4 位数字。随后 N 行，每行给出一位学生的姓名缩写（由 1~4 个大写英文字母组成）、个人物品数量 K 以及 K 个物品的编号。

顺次检查每个学生携带的物品，如果有需要被查缴的物品存在，则按"姓名缩写：物品编号 1 物品编号 2 ……"格式输出该生的信息和其需要被查缴的物品的信息（注意行末不得有多余空格）。最后一行输出存在问题的学生的总人数和被查缴物品的总数。

【数据规模】

$$0 < N \leqslant 1000, \ 0 < M \leqslant 6, \ 0 \leqslant K \leqslant 10$$

【算法设计】

可以使用 any_of 函数来检查学生的物品是否是要被查缴的物品。以 N、M、K 的最大值来估算的话，顺序查找的时间复杂度达到 $1000 \times 6 \times 10 = 6 \times 10^4$ 级别，远小于 10^7，完全可以接受。

【C++代码】

```
1  #include<bits/stdc++.h>
2  using namespace std;
3  using gg=long long;
4  int main(){
5      ios::sync_with_stdio(false);
6      cin.tie(0);
7      gg ni,mi,ki,ai;
8      cin>>ni>>mi;
9      vector<gg>v(mi);
10     for(gg i=0;i<mi;++i){
11         cin>>v[i];
12     }
13     array<gg,2>ans{};  //存储学生人数和收缴的物品个数
```

```
14      string name;
15      while(ni--){
16          cin>>name>>ki;
17          bool output=false;
18          while(ki--){
19              cin>>ai;
20              //判断物品 ai 是否应该被收缴
21              if(any_of(v.begin(),v.end(),[ai](int a){return a==
                ai;})){
22                  if(not output){
23                      cout<<name<<':';
24                      output=true;
25                      ++ans[0];
26                  }
27                  //注意不足 4 位数字要在高位补 0
28                  cout<<' '<<setfill('0')<<setw(4)<<ai;
29                  ++ans[1];
30              }
31          }
32          if(output)
33              cout<<'\n';
34      }
35      cout<<ans[0]<<' '<<ans[1];
36      return 0;
37  }
```

例题 5-10　【PAT B-1077】互评成绩计算

【题意概述】

小组的互评成绩是这样计算的：所有其他组的评分中，去掉一个最高分和一个最低分，剩下的分数取平均分记为 G_1，老师给这个组的评分记为 G_2。该组得分为 $(G_1 + G_2)/2$，最后结果四舍五入后保留整数分。本题就要求你写个程序帮助老师计算每个组的互评成绩。

【输入输出格式】

输入第一行给出两个正整数 N（>3）和 M，分别是分组数和满分，均不超过 100。随后 N 行，每行给出该组得到的 N 个分数（均保证为整型范围内的整数），其中第 1 个是老师给出的评分，后面 N–1 个是其他组给出的评分。合法的输入应该是[0,M]区间内的整数，若不在合法区间内，则该分数须被忽略。题目保证老师的评分都是合法的，并且每个组至少会有 3 个来自同学的合法评分。

为每个组输出其最终得分。每个得分占一行。

【算法设计】

可以使用 minmax_element 函数获取最低和最高成绩，用 accumulate 函数计算分数总和，用 round 函数进行四舍五入。

【C++代码】

```
1    #include<bits/stdc++.h>
2    using namespace std;
3    using gg=long long;
4    int main(){
5        ios::sync_with_stdio(false);
6        cin.tie(0);
7        gg ni,mi;
8        cin>>ni>>mi;
9        for(gg i=0;i<ni;++i){
10           gg g1,a;
11           vector<gg>g2;
12           cin>>g1;
13           for(gg j=0;j<ni-1;++j){
14               cin>>a;
15               if(a >=0 and a<=mi){   //只统计[0,mi]之内的分数
16                   g2.push_back(a);
17               }
18           }
19           //找到最高和最低的成绩
20           auto m=minmax_element(g2.begin(),g2.end());
21           //统计去除最高和最低的成绩后的分数总和
             gg g2a=accumulate(g2.begin(),g2.end(),0)-*m.first-
22               *m.second;
23           //计算最终成绩
24           cout<<round((g1+g2a*1.0/(g2.size()-2))/2.0)<<'\n';
25       }
26       return 0;
27   }
```

例题 5-11 【PAT B-1002】写出这个数

【题意概述】

读入一个正整数 n，计算其各位数字之和，用汉语拼音写出和的每一位数字。

【输入输出格式】

输入一个正整数 n。

在一行内输出 n 的各位数字之和的每一位，拼音数字间有一个空格，但一行中最后一个拼音数字后没有空格。

【数据规模】

$$n < 10^{100}$$

【算法设计】

由于输入的 n 最大可以达到 10^{100}，无法用整数类型存储，只能将它存储在一个 string 类型变量中，然后可以利用 accumulate 函数求整个字符串中所有数字之和。注意，由于 string 类型中存储的是数字字符，不是真正的数字，在求和的过程中需要在每个数字字符的基础上减去字符'0'所表示的 ASCII 码。然后可以用一个 string 类型的数组存储每个数字对应的汉语拼音字符串。将求出的和转换成 string 类型变量，然后遍历该变量中所有数字字符，输出对应的汉语拼音即可。

【C++代码】

```
1   #include<bits/stdc++.h>
2   using namespace std;
3   int main(){
4       ios::sync_with_stdio(false);
5       cin.tie(0);
6       string s;
7       cin>>s;
8       int sum=accumulate(s.begin(),s.end(),0,
9                       [](int a,char c){return a+c-'0';});
10      s=to_string(sum);
11      array<string,10>p{"ling","yi","er","san","si",
12                      "wu",  "liu","qi","ba", "jiu"};
13      for(int i=0;i<s.size();++i){
14          cout<<(i>0?" ":"")<<p[s[i]-'0'];
15      }
16      return 0;
17  }
```

例题 5-12 【PAT A-1038】Recover the Smallest Number

【题意概述】

输入多个数字，将这些数字拼接在一起，要求输出拼接成的最小数字。

【输入输出格式】

输入一行，先给出一个正整数 N，表示要输入的数字个数，接着再给出 N 个数字。

输出一行，表示拼接成的最小数字。

【数据规模】

$N \leqslant 10^4$，输入的数字位数不超过 8 位。

【算法设计】

先考虑两个数字怎样拼接才能形成最小数字。举个例子，假设两个数字分别是 a=32 和 b=321，显然只能形成两种数字 32321 和 32132，则数字 b 放在前面形成的数字较小。那么判断两个数字形成的两种数字哪个更小，只需对 a+b 和 b+a 进行字典序比较即可。

用 string 形式读取所有数字，将上述比较方法写成一个比较函数，然后用 sort 函数将所有数字进行排序，就可以得出符合要求的字符串的排列情况。

【注意点】

输出的数字不能包含前导零。

【C++代码】

```cpp
1    #include<bits/stdc++.h>
2    using namespace std;
3    using gg=long long;
4    int main(){
5        ios::sync_with_stdio(false);
6        cin.tie(0);
7        gg ni;
8        cin>>ni;
9        vector<string>v(ni);
10       for(auto& i:v){   //读取 ni 个数字
11           cin>>i;
12       }
13       //按拼接后形成字典序最小的字符串的比较方式进行排序
14       sort(v.begin(),v.end(),
15           [](const string& s1,const string& s2){return s1+s2<
                 s2+s1;});
16       string s=accumulate(v.begin(),v.end(),string()); //将所有数
                                                              字拼接在一起
17       //找到第一个不为零的字符
18       auto i=find_if(s.begin(),s.end(),[](char c){return c!=
             '0';});
19       //输出不带前导零的数字
20       i==s.end()?(cout<<"0"):(cout<<s.substr(i-s.begin()));
21       return 0;
22   }
```

例题 5-13　【PAT A-1042】Shuffling Machine

【题意概述】

混洗机会根据给定的随机顺序混洗 54 张扑克牌，并重复给定的次数。用"SHCDJ"中任意一个字符连接一个[1,13]之间的数字代表一张扑克牌（J 只能连接数字 1 或者数字 2 代表大小王），如"S1""D12"等。混洗规则为，针对一个序列 cards，如果混洗顺序为 order，则对于 0 < i < 54，将 cards[i] 移动到 cards[order[i]] 位置上去。图 5-1 描述了混洗两次的过程。

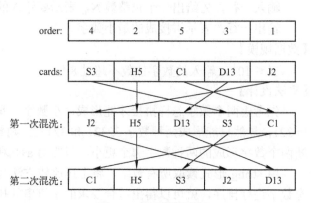

图 5-1　混洗过程示例

【输入输出格式】

　　第一行输入一个正整数 K，表示混洗次数。第二行输入 54 个整数，表示混洗的顺序 order。

　　在一行内输出混洗 K 次之后的结果。

【数据规模】

$$K \leqslant 20$$

【C++代码】

```
1    #include<bits/stdc++.h>
2    using namespace std;
3    using gg=long long;
4    int main(){
5        ios::sync_with_stdio(false);
6        cin.tie(0);
7        vector<gg>ans(54),order(54);
8        gg times;
9        cin>>times;
10       for(int i=0;i<54;++i){
11           cin>>order[i];
12       }
13       iota(ans.begin(),ans.end(),0);   //用 0~53 这 54 个整数初始化 ans
14       while(times--){   //混洗 times 次
15           vector<gg>temp(54);   //存储临时结果
16           for(gg i=0;i<54;++i){
17               temp[order[i]-1]=ans[i];
18           }
19           ans=temp;   //存入 ans 中
20       }
21       string s="SHCDJ";
22       for(int i=0;i<54;++i){   //输出最终结果
23           cout<<(i>0?" ":"")<<s[ans[i]/13]<<ans[i] % 13+1;
24       }
25       return 0;
26   }
```

例题 5-14　【PAT A-1077】Kuchiguse

【题意概述】

　　读入 N 个字符串，求这 N 个字符串的公共后缀。

【输入输出格式】

　　输入第一行给出一个正整数 N。接下来 N 行，每行给出一个字符串。

　　输出这 N 个字符串的公共后缀，如果公共后缀为空，则输出 "nai"。

【数据规模】

$$2 \leqslant N \leqslant 100$$

【算法设计】

为了方便比较，可以将每一行的字符串都进行一次翻转，求出公共后缀后再翻转回来。另外，可以在输入的时候记录下最小的字符串长度，以此作为循环截止条件。

【C++代码】

```
1   #include<bits/stdc++.h>
2   using namespace std;
3   using gg=long long;
4   int main(){
5       ios::sync_with_stdio(false);
6       cin.tie(0);
7       gg ni,m=INT_MAX;
8       cin>>ni;
9       cin.get();
10      vector<string>v(ni);
11      string ans;
12      for(auto& i:v){
13          getline(cin,i);
14          reverse(i.begin(),i.end());
15          m=min(m,(gg)i.size());
16      }
17      for(gg i=0;i<m;++i){
18          for(auto& j:v){
19              if(j[i]!=v[0][i]){
20                  goto loop;
21              }
22          }
23          ans.push_back(v[0][i]);
24      }
25  loop:
26      reverse(ans.begin(),ans.end());
27      cout<<(ans.empty()?"nai":ans);
28      return 0;
29  }
```

5.5　list 容器特有的算法

与其他容器不同，list 容器底层的数据结构是双向链表，针对这个数据结构的特点，list 容器中定义了几个成员函数形式的算法，如 sort、merge、remove、reverse 和 unique。你会发现泛型算法中也有这些算法，通用版本的 sort 要求能够对元素进行随机访问，因此不能用于 list 容器；其他算法可以用于链表，但是这些算法需要交换序列中的元素，而链表直接交换元素代价过高，这使得整个算法都显得效率低下。一个链表可以通过改变元素间的链接而不是真地交换它们的值来快速"交换"元素。因此，这些链表版本的算法的性能比对应泛型算法的通用版本好得多。因此，当你使用 list 容器时，应该优先使用成员函数版本的算法而不是通用的泛型算法。

表 5-1 列举了 list 容器中的成员函数版本的算法，这些算法都返回 void。

表 5-1　list 容器中的成员函数版本的算法

操　作	功　能
lst.sort() lst.sort(p2)	使用 "<" 或二元谓词 p2 对元素进行排序
lst.reverse()	翻转元素的顺序
lst.remove(val) lst.remove_if(p1)	删除与给定值相等(==)或令一元谓词 p1 为真的每个元素
lst.unique() lst.unique(p2)	对相邻的相同元素，只保留第一个，其他均删除。第一个版本使用 "=="；第二个版本使用给定的二元谓词 p2
lst.merge(lst2) lst.merge(lst2, p2)	将来自 lst2 的元素合并入 lst，形成一个新的有序序列。lst 和 lst2 都必须是有序的。元素将从 lst2 中删除，在合并之后，lst2 变为空。第一个版本使用 "<" 运算符；第二个版本使用二元谓词 p2

这里要额外强调一下 remove 函数系列和 unique 函数系列。5.3.2 节介绍泛型算法的 remove 函数系列和 unique 函数系列时，曾谈到泛型算法的版本，并没有真正从序列中删除掉这些元素。但是 list 容器中定义的 remove 函数系列和 unique 函数系列由于本身就是成员函数，它们会真正从 list 容器中删除掉这些元素，这点要额外留意。下面的代码展示了 list 容器中的成员函数 remove 和 unique 的用法：

```
1    #include<bits/stdc++.h>
2    using namespace std;
3    using gg=long long;
4    int main(){
5        list<gg>i1={1,1,2,2,3,3,4,3,3};
6        list<gg>i2=i1;  //将 i1 容器所有元素拷贝给 i2
7        i1.remove(3);
8        i2.unique();
9        cout<<"i1:";
10       for(gg i:i1)
11           cout<<i<<" ";
12       cout<<"\ni2:";
13       for(gg i:i2)
14           cout<<i<<" ";
15       return 0;
16   }
```

175

输出为：

```
1   i1:1 1 2 2 4
2   i2:1 2 3 4 3
```

例题 5-15　【CCF CSP-20170302】学生排队

【题意概述】

体育老师小明要将自己班上的学生按顺序排队。他首先让学生按学号从小到大的顺序排成一排，学号小的排在前面，然后进行多次调整。一次调整小明可能让一位同学出队，向前或者向后移动一段距离后再插入队列。

下面给出了一组移动的例子，例子中学生的人数为 8 人。

1）初始队列中学生的学号依次为 1, 2, 3, 4, 5, 6, 7, 8；

2）第一次调整，命令为"3 号同学向后移动 2"，表示 3 号同学出队，向后移动 2 名同学的距离，再插入到队列中，新队列中学生的学号依次为 1, 2, 4, 5, 3, 6, 7, 8；

3）第二次调整，命令为"8 号同学向前移动 3"，表示 8 号同学出队，向前移动 3 名同学的距离，再插入到队列中，新队列中学生的学号依次为 1, 2, 4, 5, 8, 3, 6, 7；

4）第三次调整，命令为"3 号同学向前移动 2"，表示 3 号同学出队，向前移动 2 名同学的距离，再插入到队列中，新队列中学生的学号依次为 1, 2, 4, 3, 5, 8, 6, 7。

小明记录了所有调整的过程，请问最终从前向后所有学生的学号依次是多少？

请特别注意，上述移动过程中所涉及的号码指的是学号，而不是在队列中的位置。在向后移动时，移动的距离不超过对应同学后面的人数，如果向后移动的距离正好等于对应同学后面的人数则该同学会移动到队列的最后面。在向前移动时，移动的距离不超过对应同学前面的人数，如果向前移动的距离正好等于对应同学前面的人数则该同学会移动到队列的最前面。

【输入输出格式】

输入的第一行包含一个整数 n，表示学生的数量，学生的学号由 1~n 编号。第二行包含一个整数 m，表示调整的次数。接下来 m 行，每行两个整数 p、q，如果 q 为正，表示学号为 p 的同学向后移动 q；如果 q 为负，表示学号为 p 的同学向前移动-q。

输出一行，包含 n 个整数，相邻两个整数之间由一个空格分隔，表示最终从前向后所有学生的学号。

【数据规模】

$1 \leq n \leq 1000$，$1 \leq m \leq 1000$，所有移动均合法。

【算法设计】

可以使用 list 模拟队列中的出队和入队操作。可以用 find 泛型算法查找 p 在 list 中的位置，再调用 list 的 erase 和 insert 成员函数实现出队（删除）和入队（插入）操作。这里要额外注意，由于 list 不支持随机访问，因此 list 的迭代器不支持"+、−"运算符，对于这种情况，使用 next 函数来移动迭代器是最好的。

另外，题目中已经保证所有移动均合法，因此不必考虑向后移动到队尾以外的位置或向前移动到超过队首的位置这样的非法情况。

【C++代码 1】

```
1   #include<bits/stdc++.h>
```

```
2    using namespace std;
3    using gg=long long;
4    int main(){
5        ios::sync_with_stdio(false);
6        cin.tie(0);
7        gg ni,mi,pi,qi;
8        cin>>ni>>mi;
9        list<gg>lst;
10       for(gg i=1;i<=ni;++i){
11           lst.push_back(i);
12       }
13       while(mi--){
14           cin>>pi>>qi;
15           auto it=find(lst.begin(),lst.end(),pi);  //查找元素的位置
16           it=lst.erase(it);   //删除
17           lst.insert(next(it,qi),pi);   //插入
18       }
19       for(gg i:lst){
20           cout<<i<<" ";
21       }
22       return 0;
23   }
```

第 15、16、17 行代码可以直接合并成一条语句，因此代码还可以精简一下。

【C++代码 2】

```
1    #include<bits/stdc++.h>
2    using namespace std;
3    using gg=long long;
4    int main(){
5        ios::sync_with_stdio(false);
6        cin.tie(0);
7        gg ni,mi,pi,qi;
8        cin>>ni>>mi;
9        list<gg>lst;
10       for(gg i=1;i<=ni;++i){
11           lst.push_back(i);
12       }
13       while(mi--){
14           cin>>pi>>qi;
15           lst.insert(next(lst.erase(find(lst.begin(),lst.end(),
```

```
                                pi)),qi),pi);
16       }
17       for(gg i:lst){
18           cout<<i<<" ";
19       }
20       return 0;
21  }
```

例题 5-16 【CCF CSP-20140302】窗口

【题意概述】

在某图形操作系统中，有 N 个窗口，每个窗口都是一个两边与坐标轴分别平行的矩形区域。窗口的边界上的点也属于该窗口。窗口之间有层次的区别，在多于一个窗口重叠的区域里，只会显示位于顶层的窗口里的内容。

当你单击屏幕上一个点的时候，你就选择了处于被单击位置的最顶层窗口，并且这个窗口就会被移到所有窗口的最顶层，而剩余的窗口的层次顺序不变。如果你单击的位置不属于任何窗口，则系统会忽略你这次单击。

现在希望你写一个程序模拟单击窗口的过程。

【输入输出格式】

输入的第一行有两个正整数，即 N 和 M。接下来 N 行按照从最下层到最顶层的顺序给出 N 个窗口的位置，每行包含 4 个非负整数 x_1, y_1, x_2, y_2，表示该窗口的一对顶点坐标分别为 (x_1, y_1) 和 (x_2, y_2)，保证 $x_1 < x_2$, $y_1 < y_2$。接下来 M 行每行包含两个非负整数 x, y，表示一次鼠标单击的坐标。

输出包括 M 行，每一行表示一次鼠标单击的结果。如果该次鼠标单击选择了一个窗口，则输出这个窗口的编号(窗口按照输入中的顺序从 1 编号到 N)；如果没有，则输出"IGNORED"(不含双引号)。

【数据规模】

$1 \leqslant n \leqslant 10$, $1 \leqslant m \leqslant 10$，题目中涉及的所有点和矩形的顶点横纵坐标分别不超过 2559 和 1439。

【算法设计】

可以使用 list 模拟窗口单击过程。先定义一个 Window 类，数据成员包括编号 num 以及坐标 x_1, y_1, x_2, y_2。定义一个持有 Window 类对象的 list，模拟从最下层到最顶层的窗口。进行单击时，用 find_if 泛型算法查找 list 中第一个包含单击的坐标 (x, y) 的窗口，窗口包含 (x, y) 的条件表示为 $x_1 \leqslant x \leqslant x_2$ && $y_1 \leqslant y \leqslant y_2$。如果能找到这样的窗口，输出该窗口编号，删除该窗口并将该窗口插入到 list 头部，以模拟窗口移到最顶层的操作；如果找不到，输出"IGNORED"。

【C++代码】

```
1    #include<bits/stdc++.h>
2    using namespace std;
3    using gg=long long;
```

```
4    struct Window{
5        gg num,x1,y1,x2,y2;
6    };
7    int main(){
8        ios::sync_with_stdio(false);
9        cin.tie(0);
10       gg ni,mi;
11       cin>>ni>>mi;
12       list<Window>windows(ni);
13       gg num=1;
14       //输入是按从最下层到最顶层的顺序输入的, 要用反向迭代器读取
15       for(auto i=windows.rbegin();i!=windows.rend();++i){
16           cin>>i->x1>>i->y1>>i->x2>>i->y2;
17           i->num=num++;
18       }
19       gg x,y;
20       while(mi--){
21           cin>>x>>y;
22           auto i=//查找第一个包含单击点的窗口
23               find_if(windows.begin(),windows.end(),[x,y](const
                        Window& w){
24                   return w.x1<=x and w.x2>=x and w.y1<=y and w.y2>=y;
25               });
26           if(i==windows.end()){   //没有这样的窗口
27               cout<<"IGNORED\n";
28               continue;
29           }
30           cout<<i->num<<"\n";
31           windows.push_front(*i);   //插入到链表头部
32           windows.erase(i);
33       }
34       return 0;
35   }
```

5.6 例题与习题

本章介绍了大量的泛型算法。表 5-2 列举了本章涉及的所有例题, 表 5-3 列举了一些习题。这些题目大多比较简单, 笔者建议你在解题的过程中尽量多使用泛型算法。

表 5-2　例题列表

编　号	题　号	标　题	备　注
例题 5-1	PAT B-1028	人口普查	重载小于运算符
例题 5-2	PAT A-1069、PAT B-1019	The Black Hole of Numbers、数字黑洞	排序
例题 5-3	PAT A-1062、PAT B-1015	Talent and Virtue、德才论	排序
例题 5-4	PAT A-1025	PAT Ranking	排序
例题 5-5	PAT A-1109、PAT B-1055	Group Photo、集体照	排序
例题 5-6	PAT A-1047	Student List for Course	排序
例题 5-7	CCF CSP-20160902	火车购票	find 与迭代器
例题 5-8	CCF CSP-20190902	小明种苹果（续）	count
例题 5-9	PAT B-1072	开学寄语	any_of
例题 5-10	PAT B-1077	互评成绩计算	最大值最小值算法
例题 5-11	PAT B-1002	写出这个数	accumulate
例题 5-12	PAT A-1038	Recover the Smallest Number	sort、accumulate、find_if
例题 5-13	PAT A-1042	Shuffling Machine	iota
例题 5-14	PAT A-1077	Kuchiguse	reverse
例题 5-15	CCF CSP-20170302	学生排队	list
例题 5-16	CCF CSP-20140302	窗口	list

表 5-3　习题列表

编　号	题　号	标　题	备　注
习题 5-1	PAT A-1055	The World's Richest	排序
习题 5-2	PAT A-1080	Graduate Admission	排序
习题 5-3	PAT A-1083	List Grades	排序
习题 5-5	CCF CSP-20150901	数列分段	find 系列算法
习题 5-6	PAT B-1082	射击比赛	最大值最小值算法
习题 5-7	PAT B-1092	最好吃的月饼	最大值最小值算法
习题 5-8	PAT A-1005	Spell It Right	accumulate
习题 5-9	CCF CSP-20151201	数位之和	accumulate
习题 5-10	CCF CSP-20171201	最小差值	sort、adjacent_difference、min_element
习题 5-11	CCF CSP-20161201	中间数	sort、equal_range

第 6 章　容器适配器

本章介绍 C++标准库中的 3 种容器适配器：stack、queue、priority_queue。stack 实现是一种称为"栈"的数据结构，特点是元素"后进先出"；queue 实现是一种称为"队列"的数据结构，特点是元素"先进先出"；priority_queue 称为"优先级队列"，它在元素间建立了一种优先级，每次出队的元素都是优先级队列中优先级最高的元素，与元素进入优先级队列的顺序无关。

6.1　容器适配器概览

除了顺序容器外，标准库还定义了 3 种顺序容器适配器：stack（栈）、queue（队列）和 priority_queue（优先级队列）。适配器是一种机制，能使某种事物的行为看起来像另外一种事物。听起来很抽象，举个生活中的例子。例如，平时使用的笔记本电脑的充电线上通常都会有一个变压器，这个变压器就是一个适配器，它将 220V 家庭用电电压转换为笔记本电脑的工作电压。但是作为电脑使用者，你通常不会也不必留意这种电压的转换，虽然电脑实际上在使用 220V 的电源充电，但是看起来好像就在使用笔记本电脑的工作电压的电源充电一样。

在 C++标准库中，容器、迭代器、函数都有适配器。一个容器适配器接受一种已有的容器类型作为它的底层实现，但它的行为看起来却像另一种容器。例如，stack 适配器可以接受一个 deque 作为它的底层实现容器，但 stack 的操作看起来却不像双端队列，而像一个栈。

标准库定义的 3 种容器适配器都可以接受一种顺序容器作为它的底层实现。stack 和 queue 默认接受 deque 容器作为它的底层实现，priority_queue 接受 vector 容器作为它的底层实现。和顺序容器一样，容器适配器对象也是模板类。

表 6-1 列出了所有容器适配器都支持的操作。

尤其要注意的是，容器适配器提供的操作都非常有限，C++标准库提供的这 3 种容器适配器都不**支持对内部元素的遍历，也不支持迭代器**，所以上一章提出的泛型算法都不能用在容器适配器上。你只能使用这 3 种容器适配器内置的成员函数。

表 6-1　所有容器适配器都支持的操作

操　　作	功　　能
A a	创建一个名为 a 的空适配器
a.size()	返回 a 中元素的个数
a.empty()	如果 a 为空，返回真，否则返回假

6.2　stack

stack 实现是一种称为"栈"的数据结构，这种数据结构非常常用。栈的特点是"后进先出"，也就是说，后进容器的元素会先被使用。你可以把栈理解成一个碗架，每次你只能取一个碗或者放一个碗。那么每次你放碗的时候，会把碗放在整个碗架的最上方；取碗的时候，会把碗架最上方的碗取走。后放进碗架的碗会先被取出。

碗架就是一个栈，每个碗就是一个元素，放碗的操作称为"压栈"，取碗的操作称为"弹栈"。碗架最上方称为"栈顶"，碗架最下方称为"栈底"。每次压栈操作都会把元素压入栈顶，每次弹栈操作都会从栈顶取出一个元素。"后进先出"就是栈这种数据结构的最大特点。

表 6-2 列出了 stack 支持的操作。

下面的代码展示了 stack 的用法：

表 6-2 stack 支持的操作

操 作	功 能
s.push(item)	创建一个值为 item 的新元素压入栈顶，返回 void
s.top()	返回栈顶元素，但不将元素弹出栈
s.pop()	删除栈顶元素，返回 void

```cpp
1    #include<bits/stdc++.h>
2    using namespace std;
3    using gg=long long;
4    int main(){
5        stack<gg>s;
6        for(gg i=0;i<10;++i)          //将 0~9 这 10 个数字压入栈中
7            s.push(i);
8        while(!s.empty()){            //s 不为空就继续循环
9            cout<<s.top()<<" ";       //输出栈顶元素
10           s.pop();                  //弹栈
11       }
12       return 0;
13   }
```

输出为：

```
1    9 8 7 6 5 4 3 2 1 0
```

例题 6-1　【PAT B-1009】说反话

【题意概述】

给定一个英文句子，将句中所有单词倒序输出。

【输入输出格式】

给出一个英文句子，保证句子末尾没有多余的空格。

倒序输出句子中的单词。

【数据规模】

字符串长度小于 80 个字符。

【算法设计】

可以利用 cin 读取每个字符串，要求倒序输出，这正是使用栈这种"后进先出"的数据结构的绝佳场景。

【C++代码】

```cpp
1    #include<bits/stdc++.h>
2    using namespace std;
3    int main(){
4        ios::sync_with_stdio(false);
5        cin.tie(0);
6        string s;
7        stack<string>st;
```

182

```
8      while(cin>>s){
9          st.push(s);
10     }
11     while(not st.empty()){
12         cout<<st.top();
13         st.pop();
14         cout<<(st.empty() ? " ":" ");
15     }
16     return 0;
17  }
```

例题 6-2　【PAT A-1051】Pop Sequence

【题意概述】

给定一个最大容量为 M 的栈，按照 1~N 从小到大的顺序将这 N 个数入栈，问是否可能形成给出的出栈序列。

【输入输出格式】

输入第一行给出 3 个正整数 M、N、K，分别表示栈的最大容量、序列长度、需要进行判断的序列个数。接下来 K 行，每行给出一个出栈序列。

输出 K 行，如果对应的出栈序列合法，输出 "YES"，否则输出 "NO"。

【数据规模】

$$0 < N, M, K \leqslant 1000$$

【算法设计】

按照要求进行模拟，将给定的出栈顺序存储在数组 seq 中，遍历该数组，主要比较栈顶元素和遍历到的数组元素 seq[i] 的大小关系。定义一个变量 cur 存储下一次压栈时的元素，初始化为 1。使用一个循环，当 cur<=seq[i] 且栈的容量小于 M 且栈顶元素小于 seq[i] 时，不断将 cur 入栈并将 cur 递增。当内层循环结束时，如果栈顶元素不等于 seq[i]，则说明当前出栈序列不合法；否则继续遍历 seq。如果 seq 能够顺利遍历完成，说明出栈序列合法。

【C++代码】

```
1   #include<bits/stdc++.h>
2   using namespace std;
3   using gg=long long;
4   int main(){
5       ios::sync_with_stdio(false);
6       cin.tie(0);
7       gg mi,ni,ki;
8       cin>>mi>>ni>>ki;
9       vector<gg>seq(ni);
10      while(ki--){
11          for(gg i=0;i<ni;++i){
12              cin>>seq[i];
```

```
13              }
14          gg cur=1;
15          stack<gg>st;
16          for(gg i:seq){
17              while(cur<=ni and st.size()<mi and
18                  (st.empty() or st.top()<i)){
19                  st.push(cur++);
20              }
21              if(st.empty() or st.top()!=i){
22                  cout<<"NO\n";
23                  goto loop;
24              }
25              st.pop();
26          }
27          cout<<"YES\n";
28      loop:;
29      }
30      return 0;
31  }
```

6.3　queue

　　queue 实现是一种称为"队列"的数据结构，这种数据结构和栈一样非常常用。队列的特点是"先进先出"，也就是说，先进容器的元素会先被使用。生活中排队买火车票的每个队伍就可以视为一个队列，排在前面的人能够先买票，先离开队伍，新加入的人需要排在队伍末尾。

　　每个买票的队伍都是一个队列，每个排队买票的人都是一个元素，排在最前面的人称为"队首"，排在最后面的人称为"队尾"。有人新加入队尾的操作称为"入队"，有人从队首离开的操作称为"出队"。"先进先出"就是队列这种数据结构的最大特点。

　　表 6-3 列出了 queue 支持的操作。

　　下面的代码展示了 queue 的用法：

表 6-3　queue 支持的操作

操　作	功　能
q.push(item)	创建一个值为 item 的新元素入队，返回 void
q.front()	返回队首元素，但不将元素删除
q.pop()	删除队首元素，返回 void

```
1   #include<bits/stdc++.h>
2   using namespace std;
3   using gg=long long;
4   int main(){
5       queue<gg>q;
6       for(gg i=0;i<10;++i)          //将0~9这10个数字压入队列中
7           q.push(i);
```

```
8       while(!q.empty()){          //q 不为空就继续循环
9          cout<<q.front()<<" ";    //输出队首元素
10         q.pop();                 //队首元素出队
11      }
12      return 0;
13   }
```

输出为：

```
1    0 1 2 3 4 5 6 7 8 9
```

例题 6-3　【CCF CSP-20171202】游戏

【题意概述】

有 n 个小朋友围成一圈玩游戏，小朋友从 1~n 编号，2 号小朋友坐在 1 号小朋友的顺时针方向，3 号小朋友坐在 2 号小朋友的顺时针方向……1 号小朋友坐在 n 号小朋友的顺时针方向。

游戏开始，从 1 号小朋友开始顺时针报数，接下来每个小朋友的报数是上一个小朋友报的数加 1。若一个小朋友报的数为 k 的倍数或其末位数（即数的个位）为 k，则该小朋友被淘汰出局，不再参加以后的报数。当游戏中只剩下一个小朋友时，该小朋友获胜。

给定 n 和 k，请问最后获胜的小朋友编号为多少？

【输入输出格式】

输入一行，包括两个整数 n 和 k，意义如题目所述。

输出一行，包含一个整数，表示获胜的小朋友编号。

【数据规模】

$$1 \leqslant n \leqslant 1000, \; 1 \leqslant k \leqslant 9$$

【算法设计】

可以使用队列进行模拟，起始时将所有人的编号压入队列。定义 i 代表当前报的数字，每次从队列弹出一个编号作为当前报数的人，查看其报的数字是否应该被淘汰，如果不该被淘汰将这个人的编号重新压入队列中。当队列中只剩余一个人的编号时，这个人即为胜利者，输出即可。

【C++代码】

```cpp
1    #include<bits/stdc++.h>
2    using namespace std;
3    using gg=long long;
4    int main(){
5       ios::sync_with_stdio(false);
6       cin.tie(0);
7       gg ni,ki;
8       cin>>ni>>ki;
9       queue<gg>q;
10      for(gg i=1;i<=ni;++i){        //将 1~ni 这些人的编号压入队列
11         q.push(i);
```

185

```
12          }
13      for(gg i=1;q.size()>1;++i){      //i 表示当前报的数字
14          gg t=q.front();              //弹出当前应该报数的人的编号
15          q.pop();
16          if(i % ki!=0 and i % 10!=ki){  //不该被淘汰，重新入队
17              q.push(t);
18          }
19      }
20      cout<<q.front();
21      return 0;
22  }
```

186

例题 6-4　【CCF CSP-20190302】二十四点

【题意概述】

定义每一个游戏由 4 个从 1~9 的数字和 3 个四则运算符组成，保证四则运算符将数字两两隔开，不存在括号和其他字符，运算顺序按照四则运算顺序进行。其中，加法用符号"+"表示，减法用符号"–"表示，乘法用小写字母 x 表示，除法用符号"/"表示。在游戏里除法为整除，如 2/3=0，3/2=1，4/2=2。老师给了你 n 个游戏的解，请你编写程序验证每个游戏的结果是否为 24。

【输入输出格式】

第 1 行输入一个整数 n，从第 2 行开始到第 n+1 行中，每一行包含一个长度为 7 的字符串，为上述的 24 点游戏，保证数据格式合法。

输出包含 n 行，对于每个游戏，如果其结果为 24 则输出字符串"Yes"，否则输出字符串"No"。

【数据规模】

$$n = 10^2$$

【算法设计】

这是一道求解四则运算表达式结果的题目。由于只涉及到四则运算，运算符只有两个优先级，可以进行两次遍历，第一次遍历求解出所有乘除法的结果，第二次遍历求解出所有加减法的结果。为此，可以定义两个队列：

1）queue<int>num：存储加减法的操作数和乘除法的结果；

2）queue<char>op：存储+、–符号。

第一次遍历整个表达式，将加减法的操作数和加减号存储起来，第二次同时遍历两个队列，求解出最终结果。

【C++代码】

```cpp
1   #include<bits/stdc++.h>
2   using namespace std;
3   using gg=long long;
4   int main(){
5       ios::sync_with_stdio(false);
```

```
6        cin.tie(0);
7        gg ni;
8        cin>>ni;
9        string si;
10       queue<gg>num;
11       queue<char>op;
12       while(ni--){
13           cin>>si;
14           num.push(si[0]-'0');                //把第一个操作数压入队列
15           for(gg i=1;i<si.size();i+=2){    //遍历整个字符串
16               if(si[i]=='+'or si[i]=='-'){//将加减法的操作数和符号入队
17                   op.push(si[i]);
18                   num.push(si[i+1]-'0');
19               } else if(si[i]=='x'){        //是乘法,计算乘法结果
20                   num.back()*=(si[i+1]-'0');
21               } else{                        //是除法,计算除法结果
22                   num.back()/=(si[i+1]-'0');
23               }
24           }
25           gg t=num.front();                //第一个加减法操作数
26           num.pop();
27           while(!op.empty()){  //同时遍历两个队列,求出加减运算的结果
28               char c=op.front();
29               op.pop();
30               t=(c=='+') ? t+num.front():t-num.front();
31               num.pop();
32           }
33           cout<<(t==24 ? "Yes":"No")<<"\n";
34       }
35       return 0;
36   }
```

187

6.4　priority_queue

priority_queue 虽然称为"优先级队列",但它底层的数据结构并不是队列,而是二叉堆。严格来说,C++标准库中的 priority_queue 的底层数据结构是**大根堆**。priority_queue 允许为元素建立优先级,priority_queue 的队首元素永远是优先级最高的元素。当进行"出队"操作时,会把这个排在队首的优先级最高的元素出队,然后队首元素会被更换为剩余元素中优先级最高的元素。

生活中优先级队列的例子也有很多。例如，可以提前预约时间的饭店，即便客人真正到达的时间可能晚于其他客人，但是只要他的预约时间更早，依然可以提前得到服务。默认情况下，priority_queue 使用元素类型的 "<" 运算符来确定相对优先级。在 7.7 节会介绍 priority_queue 自定义优先级的方法。

另外还需要注意的是，priority_queue 的底层数据结构是大根堆，这意味着如果元素内置了 "<" 运算符，那么根据 "<" 运算得到的**最大元素**会被视为优先级最高的元素，位于队首。

表 6-4 列出了 priority_queue 支持的操作。

下面的代码展示了 priority_queue 的用法：

表 6-4　priority_queue 支持的操作

操　作	功　　能
pq.push(item)	创建一个值为 item 的新元素入队，返回 void
pq.top()	返回队首元素，但不将元素删除
pq.pop()	删除队首元素，返回 void

```
1    #include<bits/stdc++.h>
2    using namespace std;
3    using gg=long long;
4    int main(){
5        priority_queue<gg>pq;
6        //将3,5,7,1,2,4,9,8这些数字逐个入队
7        for(gg i:{3,5,7,1,2,4,9,8})
8            pq.push(i);
9        while(!pq.empty()){            //pq不为空就继续循环
10           cout<<pq.top()<<" ";       //输出队首元素
11           pq.pop();                  //队首元素出队
12       }
13       return 0;
14   }
```

输出为：

```
1    9 8 7 5 4 3 2 1
```

你会发现，即使入队的元素是无序的，但由于每次 priority_queue 都会把最大的元素放在队首，优先出队，因此元素是由大到小有序输出的。

6.5　例题

本章介绍了 3 种容器适配器：栈、队列和优先级队列。表 6-5 列举了本章涉及到的所有例题。

表 6-5　例题列表

编　　号	题　　号	标　　题	备　　注
例题 6-1	PAT B-1009	说反话	栈
例题 6-2	PAT A-1051	Pop Sequence	判别出栈序列是否合法
例题 6-3	CCF CSP-20171202	游戏	队列
例题 6-4	CCF CSP-20190302	二十四点	队列，模拟表达式计算

第7章 关联容器

本章介绍 C++标准库中的 4 种关联容器：set、map、unordered_set、unordered_map。顺序容器是通过元素在容器中的位置访问元素；关联容器是按关键字来保存和访问元素，这种通过关键字查找和提取元素的操作非常高效。set 和 unordered_set 保存的元素本身就是关键字；map 和 unordered_map 保存的则是键值对，每个键值对都用一个 pair 类型存储，其中 first 成员存储关键字，second 成员存储值。这 4 种关联容器的关键字都唯一，即关键字不可重复出现，最多只出现一次。

7.1 关联容器概览

除了顺序容器和基于顺序容器实现的容器适配器以外，C++标准库还精心设计了一组关联容器。关联容器和顺序容器有着根本的不同：关联容器中的元素是按**关键字**来保存和访问的；顺序容器中的元素是按它们**在容器中的位置**来顺序保存和访问的。**关键字**简称**键**，相比于顺序容器，关联容器查找和访问关键字的操作更加高效。关联容器一般可以分为有序关联容器和无序关联容器。表 7-1 列举了 4 种**关键字唯一**的关联容器。

表 7-1 关键字唯一的关联容器

容器类型		特　　点	底层数据结构	查找和访问元素的时间复杂度
有序关联容器	set	保存关键字，关键字不可重复出现，关键字从小到大有序存储	红黑树	O(log n)
	map	保存键值对，键不可重复出现，键值对按键从小到大有序存储		
无序关联容器	unordered_set	保存关键字，关键字不可重复出现，关键字存储顺序是无序的	哈希表	O(1)
	unordered_map	保存键值对，键不可重复出现，键值对存储顺序是无序的		

C++标准库中还定义了 4 种**关键字可重复出现**的关联容器：multiset、multimap、unordered_multiset、unordered_multimap。本书只介绍关键字唯一的关联容器的相关操作，本书提到的"关联容器"的描述也仅仅指的是关键字唯一的关联容器。如果你想了解关键字可重复出现的关联容器，可自行查阅相关资料。

7.2 关联容器对象的定义和初始化

这里笔者要先说明一下 map 和 unordered_map 持有的元素类型。map 和 unordered_map 实质上是保存一组组键值对，它们的元素类型是在 3.3 节介绍过的 pair 类型，其中 first 成员存储键，second 成员存储值。所以对于 map 和 unordered_map，无论是初始化，还是向其中添加或者删除元素，实质上都是在针对其中的 pair 类型的对象进行操作。

表 7-2 列举了几种关联容器对象都支持的定义和初始化方法，你会发现关联容器定义对象的语法和顺序容器非常相似。

表 7-2　关联容器对象定义和初始化方法

语　　法	解　　释
C c	创建一个空的关联容器对象
C c1(c2) C c1=c2	c1 初始化为 c2 的一个拷贝。c1 和 c2 必须是相同的容器类型，且持有的元素类型也要相同
C c{a,b,c,…} C c={a,b,c,…}	c 初始化为列表中元素的拷贝。列表中元素的类型必须能转化成 C 中元素的类型。注意，对于 map 和 unordered_map 而言，列表中的元素应该能够初始化 pair 类型的对象
C c(b,e)	c 初始化为迭代器 b 和 e 指定范围中的元素的拷贝。迭代器范围中元素的类型必须能转化成 C 中元素的类型

下面的代码展示了顺序容器对象的定义和初始化方法：

```
1   set<gg>s1={3,1,2};          //s1 中元素的存储顺序事实上是 1,2,3
2   set<gg>s2(s1);              //s2 中元素的存储顺序是 1,2,3
3   unordered_set<gg>us{3,1,2}; //us 中元素的存储顺序是未定义的
4   //m1 中元素的存储顺序事实上是 {1,"1"},{2,"2"},{3,"3"}
5   map<gg,string>m1={{1,"1"},{3,"3"},{2,"2"}};
6   map<gg,string>m2(m1.begin(),m1.end());
7   //um 中元素的存储顺序是未定义的
8   unordered_map<gg,string>um{{1,"1"},{3,"3"},{2,"2"}};
```

7.3　关联容器的共有操作

关联容器内置了常用的获取元素个数、查找元素，插入元素、删除元素等成员函数。对于上述 4 种关联容器而言，它们的大部分成员函数名是相同的。注意，一般情况下，无序关联容器（unordered_set 和 unordered_map）查找、插入、删除操作都会比有序关联容器（set 和 map）快。这里再次强调，对于 set 和 unordered_set 而言，关键字就是元素本身；对于 map 和 unordered_map 而言，关键字指的是键值对中的键，即元素的 first 成员。表 7-3 列举了这 4 种关联容器的共有操作。

表 7-3　关联容器的共有操作

操　　作	功　　能
c.size()	返回容器 c 中元素的个数
c.empty()	如果 c 为空，返回真，否则返回假
c1=c2	将 c1 中的元素替换为 c2 中元素的拷贝
c={a,b,c,…}	将 c 中元素替换为列表中元素的拷贝。注意，对于 map 和 unordered_map 而言，列表中的元素应该能够初始化 pair 类型的对象
c.find(k)	返回一个迭代器，指向第一个关键字为 k 的元素。若 k 不在容器中，则返回尾后迭代器

（续）

操　作	功　能
c.count(k)	返回关键字等于 k 的元素的数量。对于 4 种关键字唯一的关联容器，返回值永远是 0 或 1。通常，可以通过这个函数来判断关联容器中是否含有关键字 k
c.insert(v)	向 c 中插入一个值为 v 的元素。返回一个 pair，first 成员是一个迭代器，指向 c 中关键字和 v 的关键字相同的元素，second 成员是 bool 类型，表示本次插入操作是否成功。注意，如果插入操作之前，c 中已经有了和 v 的关键字相同的元素，插入操作会失败
c.insert(b, e)	将迭代器 b 和 e 指定范围内的元素添加到 c 中，返回 void
c.insert({a,b,c,…})	将列表中的元素添加到 c 中，返回 void
c.erase(k)	从 c 中删除关键字为 k 的元素，返回删除的元素的数量。对于 4 种关键字唯一的关联容器，返回值永远是 0 或 1
c.erase(p)	从 c 中删除迭代器 p 指向的元素。p 必须指向 c 中一个真实元素。返回一个指向 p 之后元素的迭代器，若 p 指向 c 中的尾元素，则返回尾后迭代器
c.erase(b, e)	删除迭代器对 b 和 e 所表示的范围中的元素，返回 e
c.clear()	清空 c 中的所有元素，返回 void

下面的代码展示了这些操作的用法：

```cpp
1   #include<bits/stdc++.h>
2   using namespace std;
3   using gg=long long;
4   int main(){
5       map<gg,string>m;        //m 为空
6       cout<<(m.empty() ? "m 为空":"m 不为空")<<"\n";
7       m.insert({3,"3"});
8       cout<<"插入关键字为 3 的元素后 m 中元素个数为: "<<m.size()<<"\n";
9       m.insert({{2,"2"},{1,"1"},{4,"4"}});
10      cout<<"遍历 m 中所有元素: \n";
11      for(auto& i:m)
12          cout<<"{"<<i.first<<","<<i.second<<"},";
13      cout<<"\n";
14      if(m.count(2))          //m 中含有关键字为 2 的元素
15          m.erase(2);         //从 m 中删除关键字为 2 的元素
16      auto i=m.find(1);       //i 存储着指向关键字为 1 的元素的迭代器
17      if(i!=m.end())          //m 中含有关键字为 1 的元素
18          m.erase(i);
19      cout<<"遍历 m 中所有元素: \n";
20      for(auto& i:m)
21          cout<<"{"<<i.first<<","<<i.second<<"},";
22      cout<<"\n";
23      return 0;
24  }
```

输出为：

191

```
1   m 为空
2   插入关键字为 3 的元素后 m 中元素个数为：1
3   遍历 m 中所有元素：
4   {1,1},{2,2},{3,3},{4,4},
5   遍历 m 中所有元素：
6   {3,3},{4,4},
```

这里要特别强调一点，当某个元素已经插入到关联容器中后，它的**关键字就是恒定不变的**，不能再进行修改。如果你想修改某个元素的关键字，请把该元素从关联容器中删除，再插入一个新的元素。例如，下面的代码是不能通过编译的：

```
1   map<int,int>m={{1,"1"},{2,"2"},{3,"3"}};
2   auto i=m.find(1);
3   i->first=2;   //错误，关键字不能修改
```

7.4 map 和 unordered_map 的下标操作

map 和 unordered_map 容器还提供了下标运算符，使得可以像访问普通数组元素那样访问这两种容器中的元素。但和普通数组不同的是，map 和 unordered_map 容器的下标是关键字，而下标访问的结果会获取与下标关键字相关联的值。进一步说，如果定义了一个 map 或 unordered_map 类型的对象 m，那么 m[k]将返回关键字为 k 的元素对应的值的引用；如果关键字 k 不在 m 中，那么 m 中会自动添加一个关键字为 k 的元素，并对该关键字对应的值进行值初始化。

假设有下面的代码：

```
1   map<string,int>m;
2   ++m["example"];
```

第 1 行代码定义了一个 map<string, int>类型的对象 m。那么你知道执行完第 2 行代码后 m["example"]是多少吗？

第 2 行代码的执行过程其实是这样的：

1）在 m 中查找关键字为"example"的元素，没有找到；

2）将一个新的键值对插入到 m 中，关键字是"example"，值的类型由于是 int 类型，执行值初始化，即值为 0；

3）提取出刚刚新添加的元素，m["example"]下标操作将得到元素的值的引用，对值进行递增运算，于是值变成了 1。所以，执行完第 2 行代码后 m["example"]变成了 1。

set 和 unordered_set 类型不支持下标，因为 set 中没有与关键字相关联的"值"，元素本身就是关键字，因此"获取与一个关键字相关联的值"的操作就没有意义了。因此，set 和 unordered_set 不支持下标运算符。

7.5 有序关联容器的二分查找操作

有序关联容器 set 和 map 中，元素是按关键字有序访问的。因此，这两种容器都内置了

根据关键字进行的二分查找操作，如表 7-4 所示。

表 7-4 有序关联容器的二分查找操作

操　　作	功　　能
c.lower_bound(k)	返回一个迭代器，指向第一个关键字大于等于 k 的元素。如果不存在这样的元素，则返回 c.end()
c.upper_bound(k)	返回一个迭代器，指向第一个关键字大于 k 的元素。如果不存在这样的元素，则返回 c.end()
c.equal_range(k)	返回一个 pair，first 成员为 c.lower_bound() 返回的迭代器，second 成员为 c.upper_bound() 返回的迭代器

你会发现有序关联容器的二分查找操作和泛型算法库中的二分查找操作几乎是一样的，它们的时间复杂度都为 O(log n)。

7.6 关联容器对关键字类型的要求

并不是所有的类型都可以作为关联容器的关键字类型，换句话说，关联容器对关键字类型是有一些限制的。

对于有序关联容器（map 和 set），既然有序，就要有一种确定关键字有序的方法。C++ 编译器默认使用类型内置的 "<" 运算符来比较两个关键字，如果你想使用某种类型作为有序关联容器的关键字类型，你需要确保这种类型中内置了 "<" 运算符，否则你需要采用 7.7 节介绍的方法自定义该类型的关键字比较规则。

对于无序关联容器（unordered_set 和 unordered_map），它的底层是使用哈希表实现的，如果你想使用某种类型作为无序关联容器的关键字类型，你需要确保这种类型中实现了默认的哈希函数，否则你需要使用 7.8 节介绍的方法自定义该类型的默认哈希函数。那么哪些 C++ 基础类型和 C++ 标准库类型中已经定义了哈希函数呢？表 7-5 列举了已经定义了哈希函数的 C++ 类型，你可以直接使用这些类型作为无序关联容器的关键字类型。

C++ 针对所有的算术类型都定义了对应的哈希函数，包括本书没有介绍的 short、long、float 类型。如果你在程序中使用这些类型，它们也可以直接作为无序关联容器的关键字类型。bitset 类型会在 8.1 节中讲解。

表 7-5 定义了哈希函数的 C++ 类型

类　型	类　型	类　型
bool	int	指针
char	long long	vector<bool>
string	double	bitset

7.7 自定义有序关联容器和 priority_queue 的关键字/元素比较方法

有序关联容器（set 和 map）中的元素是按关键字有序排列的，优先级队列 priority_queue 任意时刻都会把容器中优先级最高的元素放在队首。那么当想自定义关键字/元素的比较方法时，该怎么做呢？本节主要阐述这个问题。

为了简便起见，仍然使用 5.2 节中的学生成绩单的例子，学生信息的类定义如下：

```
1   struct Student{
2     gg id;  //学号
```

```
3      string name;  //姓名
4      gg Chinese,math,English,total;  //语文成绩、数学成绩、英语成绩、
                                                    总分
5      Student(gg i,string n,gg c,gg m,gg e):
6          id(i),name(n),Chinese(c),math(m),English(e){
7          total=c+m+e;
8      }
9  };
```

希望实现这样一种关键字/元素比较方法：总分高的优先，总分相同的，姓名的字典序小的优先，姓名相同的，学号小的优先。

7.7.1　重载小于运算符

和自定义排序方法类似，由于 set、map、priority_queue 都默认使用关键字/元素类型的"<"运算符进行比较，可以通过重载小于运算符的方法自定义这3种容器的关键字/元素比较方法。重载小于运算符分为两种：成员函数形式和非成员函数形式，这两种语法在 5.2.2 节已经讲解过，这里再次给出它们的代码。

成员函数形式：

```
1  struct Student{
2      //相关数据成员和构造函数
3      bool operator<(const Student& s)const{  //注意函数列表后面有
                                                    const 限定符
4          return tie(s.total,this->name,this->id)<
5                  tie(this->total,s.name,s.id);
6      }
7  };
```

非成员函数形式：

```
1  struct Student{
2  //相关数据成员和构造函数
3  };
4  bool operator<(const Student& s1,const Student& s2){
5      return tie(s2.total,s1.name,s1.id)<tie(s1.total,s2.name,
        s2.id);
6  }
```

这样就可以直接把 Student 类型作为 set 和 map 的关键字类型了，于是可以定义下面的关联容器对象：

```
1  set<Student>s;
2  map<Student,int>m;//值可以是任意类型，这里直接用了 int
```

但是要额外注意的是，priority_queue 总是会把 "<" 运算得到的**最大元素**视为优先级最高的元素，把这个元素放于队首。因此，重载小于运算符中的比较逻辑应该和想实现的比较

规则正好相反，实现起来也比较简单，只需把比较函数体内部的“<”改成“>”即可，代码如下：

成员函数形式：

```
1   struct Student{
2       //相关数据成员和构造函数
3       bool operator<(const Student& s)const{   //注意函数列表后面有
const 限定符
4           return tie(s.total,this->name,this->id)>
5                   tie(this->total,s.name,s.id);
6       }
7   };
```

非成员函数形式：

```
1   struct Student{
2   //相关数据成员和构造函数
3   };
4   bool operator<(const Student& s1,const Student& s2){
5       return tie(s2.total,s1.name,s1.id)>
6               tie(s1.total,s2.name,s2.id);
7   }
```

然后就可以创建满足要求的优先级队列的对象了：

```
1   priority_queue<Student>pq;
```

7.7.2　函数对象/仿函数

事实上，类似于泛型算法，set、map、priority_queue 在创建对象时，可以向它传递一个函数对象作为额外的参数，这个参数可以指定想要的关键字/元素的比较方法：

```
set<Key,Compare>s;
map<Key,Value,Compare>m;
priority_queue<T,Container<T>,Compare>pq;
```

在定义 set 时，一般只在尖括号内写入关键字类型 Key，但是还可以写入一个 Compare，指定关键字的比较规则。

同样，在定义 map 时，一般只在尖括号内写入关键字类型 Key 和值类型 Value，其实还可以写入一个指定关键字的比较规则的 Compare。

priority_queue 比较特殊，在第 6 章谈到过 priority_queue 是一种容器适配器，它需要一个底层容器来实现，这个底层容器一般使用 vector。在定义 priority_queue 时，一般只在尖括号内写入元素类型 T，在需要自定义元素比较规则时，需要先在尖括号内写入第 2 个参数 Container<T>，表示 priority_queue 的底层容器，一般用 vector，然后再在尖括号内写入第 3 个参数——Compare，指定元素的比较规则。

在 5.2.4 节讲解过的函数对象都可以通过某种方式传递给这 3 种容器，但是传递方法略有不同。在 5.2.4 节，传递的函数对象是作为 sort 函数的一个参数，所以需要传递一个对象而不是一个类型；但在传递给 set、map、priority_queue 这 3 种容器时，需要传递一个类型而不是一个对象。听起来好像有点绕，接下来会给出实现代码，你把它和 5.2.4 节的对应代码做一下对比，就会明白了。

另外，将一个 lambda 表达式传递给 map、set、priority_queue 作为元素比较的方法，这是可行的。但是实现代码比较复杂，且容易出错，笔者在这里更建议你使用函数对象类，而不是 lambda 表达。笔者接下来也只介绍一下通过函数对象类定义这 3 种容器元素比较方法的方式，如果有兴趣，你可以自己查找使用 lambda 表达式定义这 3 种容器元素比较方法的方式。

1. 函数对象类

可以定义和 5.2.4 节完全一致的函数对象类：

```
1   struct cmp{
2       bool operator()(const Student& s1,const Student& s2)const{
3           return tie(s2.total,s1.name,s1.id)<
4                   tie(s1.total,s2.name,s2.id);
5       }
6   };
```

然后可以这样定义 set 和 map 对象：

```
1   set<Student,cmp>s;
2   map<Student,gg,cmp>m;
```

要注意，传递的只是函数对象类的类名，并没有实例化对象！

同样，priority_queue 中的比较逻辑应该和想实现的比较规则正好相反，因此需要的函数对象类应该这样定义：

```
1   struct cmp{
2       bool operator()(const Student& s1,const Student& s2)const{
3           return tie(s2.total,s1.name,s1.id)>
4                   tie(s1.total,s2.name,s2.id);
5       }
6   };
```

然后可以这样定义 priority_queue 对象：

```
1   priority_queue<Student,vector<Student>,cmp>pq;
```

2. greater 和 less

同样，对于已经重载过 "<" 运算符（">" 运算符）的类型，可以直接使用 C++标准库中的 less（greater）函数对象指定关键字/元素的比较规则。

例如，对于 int 类型，可以使用 greater 实现关键字从大到小排列的 set、map 以及越小的元素优先级越高的 priority_queue，代码如下：

```
1   #include<bits/stdc++.h>
2   using namespace std;
3   using gg=long long;
4   int main(){
5       vector<gg>v={3,5,4,7,1,2,6};
```

```
6       set<gg,greater<gg>>s(v.begin(),v.end());   //将 v 中所有元素拷
                                                     贝到 s 中
7       map<gg,gg,greater<gg>>m;
8       for(gg i:v)
9           m.insert({i,i * i});   //键值对为 i->i*i
10      priority_queue<gg,vector<gg>,greater<gg>>pq;
11      for(gg i:v)
12          pq.push(i);
13      cout<<"遍历 set 中所有元素:\n";
14      for(gg i:s)
15          cout<<i<<",";
16      cout<<"\n";
17      cout<<"遍历 map 中所有元素:\n";
18      for(auto& i:m)
19          cout<<"{"<<i.first<<","<<i.second<<"},";
20      cout<<"\n";
21      cout<<"priority_queue 中所有元素逐个出队:\n";
22      while(!pq.empty()){
23          cout<<pq.top()<<",";
24          pq.pop();
25      }
26      return 0;
27  }
```

输出为:

```
1   遍历 set 中所有元素:
2   7,6,5,4,3,2,1,
3   遍历 map 中所有元素:
4   {7,49},{6,36},{5,25},{4,16},{3,9},{2,4},{1,1},
5   priority_queue 中所有元素逐个出队:
6   1,2,3,4,5,6,7,
```

7.8　自定义无序关联容器的关键字哈希函数

由于无序关联容器是哈希表的一种实现,本节的内容会在 11.3 节讲解哈希表时详细阐述。

7.9　例题剖析

本节通过几道例题帮助你掌握关联容器的用法。

例题 7-1　【PAT B-1043】输出 PATest

【题意概述】

给定一个仅由英文字母构成的字符串，请将字符重新调整顺序，按"PATestPATest…"这样的顺序输出，并忽略其他字符。当然，六种字符的个数不一定是一样多的，若某种字符已经输出完，则余下的字符仍按 PATest 的顺序打印，直到所有字符都被输出。

【输入输出格式】

在一行中给出一个仅由英文字母构成的非空字符串。

在一行中按题目要求输出排序后的字符串。题目保证输出非空。

【数据规模】

输入字符串长度不超过 10^4。

【算法设计】

可以使用 unordered_map 记录输入字符串中 "PATest" 包含的字符的出现次数。然后按照 "PATest" 的顺序输出每个字符，每输出一个字符就在 unordered_map 中将该字符个数减 1，如果字符个数减少为 0，就将该元素从 unordered_map 中删除。因此，当 unordered_map 为空时，说明所有的字符都已输出完毕。

【C++代码】

```
1    #include<bits/stdc++.h>
2    using namespace std;
3    using gg=long long;
4    int main(){
5        ios::sync_with_stdio(false);
6        cin.tie(0);
7        string si,out="PATest";
8        unordered_map<char,gg>um;    //记录字符及其出现次数
9        cin >>si;
10       for(char c:si){                //统计字符出现的次数
11           if(out.find(c)!=-1){      //out 中包含字符 c
12               ++um[c];
13           }
14       }
15       while(not um.empty()){
16           for(char c:out){
17               if(um.count(c)){       //um 关键字中有该字符
18                   cout<<c;
19                   //每输出一个字符就在 um 中将该字符个数减 1
20                   //如果字符个数为 0，就将该元素从 um 中删除
21                   if(--um[c]==0){
22                       um.erase(c);
23                   }
24               }
25           }
```

```
26        }
27        return 0;
28 }
```

例题 7-2 【PAT B-1083】是否存在相等的差

【题意概述】

给定 N 张卡片，正面分别写上 1，2，…，N，然后全部翻面，洗牌，在背面分别写上 1，2，…，N。将每张牌的正反两面数字相减（大减小），得到 N 个非负差值，其中是否存在相等的差？

【输入输出格式】

输入第一行给出一个正整数 N，随后一行给出 1~N 的一个洗牌后的排列，第 i 个数表示正面写了 i 的那张卡片背面的数字。

按照"差值 重复次数"的格式从大到小输出重复的差值及其重复的次数，每行输出一个结果。

【数据规模】

$$2 \leqslant N \leqslant 10^4$$

【算法设计】

可以使用 map 存储差值到重复次数之间的映射关系。注意，由于输出时要求按重复差值从大到小输出，需要让 map 按键降序排序。

【C++代码】

```cpp
1  #include<bits/stdc++.h>
2  using namespace std;
3  using gg=long long;
4  int main(){
5      ios::sync_with_stdio(false);
6      cin.tie(0);
7      gg ni,a;
8      cin>>ni;
9      map<gg,gg,greater<gg>>m;   //按键从大到小排序
10     for(int i=1;i<=ni;++i){
11         cin>>a;
12         ++m[abs(a-i)];
13     }
14     for(auto& i:m){
15         if(i.second>1)
16             cout<<i.first<<' '<<i.second<<'\n';
17     }
18     return 0;
19 }
```

例题 7-3 【PAT A-1002】A+B for Polynomials

【题意概述】

计算两个多项式 A 和 B 的和。

【输入输出格式】

输入有两行，每行按格式" $K\ N_1\ a_{N_1}\ N_2\ a_{N_2}\cdots N_K\ a_{N_k}$ "代表一个多项式，其中 K 代表多项式中非零项的个数，N_i 和 a_{N_i} 分别代表多项式项的次数和系数，次数由高到低排列。

按输入格式输出多项式 A 和 B 的和，项的系数保留一位小数。

【数据规模】

$$1\leqslant K\leqslant 10,\ 0\leqslant N_i\leqslant 1000$$

【算法设计】

由于输出的次数也要从高到低排列，并且需要时刻查询次数对应的系数，可以用一个 map 存储次数和系数之间的对应关系。注意，这里 map 要按键从大到小排序。最后将加和的结果中系数为零的项删除，按要求输出结果即可。

【注意点】

如果两个多项式相加后所有系数均为零，应该只输出"0"，代表最后得到的和的项数为零，后面不能跟空格。

【C++代码】

```
1   #include<bits/stdc++.h>
2   using namespace std;
3   using gg=long long;
4   int main(){
5       ios::sync_with_stdio(false);
6       cin.tie(0);
7       map<gg,double,greater<gg>>um;   //按键从高到低排序
8       gg ki,ai;
9       double bi;
10      cin>>ki;
11      while(ki--){
12          cin>>ai>>bi;
13          um[ai]+=bi;
14      }
15      cin>>ki;
16      while(ki--){
17          cin>>ai>>bi;
18          um[ai]+=bi;
19          if(um[ai]==0){     //删除系数为零的项
20              um.erase(ai);
21          }
22      }
```

```
23        if(um.empty()){        //如果所有项系数均为零，只输出一个 0 即可
24            cout<<"0";
25            return 0;
26        }
27        cout<<fixed<<setprecision(1);   //浮点数保留一位小数
28        cout<<um.size();
29        for(auto& i:um){
30            cout<<" "<<i.first<<" "<<i.second;
31        }
32        return 0;
33    }
```

例题 7-4　【PAT B-1087】有多少不同的值

【题意概述】

当自然数 n 依次取 1, 2, …, N 时，算式 $\lfloor n/2 \rfloor + \lfloor n/3 \rfloor + \lfloor n/5 \rfloor$ 有多少个不同的值？

【输入输出格式】

输入给出一个正整数 N。

在一行中输出题面中算式取到的不同值的个数。

【数据规模】

$$2 \leqslant N \leqslant 10^4$$

【算法设计】

按照题目描述遍历 1~N 这 N 个数，把 $\lfloor n/2 \rfloor + \lfloor n/3 \rfloor + \lfloor n/5 \rfloor$ 的值放到 unordered_set 去重，然后输出 unordered_set 的元素个数即可。

【C++代码】

```
1    #include<bits/stdc++.h>
2    using namespace std;
3    using gg=long long;
4    int main(){
5        ios::sync_with_stdio(false);
6        cin.tie(0);
7        gg ni;
8        cin>>ni;
9        unordered_set<gg>us;
10       for(gg i=1;i<=ni;++i){
11           us.insert(i/2+i/3+i/5);
12       }
13       cout<<us.size();
14       return 0;
15   }
```

例题 7-5　【CCF CSP-20140303】命令行选项

【题意概述】

请你写一个命令行分析程序，用以分析给定的命令行里包含哪些选项。每个命令行由若干个字符串组成，它们之间恰好由一个空格分隔。这些字符串中的第一个为该命令行工具的名字，由小写字母组成，你的程序不用对它进行处理。在工具名字之后可能会包含若干选项，然后可能会包含一些不是选项的参数。

选项有两类：带参数的选项和不带参数的选项。一个合法的无参数选项的形式是一个减号后面跟单个小写字母，如 "-a" 或 "-b"。而带参数选项则由两个由空格分隔的字符串构成，前者的格式要求与无参数选项相同，后者则是该选项的参数，是由小写字母、数字和减号组成的非空字符串。

该命令行工具的作者提供给你一个格式字符串以指定他的命令行工具需要接受哪些选项。这个字符串由若干小写字母和冒号组成，其中的每个小写字母表示一个该程序接受的选项。如果该小写字母后面紧跟了一个冒号，它就表示一个带参数的选项，否则为不带参数的选项。例如，"ab:m:" 表示该程序接受 3 个选项，即 "-a"（不带参数）、"-b"（带参数）及 "-m"（带参数）。

命令行工具的作者准备了若干条命令行用以测试你的程序。对于每个命令行，你的工具应当一直向后分析。当你的工具遇到某个字符串既不是合法的选项，又不是某个合法选项的参数时，分析就停止。命令行剩余的未分析部分不构成该命令的选项，因此你的程序应当忽略它们。

【输入输出格式】

输入的第一行是一个格式字符串，它至少包含一个字符，且长度不超过 52。格式字符串只包含小写字母和冒号，保证每个小写字母至多出现一次，不会有两个相邻的冒号，也不会以冒号开头。输入的第二行是一个正整数 N，表示你需要处理的命令行的个数。接下来有 N 行，每行是一个待处理的命令行，它不超过 256 个字符。该命令行一定是若干个由单个空格分隔的字符串构成，每个字符串里只包含小写字母、数字和减号。

输出有 N 行。其中第 i 行以 "Case i:" 开始，然后应当有恰好一个空格，接着应当按照字母升序输出该命令行中用到的所有选项的名称，对于带参数的选项，在输出它的名称之后还要输出它的参数。如果一个选项在命令行中出现了多次，只输出一次。如果一个带参数的选项在命令行中出现了多次，只输出最后一次出现时所带的参数。

【数据规模】

$$1 \leqslant N \leqslant 20$$

【算法设计】

先定义一个长度为 128 的一维数组 type，type[i]==1 表示字符 i 是无参数选项，type[i]==2 表示字符 i 是有参数选项，type[i]==0 表示字符 i 不是命令行选项。读取第一行字符串并更新 type 数组。

使用 getline() 函数逐行读取需要待处理的命令行，此时需要按空格字符对读取到的命令行进行分割，这一点可以使用 C++标准库中的 stringstream 类来完成。使用 map<char, string>ans 来存储需要输出的结果，用键来存储输出的字符，用值来存储对应参数，对于无参数选项，可以将参数设置为空字符串。由于 map 可以按键排序，因此直接遍历 ans 输出即可。

【C++代码】

```cpp
1    #include<bits/stdc++.h>
2    using namespace std;
3    using gg=long long;
4    int main(){
5        ios::sync_with_stdio(false);
6        cin.tie(0);
7        string s,t;
8        cin>>s;
9        vector<gg>type(128);           //值为 0 表示该字母不是命令行选项
10       for(gg i=0;i<s.size();++i){
11           type[s[i]]=1;              //不带参数选项
12           if(i+1<s.size() and s[i+1]==':'){
13               type[s[i]]=2;          //带参数选项
14           }
15       }
16       gg ni;
17       cin>>ni;
18       cin.get();                     //吸收换行符
19       for(gg ii=1;ii<=ni;++ii){
20           getline(cin,s);
21           map<char,string>ans;
22           stringstream ss(s);
23           ss>>s;                     //命令行工具名
24           while(ss>>s){
25               if(s.size()==2 and s[0]=='-' and type[s[1]]==1){
26                   ans[s[1]]="";   //不带参数选项,map 中对应值为空字符串
27               }else if(s.size()==2 and s[0]=='-'and type[s[1]]==
                 2 and ss>>t){
28                   ans[s[1]]=t;      //带参数选项,map 中对应值为 t
29               } else{               //错误选项,跳出循环
30                   break;
31               }
32           }
33           cout<<"Case"<<ii<<":";
34           for(auto& i:ans){
35               cout<<"-"<<i.first;
36               if(not i.second.empty()){
37                   cout<<" "<<i.second;
38               }
```

```
39              }
40          cout<<"\n";
41      }
42      return 0;
43  }
```

7.10   例题与习题

本章主要介绍了关联容器库及其支持的操作。表 7-6 列举了本章涉及的所有例题，表 7-7 列举了一些习题。

表 7-6   例题列表

编　号	题　号	标　题	备　注
例题 7-1	PAT B-1043	输出 PATest	unordered_map
例题 7-2	PAT B-1083	是否存在相等的差	map
例题 7-3	PAT A-1002	A+B for Polynomials	map
例题 7-4	PAT B-1087	有多少不同的值	unordered_set 去重
例题 7-5	CCF CSP-20140303	命令行选项	vector、map 模拟

表 7-7   习题列表

编　号	题　号	标　题	备　注
习题 7-1	PAT B-1018	锤子剪刀布	map
习题 7-2	PAT A-1009	Product of Polynomials	map
习题 7-3	PAT A-1071	Speech Patterns	map
习题 7-4	CCF CSP-20131201	出现次数最多的数	map
习题 7-5	PAT A-1063	Set Similarity	unordered_set

第8章 C++标准库补充与总结

前几章围绕 C++容器库介绍了大量的 C++标准库知识，本章继续介绍一些 C++标准库中容器库以外的其他比较常用的设施，然后对目前介绍的 C++标准库的设施进行总结并给出一些使用建议。

8.1 bitset

C++标准库中定义了 bitset 类，它相当于一个二进制位集合，并且能够处理超过 long long 类型大小的位集合。bitset 实际上类似于 bool 类型的普通数组、vector 或 array，但是 bitset 比这些类型更高效，且功能更多更强。此外，bitset 还内置了许多成员函数，使得它能够与 string 和整数类型相互转化。

8.1.1 bitset 对象的定义和初始化

bitset 对象的定义和容器类型类似，需要在 bitset 之后紧跟一对尖括号，尖括号内需要给出一个大于 0 的**整型字面值常量**，指定 bitset 对象包含多少二进制位。

除了 bitset 的默认构造函数，通常还可以传递一个 int、long long 或 string 类型参数来初始化一个 bitset 对象。表 8-1 列出了 bitset 对象的定义和初始化方法。

表 8-1　bitset 对象的定义和初始化方法（n 是一个大于 0 的整型字面值常量）

定义语法	解　释
bitset<n> b	b 有 n 位，每一位均为 0
bitset<n> b(u)	u 可以是一个整型数值，也可以是 int、long long 类型的变量。b 是 u 的二进制位的拷贝。注意，u 的值必须是一个非负整数。如果 n 小于 u 的二进制位位数，则 b 只拷贝 u 的低 n 位，u 的高位被丢弃；如果 n 大于 u 的二进制位位数，则 b 中超出的高位被置为 0
bitset<n> b(s, pos=0, m=-1, zero='0', one='1')	b 是 string 类型的变量 s 从位置 pos 开始 m 个字符的拷贝。zero 和 one 是两个字符，b 遇到 zero 字符将它转换成二进制位 0，遇到 one 字符将它转换成二进制位 1。s 只能包含字符 zero 或 one。pos 默认为 0；m 默认为-1，表示拷贝到 s 末尾的所有字符。zero 默认为'0'，one 默认为'1'

如果给 bitset 的构造函数传递一个整型数值或整型变量，bitset 对象会拷贝它的二进制位。如果 bitset 的大小大于它的二进制位数，则剩余的高位被置为 0。如果 bitset 的大小小于它的二进制位数，则只使用给定值中的低位，超出 bitset 大小的高位被丢弃。下面的代码展示了这些操作的用法：

```
1    //257 的二进制位表示为 100000001，有 9 位二进制数
2    //b1 的大小比 257 的二进制位数小，高位被丢弃
3    bitset<8>b1(257);   //b1 存储的二进制序列为 00000001
4    //b2 比 257 的二进制位数大，高位被置为 0
5    bitset<16>b2(257);   //b2 存储的二进制序列为 0000000100000001
```

还可以从一个 string 来初始化 bitset。这种情况下，string 对象中每个字符都直接表示一

个二进制位。这里要注意，**string 的下标编号习惯与 bitset 恰好相反**：string 中下标大的字符用来初始化 bitset 的低位。例如，string 中下标最大的字符（最右边的字符）用来初始化 bitset 中的最低位（下标为 0 的二进制位）。另外，string 中最多只能有两种字符，分别表示二进制的 0 和 1，默认用字符'0'表示二进制的 0，用字符'1'表示二进制的 1。下面的代码展示了用 string 初始化 bitset 的操作：

```
1    string s("1111111000000011001101");
2    bitset<4>b1(s);  //b1 存储 s 的前 4 位，即 b1 存储 1111
3    bitset<4>b2(s,5,4);  //b2 存储由 s[5]开始的 4 位，即 b2 存储 1100
4    bitset<4>b3(s,s.size()-4);  //b3 存储 s 的最后 4 位，即 b3 存储 1101
5    string s2("aabb");
6    //b4 和 b5 将'a'视为二进制的 0，将'b'视为二进制的 1
7    bitset<4>b4(s2,0,-1,'a','b'); //b4 存储 0011
8    bitset<4>b5(s2,1,2,'a','b');  //b5 存储 s2[1]开始的 2 位，高位补 0，
                                     即 b5 存储 0001
```

8.1.2 bitset 的操作

bitset 定义了多种检测或设置一个或多个二进制位的方法。bitset 还支持下标运算，这意味着可以像访问数组元素那样访问 bitset 的指定位。bitset 还支持位运算符，这些运算符用于 bitset 对象的含义与用于整型变量的含义相同。通常把二进制的 1 作为 true，把二进制的 0 作为 false，因此 bitset 还可以当作 bool 类型的一个集合。表 8-2 列出了 bitset 支持的操作。

表 8-2　bitset 支持的操作

操　　作	功　　能
b.size()	返回 b 中二进制的位数
b.all() b.any() b.none()	检查是否所有、任一或没有位被设为 true
b[pos]	b 从低位到高位下标为 **0~b.size()-1**，pos 需要是 0~b.size()-1 中的数，返回 b 中 pos 位的引用
b.count()	返回 b 中置为 true 的位数
b.test(pos)	返回 b[pos]==true
b.set()	将 b 中所有位设置为 true
b.set(pos, v=true)	将 b[pos]设置为 v，v 默认为 true
b.reset()	将 b 中所有位设置为 false
b.reset(pos)	将 b[pos]设置为 false
b.flip()	将 b 中所有位取反
b.flip(pos)	将 b[pos]取反
b.to_ulong() b.to_ullong()	返回 b 的二进制位代表的整数值。to_ulong()返回的值一般使用 int 类型变量存储；to_ullong()返回的值一般使用 long long 类型变量存储
b.to_string(zero='0', one='1')	返回一个 string，string 中每一个字符分别表示 b 中的每一位。zero 和 one 是两个字符，分别表示二进制的 0 和 1，默认值分别为'0'和'1'
cout<<b	输出 b，将 b 中二进制位打印为字符 1 或 0

（续）

操　作	功　能
cin>>b	从标准输入读取字符存入 b。当下一个字符不是 1 或 0 时，或是已经读入 b.size()个位时，读取过程停止
== !=	比较两个 bitset 对象是否所有位都相同，若相同，则两个 bitset 对象满足==，否则满足!=
&= |= ^= ~	两个 bitset 对象之间进行与、或、异或、取反操作
<< >> <<= >>=	进行左移、右移操作

下面的代码展示了这些操作的用法：

```
1   #include <bits/stdc++.h>
2   using namespace std;
3   int main(){
4       bitset<8>b;
5       cin>>b;
6       cout<<"读取输入后 b="<<b<<"\n"
7           <<"b 的位数="<<b.size()<<"\n"
8           <<"b 中为 true 的位数="<<b.count()<<"\n"
9           <<"b 代表的整数值="<<b.to_ullong()<<"\n"
10          <<"b 转换成的字符串="<<b.to_string()<<"\n";
11      b[0]=b[1]=true;
12      cout<<"b[0]、b[1]置为 true 后 b="<<b<<"\n";
13      b.flip();
14      cout<<"b 逐位取反后 b="<<b<<"\n";
15      b.set();
16      cout<<"b 所有位都置为 true 后 b="<<b<<"\n";
17      b.reset();
18      cout<<"b 所有位都置为 false 后 b="<<b<<"\n";
19      return 0;
20  }
```

若输入为：

```
1   1100
```

输出为：

```
1   读取输入后 b=00001100
2   b 的位数=8
3   b 中为 true 的位数=2
```

207

```
4    b 代表的整数值=12
5    b 转换成的字符串=00001100
6    b[0]、b[1]置为 true 后 b=00001111
7    b 逐位取反后 b=11110000
8    b 所有位都置为 true 后 b=11111111
9    b 所有位都置为 false 后 b=00000000
```

8.1.3　bitset 实现整数的二进制表示

1.6 节介绍了十进制整数、八进制整数、十六进制整数的输入输出方法，可以通过 bitset 实现二进制整数的输入输出方法。下面的代码展示了直接通过 bitset 输出一个整数的二进制表示的方法：

```
1    #include <bits/stdc++.h>
2    using namespace std;
3    int main(){
4        int n;
5        cin>>n;
6        //bitset 的长度可以按照题目要求指定，二进制不够 bitset 长度的，高位会
             补 0
7        cout<<bitset<8>(n);
8        return 0;
9    }
```

若输入为：

```
1    100
```

输出为：

```
1    01100100
```

下面的代码展示了读取一行二进制串到输出一个整数的方法：

```
1    #include <bits/stdc++.h>
2    using namespace std;
3    int main(){
4        //bitset 的长度可以按照题目要求指定
5        bitset<32>b;
6        cin>>b;
7        int n=b.to_ulong();
8        cout<<n;
9        return 0;
10   }
```

若输入为：

```
1    01100100
```

输出为：

1　100

例题 8-1　【PAT B-1057】数零壹

【题意概述】

给定一个字符串，要求你将其中所有英文字母的序号（字母"a~z"对应序号"1~26"，不分大小写）相加，得到整数 N，然后再分析一下 N 的二进制表示中有多少 0、多少 1。例如，给定字符串"PAT (Basic)"，其字母序号之和为 16+1+20+2+1+19+9+3=71，而 71 的二进制是 1000111，即有 3 个 0、4 个 1。

【输入输出格式】

输入在一行中给出一个以回车结束的字符串。

在一行中先后输出 0 的个数和 1 的个数，其间以空格分隔。

【数据规模】

字符串长度不超过 10^5。

【算法设计】

可以利用 accumulate 函数累加字符串中所有英文字母序号之和，假设为 sum。由于 sum 最大不会超过 $10^5 \times 26 = 2.6 \times 10^6$，用 32 位能够存储下，所以可以定义一个 bitset<32>类型变量 b 并用 sum 初始化它。那么通过 b.count() 即可得到 1 的个数。关键是如何得到 0 的个数呢？举个例子，对于题目描述中的数字 71，它的二进制是 1000111，共计 7 位二进制位，如果得到 1 的个数 4，用 7–4 即可得到 0 的个数。那么如何得到数字的最少二进制表示位数呢？这里笔者直接给出计算方法，你若有兴趣可以自行验证一下：对于数字 n>0，它的最少二进制表示位数=$\lfloor \log_2(n) \rfloor +1$。

【注意点】

有可能输入的是空字符串或者字符串中没有英文字母，这时要直接输出"0 0"。这里要单独处理一下。

【C++代码】

```
1    #include <bits/stdc++.h>
2    using namespace std;
3    using gg=long long;
4    int main(){
5        ios::sync_with_stdio(false);
6        cin.tie(0);
7        string si;
8        getline(cin,si);
9        gg sum=accumulate(si.begin(),si.end(),0,[](gg a,char c){
10           return a+(isalpha(c)?tolower(c)-'a'+1:0);
11       });
12       bitset<32>b(sum);
13       cout<<(sum==0?0:(gg)log2(sum)+1-b.count())<<' '<<b.count();
14       return 0;
```

```
15 }
```

8.2 function 类型和函数式编程

经过第 5 章的学习，你会发现泛型算法库中的许多算法都接受一个额外的参数，这个参数可以接受一个函数或函数对象作为实参。你有没有想过这样的机制是如何实现的呢？换句话说，能否也实现这样一种函数，让它拥有一个可以接受一个函数或函数对象作为实参的参数呢？答案自然是肯定的。

看一个简单的编程问题，给出 3 个整数 a、b 和 c，当：

- c 为 0 时，求出 a+b；
- c 为 1 时，求出 a-b；
- c 为 2 时，求出 a*b；
- c 为 3 时，求出 a/b；
- c 为 4 时，求出 a%b。

这个编程问题实现起来其实非常容易，下面的代码就给出了一种实现方法：

```
1    #include <bits/stdc++.h>
2    using namespace std;
3    using gg=long long;
4    int main(){
5        gg a,b,c;
6        cin>>a>>b>>c;
7        if(c==0){
8            cout<<a+b;
9        }else if(c==1){
10           cout<<a-b;
11       }else if(c==2){
12           cout<<a*b;
13       }else if(c==3){
14           cout<<a/b;
15       }else if(c==4){
16           cout<<a%b;
17       }
18       return 0;
19   }
```

若输入为：

```
1    3 2 1
```

输出为：

```
1    1
```

上面的代码的确能够实现题目要求，但是连续的 if-else if-else 语句，显得代码过于臃肿丑陋。有没有什么更简洁的方法去实现它呢？

　　C++标准库中定义了 function 类型，它是一种通用、多态、类型安全的函数封装，封装的实体包括普通函数、lambda 表达式、函数指针、函数对象类以及其他函数对象等。你可以把 function<T> 理解为是一个函数的"容器"。和使用过的容器一样，当创建一个具体的 function<T> 类型时，需要提供额外的类型信息。对于 function<T> 类型来说，需要提供的是能够表示函数的类型信息。也就是说，需要向 function 类型提供你想让它封装的函数的返回类型以及参数列表。例如，可以按照下面的代码声明封装了一个接受两个 gg 类型参数，返回类型为 gg 的函数的 function 类型对象：

```
1    function<gg(gg,gg)>f;
```

　　圆括号左侧的"gg"指的是返回类型，圆括号内部是参数列表。可以像给普通变量赋值那样向 function 类型对象 f 赋值，不过赋予的值应该是一个函数对象，并且这个函数对象的返回类型、参数列表应与 f 封装的函数对象的返回类型、参数列表相匹配。例如，下面的代码就用一个实现了计算两数之和功能的 lambda 表达式给 f 赋值：

```
1    f=[ ](gg a,gg b){return a+b;};
```

　　可以像调用普通函数那样使用 f，如下面的代码计算了 1+2 的值并输出：

```
1    cout<<f(1,2);
```

　　通过使用 function 类型，你可以将各种各样的函数对象封装到 function 类型的变量中。除了需要用函数对象向 function 类型变量赋值以及像调用普通函数一样调用这个变量以外，你可以随心所欲地像使用普通变量那样去使用 function 类型的变量。也就是说，你可以将 function 类型的变量存储到 vector、map 等容器中，也可以将它用作其他函数的参数或者返回值，等等。

　　例如，针对本节开始时提出的问题，可以定义 5 个 function 类型对象，分别对应题目中的 5 种运算，并将这 5 个对象存储到一个 vector 容器中。这将很大程度地简化代码，就像下面的代码这样：

```
1    #include <bits/stdc++.h>
2    using namespace std;
3    using gg=long long;
4    int main(){
5        gg a,b,c;
6        cin>>a>>b>>c;
7        function<gg(gg,gg)>f0=[](gg a,gg b){return a+b;},
8                           f1=[](gg a,gg b){return a-b;},
9                           f2=[](gg a,gg b){return a*b;},
10                          f3=[](gg a,gg b){return a/b;},
11                          f4=[](gg a,gg b){return a%b;};
12       vector<function<gg(gg,gg)>>v={f0,f1,f2,f3,f4};
13       cout<<v[c](a,b);
14       return 0;
15   }
```

211

还可以进一步简化：

```
1    #include <bits/stdc++.h>
2    using namespace std;
3    using gg=long long;
4    int main(){
5        gg a,b,c;
6        cin>>a>>b>>c;
7        vector<function<gg(gg,gg)>>v={
8            [](gg a,gg b){return a+b;},[](gg a,gg b){return a-b;},
9            [](gg a,gg b){return a*b;},[](gg a,gg b){return a/b;},
10           [](gg a,gg b){return a%b;}};
11       cout<<v[c](a,b);
12       return 0;
13   }
```

若输入为：

```
1    3 2 1
```

输出为：

```
1    1
```

在这里开始接触到了函数式编程的思想。什么是函数式编程？简而言之，函数式编程就是把函数当作普通的变量一样使用。就像刚才，把一个函数（lambda 表达式）赋值给了一个变量 f，也把一个函数插入到了 vector 容器中。

同样也可以定义一个函数，让它以另一个函数对象为参数。下面的代码展示了 C++标准库中 find_if 算法的简单实现，为了尽可能容易理解，下面的代码只针对 vector<gg>容器起作用。此外，为了和标准库中的 find_if 算法区分开来，给函数命名为 Find_if。

```
1    vector<gg>::iterator Find_if(vector<gg>::iterator first,
     vector<gg>::iterator last, function<bool(gg)>f){
2        for(;first!=last;++first)
3            if(f(*first))
4                return first;
5        return last;
6    }
```

如果有一个 vector<gg>类型变量 v，你就可以像调用 C++标准库中的 find_if 算法那样调用 Find_if 函数了，类似下面代码那样获取 v 中第一个大于 3 的元素的迭代器：

```
1    auto i=Find_if(v.begin(),v.end(),[](const gg a){return a>3;});
```

例题 8-2　【PAT A-1028】List Sorting

【输入输出格式】

输入第一行给出两个正整数 N 和 C，N 表示学生的数量。之后 N 行，每行按"学生 ID 学生姓名 学生成绩"的格式给出一个学生的信息。然后对所有学生进行排序。如果 C 为 1，按学生 ID 升序排序；如果 C 为 2，按学生姓名字典序升序排序；如果 C 为 3，按学生成绩升序排序。如果排序过程中有相等的情况，则按学生 ID 升序排序。

按"学生 ID 学生姓名 学生成绩"的格式输出排序后所有学生信息。每个学生的信息占一行。

【数据规模】

$$N \leqslant 10^5$$

【算法设计】

题意很简单，但是要针对 C 的不同使用不同的排序方法。可以把这些排序规则用 lambda 表达式表述并封装到 function 中，然后把这些 function 放入一个 vector 中，这样就可以通过 C 直接索引到相应的下标，避免冗杂的 if-else 条件判断。

【C++代码】

```
1    #include <bits/stdc++.h>
2    using namespace std;
3    using gg=long long;
4    struct Student{
5        string id,name;
6        gg grade;
7    };
8    int main(){
9        ios::sync_with_stdio(false);
10       cin.tie(0);
11       gg ni,ci;
12       cin>>ni>>ci;
13       vector<Student>v(ni);
14       for(gg i=0;i<ni;++i){
15           cin>>v[i].id>>v[i].name>>v[i].grade;
16       }
17       vector<function<bool(const Student&,const Student&)>>f={
18           [](const Student& s1,const Student& s2){return s1.id
             <s2.id;},
19           [](const Student& s1,const Student& s2){
20               return tie(s1.name,s1.id)<tie(s2.name,s2.id);
21           },
22           [](const Student& s1,const Student& s2){
23               return tie(s1.grade,s1.id)<tie(s2.grade,s2.id);
24           }};
25       sort(v.begin(),v.end(),f[ci-1]);
26       for(auto& i:v){
27           cout<<i.id<<" "<<i.name<<" "<<i.grade<<"\n";
28       }
```

```
29      return 0;
30  }
```

8.3   命名冲突

在 1.1 节就曾提到过，引入万能头文件和命名空间 std，的确会让编码变得更加方便，但它也会带来其他的问题，即命名冲突问题。由于 C++标准库中定义了大量的类型和函数，第 2 部分介绍的也只是冰山一角。引入万能头文件和命名空间 std，会直接在程序中引入 C++标准库中定义的所有类型名和函数名。如果你无意中在程序中定义了与 C++标准库中函数或类型名字相同的变量或函数，就会造成编译错误，**错误提示通常是 "error: reference to '###' is ambiguous"**，"###" 表示发生命名冲突的名字。例如，编译下面的代码就会出现命名冲突以致无法通过编译：

```
1   #include <bits/stdc++.h>
2   using namespace std;
3   using gg=long long;
4   gg hash(gg a){
5       return a;
6   }
7   int main(){
8       gg a=1;
9       cout<<hash(a);
10      return 0;
11  }
```

"hash" 是标准库中已定义的一个名字，你不能在自己的程序中再次定义相同名字的函数。解决的办法也很简单，由于 C++标准库的命名规范是用小写字母命名，并用下划线 "_" 分隔不同单词，因此，你只需要将发生冲突的名字首字母改为大写就可以了。例如，下面的代码就可以通过编译：

```
1   #include <bits/stdc++.h>
2   using namespace std;
3   using gg=long long;
4   gg Hash(gg a){
5       return a;
6   }
7   int main(){
8       gg a=1;
9       cout<<Hash(a);
10      return 0;
11  }
```

8.4　容器的关系运算

目前介绍的所有容器都支持==和!=运算符，除无序关联容器（unordered_set、unordered_map）以外的所有容器都支持<、<=、>、>=运算符。这就意味着可以使用这些运算符比较两个容器。

对于==和!=运算符来说，如果两个容器元素个数相等且所有对应元素都满足==运算符，则两个容器满足==运算符，否则两个容器满足!=运算符。

对于<、<=、>、>=运算符来说，则按字典序的方式比较两个容器中的所有元素。

由于容器支持关系运算，所以不仅可以直接使用这些关系运算符来比较两个容器，还可以将容器作为参数传递给 max、min 函数，或者用作 set 和 map 中的关键字等许多需要支持关系运算才能使用的 C++设施。

8.5　容器选择建议

前几章介绍了 C++标准库中的大量容器，这些容器可能已经令你眼花缭乱，应接不暇。介绍的每种容器都有自己的特点，存储元素的方法也并不完全一致，所以在使用这些容器时，需要对它们的性能和功能进行权衡，选出符合程序要求的效率最高的容器。本节根据每种容器的特点，给出一些选择容器的建议。

1）除非你有很好的理由选择其他容器，否则应使用 vector。换言之，vector 应该是你的首选默认容器。

2）程序要求在容器的中间插入或删除元素，使用 list。

3）程序不会在容器中间位置进行插入或删除操作，但可能在容器头尾插入或删除元素，分以下情况：

① 程序要求在容器尾部插入或删除元素，如果不要求对元素进行随机访问，使用 stack，否则使用 vector。

② 程序要求在容器头部插入或删除元素，如果不要求对元素进行随机访问，使用 queue，否则使用 deque。

③ 程序在容器头尾都有插入或删除操作，使用 deque。

4）使用 string 存储字符串，弃用字符数组。

5）当你想要使用 pair 或者 tuple 时，如果要持有的元素类型都相同（假设为 T），应该用 array<T, 2>代替 pair<T, T>，用 array<T, n>代替 tuple<T, T, …, T>（n 为 tuple 的元素个数）。这是因为访问 array 支持下标运算符，访问元素更简单。

6）程序要求对序列元素去重，使用 unordered_set 或 set，不要使用 unique。这是因为 unique 只能对相邻元素去重，如果你要使用 unique 对整个序列元素去重，必须先进行排序，相比而言，这种方法效率太低。

7）程序要求建立两种数据之间的映射关系，可以使用 unordered_map 或 map。

8）vector+sort 与 set、map：如果要求一边保持元素有序，一边还要插入新的元素或删除元素，使用 set、map（如果元素不会重复，用 set；否则用 map，键表示元素，值表示该元素出现的次数），否则使用 vector+sort。

9）程序并不要求元素有序排放，但要求每次找出容器中某种规则下最优的元素，使用 priority_queue。priority_queue 在一些复杂情境模拟题中特别好用。

8.6 泛型算法使用建议

第 5 章介绍了大量的泛型算法，本节再次强调一下泛型算法的使用要点以及适用范围。

1）容器适配器不支持迭代器，因而不能应用泛型算法。另外，一般也不对关联容器应用泛型算法，有两个原因：第一，由于关联容器中元素的关键字是不可变的，所以修改序列的写算法不能应用在关联容器上；第二，关联容器内置了特有的针对关键字的查找算法，这往往比泛型算法库中线性扫描的读算法更高效。因此，**一般只对顺序容器使用泛型算法**。

2）对于同一种算法，如果有泛型算法版本和容器的成员函数版本，应该尽可能使用容器的成员函数版本。例如，remove 算法就有泛型算法版本和 list 容器的成员函数版本，当使用 list 容器时，应该尽可能使用 list 容器的成员函数版本。

3）如果使用可以接受函数对象的泛型算法，应该尽可能传递 lambda 表达式做参数。

4）lambda 表达式的参数最好都设置成常引用类型，也就是说，lambda 表达式内的代码不应该改变参数的值。lambda 表达式中代码逻辑也应该尽可能简单，一般为 1~5 行代码为宜。

第3部分 算法基础

经过前两部分的学习，想必你已经掌握了 C++的基础语法和常用的标准库设施。从本部分开始，本书将由浅入深地讲解程序设计竞赛和考试中常见的数据结构和算法。你或许会觉得前两部分花费了太多篇幅描述 C++语言本身，这可能让你有些急不可耐。但是，请相信我，所谓"磨刀不误砍柴工"，如果你能熟练掌握前两部分的内容，在接下来的学习中，你将能够轻装上阵，通过使用 C++标准库轻松解决算法设计中一些"细枝末节"的环节，把更多的精力放到解决题目的算法设计上。另外，从本部分开始介绍的许多内容都可以视为 C++标准库中数据结构和算法的简单实现，学习过程中你将会了解为什么要这么实现，以及什么情况下该用自己的实现，什么情况下该用标准库中的实现。

本部分主要介绍一些比较基础但相当常用的算法，并对其中一些经典算法提供了代码模板。有些章节是按照考试题目的类型设计的，如图形输出、进制转换、数学问题等；有些章节则是针对算法本身设计的，如递归、打表、贪心、二分查找等。

第9章 算法初步

本章介绍几种常见的计算机领域的算法设计技术，主要包括：

1）暴力枚举。暴力枚举会枚举出题目的所有可能的解，然后根据条件判断这个解是否合适，合适就保留，不合适就丢弃。

2）打表。打表是一种以空间换时间的技术，将后续要使用的数据提前存储起来，你可能已经在无意识中使用过这一技术。

3）二分查找。在第2部分介绍泛型算法时曾经介绍过二分查找的函数，本章会进一步探讨二分查找的原理，它是在有序序列中查找元素的极为高效的算法。

4）贪心。贪心算法是一种在每一步选择中都采取在当前状态下的局部最优解，从而推导出全局最优解。

5）分治。分治算法把一个复杂的问题分成两个或更多的相同或相似的子问题，直到最后子问题可以简单地直接求解，原问题的解即子问题的解的合并。

6）two pointers，即双指针。它是一种常见的算法设计技巧，通过两个指针的多次移动找到满足问题要求的解。two pointers 的思想非常简洁，但效率非常高。

此外，本章还专门介绍针对图形输出和进制转换这两种问题的求解方法，这些问题虽然不难，但考查频率并不低。

9.1 图形输出

在程序设计竞赛和考试中，有些题目需要考生根据要求绘制某种图形。这种题目，往往需要你细心观察要输出的图形，找到其中的规律，然后再进行编码。既需要用到一些数学知识，又需要有一定的字符输出的处理能力。通常，实现图形输出题目的方法有两种：

1）定义一个二维数组，根据规律进行填充，然后输出整个二维数组。

2）根据观察得出的规律，直接进行输出。

通常情况下，这两种方法的时间复杂度类似，但是第一种方法通常编码更容易，它的空间复杂度显然也更高，因为它需要额外定义一个二维数组。接下来会通过几道例题来讲解这类题目。

例题 9-1 【PAT B-1027】打印沙漏

【题意概述】

本题要求你写个程序把给定的符号打印成沙漏的形状。例如，给定 17 个 "*"，要求按下列格式打印：

```
*****
 ***
  *
 ***
*****
```

所谓"沙漏形状"，是指每行输出奇数个符号，各行符号中心对齐，相邻两行符号数差 2，符号数先从大到小顺序递减到 1，再从小到大顺序递增，首尾符号数相等。给定任意 N 个符号，不一定能正好组成一个沙漏。要求打印出的沙漏能用掉尽可能多的符号。

【输入输出格式】

输入在一行给出一个正整数 N 和一个符号，中间以空格分隔。

首先打印出由给定符号组成的最大的沙漏形状，最后在一行中输出剩下没用掉的符号数。

【数据规模】

$$N \leqslant 1000$$

【算法设计】

需要找出图形中的规律。漏斗上下对称，如果将漏斗上半部分的倒三角的行数设置为 k（如题中所给样例 k=3），形成漏斗的字符总数为 M，由于行数逐行递减的字符数为 2，则根据等差数列性质有 $\dfrac{(1+2k-1)k}{2} + \dfrac{(3+2k-1)(k-1)}{2} = M$，即 $k^2 = (M+1)/2$。注意，这里的 M 是恰好形成漏斗的符号个数。对于题目中所给的字符总数 N 来说，可以进行类似运算，只不过需要对 $(N+1)/2$ 向下取整，那么剩余的字符个数也很好得到了，即为 $N - 2k^2 + 1$。

由此就可以求出漏斗上半部分的行数，从而求出漏斗第一行的符号个数以及整个漏斗的行数 row = 2k-1。假定填充漏斗的字符为 c，至此就可以开始打印整个漏斗了。打印漏斗有两种方法，第一种是定义一个 char 类型的二维数组，并在二维数组中进行一些操作将形成漏斗的符号存储起来，然后打印出这个二维数组，第二种是直接按要求打印。下面以样例为例一一介绍这两种方法。

首先要明确在样例中 k = 3, row = 5, c = '*'。

【方法 1：二维数组输出】

经过前面的叙述已经可以获取整个漏斗的行数 **row**，可定义一个二维数组来存储这个漏斗，二维数组的定义为：

```
1    //定义二维数组并将元素都初始化为空格字符
2    vector<vector<char>>ans(row,vector<char>(row,' '));
```

首先将整个二维数组均初始化为空格字符，接着向这个二维数组中填充字符 c，怎么填充呢？可以先看一下最终应形成的二维数组：

	0	1	2	3	4
0	*	*	*	*	*
1	空格	*	*	*	空格
2	空格	空格	*	空格	空格
3	空格	*	*	*	空格
4	*	*	*	*	*

填充字符 c 需要获取二维数组中关于需要进行填充的位置的行号列号。

很明显，整个二维数组关于第 k–1 行上下对称，根据这个性质可以从第 k–1 行开始向上下两个方向同时填充字符 c，这样填充 k 次即可将整个二维数组填充满。可以定义一个辅助变量 i（0≤i<k），则相应的填充的行号为 k–1–i 和 k–1+i。由此确定了填充位置的行号，

接着确定列号。

很明显，整个二维数组关于第 k−1 列左右对称，根据这个性质可以从第 k−1 列开始向左右两个方向同时填充字符 c。可以利用上面所说的辅助变量 i，通过上面最终需形成的二维数组可知：

1）当 i=0 时，填充的行号为 2，填充的列号左界为 2，右界为 2；

2）当 i=1 时，填充的行号为 1、3，填充的列号左界为 1，右界为 3；

3）当 i=2 时，填充的行号为 0、4，填充的列号左界为 0，右界为 4。

所以通过以上分析可知，列号的范围为 $[k-1-i, k-1+i]$。注意是闭区间。综上，填充字符的整个代码为：

```
1   for(gg i=0;i<k;++i)
2       for(gg j=k-1-i;j<k+i;++j)
3           ans[k-1-i][j]=ans[k-1+i][j]=ci;
```

【方法 1：注意点】

输出二维数组，此时需要注意一点，题目要求**行尾不能输出多余空格**，如第 2 行 3、4 列的两个空格字符是不能输出的！所以不能简单地输出整个二维数组，要进行一些额外处理。

【方法 1：C++代码】

```
1   #include<bits/stdc++.h>
2   using namespace std;
3   using gg=long long;
4   int main(){
5       ios::sync_with_stdio(false);
6       cin.tie(0);
7       gg ni;
8       char ci;
9       cin>>ni>>ci;
10      //获取漏斗上半部分行数 k、总行数 row
11      gg k=(gg)sqrt((ni+1)/2*1.0),row=2*k-1;
12      //定义二维数组并将元素都初始化为空格字符
13      vector<vector<char>>ans(row,vector<char>(row,' '));
14      //填充二维数组
15      for(gg i=0;i<k;++i)
16          for(gg j=k-1-i;j<k+i;++j)
17              ans[k-1-i][j]=ans[k-1+i][j]=ci;
18      //输出二维数组
19      for(gg i=0;i<row;++i){
20          bool output=true;
21          for(gg j=0;j<row;++j){
22              if(ans[i][j]==' ' and !output)
23                  break;
```

```
24              if(ans[i][j]!=' '){
25                  output=false;
26              }
27              cout<<ans[i][j];
28          }
29          cout<<'\n';
30      }
31      //输出剩余字符个数
32      cout<<ni-2*k*k+1;
33      return 0;
34  }
```

【方法 2：直接输出】

直接进行输出的话，要确定两个量：输出的空格字符的数量和输出的字符 c 的数量。可将整个漏斗分为上半部分和下半部分这两部分进行输出，最后输出的图形如下所示：

	0	1	2	3	4
0	*	*	*	*	*
1	空格	*	*	*	
2	空格	空格	*		
3	空格	*	*	*	
4	*	*	*	*	*

空白部分是不能输出的。对于上半部分（第 0 行到第 2 行），空格字符数量由 0 递增到 2，递增步长为 1；字符 c 数量由 row 递减到 1，递减步长为 2。

对于下半部分（第 3 行到第 4 行），空格字符数量由 1 递减到 0，递减步长为 1；字符 c 数量由 3 递增到 row，递增步长为 2。

可定义一个变量 space 表示空格字符数量，则输出上半部分的代码为：

```
1   gg space=0;
2   for(gg i=row;i>=1;i-=2){
3       for(gg j=0;j<space;++j)
4           cout<<' ';
5       ++space;
6       for(gg j=0;j<i;++j)
7           cout<<ci;
8       cout<<'\n';
9   }
```

下半部分的代码与此类似。

【方法 2：C++代码】

```
1   #include<bits/stdc++.h>
2   using namespace std;
3   using gg=long long;
```

```
4    int main(){
5        ios::sync_with_stdio(false);
6        cin.tie(0);
7        gg ni;
8        char ci;
9        cin>>ni>>ci;
10       //获取漏斗上半部分行数 mid、总行数 row
11       gg k=(gg)sqrt((ni+1)/2*1.0),row=2*k-1;
12       //输出上半部分
13       gg space=0;
14       for(gg i=row;i>=1;i-=2){
15           for(gg j=0;j<space;++j)
16               cout<<' ';
17           ++space;
18           for(gg j=0;j<i;++j)
19               cout<<ci;
20           cout<<'\n';
21       }
22       --space;
23       //输出下半部分
24       for(gg i=3;i<=row;i+=2){
25           --space;
26           for(gg j=0;j<space;++j)
27               cout<<' ';
28           for(gg j=0;j<i;++j)
29               cout<<ci;
30           cout<<'\n';
31       }
32       //输出剩余字符个数
33       cout<<ni-2*k*k+1;
34       return 0;
35   }
```

以上两种方法都是输出字符图形的题目常用方法，建议你借此题仔细体会这两种方法的区别，最好自己能够熟练掌握并独立实现这两种方法。

例题 9-2 【PAT A-1105、PAT B-1050】Spiral Matrix、螺旋矩阵

【题意概述】

本题要求将给定的 N 个正整数按非递增的顺序，填入"螺旋矩阵"。所谓"螺旋矩阵"，是指从左上角第 1 个格子开始，按顺时针螺旋方向填充。要求矩阵的规模为 m 行 n 列，满足条件：mn = N，m≥n，且 m–n 取所有可能值中的最小值。

【输入输出格式】

输入在第 1 行中给出一个正整数 N，第 2 行给出 N 个待填充的正整数。所有数字不超过 10^4，相邻数字以空格分隔。

输出螺旋矩阵，每行 n 个数字，共 m 行，相邻数字以 1 个空格分隔，行末不得有多余空格。

【算法设计】

题目要求将给出的 N 个数字按从大到小的顺序一条龙似地填充到一个 m 行 n 列的数组中。首先对这 N 个数字进行排序，接着需要求出 m、n 的值，由于 mn = N，m ≥ n，可以从从 $\sqrt{N}$ 到 1 枚举 n，找到第一个能够整除 N 的数，这个数就是 n 的值，此时 m = N/n，m、n 的值即可求出且能确保 m ≥ n。

接着声明一个 m 行 n 列的数组 ans，将其元素均初始化为 0，将 N 个已排序的数字向这一二维数组中进行填充时，填充的方向是按右、下、左、上的顺序循环往复地填充，直至 N 个数字全用完。所以可以声明一个 4 行 2 列的数组 direc 记录右、下、左、上的方向，定义一个变量 d 记录目前的方向，向 ans 进行填充时，每当将要填充的位置超出了 ans 的横纵长度或者该位置已被填充过（ans 在该位置的元素不为 0 就表示该位置已被填充过）时，就改变一次方向。这样把 N 个数字都用完时，数组 ans 也就填充完毕，直接输出即为答案。

【C++代码】

```cpp
1    #include<bits/stdc++.h>
2    using namespace std;
3    using gg=long long;
4    int main(){
5        ios::sync_with_stdio(false);
6        cin.tie(0);
7        gg m,n,ni;
8        cin>>ni;
9        vector<gg>ai(ni);
10       for(gg& i:ai){
11           cin>>i;
12       }
13       sort(ai.begin(),ai.end(),greater<gg>());
14       for(n=gg(sqrt(ni));n>0;--n){   //枚举 n
15           if(ni%n==0){
16               m=ni/n;
17               break;
18           }
19       }
20       vector<vector<gg>>ans(m,vector<gg>(n));
21       vector<array<gg,2>>direc{{0,1},{1,0},{0,-1},{-1,0}};//方向
22       gg d=0,x=0,y=0;
23       for(gg i=0;i<ni;++i){
24           ans[x][y]=ai[i];   //填充
```

223

```
25        gg nx=x+direc[d][0],ny=y+direc[d][1];
26        if(nx>=0 and nx<m and ny>=0 and ny<n and ans[nx][ny]==0){
27            x=nx,y=ny;
28        }else{
29            d=(d+1)%4;
30            x+=direc[d][0],y+=direc[d][1];
31        }
32    }
33    for(auto& i:ans){
34        for(gg j=0;j<i.size();++j){
35            cout<<(j==0?"":" ")<<i[j];
36        }
37        cout<<"\n";
38    }
39    return 0;
40 }
```

例题 9-3 【PAT A-1031】Hello World for U

【题意概述】

输入一行字符串，你需要将这个字符串输出成一个 U 字形。例如，字符串"helloworld"需要打印成：

```
h d
e l
l r
lowo
```

如果字符串长度为 N，输出的 U 字形从上到下共有 n_1 个字符，从左到右共有 n_2 个字符，那么有 $n_1 = \max\{k \mid k \leqslant n_2 \text{ for all } 3 \leqslant n_2 \leqslant N\}$，且 $n_1 + n_2 + n_1 - 2 = N$。

【输入输出格式】

输入一行不包含空格的字符串。

将给定字符串输出成 U 字形。

【算法设计】

题目描述中已经给出 n_1 和 n_2 需满足的条件，根据这些条件可以求得

$$n_1 = \left\lfloor \frac{(N+2)}{3} \right\rfloor$$

$$n_2 = N + 2 - n_1 \times 2$$

求出 n_1 和 n_2 后，按要求输出即可。

【C++代码】

```
1  #include<bits/stdc++.h>
2  using namespace std;
3  using gg=long long;
```

```
4    int main(){
5        ios::sync_with_stdio(false);
6        cin.tie(0);
7        string input="";
8        cin>>input;
9        gg n1=(input.size()+2)/3;
10       gg n2=input.size()+2-2*n1;
11       //前 n1-1 行，需要输出首尾两个字符，且每行字符数为 n2
12       for(int i=0;i<n1-1;++i){
13           cout<<input[i];
14           for(int j=0;j<n2-2;++j)
15               cout<<" ";
16           cout<<input[input.size()-i-1]<<"\n";
17       }
18       //最后一行将没有输出的 n2 个字符一次性输出
19       cout<<input.substr(n1-1,n2);
20       return 0;
21   }
```

9.2　暴力枚举

　　暴力枚举法是在分析问题时，逐个列举出所有可能情况，然后根据条件判断此答案是否合适，合适就保留，不合适就丢弃，最后得出一般结论。它主要利用计算机运算速度快、精确度高的特点，对要解决问题的所有可能情况，一个不漏地进行检验，从中找出符合要求的答案，因此枚举法的时间复杂度通常比较高，只适合于解决数据规模比较小的问题。比较简单的暴力枚举可以通过嵌套的多重循环实现。

例题 9-4　　【PAT A-1128】N Queens Puzzle

【题意概述】

　　"八皇后难题"是将 8 个棋皇后放置在 8×8 棋盘上的问题，要求没有两个皇后共享相同的行、列或对角线。你需要判断棋盘的给定配置是否满足要求。为了简化棋盘的表示，假设在同一列中不会放置两个皇后。然后可以用一个简单的整数序列 Q_1, Q_2, …, Q_n，表示第 i 列中的皇后的行号。

【输入输出格式】

　　输入第一行给出正整数 K，表示需要进行检测的数量。接下来 K 行，每行先给出一个正整数 N，表示这是一个 N 皇后问题；然后给出 N 个正整数，表示一个解决 N 皇后问题的整数序列。

　　输出 K 行，每行输出判断对应的序列是否是 N 皇后问题的结果，如果是，输出"YES"，否则输出"NO"。

【数据规模】

$$1 < K \leqslant 200, \ 4 \leqslant N \leqslant 1000$$

【算法设计】

可以通过暴力枚举两个皇后的位置，然后判断这两个皇后是否在同一行或者同一对角线上。这种枚举可以通过两重循环来实现。判断是否在同一对角线上的方法是，判断这两个皇后横坐标与横坐标之差的绝对值是否等于纵坐标与纵坐标之差的绝对值。由于皇后的个数最多为 N，故而暴力枚举的时间复杂度为 $O(N^2)$。

【C++代码】

```cpp
1   #include<bits/stdc++.h>
2   using namespace std;
3   using gg=long long;
4   int main(){
5       ios::sync_with_stdio(false);
6       cin.tie(0);
7       gg ni,ki;
8       cin>>ki;
9       while(ki--){
10          cin>>ni;
11          vector<gg>v(ni);
12          for(gg& i:v){
13              cin>>i;
14          }
15          for(gg i=0;i<v.size();++i){
16              for(gg j=i+1;j<v.size();++j){
17                  if(v[j]==v[i] or abs(j-i)==abs(v[j]-v[i])){
18                      cout<<"NO\n";
19                      goto loop;
20                  }
21              }
22          }
23          cout<<"YES\n";
24      loop:;
25      }
26      return 0;
27  }
```

例题 9-5 【PAT A-1148、PAT B-1089】Werewolf-Simple Version、狼人杀-简单版

【题意概述】

"狼人杀"游戏分为狼人、好人两大阵营。在一局"狼人杀"游戏中，1 号玩家说："2 号是狼人"，2 号玩家说："3 号是好人"，3 号玩家说："4 号是狼人"，4 号玩家说："5 号是好人"，

5 玩家说："4 号是好人"。已知这 5 名玩家中有 2 人扮演狼人角色，有 2 人说的不是实话，有狼人撒谎但并不是所有狼人都在撒谎。扮演狼人角色的是哪两号玩家？

本题是这个问题的升级版：已知 N 名玩家中有 2 人扮演狼人角色，有 2 人说的不是实话，有狼人撒谎但并不是所有狼人都在撒谎。要求你找出扮演狼人角色的是哪几号玩家？

【输入输出格式】

输入在第一行中给出一个正整数 N。随后 N 行，第 i（1≤i≤N）行给出第 i 号玩家说的话，即一个玩家编号，用正号表示好人，负号表示狼人。

如果有解，在一行中按递增顺序输出 2 个狼人的编号，其间以空格分隔，行首尾不得有多余空格。如果解不唯一，则输出字典序最小的解。若无解，则输出"No Solution"。

【数据规模】

$$5 \leqslant N \leqslant 100$$

【算法设计】

由于只有 2 个狼人，有狼人撒谎但并不是所有狼人都在撒谎，显然撒谎的狼人只有 1 个。可以暴力枚举任意 2 个玩家为狼人，然后判断这 N 个玩家中是否有 2 个说谎的玩家，以及是否只有 1 个狼人在撒谎。如果解不唯一，要输出字典序最小的解，只要枚举狼人时都按编号从小到大的顺序枚举，那么找到的第一组解就是字典序最小的解，直接输出即可。为了简化代码，不妨使用异或操作，异或在两个条件表达式一真一假时返回真，同为真或同为假时返回假。

整个算法枚举 2 个狼人需要嵌套的双重循环，对撒谎的玩家进行计数需要一个循环，因此时间复杂度为 $O(N^3)$，但是由于数据规模较小（N 最大只有 100），这样的算法依然可以通过评测。

【C++代码】

```cpp
1   #include<bits/stdc++.h>
2   using namespace std;
3   using gg=long long;
4   int main(){
5       ios::sync_with_stdio(false);
6       cin.tie(0);
7       gg ni;
8       cin>>ni;
9       vector<gg>input(ni+1);
10      for(gg i=1;i<=ni;++i){
11          cin>>input[i];
12      }
13      for(gg i=1;i<=ni;++i){                //i 号玩家是狼人
14          for(gg j=i+1;j<=ni;++j){          //j 号玩家是狼人
15              gg lier=0,wolflier=0;
16              for(gg k=1;k<=ni;++k){
17                  if(input[k]>0 xor(abs(input[k])!=i and
18                                  abs(input[k])!=j)){//k 号玩家在撒谎
```

```
19              ++lier;
20              if(k==i or k==j){    //狼人在撒谎
21                  ++wolflier;
22              }
23          }
24      }
25      if(lier==2 and wolflier==1){   //找到了一组解
26          cout<<i<<" "<<j;
27          return 0;
28      }
29      }
30  }
31  cout<<"No Solution";
32  return 0;
33 }
```

例题 9-6 【CCF CSP-20180902】买菜

【题意概述】

小 H 和小 W 来到了一条街上，两人分开买菜，两人都要买 n 种菜，所以也都要装 n 次车。具体地，对于小 H 来说有 n 个不相交的时间段[a1, b1], [a2, b2], …, [an, bn]在装车，对于小 W 来说有 n 个不相交的时间段[c1, d1], [c2, d2], …, [cn, dn]在装车。其中，一个时间段[s, t]表示的是从时刻 s 到时刻 t 这段时间，时长为 t–s。由于他们是好朋友，他们都在广场上装车的时候会聊天，他们想知道他们可以聊多长时间。

【输入输出格式】

输入的第一行包含一个正整数 n，表示时间段的数量。接下来 n 行每行两个数 ai 和 bi，描述小 H 的各个装车的时间段。接下来 n 行每行两个数 ci 和 di，描述小 W 的各个装车的时间段。

输出一行，一个正整数，表示两人可以聊多长时间。

【数据规模】

对于所有的评测用例，$1 \le n \le 2000$，$ai < bi < ai+1$，$ci < di < ci+1$，对于所有的 $i(1 \le i \le n)$ 有 $1 \le ai, bi, ci, di \le 10^6$。

【算法设计】

本题实际上可以简化成给出两个区间，求重叠区间长度的问题。

对于给定的两个区间[a, b]和[c, d]，显然，当且仅当 $a \le d$ 且 $b \ge c$ 时才会有重叠区间，此时重叠区间长度 L 为

$$L = min(b, d) - max(a, c)$$

由于数据量比较小（最大数据量才 2000），故本题可以直接采取暴力枚举的方式，即枚举小 H 的每一个时间段，再枚举小 W 的每一个时间段，累加两者的重合区间，时间复杂度为 $O(n^2)$。

【C++代码】

```
1    #include<bits/stdc++.h>
2    using namespace std;
3    using gg=long long;
4    int main(){
5        ios::sync_with_stdio(false);
6        cin.tie(0);
7        int ni,ans=0;
8        cin>>ni;
9        vector<array<gg,2>>v1(ni),v2(ni); //分别存储小 H 和小 W 的装车
                                                   时间段
10       for(int i=0;i<ni;++i){
11           cin>>v1[i][0]>>v1[i][1];
12       }
13       for(int i=0;i<ni;++i){
14           cin>>v2[i][0]>>v2[i][1];
15       }
16       for(auto& p1:v1){
17           for(auto& p2:v2){
18               if(p1[0]<=p2[1]and p1[1]>=p2[0]){   //判断有无重叠区间
19                   ans+=min(p1[1],p2[1])-max(p1[0],p2[0]);
20               }
21           }
22       }
23       cout<<ans;
24       return 0;
25   }
```

例题 9-7　【CCF CSP-20131203】最大的矩形

【题意概述】

在横轴上放了 n 个相邻的矩形，每个矩形的宽度是 1，而第 $i(1 \leqslant i \leqslant n)$ 个矩形的高度是 h_i。这 n 个矩形构成了一个直方图。例如，图 9-1 中 6 个矩形的高度就分别是 3, 1, 6, 5, 2, 3。

请找出能放在给定直方图里面积最大的矩形，它的边要与坐标轴平行。对于上面给出的例子，最大矩形如图 9-2 所示的阴影部分，面积是 10。

【输入输出格式】

输入第一行包含一个整数 n，即矩形的数量。第二行包含 n 个整数，表示每个矩形的高度，相邻的数之间由空格分隔。

输出一行，包含一个整数，即给定直方图内的最大矩形的面积。

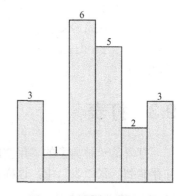

图 9-1　例题 9-7 图（一）

【数据规模】

$$1 \leqslant n \leqslant 1000$$

【算法设计】

由于 n 最大是 1000，完全可以采取暴力枚举的方式枚举所有可能构成的矩形。将所有矩形的高度存储在数组 v 中，定义两个变量 i、j 作为当前矩形的左界和右界。例如，[left,right]=[0,2] 时表示 v[0]、v[1]、v[2] 构成的矩形，计算出 [left,right] 构成的矩形的高度 m，m = min(v[i], v[i+1], …, v[j])。然后就可计算出[left,right]构成的矩形的面积，即 m(j−i+1)。两重循环，i 从 0 到 n−1 进行枚举，j 从 i 到 n−1 进行枚举，枚举 j 的过程中记录下最小高度 m，枚举完成即可得出结果。

整个算法的时间复杂度为 O(n²) ⊖。

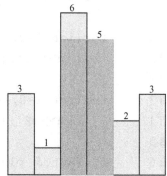

图 9-2　例题 9-7 图（二）

【C++代码】

```
1   #include<bits/stdc++.h>
2   using namespace std;
3   using gg=long long;
4   int main(){
5       ios::sync_with_stdio(false);
6       cin.tie(0);
7       gg ni,ans=0;
8       cin>>ni;
9       vector<gg>v(ni);
10      for(gg& i:v){
11          cin>>i;
12      }
13      for(gg i=0;i<ni;++i){
14          gg m=v[i];   //最小高度
15          for(gg j=i;j<ni;++j){
16              m=min(m,v[j]);
17              ans=max(ans,(j-i+1)*m);
18          }
19      }
20      cout<<ans;
21      return 0;
22  }
```

9.3　打表

打表是一种典型的"用空间换时间"的技巧，它通常是将所有可能用到的数据计算出来并存储到一张"表"中，这样当程序需要用到其中的数据时，可以直接通过查表获取，而无

⊖ 还有时间复杂度更优的 O(n)的算法可以解决本题。

需重复计算。这是一种非常常用的算法设计技巧,在许多情况下,打表可以很好地优化时间复杂度。打表所用的"表"底层可以用任意的数据结构实现,如 vector、list、map、unordered_map 等容器都可以用来实现一张表。总结来说,打表通常有两个作用:

1)便于查询。有些时候,表中存储的数据可能并不难计算,但是把它们存放在一张表中,可以让后续查询起来更容易。

2)减少计算。有些数据结果后续可能会经常用到,如果每用到一次就计算一次,这样累积起来时间复杂度会非常高。这时就可以通过一张表将所有可能用到的数据存储起来,后续使用时直接通过查表的方式获取,这样就减少了大量的重复计算,降低了程序的时间复杂度。

例题 9-8　【CCF CSP-20150902】日期计算

【题意概述】

给定一个年份 y 和一个整数 d,问这一年的第 d 天是几月几日?

注意,闰年的 2 月有 29 天。满足下面条件之一的是闰年:

1)年份是 4 的整数倍,而且不是 100 的整数倍;

2)年份是 400 的整数倍。

【输入输出格式】

输入的第一行包含一个整数 y,表示年份,年份在 1900~2015 之间(包含 1900 和 2015)。输入的第二行包含一个整数 d,d 在 1~365 之间。

输出两行,每行一个整数,分别表示答案的月份和日期。

【算法设计】

由于每个月份的天数不定,且没有规律,可以将每个月份的天数存储到一张表中,这样可以方便后面的查询。不这样做的话,就需要大量的 if-else if-else 语句,这样的代码就会显得极为臃肿,且容易出错。

【C++代码】

```cpp
#include<bits/stdc++.h>
using namespace std;
using gg=long long;
int main(){
    ios::sync_with_stdio(false);
    gg yi,di;
    cin>>yi>>di;
    //存储每个月的天数
    array<gg,13>month={0,31,28,31,30,31,30,31,31,30,31,30,31};
    if(yi%400==0||(yi%100!=0&&yi%4==0))   //闰年 2 月有 29 天
        month[2]=29;
    gg i=0;
    while(di>month[++i])
        di-=month[i];
    cout<<i<<'\n'<<di;
    return 0;
}
```

例题 9-9 【CCF CSP-20161202】工资计算

【题意概述】

小明的公司每个月给小明发工资，而小明拿到的工资为交完个人所得税之后的工资。假设他一个月的税前工资（扣除五险一金后、未扣税前的工资）为 S 元，则他应交的个人所得税按如下标准计算：

1）个人所得税起征点为 3500 元，若 S 不超过 3500，则不交税，3500 元以上的部分才计算个人所得税，令 A=S−3500 元；

2）A 中不超过 1500 元的部分，税率 3%；

3）A 中超过 1500 元未超过 4500 元的部分，税率 10%；

4）A 中超过 4500 元未超过 9000 元的部分，税率 20%；

5）A 中超过 9000 元未超过 35000 元的部分，税率 25%；

6）A 中超过 35000 元未超过 55000 元的部分，税率 30%；

7）A 中超过 55000 元未超过 80000 元的部分，税率 35%；

8）A 中超过 80000 元的部分，税率 45%。

例如，如果小明的税前工资为 10000 元，则 A=10000 元−3500 元=6500 元，其中不超过 1500 元部分应缴税 1500 元×3%=45 元，超过 1500 元不超过 4500 元部分应缴税(4500−1500)元×10%=300 元，超过 4500 元部分应缴税(6500−4500)元×20%=400 元，总共缴税 745 元，税后所得为 9255 元。

已知小明这个月税后所得为 T 元，请问他的税前工资 S 是多少元。

【输入输出格式】

输入的第一行包含一个整数 T，表示小明的税后所得。所有评测数据保证小明的税前工资为一个整百的数。

输出一个整数 S，表示小明的税前工资。

【数据规模】

$$1 \leq T \leq 10^5$$

【算法设计】

这道题可以用打表的方式来解决，将所有纳税区间的上限以及对应的纳税比例分别存储在两张表中。然后计算出税前工资 S=3500、5000、8000 等纳税上限处的税后工资并存储在一张表 t 中，再将输入的 T 逐一与 t 中元素进行比较从而确定对应的税前工资 S 所在区间，之后 S 的计算就非常简单了。

【C++代码】

```
1   #include<bits/stdc++.h>
2   using namespace std;
3   int main(){
4       ios::sync_with_stdio(false);
5       cin.tie(0);
6       double ti;
7       cin>>ti;
8       //s 为税前工资、rate 为纳税比例、t 为税后工资
```

```
9     array<double,9>s{0,    3500, 5000, 8000, 12500,
10                      38500,58500,83500,INT_MAX},
11       rate{0.0,0.0,0.03,0.1,0.2,0.25,0.3,0.35,0.45},t{};
12    for(int i=1;i<9;++i)   //计算各结点处税后工资
13        t[i]=t[i-1]+(s[i]-s[i-1])*(1-rate[i]);
14    //查找输入的 ti 对应的 s 所在区间
15        auto i=find_if(t.begin(),t.end(),[ti](double a){
16        return a>=ti;})-t.begin();
17    cout<<round((ti-t[i-1])/(1-rate[i])+s[i-1]);
18    return 0;
19 }
```

233

9.4 进制转换

进制转换是计算机领域非常常见的问题。日常生活中，人们使用的数据一般都是十进制的，而计算机内部数据都是用二进制来存储的。此外，为了表述方便，计算机领域也经常用八进制或十六进制来表示数据。在 1.6 节介绍变量的输入和输出时，谈到过如何输入和输出十进制、八进制和十六进制数；在 8.1 节介绍 bitset 时，谈到过如何利用 bitset 进行十进制和二进制的转换。但是要知道，世界上并不是只有这几种进制，事实上，只要愿意，可以使用任意进制的数字。本节主要讲解如何进行任意进制数之间的转换，并提供相应的代码模板。注意，为了表述方便，本节介绍的进制数，除十进制数外，均存储在 vector<gg>类型中。

1. 十进制数转换成 R 进制数

可以采用"除基取余法"来实现十进制数转换成 R 进制数。如果你学习过将十进制数转换成二进制数的课程，那么你肯定听说过这个名字。所谓"基"，是指将要转换成的进制 R，"除基取余"的意思就是每次将待转换的十进制数除以 R，将得到的余数作为要转换成的 R 进制数的低位，商则继续除以 R 并重复进行上面的操作，直至商为 0，最后将得到的结果从高到低输出即可。举一个例子，现在将十进制数 13 转换为二进制数，除基取余法的过程如图 9-3 所示。

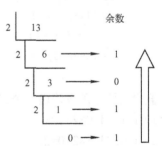

图 9-3 除基取余法

上面的式子你应该非常熟悉，它的步骤是：
1）13 除以 2，商 6 余 1；
2）6 除以 2，商 3 余 0；
3）3 除以 2，商 1 余 1；
4）1 除以 2，商 0 余 1，商变为 0，算法结束。

除基取余法得到的余数依次为 1011，将其翻转，就可以得到十进制数 13 对应的二进制数 1101。

要将十进制数转换成 R 进制数的方法与之类似，下面给出实现这一功能的代码模板：

```
1  //用除基取余法将十进制数转换成 R 进制数
2  //n 为要转换的十进制数，R 为要转换的进制
```

```
3      //返回用 vector<gg>存储的转换成的 R 进制数
4      vector<gg>decToR(gg n,gg R){
5          vector<gg>ans;                          //存储 R 进制数
6          do{
7              ans.push_back(n%R);                 //取余
8              n/=R;                               //除基
9          }while(n!=0);  //n==0 时跳出循环
10         reverse(ans.begin(),ans.end());         //翻转整个数组
11         return ans;
12     }
```

之所以采用 do-while 循环，是为了保证如果十进制数 n 正好是 0，转换成的 R 进制数也是 0。如果采用 while 循环，会导致十进制数是 0 时，转换成的 R 进制数为空。

2．R 进制数转换成十进制数

可以把一个十进制数 $d = d_1 d_2 \cdots d_n$ 表示成下面的形式：

$$d = d_1 \times 10^{n-1} + d_2 \times 10^{n-2} + \cdots + d_n \times 10^0$$

同样地，一个 R 进制数 $r = r_1 r_2 \cdots r_n$ 也可以通过这样的表达式转换成十进制数：

$$r = r_1 \times R^{n-1} + r_2 \times R^{n-2} + \cdots + r_n \times R^0$$

你可能会想，依据这个式子，需要求出 r 的多个次幂并存储起来，事实上确实需要求出 r 的多种次幂，但实现代码中可以采取累乘的方法，而无需额外的存储空间。下面是笔者提供的将一个 R 进制数 r 转换成十进制数的代码模板：

```
1      //将 R 进制数转换成十进制数
2      //R 为转换的进制，r 为要存储在 vector<gg>中的转换的 R 进制数
3      //返回对应的十进制数
4      gg rToDec(const vector<gg>& r,gg R){
5          gg d=0;
6          for(gg i:r)
7              d=d*R+i;
8          return d;
9      }
```

假设向这个函数传递一个二进制数 "1011"，它的执行过程是：

1）i=1，d=0×2+1=1；

2）i=0，d=1×2+0=2；

3）i=1，d=2×2+1=5；

4）i=1，d=5×2+1=11。

所以返回值为 11。在这个算法执行过程中，实际上通过每次让 d 乘 R 的方式实现了 R 进制数每一位乘对应的 R 次幂的功能，读者可以用心体会。

3．R1 进制数转换成 R2 进制数

R1 进制数转换成 R2 进制数分为两步：

1）将 R1 进制数转换成十进制数；

2）将十进制数转换成 R2 进制数。

以上的方法能够适应大部分情况。例外情况是，R1 进制数转换成的十进制数过大，即使用 long long 类型也存不下，这种情况比较少见，如果发生就需要根据具体题目再做分析。

例题 9-10　【PAT A-1027】Colors in Mars

【题意概述】

火星上的 RGB 值均为十三进制（用数字 0~9 和字母 A~C 表示）。输入 3 个非负十进制整数，代表地球上 RGB 值，输出对应的火星上的 RGB 值。

【输入输出格式】

输入在一行中依次给出 3 个整数。

输出十三进制的 RGB 值。

【C++代码】

```cpp
1   #include<bits/stdc++.h>
2   using namespace std;
3   using gg=long long;
4   int main(){
5       ios::sync_with_stdio(false);
6       cin.tie(0);
7       string t="0123456789ABC";
8       cout<<"#";
9       for(gg i=0;i<3;++i){
10          gg ai;
11          cin>>ai;
12          cout<<t[ai/13]<<t[ai%13];
13      }
14      return 0;
15  }
```

例题 9-11　【PAT B-1022】D 进制的 A+B

【题意概述】

输入两个非负十进制整数 A 和 B，输出 A+B 的 D 进制数。

【输入输出格式】

输入在一行中依次给出 3 个整数 A、B、D。

输出 A+B 的 D 进制数。

【数据规模】

$$0 \leqslant A, B \leqslant 2^{30} - 1, 1 < D \leqslant 10$$

【C++代码】

```cpp
1   #include<bits/stdc++.h>
2   using namespace std;
3   using gg=long long;
4   vector<gg>decToR(gg n,gg R){
```

235

```
5      vector<gg>ans;                            //存储 R 进制数
6      do{
7          ans.push_back(n%R);                   //取余
8          n/=R;                                 //除基
9      }while(n!=0);                             //n==0 时跳出循环
10     reverse(ans.begin(),ans.end());          //翻转整个数组
11     return ans;
12 }
13 int main(){
14     ios::sync_with_stdio(false);
15     cin.tie(0);
16     gg ai,bi,di;
17     cin>>ai>>bi>>di;
18     ai+=bi;
19     for(auto i:decToR(ai,di))
20         cout<<i;
21     return 0;
22 }
```

例题 9-12 【PAT B-1037】在霍格沃茨找零钱

【题意概述】

魔法世界有它自己的货币系统：17 个银西可（Sickle）兑 1 个加隆（Galleon），29 个纳特（Knut）兑 1 个西可。给定应付的价钱 P 和实付的钱 A，写一个程序来计算他应该被找的零钱。

【输入输出格式】

输入在一行中分别给出 P 和 A，格式为"Galleon.Sickle.Knut"，其间用 1 个空格分隔。这里 Galleon 是 $[0, 10^7]$ 区间内的整数，Sickle 是 $[0, 17)$ 区间内的整数，Knut 是 $[0, 29)$ 区间内的整数。

在一行中用与输入同样的格式输出哈利应该被找的零钱。如果他没带够钱，那么输出的应该是负数。

【算法设计】

理论上来讲这样的进制转换题目都有两种方法：

1）将输入数据统一转换到最小单位，进行指定运算后，再将得到的结果转换到所要输出的格式。

2）从最小单位开始进行指定运算，向上级单位产生进位或借位，得出最终结果。

下面分别给出这两种方法的代码。

【C++代码 1】

```
1  #include<bits/stdc++.h>
2  using namespace std;
3  using gg=long long;
```

```
4    int main(){
5        ios::sync_with_stdio(false);
6        cin.tie(0);
7        gg g1,s1,k1,g2,s2,k2;
8        char c;  //读取小数点
9        cin>>g1>>c>>s1>>c>>k1>>g2>>c>>s2>>c>>k2;
10       //将输入数据统一转换到最小单位
11       gg t1=(g1*17+s1)*29+k1,t2=(g2*17+s2)*29+k2;
12       t2-=t1;
13       cout<<t2/29/17<<'.'<<abs(t2)/29%17<<'.'<<abs(t2)%29;
14       return 0;
15   }
```

237

【C++代码 2】

```
1    #include<bits/stdc++.h>
2    using namespace std;
3    using gg=long long;
4    struct T{
5        gg g,s,k;
6        bool operator<(const T& t)const{
7            return tie(g,s,k)<tie(t.g,t.s,t.k);
8        }
9    };
10   int main(){
11       ios::sync_with_stdio(false);
12       cin.tie(0);
13       T t1,t2;
14       char c;                    //读取小数点
15       cin>>t1.g>>c>>t1.s>>c>>t1.k>>t2.g>>c>>t2.s>>c>>t2.k;
16       if(t2<t1){
17           cout<<'-';
18           swap(t1,t2);
19       }
20       if(t2.k<t1.k){             //向高位借位
21           t2.k=t2.k+29;
22           --t2.s;
23       }
24       if(t2.s<t1.s){             //向高位借位
25           t2.s=t2.s+17;
26           --t2.g;
27       }
```

```
28        cout<<t2.g-t1.g<<'.'<<t2.s-t1.s<<'.'<<t2.k-t1.k;
29        return 0;
30    }
```

显然第一种方法更简单。但是使用第一种方法时，你必须保证转换成的最小单位不会超出 long long 的存储范围，否则的话就只能采取第二种方法。

例题 9-13 【PAT A-1120、PAT B-1064】Friend Numbers、朋友数

【题意概述】

如果两个整数各位数字的和是一样的，则称它们为"朋友数"，而那个公共的和就是它们的"朋友证号"。例如，123 和 51 就是朋友数，因为 1+2+3 = 5+1 = 6，而 6 就是它们的朋友证号。给定一些整数，要求你统计一下它们中有多少个不同的朋友证号。

【输入输出格式】

输入第一行给出正整数 N，随后一行给出 N 个正整数，数字间以空格分隔。

首先第一行输出给定数字中不同的朋友证号的个数，随后一行按递增顺序输出这些朋友证号，数字间隔一个空格，且行末不得有多余空格。

【数据规模】

题目保证所有数字小于 10^4。

【算法设计】

这是使用 set 的经典题目。由于统计朋友数时，朋友数不能相同，而且要按递增顺序输出朋友数，使用 set 来存储是最恰当的了。

另外还有一个问题，如何求一个数字 n 各位数字之和呢？同样可以采用除基取余法针对每一位数字求和。

【C++代码】

```cpp
1     #include<bits/stdc++.h>
2     using namespace std;
3     using gg=long long;
4     int main(){
5     ios::sync_with_stdio(false);
6     cin.tie(0);
7         gg n;
8         set<gg>s;
9         cin>>n;
10        while(n--){
11            gg sum=0,a;
12            cin>>a;
13            do{
14                sum+=a%10;
15                a/=10;
16            }while(a!=0);
17            s.insert(sum);
```

```
18      }
19      cout<<s.size()<<'\n';
20      for(auto i=s.begin();i!=s.end();++i){
21          cout<<(i==s.begin()?"":" ")<<*i;
22      }
23      return 0;
24  }
```

例题 9-14　【PAT A-1019】General Palindromic Number

【题意概述】

给出一个十进制数 N，判断它在 b 进制下是否是回文数。

【输入输出格式】

输入一行，给出两个正整数 N 和 b。

首先第一行，如果 N 在 b 进制下是回文数，输出"Yes"，否则输出"No"。然后第二行输出 N 在 b 进制下的数。

【数据规模】

$$0 < N \leqslant 10^9,\ 2 \leqslant b \leqslant 10^9$$

【算法设计】

将 N 转换成 b 进制数，然后利用 equal 函数判断转换的结果是否回文即可。

【C++代码】

```
1   #include<bits/stdc++.h>
2   using namespace std;
3   using gg=long long;
4   vector<gg>decToR(gg n,gg R){
5       vector<gg>ans;
6       do{
7           ans.push_back(n%R);
8           n/=R;
9       }while(n!=0);
10      reverse(ans.begin(),ans.end());
11      return ans;
12  }
13  int main(){
14      ios::sync_with_stdio(false);
15      cin.tie(0);
16      gg ni,bi;
17      cin>>ni>>bi;
18      auto v=decToR(ni,bi);
19      cout<<(equal(v.begin(),v.end(),v.rbegin())?"Yes":"No")<<
        "\n";
```

239

```
20      for(int i=0;i<v.size();++i){
21          cout<<(i==0?"":" ")<<v[i];
22      }
23      return 0;
24  }
```

9.5　二分查找

9.5.1　在升序序列中二分查找某数 x 的位置

给定一个任意的序列，查找序列中是否含有某个元素 x，这个问题该如何解决呢？需要扫描序列中的所有元素，如果当前元素等于 x，则说明查找成功；如果扫描完所有元素依然没有找到等于 x 的元素，说明查找失败。这种查找方式称为**顺序查找**或**线性查找**，其时间复杂度为 O(n)。

对于无序序列，只能使用顺序查找。如果是在一个升序序列中查找某个元素 x，顺序查找当然能够满足要求，但是有时间复杂度更低的算法，即**二分查找**，它的时间复杂度为 O(logn)。

什么是二分查找呢？二分查找又称**折半查找**，它是一种在有序数组中查找某一特定元素 x 的查找算法。查找过程从升序序列的中间元素开始，如果中间元素正好等于 x，则查找成功。如果 x 大于中间元素，则在中间元素右侧的那一半序列中进行查找；如果 x 小于中间元素，则在中间元素左侧的那一半序列中进行查找。重复上述操作。如果在某一步骤序列为空，则代表查找失败。

举一个具体的例子，假设要在序列 A = {0, 8, 12, 17, 19, 24, 28, 34, 41} 中查找元素 10 的位置。以 left 表示查找序列的左端元素下标，right 表示查找序列的右端元素下标，那么 [left, right] 区间则表示整个查找序列。用 mid 表示查找序列的中间元素下标，定义 mid 的计算方法是 $mid = \lfloor (left + right) / 2 \rfloor$。显然查找开始时，left = 0, right = 8, mid = 4。

二分查找的过程如下：

1）left = 0, right = 8, $mid = \lfloor (left + right) / 2 \rfloor = 4$。显然中间元素 $A[mid] = 19 > 10$，需要在区间 [left, mid − 1] 内查找，令 right = 3。

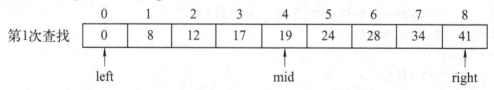

2）left = 0, right = 3, $mid = \lfloor (left + right) / 2 \rfloor = 1$。显然中间元素 $A[mid] = 8 < 10$，需要在区间 [mid + 1, right] 内查找，令 left = 2。

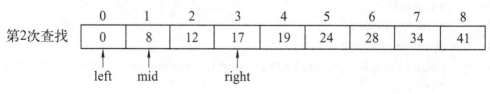

3）left = 2, right = 3, mid = $\lfloor (\text{left} + \text{right}) / 2 \rfloor = 2$。显然中间元素 A[mid] = 12 > 10，需要在区间[left, mid − 1] 内查找，令 right = 1。

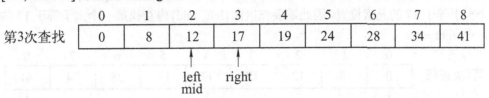

第3次查找

4）left = 2, right = 1, right < left，说明查找序列已为空，查找失败。序列中不含 10 这个元素。

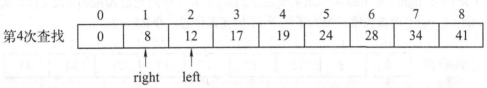

第4次查找

查找其他元素的比较过程与之类似。通过理解二分查找的查找过程，你会发现，二分查找每一次比较都使查找范围缩小一半，这也正是二分查找比顺序查找高效的原因。有了上面的基础，就可以编写二分查找的代码了：

```
1   //在升序序列中查找某数 x 的位置，二分区间为[left,right]，如果不存在，返回-1
2   gg binarySearch(vector<gg>& v,gg left,gg right,gg x){
3       while(left<=right){
4           gg mid=(left+right)/2;
5           if(v[mid]==x)
6               return mid;
7           else if(v[mid]<x)
8               left=mid+1;
9           else
10              right=mid-1;
11      }
12      return -1;
13  }
```

注意，上面给出的代码模板中接受的数组 v 的元素必须是升序排列的，降序排列的数组传递给 binarySearch 函数会出现错误。至于原因，姑且当作给你的关于二分查找原理的一个小测验，你可以独立思考一下。

9.5.2　在非降序序列中二分查找第一个大于等于 x 的位置

接下来，进一步探讨如何在一个非降序序列中查找第一个大于等于元素 x 的位置，注意，这个问题给定的非降序序列中元素可能重复出现。这种问题的查找过程其实和之前的做法差不多，关键问题是如果 x 重复出现，如何找到第一个等于 x 的位置呢？举一个具体的例子，假设要在序列 A = {0, 8, 12, 17, 17, 17, 28, 34, 41} 中查找第一个大于等于 17 的元素的位置。显然查找开始时，left = 0, right = 8, mid = 4。

二分查找的过程如下：

1）left = 0, right = 8, mid = $\lfloor (left + right) / 2 \rfloor$ = 4。显然中间元素 A[mid] = 17，mid 可能是第一个大于等于 17 的元素位置，因此需要在区间 [left, mid] 内查找第一个大于等于 17 的元素位置，令 right = 4。

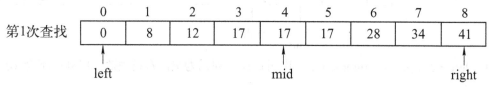

第1次查找

2）left = 0, right = 4, mid = $\lfloor (left + right) / 2 \rfloor$ = 2。显然中间元素 A[mid] = 12 < 17，需要在区间 (mid + 1, right] 内查找第一个大于等于 17 的元素位置，令 left = 3。

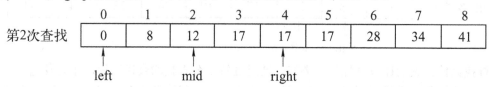

第2次查找

3）left = 3, right = 4, mid = $\lfloor (left + right) / 2 \rfloor$ = 3。显然中间元素 A[mid] = 17，mid 可能是第一个大于等于 17 的元素位置，因此需要在区间 [left, mid] 内查找第一个大于等于 17 的元素位置，令 right = 3。

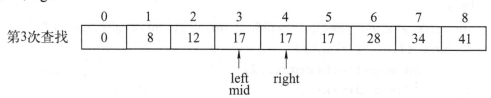

第3次查找

4）left = 3, right = 3。查找序列中只有一个数，此时 left 即为第一个等于 17 的元素位置。

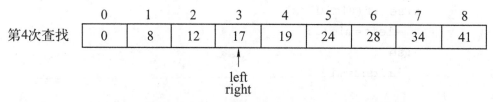

第4次查找

因此，在非降序序列中查找第一个大于等于 x 的代码可以是这样的：

```
1    //在非降序序列中二分查找第一个大于等于 x 的位置，二分区间为[left,right]
2    //如果不存在这样的元素，返回-1
3    gg lowerBound(vector<gg>& v,gg left,gg right,gg x){
4        while(left<right){
5            gg mid=(left+right)/2;
6            if(v[mid]>=x)
7                right=mid;
8            else
9                left=mid+1;
10       }
11       return left>right or v[left]>=x?-1:left;
```

```
12   }
```

如果要在非降序序列中查找大于 x 的元素位置，它的查找过程和代码和查找大于等于 x 的元素位置是类似的。当然，"第一个大于等于 x"这一查找条件也可以更换为其他满足二分查找所需的单调性条件，这时只需对第 6 行代码进行适当修改即可。

9.5.3　C++标准库中的二分查找函数

在 5.3.4.1 节介绍过 C++标准库中的二分查找函数：lower_bound、upper_bound、equal_range、binary_search。它们可以用于不同类型的序列和不同的元素类型。因此当需要使用二分查找操作时，笔者强烈建议你首先考虑使用标准库中的这些函数。由于 5.3.4.1 节已经详细讲解过 C++标准库中的二分查找函数的形参列表和返回值，本小节就不再赘述了。如果你记不清楚了，建议你返回 5.3.4.1 节进行查阅。

二分查找是极其常用的查找算法，一旦要在有序序列中进行查找，你就应该立刻考虑使用二分查找算法。接下来通过几道例题帮助你进一步理解和掌握二分查找算法的应用场景。

9.5.4　例题剖析

例题 9-15　【PAT A-1085、PAT B-1030】Perfect Sequence、完美数列

【题意概述】

给定一个正整数数列和正整数 p，设这个数列中的最大值是 M，最小值是 m，如果 $M \leqslant m \times p$，则称这个数列是完美数列。现在给定参数 p 和一些正整数，请你从中选择尽可能多的数构成一个完美数列。

【输入输出格式】

输入第一行给出两个正整数 N 和 p，其中 N 是输入的正整数的个数，p 是给定的参数。第二行给出 N 个正整数，每个数不超过 10^9。

在一行中输出最多可以选择多少个数用它们组成一个完美数列。

【数据规模】

$$0 < N \leqslant 10^5, \; 0 < p \leqslant 10^9$$

【算法设计】

先将读取得到的数组 v 从小到大进行排序，然后遍历数组 v，遍历过程中，假设正在访问的元素索引为 i，数组长度为 N，那么可以在 [i+1, N) 的下标范围中通过二分查找算法找到第一个使得 v[j] > v[i]*p 的索引 j。那么 j−i 即为以 v[i] 为最小值的完美数列的最长长度。遍历过程中逐步更新这一最长长度，即可得到最终结果。遍历一次数组时间复杂度为 O(n)，进行一次二分查找时间复杂度为 O(logn)，因此总的时间复杂度为 O(nlogn)。

【C++代码】

```cpp
1    #include<bits/stdc++.h>
2    using namespace std;
3    using gg=long long;
4    int main(){
5        ios::sync_with_stdio(false);
6        cin.tie(0);
```

```
7          gg ni,pi,ans=0;
8          cin>>ni>>pi;
9          vector<gg>v(ni);
10         for(gg i=0;i<ni;++i){
11             cin>>v[i];
12         }
13         sort(v.begin(),v.end());
14         for(gg i=0;i<ni;++i){
15             ans=max(ans,upper_bound(v.begin(),v.end(),v[i]*pi)-
               v.begin()-i);
16         }
17         cout<<ans;
18         return 0;
19     }
```

例题 9-16　【PAT A-1044】Shopping in Mars

【题意概述】

给定一组数字，判断这组数字中能否找出连续的一串数字，使得找到的这些数字之和最小且要大于等于 M，并找出这样一串数字的首尾索引。题目保证给定的一组数字之和大于等于 M。注意，索引由 1 开始。

【输入输出格式】

输入第一行给出两个正整数 N 和 M，其中 N 是输入的正整数的个数，M 是给定的参数。第二行给出 N 个正整数，每个数不超过 10^3。

在一行中输出最多可以选择多少个数组成一个完美数列。

【数据规模】

$$0 < N \leqslant 10^5$$

【算法设计】

先定义一个变量 sum，表示目前处理过的大于等于 M 的连续数字之和的最小值，用 vector<array<gg, 2>> ans 存储所有连续数字之和等于 sum 的左右边界。

令 v[i]表示给定的一组数中第 1 个数到第 i 个数的和，称之为**前缀和**。可以使用泛型算法 partial_sum 来求解前缀和。为了后续计算方便，可令 v[0]=0。由于给定的一串数字均为正整数，v 数组必然是一个递增的数组，那么可以利用二分查找的方法。

枚举左端点 i，然后在 v 数组的[i+1, N]范围内利用二分查找算法找到第一个使得 v[j]−v[i]>=M 的右端点 j。如果能找到这样的 j，说明给定的数字中，有[i+1, j]这段连续数字之和大于等于 M。设 s=v[j]−v[i]，如果 s<sum，即清空 ans，同时更新 sum=s，并将当前这一串数字的首尾位置加入 ans 中；如果 s==sum，直接将当前这一串数字的首尾位置加入 ans 中。当算法执行完毕，ans 中存储的即为所有可能的能够使得加和最小且要大于等于 M 的一串连续数字的首尾位置，输出即可。时间复杂度为 O(nlogn)。

【C++代码】

```
1    #include<bits/stdc++.h>
```

```
2    using namespace std;
3    using gg=long long;
4    int main(){
5        ios::sync_with_stdio(false);
6        cin.tie(0);
7        gg ni,mi;
8        cin>>ni>>mi;
9        vector<gg>v(ni+1);  //注意 v[0]=0
10       for(gg i=1;i<=ni;++i){
11           cin>>v[i];
12       }
13       partial_sum(v.begin(),v.end(),v.begin());  //求前缀和
14       gg sum=INT_MAX;
15       vector<array<gg,2>>ans;
16       for(gg i=0;i<v.size();++i){
17           gg j=lower_bound(v.begin(),v.end(),v[i]+mi)-v.begin();
18           if(j==v.size()){  //查找不到总和大于等于 M 的连续数字
19               continue;
20           }
21           gg s=v[j]-v[i];
22           if(sum>s){
23               sum=s;
24               ans={{i+1,j}};
25           }else if(s==sum){
26               ans.push_back({i+1,j});
27           }
28       }
29       for(auto& i:ans){
30           cout<<i[0]<<"-"<<i[1]<<"\n";
31       }
32       return 0;
33   }
```

245

例题 9-17　【PAT A-1010】Radix

【题意概述】

给出两个进制数，并指定其中一个数的基数，求出另一个数的基数，使得这两个数相等。如果求出的进制不唯一，输出最小的那个基数。

【输入输出格式】

按"N1 N2 tag radix"格式给出 4 个正整数，其中 N1、N2 是两个进制数，组成进制数的字符从"0~9"和"a~z"中选择，其中 0~9 代表十进制数字 0~9，a~z 代表十进制数字 10~35。

题目保证组成进制数的数字一定小于其基数。radix 表示指定的一个数字的基数，如果 tag=1，radix 指定的是 N1 的基数；如果 tag=2，radix 指定的是 N2 的基数。

对于每个测试用例，在一行中打印另一个数字的基数，使得 N1 和 N2 的值相等。如果找不到这样的基数，输出"Impossible"。如果这样的基数不唯一，输出最小的基数。

【数据规模】

N1、N2 不超过 10 个字符。

【算法设计】

既然要比较两个不同进制数是否相等，最直接的方法当然是统一转换成十进制数再进行比较。为了描述方便，假设题目给定了进制的数为 A，它转换成的十进制数为 A_{10}；假设需要求解进制的数为 B，它转换成的十进制数为 B_{10}，要进行求解的基数为 R。

为了降低时间复杂度，需要使用二分查找的方法。而使用二分查找算法，需要为要求解的 R 指定一个查找范围：假设 B 为 110，则查找范围的下限必然为 2，因为 110 这个数中每一位的数字都应该小于它的基数；假设 A_{10} 为 61，则查找范围的上限应该是 62。也就是说，$R \in [B中最大的数字+1, A_{10}+1]$。你可以思考一下为什么上限是这个值。

接下来要进行二分查找，在查找范围内查找第一个使得 $B_{10} \geqslant A_{10}$ 的 R，如果能查找到并且在该进制下两数相等，则输出该进制，否则输出 Impossible。

另外，在查找过程中，B_{10} 可能会非常大，即使用 long long 也会出现数据溢出的情况，数据溢出的结果会造成转换成的十进制数本应该是一个正数，但是读取的值却变成了负数。所以，如果 $B_{10} < 0$，就可以确定造成了数据溢出，而能够造成溢出的 B_{10} 显然会大于 A_{10}。接下来就可以编写代码了。

【C++代码】

```
1    #include<bits/stdc++.h>
2    using namespace std;
3    using gg=long long;
4    unordered_map<char,gg>um;              //存储字符和对应的基数
5    string s1,s2;
6    gg tag,radix;
7    gg rToDec(const string& r,gg R){  //将 R 进制数转换成十进制数
8        gg d=0;
9        for(auto i:r)
10           d=d*R+um[i];
11       return d;
12   }
13   gg binarySearchF(gg left,gg right,gg n){   //二分查找函数
14       while(left<right){
15           gg mid=(left+right)/2;
16           auto k=rToDec(s2,mid);
17           if(k>=n or k<0)   //k<0，发生了数据溢出，这时也满足>=n 的条件
18               right=mid;
19           else
```

```
20          left=mid+1;
21      }
22      auto k=rToDec(s2,left);
23      return left>right or not(k>=n or k<0)?-1:left;
24  }
25  int main(){
26      ios::sync_with_stdio(false);
27      cin.tie(0);
28      cin>>s1>>s2>>tag>>radix;
29      if(tag==2)   //让 s1 作为指定了进制的数，s2 作为要查找进制的数
30          swap(s1,s2);
31      for(gg i=0;i<36;++i){   //存储字符和对应的基数
32          um.insert({i<10?i+'0':i-10+'a',i});
33      }
34      gg n=rToDec(s1,radix);
35      //找到 s2 中对应基数最大的字符，从而确定查找下限
36      auto m=max_element(s2.begin(),s2.end(),
37                  [](char c1,char c2){return um[c1]<um[c2];});
38      gg left=um[*m]+1;   //查找下限
39      auto ans=binarySearchF(left,n+1,n);
40      //查找失败或查找到的第一个>=n 的数不等于 n，要输出 Impossible
41      ans==-1 or rToDec(s2,ans)!=n?cout<<"Impossible":cout<<ans;
42      return 0;
43  }
```

247

本题中能否使用 C++标准库中的二分查找函数呢？答案是不能。你仔细观察就会发现，binarySearchF 的形参列表中没有以往要出现的查找序列，只有一对查找区间的左右端点 left 和 right。原因很简单，查找区间是连续的从 left 到 right 的自然数，无需真正去存储这样的查找序列，也可以进行二分查找。这也是无法使用 C++标准库中的二分查找函数的原因。C++标准库中的二分查找函数需要一对迭代器做参数，因此必须有一个实际存储起来的查找序列才能使用。

9.6 贪心

贪心算法，又称贪婪算法，是用来求解最优解问题的一类算法。求解最优化问题的算法通常需要经过一系列的步骤，在每个步骤都面临多种选择。贪心算法在每一个步骤都做出当时看起来最佳的选择。也就是说，它总是做出局部最优的选择，寄希望于这样的选择能够得到全局最优解。

贪心算法并不保证最终一定能得到最优解，但对很多问题它确实可以求得最优解。通常，在使用贪心算法求解最优解时，需要对使用的贪心策略进行严谨的证明，保证这个贪心策略确实能够得到最优解。在程序设计竞赛和考试中，由于时间有限，如果想到了某种可行的贪

心策略，而又不能举出这种策略不可行的例子，就可以勇敢地采用这种方法。经过几次实践，相信你就会发现，贪心算法的编码实现往往很简单。贪心算法真正的困难之处不在于编码，而在于如何思考得到贪心策略以及贪心策略的证明。

例题 9-18 【PAT A-1070、PAT B-1020】Mooncake、月饼

【题意概述】

给定所有种类月饼的库存量、总售价以及市场的最大需求量，请你计算可以获得的最大收益是多少。注意，销售时允许取出一部分库存。

【输入输出格式】

每个输入包含一个测试用例。每个测试用例先给出一个正整数 N 表示月饼的种类数以及正整数 D 表示市场最大需求量（以万吨为单位），随后一行给出 N 个正数表示每种月饼的库存量（以万吨为单位），最后一行给出 N 个正数表示每种月饼的总售价（以亿元为单位）。数字间以空格分隔。

对每个测试用例，在一行中输出最大收益，以亿元为单位并精确到小数点后 2 位。

【数据规模】

$$0 < N \leqslant 1000, \ 0 < D \leqslant 500$$

【算法设计】

可对给出的月饼按照单价从大到小进行排序，将单价高的月饼尽可能地卖多一些，便能得到最大的收益。使用的贪心策略是，认为单价最优的月饼卖得越多就可以获得全局收益的最优解。

【注意点】

题目给定的各种月饼的库存量以及单价并未说明是正整数，需要用 double 来储存。

【C++代码】

```cpp
1   #include<bits/stdc++.h>
2   using namespace std;
3   using gg=long long;
4   int main(){
5       ios::sync_with_stdio(false);
6       cin.tie(0);
7       gg ni,di;
8       cin>>ni>>di;
9       using ad2=array<double,2>;   //存储月饼的库存量和总售价
10      vector<ad2>cakes(ni);
11      for(gg i=0;i<ni;++i)
12          cin>>cakes[i][0];
13      for(gg i=0;i<ni;++i)
14          cin>>cakes[i][1];
15      //按单价从大到小排序
16      sort(cakes.begin(),cakes.end(),[](const ad2& c1,const ad2& c2){
17          return c1[1]*1.0/c1[0]>c2[1]*1.0/c2[0];
```

```
18        });
19        double ans=0.0;    //存储最终收益
20        for(auto& c:cakes){
21            if(di>=c[0]){
22                ans+=c[1];
23                di-=c[0];
24            }else{
25                ans+=c[1]*1.0/c[0]*di;
26                di=0;
27            }
28        }
29        cout<<fixed<<setprecision(2)<<ans;
30        return 0;
31    }
```

例题 9-19　【PAT B-1023】组个最小数

【题意概述】

给定数字 0~9 各若干个。你可以以任意顺序排列这些数字，但必须全部使用。目标是使最后得到的数尽可能小（注意 0 不能做首位）。

现给定数字，请编写程序输出能够组成的最小的数。

【输入输出格式】

输入在一行中给出 10 个非负整数，顺序表示拥有数字 0、数字 1……数字 9 的个数。整数间用一个空格分隔。10 个数字的总个数不超过 50，且至少拥有 1 个非 0 的数字。

在一行中输出能够组成的最小的数。

【算法设计】

贪心策略为：拥有的 0~9 的数字中，哪个小就先输出哪个，最后得到的数字就是最小的，关键在于第一个数不能是 0。所以可以先把非 0 的最小数字输出一个，然后遍历 0~9 这些数字，把其余数字按照由小到大的顺序输出即可。

【C++代码】

```
1    #include<bits/stdc++.h>
2    using namespace std;
3    using gg=long long;
4    int main(){
5        ios::sync_with_stdio(false);
6        cin.tie(0);
7        array<gg,10>h{};
8        for(gg i=0;i<10;++i)
9            cin>>h[i];
10       auto k=find_if(h.begin()+1,h.end(),[](int a){return a>0;})-
         h.begin();
```

```
11    cout<<k;
12    --h[k];
13    for(gg i=0;i<10;++i){
14        while(h[i]--){
15            cout<<i;
16        }
17    }
18    return 0;
19 }
```

例题 9-20 【PAT A-1033】To Fill or Not to Fill

【题意概述】

汽车的油箱容量有限，行驶过程中不得不寻找加油站。不同的加油站可能会给出不同的油价，找出最便宜的行驶路线。

【输入输出格式】

输入第一行包含 4 个正数 C_{max}、D、D_{avg}、N，分别表示邮箱的最大容量、到目的地的距离、每单位汽油可以行驶的平均距离、加油站总数。接下来 N 行，每行包含一对非负数 P_i 和 D_i，分别表示单位油价和该站点到始发站的距离。一行中的所有数字都用空格分隔。

假设油箱在开始时是空的，在一行中打印到达目的地所需的最便宜的油价总花费，精确到小数点后 2 位。如果无法到达目的地，则打印"The maximum travel distance = X"，其中 X 是汽车可以行驶的最大可能距离，精确到小数点后 2 位。

【数据规模】

$$C_{max} \leqslant 100, D \leqslant 30000, D_{avg} \leqslant 20, N \leqslant 500$$

【算法设计】

这道题是贪心算法的典型应用。假设所处的加油站编号为 cur，要从油加满的状态下所能到达的所有加油站中选择下一个需要进行加油的加油站，进行选择所使用的贪心策略为：

1）寻找距离最近的油价低于 cur 的加油站 t，如果能找到，则在 cur 加油站只加到能到达 t 的油，然后前往 t 加油站；

2）第 1）步找不到符合条件的加油站，则在能到达的加油站中寻找油价最低的加油站 m，在 cur 加油站加满油，然后前往加油站 m；

3）如果在 cur 加油站加满油也找不到能到达的加油站，则输出在 cur 加油站加满油能到达的最远距离，结束算法。

【注意点】

1）在距离为 0 的点必须有一个加油站，否则不能出发，直接输出"The maximum travel distance = 0.00"。

2）C_{max}、D、D_{avg} 可能为浮点数，需要用 double 类型储存。

【C++代码】

```
1    #include<bits/stdc++.h>
2    using namespace std;
3    using gg=long long;
```

```
4    int main(){
5        ios::sync_with_stdio(false);
6        cin.tie(0);
7        double ci,di,davg;
8        gg ni;
9        cin>>ci>>di>>davg>>ni;
10       vector<array<double,2>>v(ni);
11       for(auto& i:v){
12           cin>>i[1]>>i[0];
13       }
14       v.push_back({di,0});
15       sort(v.begin(),v.end());
16       if(abs(v[0][0])>1e-6){   //第一个加油站距离不是 0
17           cout<<"The maximum travel distance=0.00";
18           return 0;
19       }
20       gg cur=0;
21       double ans=0,curd=0;   //curd 表示当前油箱油量
22       cout<<fixed<<setprecision(2);
23       while(cur<ni){
24           gg t=ni+1;
25           for(gg i=cur+1;i<=ni and ci*davg+v[cur][0]>=v[i][0];
26               ++i){
27               if(v[i][1]<v[cur][1]){//找到了比 cur 加油站油价低的加油站
28                   t=i;
29                   break;
30               }else if(t==ni+1 or v[i][1]<v[t][1]){   //找油价最低的
                                                        加油站
31                   t=i;
32               }
33           }
34           if(t==ni+1){   //在 cur 加油站加满油到达不了任何加油站
35               cout<<"The maximum travel distance="<<v[cur][0]+
                 ci*davg;
36               return 0;
37           }
38           if(v[cur][1]>v[t][1]){   //加油站 t 油价比加油站 cur 便宜
39               doublep=(v[t][0]-v[cur][0])/davg;//到达 t 站所需的油量
40               if(p>curd){   //到达 t 站需加油，只加恰好能到达 t 站的油量
41                   ans+=(p-curd)*v[cur][1];
```

```
42                curd=0;
43            }else{  //到达 t 站不需加油，从油箱中减去到达 t 站所需的油
44                curd-=p;
45            }
46        }else{   //t 站油价比 cur 站高，从 cur 站加满油
47            ans+=(ci-curd)*v[cur][1];
48            curd=ci-(v[t][0]-v[cur][0])/davg;
49        }
50        cur=t;
51    }
52    cout<<ans;
53    return 0;
54 }
```

9.7 递归与分治

9.7.1 递归

什么是递归？递归的含义就是递归。你可能觉得这句解释毫无意义，但它恰恰是递归这个概念的直观反映。函数的递归调用是指一个函数调用该函数本身。递归函数的设计是计算机程序中相当常见的一种程序设计方法，它通常把一个大型复杂的问题层层转化为一个与原问题相似的规模较小的问题来求解。递归策略只需少量的程序就可描述出解题过程所需要的多次重复计算，大大地减少了程序的代码量。

要理解递归，首先要理解函数是如何调用的。在 2.9.2 节讲解 C++的内存分配时，曾经谈到过，程序运行时会创建一个栈区，保存着函数内部定义的局部变量。这个栈区同样也会保存一些函数执行的相关信息。当函数 A 调用另一个函数 B 时，会将函数 A 的相关信息保存到栈区中，这些信息能够保证程序在返回到函数 A 处时仍能正常执行函数 A 剩余的代码。在将函数 A 的相关信息保存到栈区之后，程序会跳转到函数 B 处，执行函数 B 的代码。函数 B 的代码执行完毕，程序会从栈区将保存的函数 A 的相关信息弹出，继续执行函数 A 的剩余代码。

一般来说，递归程序的设计要掌握两个重要的概念：递归式和递归边界。递归式是将原问题分解为多个子问题的手段，它对应于数学中的递推公式。一般来说，**如果针对某个问题可以得到一个递推公式，那么通常都可以通过设计一个递归程序来实现它**。但是这种分解过程不能无限制地分解下去，须有个出口，化转为非递归状况处理，这个出口就是递归边界。

于是，递归函数的执行过程可以分为 3 个阶段：递归前进、递归边界、递归返回。通常，递归式规定了递归前进的方式，将一个原问题逐渐分解，并逐层向递归边界靠拢。当到达递归边界时，递归调用开始返回，这个返回实质上就是递归前进过程的逆过程，从递归边界返回到原问题进行求解。

很抽象是不是？举一个简单的例子，用递归调用的方式求解 n 的阶乘。

都知道 n 的阶乘的计算公式为$n!=n\times(n-1)\times\cdots\times3\times2\times1$，这个式子写成递推形式就是

$n! = n(n-1)!$。如果假设 $F(n) = n!$，那么这个递推公式就可以表达成 $F(n) = n \times F(n-1)$，于是就把规模为 n 的问题转化成了规模为 n-1 的问题。这个递推公式就是上面说的递归式。有了递归式，还要有递归边界，不能让递归永远进行下去，这个递归边界的选取并不是唯一的，这里可以选择 $F(1) = 1$ 作为递归边界，这样当递归进行到规模 n=1 时，递归前进过程就可以结束，并开始递归返回。

上面的思想用代码表达出来就是

```
1   int F(int n){
2       if(n==1)
3           return 1;
4       return n*F(n-1);
5   }
```

图 9-4 表示了当 n=4 时上面函数的执行过程。

假设在主函数中调用函数 F，则它的递归执行过程如下：

1）从 main 函数开始执行程序。想求解 F(4) 的值，首先向函数 F 传递一个实参 4，调用 F(4)，即求解 4 的阶乘，如第①步所示。将 main 函数的相关信息压入系统栈区，此时从栈顶到栈底存储的信息为 main。

2）进入第一层的 F(4) 函数，n==1 不成立，因此要返回 4×F(3) 的值。由于 F(3) 的值未知，因此要求解 F(3) 的值。于是向函数 F 传递一个实参 3，调用 F(3)，等 F(3) 的值获取之后，才能求解 F(4) 的值，如第②步所示。将 F(4) 函数的相关信息压入系统栈区，此时从栈顶到栈底存储的信息依次为 F(4)、main。

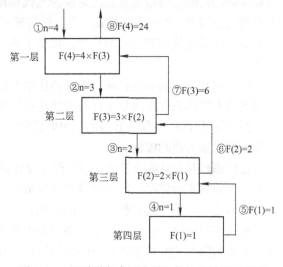

图 9-4　n=4 时递归求解阶乘函数执行过程示意图

3）进入第二层的 F(3) 函数，n==1 不成立，因此要返回 3×F(2) 的值。由于 F(2) 的值未知，因此要求解 F(2) 的值。于是向函数 F 传递一个实参 2，调用 F(2)，等 F(2) 的值获取之后，才能求解 F(3) 的值，如第③步所示。将 F(3) 函数的相关信息压入系统栈区，此时从栈顶到栈底存储的信息依次为 F(3)、F(4)、main。

4）进入第三层的 F(2) 函数，n==1 不成立，因此要返回 2×F(1) 的值。由于 F(1) 的值未知，因此要求解 F(1) 的值。于是向函数 F 传递一个实参 1，调用 F(1)，等 F(1) 的值获取之后，才能求解 F(2) 的值，如第④步所示。将 F(2) 函数的相关信息压入系统栈区，此时从栈顶到栈底存储的信息依次为 F(2)、F(3)、F(4)、main。

5）进入第四层的 F(1) 函数，n==1 成立，直接返回 1，表示 F(1) 的值。这里到达了递归边界，递归前进过程结束，开始递归返回。F(1) 函数执行结束，将它的返回值 1 返回给调用它的 F(2) 函数。将栈顶的 F(2) 函数的相关信息从系统栈区弹出，此时从栈顶到栈底存储的信息依次为 F(3)、F(4)、main。

6）执行第三层的 F(2) 函数，此时已经计算出 F(1) 的值是 1，则 F(2) 函数的返回值为 2。F(2) 函数执行结束，将它的返回值 2 返回给调用它的 F(3) 函数。将栈顶的 F(3) 函数的相关信息从系统栈区弹出，此时从栈顶到栈底存储的信息依次为 F(4)、main。

7）执行第二层的 F(3)函数，此时已经计算出 F(2)的值是 2，则 F(3)函数的返回值为 6。F(3)函数执行结束，将它的返回值 6 返回给调用它的 F(4)函数。将栈顶的 F(4)函数的相关信息从系统栈区弹出，此时从栈顶到栈底存储的信息为 main。

8）执行第一层的 F(4)函数，此时已经计算出 F(3)的值是 6，则 F(4)函数的返回值为 24。F(4)函数执行结束，将它的返回值 24 返回给调用它的主函数。将栈顶的 main 函数的相关信息从系统栈区弹出，此时栈区为空，继续执行 main 函数的剩余代码。

于是就得到了 4 的阶乘的值。

递归是极为常用的程序设计技巧，你会发现，它实际上隐式调用了一个系统栈。因此，通常情况下，也可以通过显式地定义一个栈，甚至用一个循环即可实现与递归程序相同的功能，这种与递归实现相对应的实现方法称为**迭代实现**。

与迭代实现相比，递归的优点是代码简洁易懂。递归通常是对一个数学上的递归公式的直观翻译，它的代码量通常要比对应的迭代实现方法少得多，而且递归实现的表达方式符合人类的语法习惯，更加清晰易读。在之后讲解树这种数据结构时，你会看到大量的递归程序，从而更加深刻地认识到递归的优点，以至于你会爱上递归！但是递归的缺点也很明显，主要有两点：

1）递归隐含着向系统栈区压入和弹出函数的相关信息的步骤，这会降低程序的运行性能，所以通常来讲递归程序的效率比等价的迭代程序低。

2）系统栈区的容量是有限的，如果递归层数过深，可能会造成系统栈区溢出的现象，通常称这种现象为**递归爆栈**。

虽然递归存在这两个缺点，但在程序设计竞赛和考试中，出现递归爆栈的现象极为少见，递归程序的效率虽然略低，但通常也能够被接受，因此一般情况下你是可以放心使用递归程序的。但是，如果与递归程序等价的迭代程序编写起来很容易，笔者还是强烈建议你用迭代程序替代递归程序。例如，本小节举出的求数的阶乘的程序，迭代实现的代码很简单，那么你在求数的阶乘的时候应该尽可能使用迭代实现而不是递归实现（当然最简单的方法是调用标准库中的 tgamma 函数求数的阶乘）。

9.7.2 分治

分治是一类用递归实现的经典算法，它在字面上的解释是"分而治之"，就是把一个复杂的问题分成两个或更多的相同或相似的子问题，直到最后子问题可以简单地直接求解，将所有子问题的解进行合并即可得到原问题的解。详细来说，在分治策略中，递归地求解一个问题，在每层递归中应用如下 3 个步骤：

1）分解：将问题划分为一些子问题，子问题的形式与原问题一样，只是规模更小。

2）解决：递归地求解出子问题。如果子问题的规模足够小，则停止递归，直接求解。

3）合并：将子问题的解组合成原问题的解。

注意，分治法分解出的子问题应当是相互独立、没有重叠的。理论讲解总是抽象的，来看一个具体的例子，帮助你进一步理解分治和递归的思想。假设给出一个无序数组，查找这个数组中是否含有元素 x。经过前面的学习，你一定已经知道这种情况需要进行顺序查找。那么接下来用分治算法来解决这个问题。

按照分治算法的步骤，给出对该问题求解的方法：

1）分解：在一个数组中查找元素 x 的问题，可以分解成两个子问题，即在左半部分数组查找 x 和在右半部分数组查找 x。

2）解决：分解过程一直递归进行下去，需要给出一个递归出口，那么什么时候子问题的规模足够小以致于可以直接求解了呢？当当前要求解的数组的元素小于等于 1 个时，就可以直接求解了。如果数组只有 1 个元素，直接判断该元素与 x 是否相等。如果数组为空，自然就不含有元素 x。

3）合并：要将子问题的解合并，并得到原问题的解。显然在左半部分数组或右半部分数组中的任一部分能够查找到 x，则原数组一定也能查找到 x。

根据前面的讨论，可以得到利用分治算法实现的顺序查找代码：

```
1   bool sequenceSearchDivideConquer(const vector<gg>& v,gg left,gg
    right,gg x){
2       if(left>right)  //数组为空，返回假
3           return false;
4       if(left==right)
5           return v[left]==x;
6       gg mid=(left+right)/2;
7       return sequenceSearchDivideConquer(v,left,mid,x)or
8               sequenceSearchDivideConquer(v,mid+1,right,x);
9   }
```

同样，针对有序数组的二分查找算法也可以用分治算法来实现。由于每一次二分查找都会丢弃一半的区间，这时原问题分解出来的子问题只有一个。

1）分解：在升序数组通过二分查找算法查找元素 x 的问题，可以分解成一个子问题，即如果中间元素大于 x，在左半部分数组查找 x；如果中间元素小于 x，在右半部分数组查找 x；如果中间元素等于 x，返回真。

2）解决：当当前要求解的数组的元素小于等于 1 个时，可以直接求解。如果数组只有 1 个元素，直接判断该元素与 x 是否相等。如果数组为空，自然就不含有元素 x。

3）合并：分解出来的子问题的解就是原问题的解。

根据前面的讨论，可以得到利用分治算法实现的二分查找代码：

```
1   bool binarySearchDivideConquer(const vector<gg>& v,gg left,gg
    right,gg x){
2       if(left>right)  //数组为空，返回假
3           return false;
4       if(left==right)
5           return v[left]==x;
6       gg mid=(left+right)/2;
7       if(v[mid]>x)
8           return binarySearchDivideConquer(v,left,mid-1,x);
9       else if(v[mid]<x)
10          return binarySearchDivideConquer(v,mid+1,right,x);
11      else
```

255

```
12          return true;
13  }
```

正如上一小节最后提到的观点，如果与递归程序等价的迭代程序编写起来并不困难，则应使用迭代实现。因此，本小节给出的递归实现代码只是用来帮助你进一步理解分治与递归，你不应该在实际编码过程中使用这种代码，而应该使用它的迭代实现。

9.8　two pointers

two pointers 字面意思是双指针，但是这里的指针并不是特指指针类型变量，而是指像指针一样的能提供间接访问功能的变量，最常见的就是数组下标。与其说 two pointers 是一种算法，不如说它是一种算法设计技巧。two pointers 的思想是使用两个指针 i、j 对同一个序列进行扫描（可以同向扫描，也可以反向扫描）。two pointers 的思想非常简洁，它呈现的时间复杂度通常很低，一般能通过 O(n) 的时间复杂度解决问题。下面通过几道例题来讲解 two pointers 的设计思想。

例题 9-21　　【PAT A-1085、PAT B-1030】Perfect Sequence、完美数列

【题意概述】

给定一个正整数数列和正整数 p，设这个数列中的最大值是 M，最小值是 m，如果 $M \leqslant m \times p$，则称这个数列是完美数列。现在给定参数 p 和一些正整数，请你从中选择尽可能多的数构成一个完美数列。

【输入输出格式】

输入第一行给出两个正整数 N 和 p，其中 N 是输入的正整数的个数，p 是给定的参数。第二行给出 N 个正整数，每个数不超过 10^9。

在一行中输出最多可以选择多少个数用它们组成一个完美数列。

【数据规模】

$$0 < N \leqslant 10^5,\ 0 < p \leqslant 10^9$$

【算法设计】

可以使用 two pointers 解决这个问题，步骤如下：

1）先将整个序列放到数组 v 中，并从小到大进行排序。

2）然后定义两个指针 i、j，都能初始化为 0，指向 v 中第一个元素。定义一个变量 ans 表示完美数列的最大长度。

3）i 指向选取的完美数列中的最小值，j 指向选取的完美数列中的最大值。不断递增 j 直到找到第一个使 v[j] > v[i]*p 的元素，这时以 i 指向的数字作为最小值的完美数列已经无法再增加其他元素，更新 ans = max(ans, j−i)。

4）不断递增 i 并执行 2)操作直至 j 到达数组 v 的末尾。此时 ans 即为完美数列最大长度。

利用 two pointers 扫描整个数组的时间复杂度为 O(n)，但是由于还要进行一步时间复杂度为 O(nlogn) 的排序操作，整个程序的时间复杂度为 O(nlogn)。

【C++代码】

```
1   #include<bits/stdc++.h>
2   using namespace std;
```

```
3   using gg=long long;
4   int main(){
5       ios::sync_with_stdio(false);
6       cin.tie(0);
7       gg ni,pi,ans=0;
8       cin>>ni>>pi;
9       vector<gg>v(ni);
10      for(gg i=0;i<ni;++i){
11          cin>>v[i];
12      }
13      sort(v.begin(),v.end());
14      for(gg i=0,j=0;j<v.size();++i){
15          while(j<v.size()and v[j]<=v[i]*pi){
16              ++j;
17          }
18          ans=max(ans,j-i);
19      }
20      cout<<ans;
21      return 0;
22  }
```

例题 9-22 【PAT A-1044】Shopping in Mars

【题意概述】

给定一组数字，判断这组数字中能否找出连续的一串数字，使得找到的这些数字之和最小且要大于等于 M，并找出这样一串数字的首尾索引。题目保证给定的一组数字之和大于等于于 M。注意，索引由 1 开始。

【输入输出格式】

输入第一行给出两个正整数 N 和 M，其中 N 是输入的正整数的个数，M 是给定的参数。第二行给出 N 个正整数，每个数不超过 10^3。

在一行中输出最多可以选择多少个数组成一个完美数列。

【数据规模】

$$0 < N \leqslant 10^5$$

【算法设计】

先定义一个变量 sum，表示目前处理过的大于等于 M 的连续数字之和的最小值，用 vector<array<gg, 2>> ans 存储所有连续数字之和等于 sum 的左右边界。

将输入的一组数字存储在数组 v 中，定义两个索引 i、j，其中[i, j)构成了当前一串数字的边界。i、j 初始值均为 0。定义变量 s=0，表示当前这一串数字之和，每当 s<M 的时候，即令 s 加上当前 j 指向的元素值，同时 j 右移一个元素。如果 s>=M，表示当前这一串数字符合要求，如果 s<sum，即清空 ans，同时更新 sum=s，并将当前这一串数字的首尾位置加入 ans 中；如果 s==sum，直接将当前这一串数字的首尾位置加入 ans 中。当算法执行完毕，ans 中存储

的即为所有可能的能够使得加和最小且要大于等于 M 的一串连续数字的首尾位置，输出即可。

【C++代码】

```cpp
1   #include<bits/stdc++.h>
2   using namespace std;
3   using gg=long long;
4   int main(){
5       ios::sync_with_stdio(false);
6       cin.tie(0);
7       gg ni,mi;
8       cin>>ni>>mi;
9       vector<gg>v(ni);
10      for(gg& i:v){
11          cin>>i;
12      }
13      gg s=0,sum=INT_MAX;
14      vector<array<gg,2>>ans;
15      for(gg i=0,j=0;i<ni and j<=ni;){
16          if(s>=mi){
17              if(sum>s){
18                  sum=s;
19                  ans={{i+1,j}};
20              }else if(s==sum){
21                  ans.push_back({i+1,j});
22              }
23              s-=v[i++];
24          }else{
25              s+=v[j++];
26          }
27      }
28      for(auto& i:ans){
29          cout<<i[0]<<"-"<<i[1]<<"\n";
30      }
31      return 0;
32  }
```

9.9 例题与习题

本章主要介绍了各种算法设计技巧。表 9-1 列举了本章涉及的所有例题，表 9-2 列举了一些习题。

表 9-1 例题列表

编 号	题 号	标 题	备 注
例题 9-1	PAT B-1027	打印沙漏	图形输出
例题 9-2	PAT A-1105、PAT B-1050	Spiral Matrix、螺旋矩阵	图形输出
例题 9-3	PAT A-1031	Hello World for U	图形输出
例题 9-4	PAT A-1128	N Queens Puzzle	暴力枚举
例题 9-5	PAT A-1148、PAT B-1089	Werewolf-Simple Version、狼人杀-简单版	暴力枚举
例题 9-6	CCF CSP-20180902	买菜	暴力枚举
例题 9-7	CCF CSP-20131203	最大的矩形	暴力枚举
例题 9-8	CCF CSP-20150902	日期计算	打表
例题 9-9	CCF CSP-20161202	工资计算	打表
例题 9-10	PAT A-1027	Colors in Mars	进制转换
例题 9-11	PAT B-1022	D 进制的 A+B	进制转换
例题 9-12	PAT B-1037	在霍格沃茨找零钱	进制转换
例题 9-13	PAT A-1120、PAT B-1064	Friend Numbers、朋友数	进制转换、set
例题 9-14	PAT A-1019	General Palindromic Number	进制转换、回文数
例题 9-15	PAT A-1085、PAT B-1030	Perfect Sequence、完美数列	二分查找
例题 9-16	PAT A-1044	Shopping in Mars	二分查找
例题 9-17	PAT A-1010	Radix	二分查找
例题 9-18	PAT A-1070、PAT B-1020	Mooncake、月饼	贪心
例题 9-19	PAT B-1023	组个最小数	贪心
例题 9-20	PAT A-1033	To Fill or Not to Fill	贪心
例题 9-21	PAT A-1085、PAT B-1030	Perfect Sequence、完美数列	two pointers
例题 9-22	PAT A-1044	Shopping in Mars	two pointers

表 9-2 习题列表

编 号	题 号	标 题	备 注
习题 9-1	PAT B-1036	跟奥巴马一起编程	图形输出
习题 9-2	CCF CSP-20151203	画图	图形输出
习题 9-3	PAT B-1056	组合数的和	暴力枚举
习题 9-4	PAT B-1088	三人行	暴力枚举
习题 9-5	CCF CSP-20140901	相邻数对	暴力枚举
习题 9-6	CCF CSP-20140301	相反数	暴力枚举
习题 9-7	PAT B-1048	数字加密	进制转换
习题 9-8	PAT A-1058	A+B in Hogwarts	进制转换
习题 9-9	PAT A-1048	Find Coins	二分查找、two pointers
习题 9-10	PAT A-1117、PAT B-1060	Eddington Number、爱丁顿数	二分查找
习题 9-11	PAT A-1125、PAT B-1070	Chain the Ropes、结绳	贪心
习题 9-12	PAT A-1037	Magic Coupon	贪心
习题 9-13	PAT A-1067	Sort with Swap(0, i)	贪心

第 10 章　数学基础

数学是一切理工科的基础工具。可以说，设计算法的目的实际上就是把烦琐、重复的数学过程交给计算机去执行，没有数学就没有算法。本章介绍如何用程序求解或模拟一些基础的数学概念和方法，包括规律推导、进制转换、求解素数表、质因子分解、欧几里得算法以及简单的大整数运算。这些算法虽然基础，但相当重要，你将会在许多复杂的算法中看到这些算法的身影。

10.1　简单数学问题

本节通过几道例题讲解一类比较简单的数学问题，这类问题通常难度不大，只需掌握一定的数理逻辑即可解决。

例题 10-1　【PAT B-1051】复数乘法

【题意概述】

复数可以写成 $A + Bi$ 的常规形式，其中 A 是实部，B 是虚部，i 是虚数单位，满足 $i^2 = -1$。复数也可以写成极坐标下的指数形式 $R \times e^{(Pi)}$，其中 R 是复数模，P 是辐角，i 是虚数单位，其等价于三角形式 $R\cos(P) + R\sin(P)i$。现给定两个复数的模 R 和辐角 P，要求输出两数乘积的常规形式。

【输入输出格式】

输入在一行中依次给出两个复数的 R_1, P_1, R_2, P_2,，数字间以空格分隔。

在一行中按照 $A + Bi$ 的格式输出两数乘积的常规形式，实部和虚部均保留 2 位小数。注意，如果 B 是负数，则应该写成 $A - |B|i$ 的形式。

【算法设计】

需要将复数在极坐标下的指数形式转换成复数的常规形式。显然，有

$$\begin{cases} A = R\cos(P) \\ B = R\sin(P) \end{cases}$$

由于 $(A_1 + B_1i)(A_2 + B_2i) = (A_1A_2 - B_1B_2) + (A_1B_2 + A_2B_1)i$，用 R_1, P_1, R_2, P_2 将 A_1, B_1, A_2, B_2 代换即可。

另外还要考虑的一个问题是，输出虚部时，若虚部为负数，符号要使用 "−"，否则使用 "+"。这种输出形式可以使用 C++流操作符 showpos 指定。

【注意点】

当 A 或者 B 小于 0 但是大于−0.005（如−0.00001）时，如果直接保留两位小数，会输出 "−0.00" 这样的结果，事实上应该输出 "0.00"，这一点要特殊处理。

【C++代码】

```
1    #include<bits/stdc++.h>
2    using namespace std;
```

```
3    int main(){
4        ios::sync_with_stdio(false);
5        cin.tie(0);
6        double r1,r2,p1,p2;
7        cin>>r1>>p1>>r2>>p2;
8        double a=r1*cos(p1)*r2*cos(p2)-r1*sin(p1)*r2*sin(p2);
9        double b=r1*sin(p1)*r2*cos(p2)+r1*cos(p1)*r2*sin(p2);
10       a=a<0 and a>-0.005?0:a;
11       b=b<0 and b>-0.005?0:b;
12       cout<<fixed<<setprecision(2)<<a<<showpos<<b<<'i';
13       return 0;
14   }
```

例题 10-2 【PAT A-1008】Elevator

【题意概述】

电梯最开始停在 0 层，上移一层需要 6s，下移一层需要 4s，到达请求的楼层后需等待 5s。给定一个电梯的请求列表，求解电梯移动所需的总时间。

【输入输出格式】

输入在第一行中给出正整数 N，随后一行给出 N 个正整数表示电梯的请求楼层。

输出电梯移动所需的总时间。

【数据规模】

所有输入数字不会超过 100。

【算法设计】

简单的数学应用题，依次处理每个请求即可。

【C++代码】

```
1    #include<bits/stdc++.h>
2    using namespace std;
3    using gg=long long;
4    int main(){
5        ios::sync_with_stdio(false);
6        cin.tie(0);
7        gg ni,ai;
8        gg cur=0,ans=0;
9        cin>>ni;
10       while(ni--){
11           cin>>ai;
12           if(ai>cur){
13               ans+=(ai-cur)*6;
14           }else if(ai<cur){
15               ans+=(cur-ai)*4;
```

```
16          }
17          cur=ai;
18          ans+=5;
19      }
20      cout<<ans;
21      return 0;
22  }
```

10.2 规律推导

在程序设计竞赛和考试中，有些题目需要你通过已知条件寻找其中的规律，然后再进行编码实现。这类题目通常思维难度要大于编程难度，但是只要你细心观察，再辅以一些公式推导，便能解决这类问题。

例题 10-3 【PAT B-1003】我要通过！

【题意概述】

"答案正确"是自动判题系统给出的最令人欢喜的回复。本题属于 PAT 的"答案正确"大派送——只要读入的字符串满足下列条件，系统就输出"答案正确"，否则输出"答案错误"。

得到"答案正确"的条件是：

1）字符串中必须仅有 P、A、T 这 3 种字符，不可以包含其他字符；

2）任意形如"xPATx"的字符串都可以获得"答案正确"，其中 x 或者是空字符串，或者是仅由字母 A 组成的字符串；

3）如果"aPbTc"是正确的，那么"aPbATca"也是正确的，其中 a、b、c 均或者是空字符串，或者是仅由字母 A 组成的字符串。

现在就请你为 PAT 写一个自动裁判程序，判定哪些字符串是可以获得"答案正确"的。

【输入输出格式】

输入第一行给出一个正整数 n，是需要检测的字符串个数。接下来每个字符串占一行，字符串长度不超过 100，且不包含空格。

每个字符串的检测结果占一行，如果该字符串可以获得"答案正确"，则输出"YES"，否则输出"NO"。

【数据规模】

$$n < 10$$

【算法设计】

可以总结，满足以下所有条件的字符串，判别结果要输出"YES"，否则输出"NO"。

1）给定的字符串不含 P、A、T 以外的字符；

2）P、A、T 这 3 种字符在给定的字符串中均有出现；

3）P、T 字符在给定的字符串中只出现一次；

4）P 字符在 T 字符左侧且 P、T 字符中间至少有一个 A 字符；

5）P 字符左侧的 A 字符数量与 P、T 字符中间 A 字符数量的乘积等于 T 字符右侧 A 字符数量。

因此可以使用一个 unordered_map 记录下字符串中每个字符出现的次数，判断是否 P、A、

T 字符均出现了，且没有其他字符出现，而且 P、T 字符均只出现了一次。然后利用两个变量 p，t 分别存储在给定字符串中 P、T 字符位置下标，那么 P 字符左侧的 A 字符数量即为 p，P、T 字符中间 A 字符数量即为 t–p–1，T 字符右侧 A 字符数量即为字符串长度–t–1。通过测试上述条件是否均满足来判断即可。

【C++代码】

```cpp
1   #include<bits/stdc++.h>
2   using namespace std;
3   using gg=long long;
4   int main(){
5       ios::sync_with_stdio(false);
6       cin.tie(0);
7       gg ni;
8       cin>>ni;
9       while(ni--){
10          string si;
11          cin>>si;
12          unordered_map<char,gg>um;
13          for(char c:si){
14              ++um[c];
15          }
16          gg p=si.find('P'),t=si.find('T');
17          if(um.size()==3 and um['P']==1 and um['T']==1 and
18          um.count('A')>0 and p<t-1 and p*(t-p-1)==si.size()-t-1){
19              cout<<"YES\n";
20          }else {
21              cout<<"NO\n";
22          }
23      }
24      return 0;
25  }
```

例题 10-4　【PAT A-1104、PAT B-1049】Sum of Number Segments、数列的片段和

【题意概述】

给定一个正数数列，可以从中截取任意的连续的几个数，称为片段。例如，给定数列 { 0.1, 0.2, 0.3, 0.4 }，有 (0.1) (0.1, 0.2) (0.1, 0.2, 0.3) (0.1, 0.2, 0.3, 0.4) (0.2) (0.2, 0.3) (0.2, 0.3, 0.4) (0.3) (0.3, 0.4) (0.4) 这 10 个片段。

给定正数数列，求出全部片段包含的所有的数之和。如本例中 10 个片段总和是 0.1 + 0.3 + 0.6 + 1.0 + 0.2 + 0.5 + 0.9 + 0.3 + 0.7 + 0.4 = 5.0。

【输入输出格式】

输入第一行给出一个正整数 N，表示数列中数的个数；第二行给出 N 个不超过 1.0 的正

263

数，是数列中的数，其间以空格分隔。

在一行中输出该序列所有片段包含的数之和，精确到小数点后 2 位。

【数据规模】

$$N \leqslant 10^5$$

【算法设计】

如果按照题目的描述累加所有的片段和，那么需要两个循环变量 i 和 j，i 负责枚举片段的开始下标，j 负责枚举片段的结尾下标，i 和 j 都要遍历整个数列，这样的话时间复杂度为 $O(n^2)$，由于数列最大长度为 10^5，这种枚举方法肯定会超时。

需要寻找本题中的规律，可以从这个角度入手：长度为 n 的数列中下标为 i（下标由 0 开始计数）的数字会被累加多少次呢？或者说下标为 i 的数字会出现在多少个子序列中呢？以题目描述中的数列 { 0.1, 0.2, 0.3, 0.4 } 为例，假设要求下标为 2 的 0.3 被累加了多少次。以数字 0.3 为界，整个数列可以划分成两个数列：{0.1, 0.2} 和 {0.3, 0.4}。按题目要求，{0.1, 0.2} 可以产生两个连接到 0.3 的子序列 {0.2} 和 {0.1, 0.2}，{0.3, 0.4} 也可以产生两个子序列 {0.3} 和 {0.3, 0.4}，显然 {0.2} 和 {0.1, 0.2} 可以作为 {0.3} 和 {0.3, 0.4} 的前缀，这样 0.3 就会出现在 4 个数列片段中，加上以 {0.3, 0.4} 本身产生的两个子序列，这样 0.3 就会出现 6 个数列片段中，计算方法就是 $(2+1) \times (4-2) = 6$。

推广到一般情况，长度为 n 的数列中下标为 i 的数字被累加的次数为 $(i+1) \times (n-i)$。找到了这个规律，就可以编程实现了，整个算法的时间复杂度为 $O(n)$。

【C++代码】

```
1    #include<bits/stdc++.h>
2    using namespace std;
3    using gg=long long;
4    int main(){
5        ios::sync_with_stdio(false);
6        cin.tie(0);
7        gg ni;
8        cin>>ni;
9        double s=0.0,ai;
10       for(gg i=0;i<ni;++i){
11           cin>>ai;
12           s+=(i+1)*(ni-i)*ai;
13       }
14       cout<<fixed<<setprecision(2)<<s;
15       return 0;
16   }
```

例题 10-5 【PAT A-1046】Shortest Distance

【题意概述】

给定高速公路上的 N 个出口形成一个简单的环，输出任何一对出口之间的最短距离。

【输入输出格式】

输入第一行都包含一个整数 N，表示有 N 个出口，出口从 1 到 N 编号。接下来给出 N 个整数 $D_1, D_2, \cdots, D_N$，其中 D_i 是第 i 个出口与第 i+1 个出口之间的距离，D_N 表示第 N 个出口和第 1 个出口之间的距离。一行中的所有数字都用空格分隔。再给出一个正整数 M，接下来 M 行，每行给出一对出口。

对于给出的每对出口，输出一行，表示对应的给定出口对之间的最短距离。

【数据规模】

$$3 \leqslant N \leqslant 10^5, M \leqslant 10^4$$

【算法设计】

暴力枚举肯定会超时。可以定义一个长度为 N+1 的数组 v，v 中所有元素初始化为 0。数组元素 v[i] 应该表示第 1 个出口到第 i+1 个出口的距离，v[0]=0，v[N] 表示的就是整个环的长度。那么第 a 个结点到第 b 个结点（假设 b>a）的最短距离为 $dis = \min(v[b-1] - v[a-1], v[N] - (v[b-1] - v[a-1]))$。

【C++代码】

```cpp
1    #include<bits/stdc++.h>
2    using namespace std;
3    using gg=long long;
4    int main(){
5        ios::sync_with_stdio(false);
6        cin.tie(0);
7        gg ni,mi,sum=0;
8        cin>>ni;
9        vector<gg>v(ni+1);   //注意 v[0]=0
10       for(gg i=1;i<=ni;++i){
11           cin>>v[i];
12       }
13       partial_sum(v.begin(),v.end(),v.begin());   //求前缀和
14       cin>>mi;
15       while(mi--){
16           gg ai,bi;
17           cin>>ai>>bi;
18           gg t=v[max(ai,bi)-1]-v[min(ai,bi)-1];
19           cout<<min(t,v.back()-t)<<"\n";
20       }
21       return 0;
22   }
```

10.3 素数

从小学就开始学习素数，想必你已经相当熟悉。很可能你和笔者一样也背诵过 100 以内

的素数表，不知道你现在还是否能立刻说出素数的定义并完整地背诵 100 以内的素数表。之所以需要去背诵素数表，就是因为素数的分布规律现在仍未得到严格证明，这至今仍是数论研究中的一个重要课题。

素数又称质数，是指只能被 1 和它本身整除的数。与素数相对应的概念是合数，是指除了 1 和它本身以外还能被其他数整除的数。这里要额外注意，质数和合数都应该是正整数；1 既不是质数，也不是合数。任何一个合数都可以表示成两个或多个素数乘积的形式，将这一过程称为质因子分解。因此，当某种运算中的操作数特别大时，通常可以先进行数的质因子分解，再进行运算。

本节主要介绍 3 个问题：

1）如何判断一个正整数 n 是不是质数；

2）如何获取 1~n 以内的素数表；

3）如何将正整数 n 进行质因子分解。

10.3.1　判断一个正整数 n 是不是素数

你以前应该写过求解一个正整数 n 是不是质数的程序，如果没有，建议你现在立刻编写一下。其实最简单的写法是，遍历 2~n–1 所有的数，判断这些数中有没有 n 的约数，代码就像下面这样：

```
1    //用暴力方法判断 n 是否为素数
2    bool isPrime(gg n){
3      if(n<2)  //n 小于 2，一定不是素数
4        return false;
5      for(gg i=2;i<n;++i)  //遍历 2~n-1 所有的数
6        if(n%i==0)  //n 能被 i 整除，说明 n 不是素数
7          return false;
8      return true;  //n 不能被 2~n-1 任何数整除，则 n 是素数
9    }
```

这样的算法时间复杂度为 $O(n)$。还可以做得更好。假设 2~n–1 中有 n 的约数，不妨设为 k。那么 n/k 显然也是 n 的一个约数，那么 n 和 n/k 中一定有一个数小于等于 $\sqrt{n}$。这是因为如果 n 和 n/k 都大于 $\sqrt{n}$ 的话，那么 $n \times n/k > \sqrt{n} \times \sqrt{n} = n$，这与 $n \times n/k = n$ 的前提条件不符。因此只需判断 2~$\sqrt{n}$ 中有没有 n 的约数就可以了。这样算法时间复杂度降低到了 $O(\sqrt{n})$。代码类似于这样：

```
1    //用暴力方法判断 n 是否为素数
2    bool isPrime(gg n){
3      if(n<2)  //n 小于 2，一定不是素数
4        return false;
5      for(gg i=2;i<=(gg)sqrt(n);++i)  //遍历 2~根号 n 所有的数
6        if(n%i==0)  //n 能被 i 整除，说明 n 不是素数
7          return false;
8      return true;  //n 不能被 2~根号 n 任何数整除，则 n 是素数
```

```
9    }
```

你可能想这么写：

```
1    //用暴力方法判断 n 是否为素数
2    bool isPrime(gg n){
3        if(n<2)  //n 小于 2，一定不是素数
4            return false;
5        for(gg i=2;i*i<=n;++i)  //遍历 2~根号 n 所有的数
6            if(n%i==0)  //n 能被 i 整除，说明 n 不是素数
7                return false;
8        return true;  //n 不能被 2~根号 n 任何数整除，则 n 是素数
9    }
```

这样的代码逻辑上是正确的，但是实际运行过程中却可能会因为数据溢出造成错误。为了保险起见，笔者更建议你使用对 n 求算术平方根的方法。

例题 10-6　【PAT B-1007】素数对猜想

【题意概述】

"素数对猜想"认为"存在无穷多对相邻且差为 2 的素数"。现给定任意正整数 N，请计算不超过 N 的满足猜想的素数对的个数。

【输入输出格式】

输入在一行给出正整数 N。

在一行中输出不超过 N 的满足猜想的素数对的个数。

【数据规模】

$$0 < N \leqslant 10^5$$

【算法设计】

上在已经有了通过暴力方法判断 n 是否为素数的代码。假设有了一个素数 k，那么要满足素数对猜想，k−2 必须也是素数才可以（假设 k 为素数对中大的那个素数）。对于本题来讲，前两个素数 2、3 一定不满足要求。那么让 k 逐个枚举 5~N 之间的奇数（5~N 之间只有奇数才有可能是素数），如果 k 和 k−2 都是素数，就找到了一个素数对。输出 5~N 之间所有这样找到的素数对即可。

遍历 5~N 之间奇数的时间复杂度为 O(n)，暴力判断一个数是否为素数的时间复杂度为 $O(\sqrt{n})$，那么整个算法的时间复杂度为 $O(n^{1.5})$。

【C++代码】

```
1    #include<bits/stdc++.h>
2    using namespace std;
3    using gg=long long;
4    bool isPrime(gg n){
5        if(n<2)  //n 小于 2，一定不是素数
6            return false;
7        for(gg i=2;i<=(gg)sqrt(n);++i)  //遍历 2~根号 n 所有的数
8            if(n%i==0)  //n 能被 i 整除，说明 n 不是素数
```

267

```
9              return false;
10     return true;        //n 不能被 2~根号 n 任何数整除，则 n 是素数
11 }
12 int main(){
13     ios::sync_with_stdio(false);
14     cin.tie(0);
15     gg ni,ans=0;
16     cin>>ni;
17     for(gg i=5;i<=ni;i+=2){
18         if(isPrime(i) and isPrime(i-2)){
19             ++ans;
20         }
21     }
22     cout<<ans;
23     return 0;
24 }
```

例题 10-7 【PAT A-1152、PAT B-1094】Google Recruitment、谷歌的招聘

【题意概述】

从任一给定的长度为 L 的数字中，找出最早出现的 K 位连续数字所组成的素数。

【输入输出格式】

输入在第一行给出两个正整数，分别是 L 和 K。接下来一行给出一个长度为 L 的正整数 N。

在一行中输出 N 中最早出现的 K 位连续数字所组成的素数。如果这样的素数不存在，则输出"404"。注意，原始数字中的前导零也计算在位数之内。

【数据规模】

$$0 < L \leqslant 1000, \ 0 < K \leqslant 10$$

【C++代码】

```
1  #include<bits/stdc++.h>
2  using namespace std;
3  using gg=long long;
4  bool isPrime(gg n){
5      if(n<2)            //n 小于 2，一定不是素数
6          return false;
7      for(gg i=2;i<=(gg)sqrt(n);++i)   //遍历 2~根号 n 所有的数
8          if(n%i==0)     //n 能被 i 整除，说明 n 不是素数
9              return false;
10     return true;       //n 不能被 2~根号 n 任何数整除，则 n 是素数
11 }
12 int main(){
```

```
13        ios::sync_with_stdio(false);
14        cin.tie(0);
15        gg li,ki;
16        string s;
17        cin>>li>>ki>>s;
18        for(int i=0;i<s.size()-ki+1;++i){
19            string n=s.substr(i,ki);
20            if(isPrime(stoll(n))){
21                cout<<n;
22                return 0;
23            }
24        }
25        cout<<"404";
26        return 0;
27    }
```

10.3.2 获取 2~n 以内的素数表

上一小节讲解了如何判断一个正整数是否为素数。那么接下来的问题是，给定一个正整数 n，如何获取一张 2~n 以内的素数表呢？比较暴力的方法是，枚举 2~n 所有的数，并利用上面提出的算法逐个数字地判断它是否为素数。这样的算法当然是正确的，但是枚举 2~n 所有的数时间复杂度为 O(n)，判断一个数是否为素数时间复杂度为 O($\sqrt{n}$)，因此整个算法的时间复杂度为 O($n^{1.5}$)，这个时间复杂度是无法承受的。

为了解决这个问题，希腊数学家埃拉托斯特尼（Eratosthenes）提出了一种简单检索素数的算法，称为"埃氏筛法"。埃氏筛法算法逻辑非常简单，要得到自然数 2~n 以内的全部素数，只需把不大于 n 的所有素数的倍数剔除，剩下的就是素数。举个例子，假设要求解 2~20 以内的全部素数，可以按照下面的运算过程进行：

1）初始状态，列出 2~20 所有的数字。

2 3 4 5 6 7 8 9 10 11 12 13 14 15 16 17 18 19 20

2）第一个数字是 2，认为 2 是素数，筛去所有 2 的倍数，即 4,6,8,10,12,14,16,18,20。

2 3 4 5 6 7 8 9 ~~10~~ 11 ~~12~~ 13 ~~14~~ 15 ~~16~~ 17 ~~18~~ 19 ~~20~~

3）3 没有被筛去，那么 3 是素数，筛去所有 3 的倍数，即 6,9,12,15,18。

2 3 4 5 6 7 8 9 ~~10~~ 11 ~~12~~ 13 ~~14 15 16~~ 17 ~~18~~ 19 ~~20~~

4）4 已经被筛去了，则 4 不是素数，略过。

5）5 没有被筛去，那么 5 是素数，筛去所有 5 的倍数，即 10,15,20。

2 3 4 5 6 7 8 9 ~~10~~ 11 ~~12~~ 13 ~~14 15 16~~ 17 ~~18~~ 19 ~~20~~

6）6 已经被筛去了，则 6 不是素数，略过。

7）7 没有被筛去，那么 7 是素数，筛去所有 7 的倍数，即 14。

2 3 4 5 6 7 8 9 ~~10~~ 11 ~~12~~ 13 ~~14 15 16~~ 17 ~~18~~ 19 ~~20~~

8）8 已经被筛去了，则 8 不是素数，略过。

9）9 已经被筛去了，则 9 不是素数，略过。

10）10 已经被筛去了，则 10 不是素数，略过。

11）11 没有被筛去，那么 11 是素数，筛去所有 11 的倍数，但在 2~20 以内没有可筛去的数。

2 3 4 5 6 7 8 9 10 11 12 13 14 15 16 17 18 19 20

12）12 已经被筛去了，则 12 不是素数，略过。

13）13 没有被筛去，那么 13 是素数，筛去所有 13 的倍数，但在 2~20 以内没有可筛去的数。

2 3 4 5 6 7 8 9 10 11 12 13 14 15 16 17 18 19 20

14）14 已经被筛去了，则 14 不是素数，略过。

15）15 已经被筛去了，则 15 不是素数，略过。

16）16 已经被筛去了，则 16 不是素数，略过。

17）17 已经被筛去了，则 17 不是素数，略过。

18）18 已经被筛去了，则 18 不是素数，略过。

19）19 没有被筛去，那么 19 是素数，筛去所有 19 的倍数，但在 2~20 以内没有可筛去的数。

2 3 4 5 6 7 8 9 10 11 12 13 14 15 16 17 18 19 20

20）20 已经被筛去了，则 20 不是素数，略过。

最终，当埃氏筛法结束时，可以得到 2~20 之间的素数表，即 2 3 5 7 11 13 17 19。

是不是很好理解？可以用一个 vector<bool> 类型变量 f 来表示一个数字有没有被筛去。如果 f[i] 为 true，表示数字 i 被筛去了；如果 f[i] 为 false，表示数字 i 没有被筛去。将得到的最终的 2~n 以内所有素数都存储在 vector<gg> 类型变量 prime 中。接下来给出埃氏筛法的代码模板：

```
1   //用埃氏筛法求解[2,n]以内的素数表
2   vector<gg>prime;  //素数表存储在 prime 中，prime 是全局变量
3   void getPrime(gg n=gg(1e5)+5){
4       //f[i]为 true，表示数字 i 被筛去了；如果 f[i]为 false，表示数字 i
5       //没有被筛去
6       vector<bool>f(n);
7       for(gg i=2;i<n;++i)
8           if(not f[i]){  //i 没有被筛去
9               prime.push_back(i);
10              for(gg j=i+i;j<n;j+=i)  //筛去 i 的所有倍数
11                  f[j]=true;
12          }
13  }
```

n 的默认值为 10^5+5，表示默认求 10^5+5 以内的素数表。埃氏筛法的时间复杂度为 O(nloglogn)，其证明过程无需关心。数学家欧拉还提出过另一种时间复杂度为 O(n) 的线性筛法，称为**欧拉筛法**，但相比于埃氏筛法，欧拉筛法显得不太好理解。通常情况下，在程序设计竞赛和考试中，埃氏筛法的效率已经足够好了，因此笔者建议你掌握好埃氏筛法就可以了。如果你对欧拉筛法有兴趣，可以自行查阅相关资料。

例题 10-8 【PAT B-1007】素数对猜想

【题意概述】

"素数对猜想"认为"存在无穷多对相邻且差为 2 的素数"。现给定任意正整数 N，请计算不超过 N 的满足猜想的素数对的个数。

【输入输出格式】

输入在一行给出正整数 N。

在一行中输出不超过 N 的满足猜想的素数对的个数。

【数据规模】

$$0 < N \leqslant 10^5$$

【算法设计】

由于 N 最大为 10^5，可以用埃氏筛法打印一份 10^5 以内的素数表 prime。然后遍历素数表内的元素，如果两个相邻元素之间的差为 2，就满足了素数对猜想。输出这样的素数对总数即可。

埃氏筛法的时间复杂度为 O(nloglogn)，遍历素数表的时间复杂度不会超过 O(n)，因此整个算法的时间复杂度为 O(nloglogn)。

【C++代码】

```cpp
1    #include<bits/stdc++.h>
2    using namespace std;
3    using gg=long long;
4    vector<gg>prime;
5    void getPrime(gg n=gg(1e5)+5){
6        vector<bool>f(n);
7        for(gg i=2;i<n;++i)
8            if(not f[i]){
9                prime.push_back(i);
10               for(gg j=i+i;j<n;j+=i)
11                   f[j]=true;
12           }
13   }
14   int main(){
15       ios::sync_with_stdio(false);
16       cin.tie(0);
17       gg ni,ans=0;
18       cin>>ni;
19       getPrime(ni);
20       for(gg i=1;i<prime.size();++i){
21           if(prime[i]-prime[i-1]==2){
22               ++ans;
23           }
24       }
```

271

```
25        cout<<ans;
26        return 0;
27  }
```

10.3.3 将正整数 n 进行质因子分解

质因子分解是数论领域一个基础的理论和方法，它可以将一个正整数 n 分解成一个或多个素数乘积的形式，而这样的分解结果应该是唯一的。这个问题在代数学、密码学、计算复杂性理论和量子计算机等领域中有重要意义。

什么是质因子？质因子是指能整除给定正整数的素数。因此，要对正整数 n 进行质因子分解，那么首先需要有一张 n 以内的素数表，这可以通过上一小节讲解的埃氏筛法得到。因此，本小节主要讲解在已有一张 n 以内的素数表的情况下，如何将正整数 n 进行质因子分解。这里要特别注意的是，1 既不是素数，也不是合数，本小节讲述的算法是针对大于等于 2 的正整数而言的。**如果题目中要求对 1 进行处理，则要进行特殊处理。**

知道一个数的质因子在分解之后可能出现不止一次，如 $12 = 2 \times 2 \times 3$，其中质因子 2 就出现了两次。因此可以使用关联容器 map 或者 unordered_map 来存储质因子，其中键表示质因子本身，值表示该质因子出现的次数。**如果题目中要求对质因子排序，则使用 map，否则使用 unordered_map**。本小节以 unordered_map 为例。

那么进行质因子分解的算法就是：枚举素数表中每个素数 p，如果 p 不能整除 n，直接跳过；否则，让 n 不断除以 p，每次进行除法操作时都递增质因子 p 出现的次数，重复这个过程直到 n 不再能被 p 整除。当 n 变为 1 时结束整个算法。

以 n=12 为例，描述整个算法的执行过程，12 以内的素数表为 2,3,5,7,11。

1）枚举素数 2：

① n=12，能被 2 整除，令 n 除以 2，则 n 变为 6，同时递增 2 的出现次数，这时 unordered_map 持有的元素为{{2,1}}。

② n=6，能被 2 整除，令 n 除以 2，则 n 变为 3，同时递增 2 的出现次数，这时 unordered_map 持有的元素为{{2,2}}。

③ n=3，不能被 2 整除，当前素数枚举完毕。

2）枚举素数 3：

① n=3，能被 3 整除，令 n 除以 3，则 n 变为 1，同时递增 3 的出现次数，这时 unordered_map 持有的元素为{{2,2}, {3,1}}。

② n 变为 1，结束算法。

因此 12 的质因子分解结果为{{2,2}, {3,1}}，即质因子 2 出现了 2 次，质因子 3 出现了 1 次，用数学公式表示为 $12 = 2 \times 2 \times 3$。

下面给出对 n 进行质因子分解的代码模板：

```
1   //对大于 1 的正整数 n 进行质因子分解
2   //如果题目中要求对质因子排序，则使用 map，否则使用 unordered_map
3   //质因子存储在全局变量 factor 中，键表示质因子，值表示该质因子个数
4   unordered_map<gg,gg>factor;
5   void getFactor(gg n){
```

```
6        getPrime(n);   //用埃氏筛法打印 n 以内的素数表存储到 prime 中
7        for(gg i:prime){   //枚举素数表内所有素数
8            while(n%i==0){   //n 能被素数 i 整除
9                ++factor[i];   //递增质因子 i 的出现次数
10               n/=i;
11           }
12           if(n==1)   //n==1 结束算法
13               break;
14       }
15   }
```

例题 10-9　【PAT A-1059】Prime Factors

【题意概述】

将正整数 N 进行质因子分解。

【输入输出格式】

输入在一行给出正整数 N。

在一行中输出 N 的质因子分解结果。

【数据规模】

$$0 < N \le 2147483647$$

【C++代码】

```
1    #include<bits/stdc++.h>
2    using namespace std;
3    using gg=long long;
4    map<gg,gg>factor;   //质因子按升序排序，这里要使用 map
5    vector<gg>prime;
6    void getPrime(gg n=gg(1e5)){
7        vector<bool>f(n+5);
8        for(gg i=2;i<=n;++i)
9            if(not f[i]){
10               prime.push_back(i);
11               for(gg j=i+i;j<=n;j+=i)
12                   f[j]=true;
13           }
14   }
15   void getFactor(gg n){
16       getPrime();
17       for(gg i:prime){
18           while(n%i==0){
19               ++factor[i];
20               n/=i;
```

273

```
21              }
22          if(n==1)
23              break;
24      }
25  }
26  int main(){
27      ios::sync_with_stdio(false);
28      cin.tie(0);
29      gg ni;
30      cin>>ni;
31      if(ni==1){   //ni==1 时要进行特殊判断
32          cout<<"1=1";
33          return 0;
34      }
35      getFactor(ni);
36      cout<<ni<<"=";
37      for(auto i=factor.begin();i!=factor.end();++i){
38          cout<<(i==factor.begin()?"":"*")<<i->first;
39          if(i->second>1){
40              cout<<"^"<<i->second;
41          }
42      }
43      return 0;
44  }
```

10.4 欧几里得算法

　　说起欧几里得算法，你可能有些陌生，但是你一定听过它的另一个别名，即辗转相除法。这个算法的作用就是求解两个正整数的最大公约数，一般用 gcd(a,b)来表示两个正整数 a 和 b 的最大公约数。欧几里得算法基于以下定理：

$$gcd(a, b) = gcd(b, a \bmod b)$$

　　a mod b 表示 a 对 b 取模（取余）运算。你无需掌握关于这个定理的证明方法。但是通过这个定理，你可以发现，当 a<b 时，这个定理的运算结果是将 a 和 b 两个数互换；当 a>b 时，这个定理的结果可以将数据规模变小，而且减小的速度非常快。欧几里得算法的运算效率非常高，它总是能通过很少的运算次数得到两个正整数的最大公约数。

　　接下来讨论一下如何通过这样一个定理实现欧几里得算法。首先，这个定理显然是一个递推公式，还记得在 9.7.1 节介绍函数递归的时候说起过的话吗？如果针对某个问题可以得到一个递推公式，那么通常都可以通过设计一个递归程序来实现它。那么现在就考虑如何设计一个递归程序来实现它。设计递归程序需要考虑两个问题：递归边界和递归式。递归式就是上面的定理公式。那么递归边界如何设计呢？显然，0 可以被任何数整除，所以对于任意的正整数 a，总是有 gcd(a,0)=a，即可以把 gcd(a,b)中 b=0 的情况作为递归边界。于是用递归程序实现欧几里得算法的两个关键点都可以实现出来了：

1）递归边界：gcd(a, 0)=a；

2）递归式：gcd(a, b) = gcd(b, a mod b)。

下面就是实现欧几里得算法的代码：

```
1   //通过欧几里得算法计算两个正整数的最大公约数
2   gg gcd(gg a,gg b){
3       if(b==0)
4           return a;
5       return gcd(b,a%b);
6   }
```

可以进一步简化上面的代码：

```
1   //通过欧几里得算法计算两个正整数的最大公约数
2   gg gcd(gg a,gg b){return b==0?a:gcd(b,a%b);}
```

可以证明，欧几里得算法的运算效率不仅非常高（如果编译器实现了尾递归优化，它的效率几乎能够和迭代实现等价），而且递归实现几乎不会造成栈溢出问题，你可以放心大胆地使用欧几里得算法的递归实现代码。

当通过欧几里得算法求出两个正整数的最大公约数后，这两个正整数的最小公倍数也就很容易求出来了。即如果 gcd(a, b) = d，那么 a 和 b 的最小公倍数为 a×b/d。这个算式很好理解，在此不再加以证明。但是额外需要注意的是，在实现的代码中，你应该使用 a/d*b，而不是 a*b/d，因为在计算 a 和 b 的乘积时，很可能造成数据溢出问题，使用先除后乘的方法能够避免数据溢出错误的出现。

10.5　分数

分数的表示和四则运算也是经常出现的问题，本节主要介绍分数的表示、化简以及加减乘除四则运算。

10.5.1　分数的表示

分数一般有 3 种类型：真分数、假分数、带分数。最简洁的表示方法就是写成假分数的形式，因为它只包含分子和分母两个整数，而且它还可以表示大于 1 的分数。既然写成假分数只需要分子和分母两个整数，可以使用 array<gg, 2>来表示这样一个假分数。由于 array<gg, 2>类型名过长，可以为它取一个类型别名，即"using F=array<gg, 2>"（F 是分数的英文 fraction 的首字母）。本节列举的相关代码中均用 F 代替 array<gg, 2>类型名。为了表述和编码方便，如果有这样一个分数对象 f，针对这样一种表示方法约定以下规则：

1）分数对象 f 应该是 F 类型，其中 f[0]表示分子，f[1]表示分母；

2）分母 f[1]永远都是正整数，如果 f 的值为负，那么让分子 f[0]为负；

3）分子 f[0]和分母 f[1]应该一直是互质的，即两者除了 1 以外没有其他公约数；

4）如果 f 的值为 0，则令 f[0]=0，f[1]=1。

10.5.2　分数的输入

本小节给出的读入程序针对的是按 a/b 的格式给出分数形式，其中分子和分母全是整型范围内的整数，分母不为 0。读取这样一个形式的分数的程序代码可以是：

```
1    //分数的输入，针对的是按a/b的格式给出分数形式，分母不为0
2    F input(){
3        F f;
4        char c;  //吸收'/'符号
5        cin>>f[0]>>c>>f[1];
6        return f;
7    }
```

10.5.3　分数的化简

分数的化简要进行以下步骤：

1）如果分子 f[0]为 0，则令 f[1]=1；

2）如果分母 f[1]为负，将分子 f[0]和分母 f[1]都取相反数；

3）求出分子 f[0]和分母 f[1]**绝对值**的最大公约数，令分子 f[0]和分母 f[1]都除以这个最大公约数，使分子 f[0]和分母 f[1]互质。

下面给出实现分数化简的代码，注意 **gcd** 函数是上一节介绍的欧几里得算法。

```
1    //分数的化简
2    void simplify(F& f){
3        if(f[0]==0){  //如果分子f[0]为0，则令f[1]=1
4            f[1]=1;
5            return;
6        }
7        if(f[1]<0){  //如果分母f[1]为负，将分子f[0]和分母f[1]都取相反数
8            f[1]=-f[1];
9            f[0]=-f[0];
10        }
11        gg d=gcd(abs(f[0]),abs(f[1]));    //求出分子f[0]和分母f[1]绝对
                                            值的最大公约数
12        f[0]/=d;
13        f[1]/=d;
14   }
```

10.5.4　分数的四则运算

分数的四则运算包括分数的加法、减法、乘法、除法。下面分别介绍这 4 种运算。

1. 分数的加法

对于两个分数 $\frac{a_1}{b_1}$ 和 $\frac{a_2}{b_2}$，其加法公式应该是

$$\frac{a_1}{b_1}+\frac{a_2}{b_2}=\frac{a_1b_2+a_2b_1}{b_1b_2}$$

实现分数加法的代码如下：

```
1   //分数的加法
2   F Plus(const F& f1,const F& f2){
3       F f;
4       f[0]=f1[0]*f2[1]+f2[0]*f1[1];
5       f[1]=f1[1]*f2[1];
6       simplify(f);
7       return f;
8   }
```

之所以函数名首字母大写，是因为标准库中已经有了 plus 这个名字，首字母大写可以避免命名冲突。

2. 分数的减法

对于两个分数 $\frac{a_1}{b_1}$ 和 $\frac{a_2}{b_2}$，其减法公式应该是

$$\frac{a_1}{b_1}-\frac{a_2}{b_2}=\frac{a_1b_2-a_2b_1}{b_1b_2}$$

实现分数减法的代码如下：

```
1   //分数的减法
2   F Sub(const F& f1,const F& f2){
3       F f;
4       f[0]=f1[0]*f2[1]-f2[0]*f1[1];
5       f[1]=f1[1]*f2[1];
6       simplify(f);
7       return f;
8   }
```

3. 分数的乘法

对于两个分数 $\frac{a_1}{b_1}$ 和 $\frac{a_2}{b_2}$，其乘法公式应该是

$$\frac{a_1}{b_1}\times\frac{a_2}{b_2}=\frac{a_1a_2}{b_1b_2}$$

实现分数乘法的代码如下：

```
1   //分数的乘法
2   F Multiply(const F& f1,const F& f2){
3       F f;
4       f[0]=f1[0]*f2[0];
5       f[1]=f1[1]*f2[1];
6       simplify(f);
```

```
7        return f;
8    }
```

4. 分数的除法

对于两个分数 $\dfrac{a_1}{b_1}$ 和 $\dfrac{a_2}{b_2}$，其除法公式应该是

$$\frac{a_1}{b_1} / \frac{a_2}{b_2} = \frac{a_1 b_2}{a_2 b_1}$$

实现分数除法的代码如下：

```
1    //分数的除法
2    F Div(const F& f1,const F& f2){
3        F f;
4        f[0]=f1[0]*f2[1];
5        f[1]=f1[1]*f2[0];
6        simplify(f);
7        return f;
8    }
```

进行分数除法时，你应该保证传入这个函数的除数不为 0。

10.5.5　分数的输出

本小节输出的分数形式满足以下要求：

1）如果分数的值是一个整数，只输出整数部分；

2）如果分数的值大于 1，按带分数"k a/b"形式输出，k 为整数部分，a/b 为约分后的分数部分，如果有负号，只出现在整数部分；

3）如果分数的值小于 1，按真分数"a/b"形式输出，a/b 为约分后的分数部分，如果有负号，只出现在分子前。

4）如果分数的值为负，则会在分数前后输出圆括号。

以下是按上述要求输出分数的代码：

```
1    //分数输出
2    void output(const F& f){
3        if(f[0]<0)
4            cout<<'(';
5        if(f[1]==1){
6            cout<<f[0];
7        }else if(abs(f[0])<f[1]){
8            cout<<f[0]<<"/"<<f[1];
9        }else
10           cout<<f[0]/f[1]<<" "<<abs(f[0])%f[1]<<"/"<<f[1];
11       if(f[0]<0)
12           cout<<')';
```

```
13  }
```

10.5.6 代码模板

本小节主要给出前几小节讨论的分数输入、化简、四则运算、输出的所有程序的代码模板，如下所示：

```
1   //以下代码进行分数的输入、化简、加减乘除四则运算、输出
2   using F=array<gg,2>;
3   //分数的输入，针对的是按 a/b 的格式给出分数形式，分母不为 0
4   F input(){
5       F f;
6       char c;  //吸收'/'符号
7       cin>>f[0]>>c>>f[1];
8       return f;
9   }
10  //分数的化简
11  void simplify(F& f){
12      if(f[0]==0){  //如果分子 f[0]为 0，则令 f[1]=1
13          f[1]=1;
14          return;
15      }
16      if(f[1]<0){  //如果分母 f[1]为负，将分子 f[0]和分母 f[1]都取相反数
17          f[1]=-f[1];
18          f[0]=-f[0];
19      }
20      gg d=gcd(abs(f[0]),abs(f[1]));  //求出分子 f[0]和分母 f[1]绝对
                                        值的最大公约数
21      f[0]/=d;
22      f[1]/=d;
23  }
24  //分数的加法
25  F Plus(const F& f1,const F& f2){
26      F f;
27      f[0]=f1[0]*f2[1]+f2[0]*f1[1];
28      f[1]=f1[1]*f2[1];
29      simplify(f);
30      return f;
31  }
32  //分数的减法
33  F Sub(const F& f1,const F& f2){
```

```
34      F f;
35      f[0]=f1[0]*f2[1]-f2[0]*f1[1];
36      f[1]=f1[1]*f2[1];
37      simplify(f);
38      return f;
39  }
40  //分数的乘法
41  F Multiply(const F& f1,const F& f2){
42      F f;
43      f[0]=f1[0]*f2[0];
44      f[1]=f1[1]*f2[1];
45      simplify(f);
46      return f;
47  }
48  //分数的除法
49  F Div(const F& f1,const F& f2){
50      F f;
51      f[0]=f1[0]*f2[1];
52      f[1]=f1[1]*f2[0];
53      simplify(f);
54      return f;
55  }
56  //分数输出
57  void output(const F& f){
58      if(f[0]<0)
59          cout<<'(';
60      if(f[1]==1){
61          cout<<f[0];
62      }else if(abs(f[0])<f[1]){
63          cout<<f[0]<<"/"<<f[1];
64      }else
65          cout<<f[0]/f[1]<<" "<<abs(f[0])%f[1]<<"/"<<f[1];
66      if(f[0]<0)
67          cout<<')';
68  }
```

例题 10-10   【PAT A-1088、PAT B-1034】Rational Arithmetic、有理数四则运算

【题意概述】

　　本题要求编写程序，计算两个有理数的和、差、积、商。

【输入输出格式】

　　输入在一行中按照"a1/b1 a2/b2"的格式给出两个分数形式的有理数,其中分子和分母全是整型范围内的整数,负号只可能出现在分子前,分母不为 0。

　　分别在 4 行中按照"有理数 1 运算符 有理数 2=结果"的格式顺序输出两个有理数的和、差、积、商。注意,输出的每个有理数必须是该有理数的最简形式"k a/b",其中 k 是整数部分,a/b 是最简分数部分;若为负数,则须加括号;若除法分母为 0,则输出 Inf。题目保证正确的输出中没有超过整型范围的整数。

【算法设计】

　　关于分数的四则运算前面已经讲解得很清楚了。这里只讨论一下这 4 种操作如何处理。如果用 if-else if-else 语句判断输入字符是+、−、*、/中的哪个字符再进行针对性处理,这样会显得代码非常臃肿,因为这种情况你需要将类似的逻辑写 4 次。那有没有办法可以将这 4 种逻辑统一起来呢?

　　答案是肯定的。还记得 8.2 节讨论过的 function 类型吗? 它特别适合处理这种类似的逻辑。可以定义一个 unordered_map<char, function<F(F, F)>>类型变量 um 在+、−、*、/和对应的 Plus、Sub、Multiply、Div 之间建立起映射关系。然后遍历+、−、*、/这 4 种字符,假设遍历的字符变量为 c,通过 um[c](f1, f2)就可以调用对应的四则运算返回得到的结果。这样,4 种类似的逻辑你只需要编码一次就可以了。具体实现可以参考下面的代码。

【C++代码】

```
1    #include<bits/stdc++.h>
2    using namespace std;
3    using gg=long long;
4    gg gcd(gg a,gg b){ return b==0?a:gcd(b,a%b); }
5    using F=array<gg,2>;
6    F input(){
7        F f;
8        char c;  //吸收'/'符号
9        cin>>f[0]>>c>>f[1];
10       return f;
11   }
12   void simplify(array<gg,2>& f){
13       if(f[0]==0){
14           f[1]=1;
15           return;
16       }
17       if(f[1]<0){
18           f[1]=-f[1];
19           f[0]=-f[0];
20       }
21       gg d=gcd(abs(f[0]),abs(f[1]));
22       f[0]/=d;
23       f[1]/=d;
```

```
24  }
25  F Plus(const F& f1,const F& f2){
26      F f;
27      f[0]=f1[0]*f2[1]+f2[0]*f1[1];
28      f[1]=f1[1]*f2[1];
29      simplify(f);
30      return f;
31  }
32  F Sub(const F& f1,const F& f2){
33      F f;
34      f[0]=f1[0]*f2[1]-f2[0]*f1[1];
35      f[1]=f1[1]*f2[1];
36      simplify(f);
37      return f;
38  }
39  F Multiply(const F& f1,const F& f2){
40      F f;
41      f[0]=f1[0]*f2[0];
42      f[1]=f1[1]*f2[1];
43      simplify(f);
44      return f;
45  }
46  F Div(const F& f1,const F& f2){
47      F f;
48      f[0]=f1[0]*f2[1];
49      f[1]=f1[1]*f2[0];
50      simplify(f);
51      return f;
52  }
53  void output(const F& f){
54      if(f[0]<0)
55          cout<<'(';
56      if(f[1]==1){
57          cout<<f[0];
58      }else if(abs(f[0])<f[1]){
59          cout<<f[0]<<"/"<<f[1];
60      }else
61          cout<<f[0]/f[1]<<" "<<abs(f[0])%f[1]<<"/"<<f[1];
62      if(f[0]<0)
63          cout<<')';
```

```
64  }
65  int main(){
66      ios::sync_with_stdio(false);
67      cin.tie(0);
68      auto f1=input(),f2=input();
69      simplify(f1);
70      simplify(f2);
71      unordered_map<char,function<F(F,F)>>um={
72          {'+',Plus},{'-',Sub},{'*',Multiply},{'/',Div}};
73      for(char c:{'+','-','*','/'}){
74          output(f1);
75          cout<<' '<<c<<' ';
76          output(f2);
77          cout<<"=";
78          if(c=='/' and f2[0]==0){
79              cout<<"Inf\n";
80          }else {
81              auto f3=um[c](f1,f2);
82              output(f3);
83              cout<<'\n';
84          }
85      }
86      return 0;
87  }
```

10.6　大整数运算

有些时候，程序中需要的整数的值可能非常大，超过 long long 类型的存储范围，这个时候，需要将它用 string 存储起来，并进行运算。对于这样的整数运算，称为大整数运算。为了区分，通常将用 long long 能够存储的整数称为低精度整数，用 string（当然也可以用其他数据结构）存储的超出 long long 类型存储范围的整数称为高精度整数。本节介绍大整数的四则运算，包括高精度与高精度的加法、减法和乘法，以及高精度与低精度的除法。

1. 高精度与高精度的加法

你会记得小学的时候刚开始接触加法这个概念时，是如何计算的吗？

$$
\begin{array}{r}
1\ 9\ 5 \\
+\quad 4\ 9 \\
\hline
2\ 4\ 4
\end{array}
$$

1）从末位开始逐位进行加法，并向上一位进位；

2）5+9=14，和的个位为 4，向十位的进位为 1；

3）9+4+1=14，和的十位为 4，向百位的进位为 1；

4）1+1=2，和的百位为2，无进位，计算结束。

由此，可以写出高精度与高精度的加法程序：

```
1    //默认输入的 a 和 b 均为非负整数
2    string Plus(const string& a,const string& b){
3        string ans;
4        gg carry=0;   //进位
5        for(gg i=a.size()-1,j=b.size()-1;i>=0||j>=0||carry!=0;--i,
     --j){
6            gg p1=i>=0?a[i]-'0':0,p2=j>=0?b[j]-'0':0;
7            gg k=p1+p2+carry;
8            ans.push_back(k%10+'0');
9            carry=k/10;
10       }
11       reverse(ans.begin(),ans.end());   //要进行翻转
12       return ans;
13   }
```

2. 高精度与高精度的减法

同样，参考小学时计算减法的过程。

$$
\begin{array}{r}
1\ 9\ 5 \\
-\quad 4\ 9 \\
\hline
1\ 4\ 6
\end{array}
$$

1）从末位开始逐位进行减法，不够减则向上一位借位；

2）5<9，不够减，向十位借位，15-9=6，差的个位为6；

3）8-4=4，差的十位为4；

4）1-0=1，差的百位为1，计算结束。

由此，可以写出高精度与高精度的减法程序：

```
1    //默认输入的 a 和 b 均为非负整数，且a>=b
2    string Sub(string a,const string& b){
3        string ans;
4        for(gg i=a.size()-1,j=b.size()-1;i>=0||j>=0;--i,--j){
5            gg p1=i>=0?a[i]-'0':0,p2=j>=0?b[j]-'0':0;
6            if(p1<p2){   //不够减，要借位
7                a[i-1]--;
8                p1+=10;
9            }
10           gg k=p1-p2;
11           ans.push_back(k%10+'0');
12       }
13       while(ans.size()>1 and ans.back()=='0'){   //删除首部多余的 0
```

```
14          ans.pop_back();
15      }
16      reverse(ans.begin(),ans.end());   //要进行翻转
17      return ans;
18 }
```

3. 高精度与高精度的乘法

参考小学时计算乘法的过程。

$$
\begin{array}{cccc}
 & 1_0 & 9_1 & 5_2 \\
\times & & 4_0 & 9_1 \\
\hline
9_0 & 5_1 & 5_2 & 5_3
\end{array}
$$

学习的乘法计算过程通常是：先计算用乘数的每一位与被乘数的乘积，然后将诸个乘积错位相加。但这未免有些麻烦，可以省略掉最后的错位相加的步骤，在计算乘积时，直接将计算的结果累加到乘积对应的位置中。

假设被乘数有 m 位，乘数有 n 位，显然，乘积最多有 m+n 位。正如上面的竖式中下标所展示的那样，将被乘数从高位到低位编号为 0~m−1，将乘数从高位到低位编号为 0~n−1，将乘积从高位到低位编号为 0~m+n−1（其实就是用 string 存储整数时，数字在 string 中的下标）。那么在计算被乘数的第 i 位和乘数的第 j 位的数字乘积时，它应该对应于最终乘积的第 i+j+1 位，如果有进位，要向第 i+j 位进位（你可以思考一下为什么？）。

例如，被乘数 195 中数字 9 的位置就是被乘数的第 1 位，乘数 49 中数字 4 的位置就是乘数的第 0 位，这两个数字的乘积是 36，6 要用来累加到乘积的第 2 位，进位 3 要累加到乘积的第 1 位。

由此，可以写出高精度与高精度的乘法程序：

```
1  //默认 a 和 b 均为非负整数
2  string Multiply(const string& a,const string& b){
3      gg m=a.size(),n=b.size();
4      string ans(n+m,'0');   //最终乘积最多有 n+m 位
5      for(gg i=m-1;i>=0;--i){
6          for(gg j=n-1;j>=0;--j){
7              gg k=(a[i]-'0')*(b[j]-'0');
8              gg t=k+(ans[i+j+1]-'0');
9              ans[i+j]+=t/10;   //向乘积的 i+j 位进位
10             ans[i+j+1]=t%10+'0';   //填充乘积的 i+j+1 位
11         }
12     }
13     ans.erase(0,ans.find_first_not_of("0"));   //删除前导 0
14     return ans.empty()?"0":ans;
15 }
```

4. 高精度与低精度的除法

参考小学时计算除法的过程。以 65432 除以 7 为例，假定 65432 为高精度整数，7 为低

精度整数。

```
        0 9 3 4 7
    7 / 6 5 4 3 2
        6 3
          2 4
          2 1
            3 3
            2 8
              5 2
              4 9
                3
```

1）6 与 7 比较，不够除，商 0，余数为 6；

2）65 除以 7，商 9 余 2；

3）24 除以 7，商 3 余 3；

4）33 除以 7，商 4 余 5；

5）52 除以 7，商 7 余 3，计算结束。

因此，65432 除以 7 的商为 9347，余数为 3。由此，可以写出高精度与低精度的除法程序：

```
1    //默认 a 为非负整数，b 为正整数
2    pair<string,gg>DivMod(const string& a,gg b){
3        string ans;  //商
4        gg mod=0;   //余数
5        for(char c:a){
6            mod=c-'0'+mod*10;
7            ans.push_back(mod/b+'0');
8            mod%=b;
9        }
10       ans.erase(0,ans.find_first_not_of('0'));   //删除多余的前导 0
11       return {ans.empty()?"0":ans,mod};
12   }
```

例题 10-11　【PAT B-1017】A 除以 B

【题意概述】

本题要求计算 A/B。你需要输出商数 Q 和余数 R，使得 A = B×Q + R 成立。

【输入输出格式】

输入在一行中依次给出 A 和 B，中间以 1 个空格分隔。

在一行中依次输出 Q 和 R，中间以 1 个空格分隔。

【数据规模】

A 是不超过 1000 位的正整数，B 是 1 位正整数。

【C++代码】

```
1    #include<bits/stdc++.h>
2    using namespace std;
```

```
3    using gg=long long;
4    //默认 a 为非负整数，b 为正整数
5    pair<string,gg>DivMod(const string& a,gg b){
6        string ans;  //商
7        gg mod=0;  //余数
8        for(char c:a){
9            mod=c-'0'+mod*10;
10           ans.push_back(mod/b+'0');
11           mod%=b;
12       }
13       ans.erase(0,ans.find_first_not_of('0'));
14       return {ans.empty()?"0":ans,mod};
15   }
16   int main(){
17       ios::sync_with_stdio(false);
18       cin.tie(0);
19       string a;
20       gg b;
21       cin>>a>>b;
22       auto ans=DivMod(a,b);
23       cout<<ans.first<<" "<<ans.second;
24       return 0;
25   }
```

287

例题 10-12　【PAT A-1023】Have Fun with Numbers

【题意概述】

将给定数字加倍，判断结果是否是原始数字中数字的一种排列方式。

【输入输出格式】

输入在一行中给出一个正整数。

如果将输入数字加倍，结果恰好是原始数字中数字的一种排列方式，则输出一行"Yes"；否则，输出一行"No"。然后在下一行中，打印加倍后的数字。

【数据规模】

输入的正整数最多有 20 位。

【算法设计】

由于输入的正整数最多有 20 位，需要进行大整数运算。利用大整数加法求出加倍后的数字，再利用 is_permutation 泛型算法判断结果是否是原始数字中数字的一种排列方式即可。

【C++代码】

```
1    #include<bits/stdc++.h>
2    using namespace std;
3    using gg=long long;
```

```
4   string Plus(const string& a,const string& b){
5       string ans;
6       gg carry=0;  //进位
7       for(gg i=a.size()-1,j=b.size()-1;i>=0||j>=0||carry!=0;
8            --i,--j){
9           gg p1=i>=0?a[i]-'0':0,p2=j>=0?b[j]-'0':0;
10          gg k=p1+p2+carry;
11          ans.push_back(k%10+'0');
12          carry=k/10;
13      }
14      reverse(ans.begin(),ans.end());  //要进行翻转
15      return ans;
16  }
17  int main(){
18      ios::sync_with_stdio(false);
19      cin.tie(0);
20      string a;
21      cin>>a;
22      string b=Plus(a,a);
23      if(a.size()==b.size() and is_permutation(a.begin(),
        a.end(),b.begin())){
24          cout<<"Yes\n";
25      }else {
26          cout<<"No\n";
27      }
28      cout<<b;
29      return 0;
30  }
```

例题 10-13　**【PAT A-1136、PAT B-1079】A Delayed Palindrome、延迟的回文数**

【题意概述】

非回文数可以通过一系列操作变出回文数。首先将该数逆转，再将逆转数与该数相加，如果和还不是一个回文数，就重复这个逆转再相加的操作，直到一个回文数出现。如果一个非回文数可以变出回文数，就称这个数为延迟的回文数。

给定任意一个正整数，本题要求你找到其变出的那个回文数。

【输入输出格式】

输入在一行中给出一个正整数。

对给定的正整数，一行一行输出其变出回文数的过程。每行格式为"A + B = C"，其中 A 是原始的数字，B 是 A 的逆转数，C 是它们的和。A 从输入的正整数开始，重复操作直到 C 在 10 步以内变成回文数，这时在一行中输出"C is a palindromic number."。如果 10 步都没能

得到回文数，最后就在一行中输出 "Not found in 10 iterations."。

【数据规模】

输入的正整数最多有 1000 位。

【算法设计】

由于输入的正整数最多有 1000 位，需要进行大整数运算。利用大整数加法按要求模拟即可。

【注意点】

如果输入的正整数本身就是回文数，直接输出一行 "A is a palindromic number." 即可。

【C++代码】

```
1   #include<bits/stdc++.h>
2   using namespace std;
3   using gg=long long;
4   string Plus(const string& a,const string& b){
5       string ans;
6       gg carry=0;   //进位
7       for(gg i=a.size()-1,j=b.size()-1;i>=0||j>=0||carry!=0;--i,
        --j){
8           gg p1=i>=0?a[i]-'0':0,p2=j>=0?b[j]-'0':0;
9           gg k=p1+p2+carry;
10          ans.push_back(k%10+'0');
11          carry=k/10;
12      }
13      reverse(ans.begin(),ans.end());   //要进行翻转
14      return ans;
15  }
16  int main(){
17      ios::sync_with_stdio(false);
18      cin.tie(0);
19      string a,b;
20      cin>>a;
21      for(gg i=0;i<10;++i){
22          if(equal(a.begin(),a.end(),a.rbegin())){   //是回文数
23              cout<<a<<" is a palindromic number.\n";
24              return 0;
25          }
26          b=a;
27          reverse(b.begin(),b.end());
28          string c=Plus(a,b);
29          cout<<a<<"+"<<b<<"="<<c<<"\n";
30          a=c;
```

```
31      }
32      cout<<"Not found in 10 iterations.\n";
33      return 0;
34  }
```

10.7 例题与习题

本章主要介绍了各类数学问题及解决算法。表 10-1 列举了本章涉及的所有例题，表 10-2 列举了一些习题。

表 10-1 例题列表

编　号	题　号	标　题	备　注
例题 10-1	PAT B-1051	复数乘法	简单数学问题
例题 10-2	PAT A-1008	Elevator	简单数学问题
例题 10-3	PAT B-1003	我要通过！	规律推导
例题 10-4	PAT A-1104、PAT B-1049	Sum of Number Segments、数列的片段和	规律推导
例题 10-5	PAT A-1046	Shortest Distance	规律推导
例题 10-6	PAT B-1007	素数对猜想	素数判断
例题 10-7	PAT A-1152、PAT B-1094	Google Recruitment、谷歌的招聘	素数判断
例题 10-8	PAT B-1007	素数对猜想	素数筛法
例题 10-9	PAT A-1059	Prime Factors	质因子分解
例题 10-10	PAT A-1088、PAT B-1034	Rational Arithmetic、有理数四则运算	分数
例题 10-11	PAT B-1017	A 除以 B	大整数运算
例题 10-12	PAT A-1023	Have Fun with Numbers	大整数运算
例题 10-13	PAT A-1136、PAT B-1079	A Delayed Palindrome、延迟的回文数	大整数运算

表 10-2 习题列表

编　号	题　号	标　题	备　注
习题 10-1	PAT B-1091	N-自守数	简单数学问题
习题 10-2	PAT A-1113	Integer Set Partition	简单数学问题
习题 10-3	CCF CSP-20200601	线性分类器	简单数学问题
习题 10-4	PAT B-1013	数素数	素数
习题 10-5	PAT A-1015	Reversible Primes	素数
习题 10-6	PAT A-1096	Consecutive Factors	质因子分解
习题 10-7	PAT B-1062	最简分数	分数
习题 10-8	PAT A-1081	Rational Sum	分数
习题 10-9	PAT B-1074	宇宙无敌加法器	大整数运算
习题 10-10	PAT A-1024	Palindromic Number	大整数运算

第4部分 数据结构基础

　　数据结构是阐述计算机中存储、组织数据的一门学科，它是学习计算机科学过程中最重要的基本功之一。数据结构通常分为3个方面：逻辑结构、存储结构和定义在数据结构上的运算。逻辑结构是指数据元素之间的逻辑关系，它与数据在计算机中如何存储无关。数据的逻辑结构通常分为以下4种类型：

　　1）集合结构：数据元素之间除了"同属于一个集合"的关系外，别无其他关系。

　　2）线性结构：数据元素之间只存在一对一的关系，并且是一种先后的次序，就像用一根线串连起来的多个珠子。代表数据结构是链表。

　　3）树形结构：数据元素结构关系是一对多的，这就像一个大家庭，一对夫妻可能有多个子女，这些子女又各自有多个子女。

　　4）图结构：数据元素之间存在多对多的关系，就像常见的各大城市的铁路图，一个城市有很多线路连接不同城市。

　　存储结构又称物理结构，是指数据元素在计算机中的存储方式。数据的存储结构主要分为以下4种：

　　1）顺序存储：把逻辑上相邻的元素存储在物理位置上也相邻的存储单元里，元素之间的关系由存储单元的邻接关系来体现。代表数据结构为顺序表。

　　2）链式存储：不要求逻辑上相邻的元素在物理位置上也相邻，借助指示元素存储地址的指针表示元素之间的逻辑关系。代表数据结构为链表。

　　3）索引存储：在存储元素信息的同时，还建立附加的索引表，索引表主要负责标记元素的地址。

　　4）散列存储：利用散列函数根据元素的关键字直接计算出该元素的存储地址。代表数据结构为散列表。

　　数据结构上定义的运算通常分为4种：增、删、改、查，即插入元素、删除元素、修改元素、查找元素。此外，学习和使用某种数据结构时，遍历操作也使用得相当频繁。本部分介绍数据结构时通常会从"遍历、查、增、删"这4种操作入手。

　　以上的内容是数据结构的一些基本概念，你可能不能完全理解，笔者也不希望你刻意去记忆它。在本部分接下来的介绍中，你会通过具体的数据结构进一步理解和掌握这些知识。本部分会介绍一些常用的数据结构：线性表、散列表、树、图，以及排序算法。正如本部分名称所表示的那样，本部分只是介绍数据结构的基础知识，但这却是很多高级内容的基础。

第 11 章　线性表和散列表

线性表和散列表是非常常用的数据结构。

线性表的存储结构有顺序存储结构和链式存储结构两种，前者称为顺序表，后者称为链表。顺序表中的元素在内存中是连续存储的，因此顺序表支持随机访问，但在尾部以外位置插入删除元素速度很慢；链表不要求元素在内存中连续存储，它通过指针来建立结点之间的连续关系，支持快速的插入删除操作，但不支持随机访问。

散列表是对顺序表的扩展，它是一种压缩映射，当你想建立两种数据类型之间的映射关系时，就可以使用散列表。尽管最坏情况下，散列表中查找一个元素的时间与链表中查找的时间相同，然而在实际应用中，散列查找的性能是极好的。一般情况下，在散列表中查找一个元素的操作可以达到与顺序表相同的速度，即 O(1)。

11.1　顺序表

顺序表就是把线性表中所有元素存储到从一个指定位置开始的一块**连续**的存储空间中。这样，顺序表中第 1 个元素的存储位置就是指定位置，第 i+1 个元素的存储位置紧接在第 i 个元素的存储位置的后面。图 11-1 就是一个顺序表在内存中的存储表示。

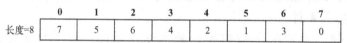

图 11-1　顺序表在内存中的存储表示

C++容器库中的 vector、array、string 都是顺序表的一种实现，这些容器都是在 C++内置数组的基础上开发的。也以 C++内置数组为基础，简单讲解一下顺序表的 3 种基本操作：插入元素、删除元素、查找元素。

实现一个简单的顺序表需要定义以下两个变量：

```
1  gg A[MAX]; //顺序表
2  gg len;  //顺序表中的元素个数
```

MAX 是一个足够大的整数值，保证针对顺序表的所有操作中，顺序表中的元素个数都不会超过 MAX。为什么要这样做呢？可以想象一下，如果 MAX 过小，在向顺序表插入元素时，元素个数超过了 MAX，导致没有空间容纳新元素，由于顺序表中的元素是连续存储的，这时顺序表必须分配新的内存空间来保存已有元素和新元素，将已有元素从原内存位置移动到新内存位置，然后添加新元素，释放旧存储空间。如果添加元素时，执行这样的内存分配和释放操作过多，性能会慢到不可接受。所以通常会在定义顺序表时就先为顺序表分配一个足够大的内存空间，保证上述的内存分配和释放操作不会出现。因此，MAX 表示顺序表的实际容量，len 表示顺序表中的元素个数。

1. 在下标 p 处插入一个值为 v 的元素

顺序表中插入元素稍显复杂，为了保持连续存储的内存分配特性，需要将下标 p 及其之后的所有元素均向后移动一个位置，然后再将元素插入到空闲出来的下标 p 处，如图 11-2 所示。

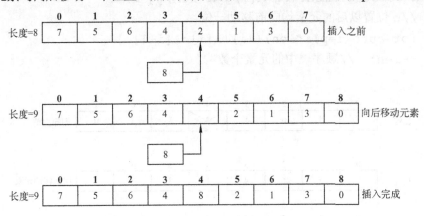

图 11-2 顺序表元素插入过程

向顺序表中插入元素的代码如下：

```
1   //在下标 p 处插入一个值为 v 的元素
2   void insertElement(gg A[ ],gg& len,gg p,gg x){
3       //p 位置以后的元素均向后移动一位
4       for(auto i=len;i>p;--i){A[i]=A[i-1];}
5       A[p]=x;
6       ++len;   //顺序表中的元素个数+1
7   }
```

由于插入元素时会修改顺序表长度，所以传入的 len 需要用引用传递，确保实参能够被修改。

最好情况下，也就是在顺序表尾部插入元素时，时间复杂度为O(1)，因为没有元素要向后移动；最坏情况下，也就是在顺序表头部插入元素时，时间复杂度为O(n)，因为所有元素都要向后移动。平均情况下，即顺序表每个位置插入元素的可能性都相同，时间复杂度也为O(n)。

实现了插入元素的算法之后，就可以通过不断调用插入算法建立一个任意的顺序表。下面的代码就建立了一个顺序表"1→2→3→4→5"：

```
1   //建立一个顺序表"1→2→3→4→5"
2   gg MAX=100;
3   gg A[MAX];          //顺序表
4   gg len=0;           //顺序表中的元素个数
5   for(gg i=1;i<=5;++i){insertElement(A,len,i-1,i);}
```

2. 删除下标为 p 的元素

和插入元素类似，为了保持连续存储的内存分配特性，从顺序表中删除下标为 p 的元素，需要将下标 p 之后的所有元素均向前移动一个位置，下标为 p 的元素会被下标为 p+1 的元素覆盖，如图 11-3 所示。

从顺序表中删除元素的代码如下：

```
1   //删除下标为 p 的元素
```

293

```
2   void deleteElement(gg A[],gg& len,gg p){
3       //p 位置以后的元素均向前移动一位
4       for(auto i=p;i<len;++i){A[i]=A[i+1];}
5       --len;  //顺序表中的元素个数-1
6   }
```

	0	1	2	3	4	5	6	7	
长度=8	7	5	6	4	✕2	1	3	0	删除之前

	0	1	2	3	4	5	6	7	
长度=8	7	5	6	4	1	3	0		向前移动元素

	0	1	2	3	4	5	6	
长度=7	7	5	6	4	1	3	0	表的长度要递减

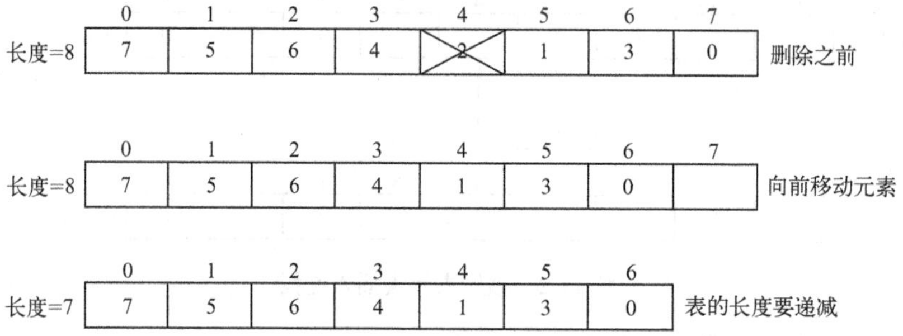

图 11-3 顺序表元素删除过程

与插入元素类似，删除元素时也会修改顺序表长度，所以传入的 len 也要用引用传递。

最好情况下，也就是在顺序表尾部删除元素时，时间复杂度为 O(1)，因为没有元素要向前移动；最坏情况下，也就是在顺序表头部删除元素时，时间复杂度为 O(n)，因为除首元素以外所有元素都要向前移动。平均情况下，即顺序表每个位置的元素删除的可能性都相同，时间复杂度也为 O(n)。

3. 遍历顺序表中所有元素

对于顺序表，遍历操作可以直接使用一个 for 循环完成，通过前面章节的学习，相信你对这种遍历操作已经相当熟悉了。代码如下：

```
1   //遍历顺序表
2   void traversal(gg A[],gg len){
3       for(gg i=0;i<len;++i){cout<<A[i]<<" ";}
4   }
```

遍历操作的时间复杂度为 O(n)。

4. 查找值为 v 的元素并返回其下标，若不存在这样的元素，返回-1

查找元素的算法也非常简单，只需在遍历顺序表的过程中查看元素值是否等于 v 即可，代码可以是这样的：

```
1   //查找值为v的元素并返回其下标，若不存在这样的元素，返回-1
2   gg findElement(gg A[],gg len,gg v){
3       for(gg i=0;i<len;++i){
4           if(A[i]==v){return i;}
5       }
6       return -1;
7   }
```

vector、array、string 都是顺序表。array 不支持增删元素；vector、string 在尾部增删元素很快，但在其他位置增删元素很慢。deque 在顺序表的基础上进行了许多改进，使得在首尾位置增删元素都很快,中间位置增删元素很慢。但是这种改进也付出了一定代价:虽然 deque 支持元素的随机访问,但这种随机访问的性能没有 vector、array、string 那么好。那么有没有什么数据结构可以让在任意位置增删元素的操作都很快呢?答案当然是肯定的,这就是接下来要介绍的链表。

11.2 链表

如前所述,线性表按存储结构的不同分为顺序表和链表。顺序表将所有元素存储到一块**连续**的存储空间中。与之相对应,链表中的元素在内存中的位置通常是不连续的,链表的两个结点之间通过指针彼此相连,这就像是用一根线将很多零散的珠子串连在一起,每个珠子都是一个元素,指针就是连接珠子的线。链表有许多形式:单链表、双向链表、单循环链表、双向循环链表等,本节会详细介绍单链表,简单介绍一下双向链表。C++标准库中的 list 容器底层数据结构就是双向链表。

11.2.1 单链表的基本概念

顺序表中每个元素只存储自己的值即可,但是单链表中每个元素都是一个结点,不仅要存储元素的值(称为数据域 val),还要存储指向下一个元素的指针(称为指针域 next),这样就可以产生一个由第一个结点开始的、由指针连接而成的链表。可以用一个类来表示这样一个结点:

```
1   //链表结点类定义
2   struct ListNode{
3       gg val;
4       ListNode* next;
5       ListNode(gg v,ListNode* n=nullptr):val(v),next(n){}
6   };
```

构造函数要求至少提供一个参数,其中第一个参数负责初始化数据域 val,第二个参数负责初始化指针域 next。如果没有提供第二个参数,则默认将指针域 next 初始化为空。

单链表按头结点的存在与否,又可以分为带头结点的链表和不带头结点的链表。头结点的数据域 val 不存放任何内容,指针域 next 指向逻辑上链表的第一个结点。头结点不存放任何信息,只是一个标志,它存在的目的是使得链表操作的边界处理更容易。本书中的链表均采用带头结点的写法。在阅读本节之后,你如果有兴趣,可以自行实现一个不带头结点的链表,就会发现二者代码的差异。

图 11-4 展示了一个单链表在内存中的存储表示,可以看到,链表是由若干个地址可能不连续的结点通过指针连接而成,且最后一个结点的 next 指针的值为 nullptr,表示一个链表的尾结点。

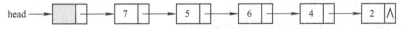

图 11-4 单链表在内存中的存储表示

图 11-4 中表示的单链表持有的元素值依次是 7、5、6、4、2。head 指针指向头结点,头结点的指针域指向逻辑上链表的第一个结点 7。"∧"符号表示指针域为空,表示数据域为 2

的结点是链表的最后一个结点。在实现一个单链表时，一般都会将 head 指针存储保留下来，然后通过 head 指针来对其他结点进行操作。

另外，还要阐述两个概念：前驱结点和后继结点。前驱结点就是指逻辑顺序上，一个结点相邻的上一个结点；后继结点就是指逻辑顺序上，一个结点相邻的下一个结点。例如，在图 11-4 表示的链表中，5 的前驱结点是 7，后继结点是 6；7 的后继结点是 5，但 7 没有前驱结点；类似地，2 没有后继结点。

11.2.2　单链表的基本操作

上一小节给出了链表结点类 ListNode 的定义，那么如何创建这样一个结点并为其分配内存空间且初始化呢？C++语言中，使用 new 运算符在堆上创建这样的结点。

依次介绍以下几种单链表的操作：插入、删除、遍历、查找。

1．在以 head 为头结点的链表的第 p 个位置处插入值为 v 的结点，p 从 0 开始计数

本书假设插入位置 p 从 0 开始计数，如对链表"7→5→6→4→2"来说，7 所在的是第 0 个位置，5 所在的是第 1 个位置，以此类推。这里假定 p 满足 0 ≤ p< 链表长度，也就是说 p 一定是合法输入。

要在第 p 个位置插入一个结点，实际上就是在链表的第 p 个元素之前插入一个结点。例如，在链表"7→5→6→4→2"的第 3 个位置插入元素 1，实际上就是在元素 4 之前插入元素 1，插入的结果就是链表会变为"7→5→6→1→4→2"。那么整个插入操作怎么完成呢？图 11-5 描述了单链表元素插入过程。

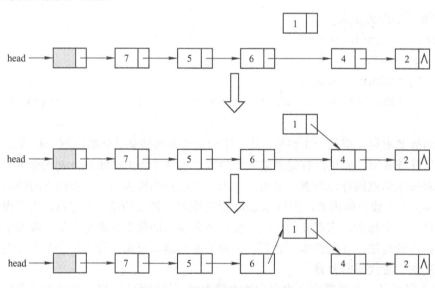

图 11-5　单链表元素插入过程

如图 11-5 所示，元素插入共有两步，假设要在结点 q 之前插入一个结点 p，插入过程为：

1）令结点 p 的指针域指向结点 q；

2）令结点 q 的前驱结点的指针域指向结点 p。

显然，这样的插入操作只需更改两个结点的指针域即可，时间复杂度为 O(1)。

要在链表的第 p 个位置插入元素，需要获取指向第 p 个结点的前驱结点的指针，也就是指向第 p−1 个结点的指针，才能进行第 2 步操作。

插入元素的代码可以是这样的:

```
1   //在以 head 为头结点的链表的第 p 个位置处插入值为 v 的结点, p 从 0 开始计数
2   void insertElement(ListNode* head,gg p,gg v){
3       for(gg i=0;i<p;++i){   //获取指向第 p-1 个结点的指针
4           head=head->next;
5       }
6       auto n=new ListNode(v);
7       n->next=head->next;
8       head->next=n;
9   }
```

注意,由于参数 head 是传值调用,函数内部的 head 的变化不会影响实参。

事实上,上面的代码还可以简化:

```
1   //在以 head 为头结点的链表的第 p 个位置处插入值为 v 的结点, p 从 0 开始计数
2   void insertElement(ListNode* head,gg p,gg v){
3       for(gg i=0;i<p;++i){   //获取指向第 p-1 个结点的指针
4           head=head->next;
5       }
6       head->next=new ListNode(v,head->next);
7   }
```

实现了插入元素的算法之后,就可以通过不断调用该算法建立一个任意的链表,就像下面的代码这样建立一个以 head 指针指向的结点为头结点的链表"1→2→3→4→5":

```
1   //建立一个以 head 指针指向的结点为头结点的链表"1→2→3→4→5"
2   ListNode* head=new ListNode(0);
3   for(int i=0;i<5;++i)
4       insertElement(head,0,5-i);   //在链表头部插入元素
```

为了找到第 p 个位置的结点,需要从 head 指针处开始遍历,时间复杂度为 O(p)。最坏情况下,即 p=n 时,时间复杂度为 O(n)。

2. 删除以 head 为头结点的链表的第 p 个位置处的结点, p 从 0 开始计数

同样,p 从 0 开始计数,且一定是合法输入。图 11-6 描述了单链表元素删除过程。

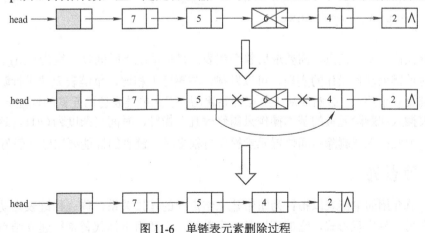

图 11-6 单链表元素删除过程

如图 11-6 所示，删除元素 p，只需要让 p 的前驱结点的指针域指向 p 的后继结点即可。显然，这样的删除操作只需更改一个结点的指针域即可，时间复杂度为 O(1)。代码如下：

```
1    //删除以 head 为头结点的链表的第 p 个位置处的结点，p 从 0 开始计数
2    void deleteElement(Node* head,gg p){
3        for(gg i=0;i<p;++i){
4            head=head->next;
5        }
6        head->next=head->next->next;
7    }
```

为了找到第 p 个位置的结点，需要从 head 指针处开始遍历，时间复杂度为 O(p)。最坏情况下，即 p=n 时，时间复杂度为 O(n)。

3. 遍历链表

链表遍历非常简单，只需用一个 for 循环就可以了：

```
1    //遍历链表
2    void traversal(ListNode* head){
3        for(auto i=head->next;i;i=i->next){
4            cout<<i->val<<" ";
5        }
6    }
```

遍历操作的时间复杂度为 O(n)。

4. 在以 head 为头结点的链表中查找值为 v 的结点，并返回指向该结点的指针，如果没有这样的结点，返回空指针

查找操作只需要在遍历操作的基础上返回对应结点的指针即可：

```
1    //在以 head 为头结点的链表中查找值为 v 的结点，并返回指向该结点的指针
2    //如果没有这样的结点，返回空指针
3    ListNode* findElement(ListNode* head,gg v){
4        while(head->next and head->next->val!=v){
5            head=head->next;
6        }
7        return head->next;
8    }
```

为了查找值为 v 的结点，需要遍历整个链表，最坏情况下时间复杂度为 O(n)。

通过对单链表基本操作的实现，可以发现，与顺序表相比，单链表无法进行随机访问，如果要找到第 p 个结点，必然要从头结点开始遍历，因此单链表访问元素的性能要差。但是，如果单链表插入和删除元素的基本操作只需修改几个指针，时间复杂度为 O(1)，这要比顺序表快得多。因此插入或删除中间位置元素操作特别多时，链表的性能要比顺序表好得多。

11.2.3 静态链表

11.2.2 节介绍的单链表以指针为纽带建立结点间的连接关系，称这种链表为动态链表。单链表还有另一种实现形式，它的底层是一个数组，用数组下标代替指针建立结点间的连接

关系，称这种链表为静态链表。图 11-7 就是一个静态链表的表示。

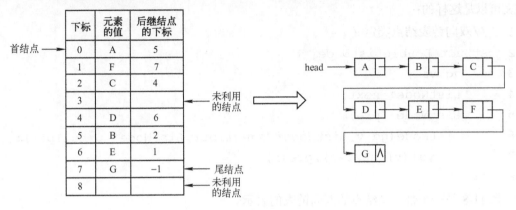

图 11-7　静态链表的表示

图 11-7 中的左图是静态链表的数组存储内容，右图是其对应的动态链表表示。与动态链表类似，静态链表的每一个结点同样含有数据域和指针域，但是静态链表中的指针不是通常所说的指针类型变量，而是一个存储数组下标的整型变量，通过它可以找到后继结点在数组中的位置，其功能类似于真实的指针，因此也称其为指针。

静态链表的结点定义可以是这样的：

```
1    //静态链表结点类定义
2    struct ListNode{
3        gg val;
4        gg next;
5        ListNode(gg v,gg n =-1):val(v),next(n){}
6    };
```

当然，实际编程过程中，为了简便，也可以使用 array<gg,2> 来作为一个结点的类型，其中下标为 0 的元素存储结点的值，下标为 1 的元素存储结点的下一个结点地址，这样就无需重新定义一个类了。

要使用静态链表，需要提前用一个数组将链表的所有结点存储起来，这时结点的指针域存储的整型值就是后继结点在数组中的下标。由于数组下标不可能小于 0，可以用-1 表示该结点的后继结点为空，也就是说指针域 next 为-1 的结点就是静态链表的尾结点。

在工程项目中，动态链表是最常见的链表实现方法。但是，在程序设计竞赛和考试中，由于通常能够在编程实现之前了解结点最多有多少，而题目设定的空间上限通常是远远超过需求的，因此为了便于编码和查找，笔者更建议你使用静态链表的写法。

11.2.4　双向链表

单链表只能由某个结点开始向后遍历，一直遍历到尾结点。然而，有时可能需要从一个结点向前遍历，如要输出单链表中从尾结点到首结点的元素，这时单链表就不能满足要求了。为了解决这类问题，引入了双向链表。

顾名思义，双向链表就是每个结点具有两个方向，既能向后遍历，又能向前遍历。为此要在单链表结点的基础上增添一个指针域 pre，指向当前结点的前驱结点，这样就可以方便地找到一个结点的前驱结点，从而输出单链表中从尾结点到首结点的元素了。双向链表结点的定义可以是这样的：

```
1  //双向链表结点类定义
2  struct DoubleListNode{
3      gg val;
4      ListNode* next;
5      ListNode* pre;
6      ListNode(gg v,ListNode* n=nullptr,ListNode* p=nullptr):
7          val(v),next(n),pre(p){}
8  };
```

图 11-8 是一个带有头结点的双向链表的表示。

图 11-8 双向链表的表示

C++标准库中的 list 就是双向链表，因此当你获取 list 中一个元素的迭代器时，可以快速地找到它的前驱和后继。通常来讲，当你需要使用链表时，都可以使用 list 容器来实现相关功能，而不需自己手动实现。

11.2.5 例题剖析

本小节通过几个例题来加深你对链表的理解。

例题 11-1 【PAT A-1074、PAT B-1025】Reversing Linked List、反转链表

【题意概述】

给定一个常数 K 以及一个单链表 L，请编写程序将 L 中每 K 个结点反转。例如，给定 L 为 1→2→3→4→5→6，K 为 3，则输出应该为 3→2→1→6→5→4；如果 K 为 4，则输出应该为 4→3→2→1→5→6，即最后不到 K 个元素不反转。

【输入输出格式】

输入第 1 行给出第 1 个结点的地址、结点总个数正整数 N 以及正整数 K（即要求反转的子链结点的个数）。结点的地址是 5 位非负整数，NULL 地址用–1 表示。接下来有 N 行，每行格式为 "Address Data Next"，其中 Address 是结点地址，Data 是该结点保存的整数数据，Next 是下一结点的地址。

顺序输出反转后的链表，其上每个结点占一行，格式与输入相同。

【数据规模】

$$K \leqslant N \leqslant 10^5$$

【算法设计】

可以用静态链表的方式存储给出的各个结点信息，以结点地址作为结点在静态链表数组中的下标。为了方便，静态链表数组的元素类型可以是 array<gg,2>，负责存储数据域和下一个地址。由于所给的地址是 5 位非负整数，静态链表的长度可以定义成 10^6，就可以表示所有的结点。接着，定义一个 vector<gg>lst，由所给链表开始地址处开始遍历整个链表，按遍历顺序将各结点地址存储到 lst 中。

可以利用 reverse 函数按要求对 lst 数组进行翻转，按格式要求进行结果输出。

【注意点】

1）题目给出的结点中可能有不在链表中的无效结点。

2）翻转时要注意，如果最后一组要翻转的结点数量小于 K，则不进行翻转；如果等于 K，需要进行翻转。

3）输出时结点地址除–1 外要有 5 位数字，不够则在高位补 0。所以地址–1 要进行特判输出。

【C++代码】

```cpp
#include<bits/stdc++.h>
using namespace std;
using gg=long long;
int main(){
    ios::sync_with_stdio(false);
    cin.tie(0);
    vector<array<gg,2>>input(gg(1e6),{-1,-1});
    gg start,ni,ki;
    cin>>start>>ni>>ki;
    for(gg i=0;i<ni;++i){
        gg address,data,nextA;
        cin>>address>>data>>nextA;
        input[address]={data,nextA};
    }
    vector<gg>lst;
    while(start!=-1){
        lst.push_back(start);
        start=input[start][1];
    }
    for(gg i=ki;i<=lst.size();i+=ki){
        reverse(lst.begin()+i-ki,lst.begin()+i);
    }
    cout<<setfill('0');
    for(gg i=0;i<lst.size()-1;++i){
        cout<<setw(5)<<lst[i]<<" "<<input[lst[i]][0]<<
        " "<<setw(5)
            <<lst[i+1]<<"\n";
    }
    cout<<setw(5)<<lst.back()<<" "<<input[lst.back()][0]<<
    "-1\n";
    return 0;
}
```

例题 11-2   【PAT A-1133、PAT B-1075】Splitting a Linked List、链表元素分类

【题意概述】

给定一个单链表，请编写程序将链表元素进行分类排列，使得所有负值元素都排在非负值元素的前面，而[0, K]区间内的元素都排在大于 K 的元素前面，但每一类内部元素的顺序是不能改变的。例如，给定链表为 18→7→-4→0→5→-6→10→11→-2，K 为 10，则输出应该为 -4→-6→-2→7→0→5→10→18→11。

【输入输出格式】

输入第 1 行给出第 1 个结点的地址、结点总个数正整数 N 以及正整数 K。结点的地址是 5 位非负整数，NULL 地址用-1 表示。接下来有 N 行，每行格式为"Address Data Next"，其中 Address 是结点地址，Data 是该结点保存的整数数据，Next 是下一结点的地址。

按链表从头到尾的顺序输出重排后的结果链表，其上每个结点占一行，格式与输入相同。

【数据规模】

$$N \leqslant 10^5, \ K \leqslant 10^3$$

【算法设计】

依然可以用静态链表的方式存储给出的各个结点信息，以结点地址作为结点在静态链表数组中的下标。为了方便，静态链表数组的元素类型可以是 array<gg,2>，负责存储数据域和下一个地址。由于所给的地址是 5 位非负整数，静态链表的长度可以定义成 10^6，就可以表示所有的结点。

定义长度为 3 的 vector<vector<gg>>类型容器 lst，由所给链表开始地址处由开始遍历整个链表，将数据域为负数的结点地址放在 lst[0]中，将数据域在[0,K]区间内的结点地址放在 lst[1]中，将数据域大于 K 的结点地址放在 lst[2]中。最后将 lst[1]、lst[2]的元素依次合并到 lst[0]末尾，那么 lst[0]就存储着分类后所有链表结点的地址。按格式要求输出 lst[0]中所有结点的信息即可。

【注意点】

1）题目给出的结点中可能有不在链表中的无效结点。

2）输出时结点地址除-1 外要有 5 位数字，不够则在高位补 0。所以地址-1 要进行特判输出。

【C++代码】

```
1    #include<bits/stdc++.h>
2    using namespace std;
3    using gg=long long;
4    int main(){
5        ios::sync_with_stdio(false);
6        cin.tie(0);
7        vector<array<gg,2>>input(gg(1e6),{-1,-1});
8        gg start,ni,ki;
9        cin>>start>>ni>>ki;
10       for(gg i=0;i<ni;++i){
11           gg address,data,nextA;
```

```
12          cin>>address>>data>>nextA;
13          input[address]={data,nextA};
14      }
15      vector<vector<gg>>lst(3);
16      while(start!=-1){
17          gg flag=input[start][0]<0?0:input[start][0]>ki?2:1;
18          lst[flag].push_back(start);
19          start=input[start][1];
20      }
21      lst[0].insert(lst[0].end(),lst[1].begin(),lst[1].end());
22      lst[0].insert(lst[0].end(),lst[2].begin(),lst[2].end());
23      cout<<setfill('0');
24      for(gg i=0;i<lst[0].size()-1;++i){
25          cout<<setw(5)<<lst[0][i]<<" "<<input[lst[0][i]][0]<<" "
26              <<setw(5)<<lst[0][i+1]<<"\n";
27      }
28      cout<<setw(5)<<lst[0].back()<<" "<<input[lst[0].back()][0]
29          <<"-1\n";
30      return 0;
31  }
```

例题 11-3 【PAT A-1032】Sharing

【题意概述】

给定两个单链表,求这两个链表第 1 个重复的结点地址。

【输入输出格式】

输入第 1 行给出第 1 个链表首个结点的地址、第 2 个链表首个结点的地址、结点总个数正整数 N。结点的地址是 5 位非负整数,NULL 地址用–1 表示。接下来有 N 行,每行格式为"Address Data Next",其中 Address 是结点地址,Data 是该结点保存的整数数据,Next 是下一结点的地址。

输出两个链表第 1 个重复的结点地址。如果没有重复结点,输出–1。

【数据规模】

$$N \leqslant 10^5$$

【算法设计】

依然可以用静态链表的方式存储给出的各个结点信息,以结点地址作为结点在静态链表数组中的下标。为了方便,静态链表数组的元素类型可以是 pair<string,gg>,负责存储数据域和下一个地址。由于所给的地址是 5 位非负整数,静态链表的长度可以定义成 10^6,就可以表示所有的结点。

遍历第 1 个链表,将遍历过的所有结点地址存放在 unordered_set 里进行记录。再遍历第 2 个链表,如果当前结点地址已经在 unordered_set 中,那么该结点就是第 1 个重复的结点,输出其地址即可。

【C++代码】

```
1   #include<bits/stdc++.h>
2   using namespace std;
3   using gg=long long;
4   int main(){
5       ios::sync_with_stdio(false);
6       cin.tie(0);
7       vector<pair<string,gg>>input(gg(1e6));
8       gg start1,start2,ni;
9       cin>>start1>>start2>>ni;
10      for(gg i=0;i<ni;++i){
11          gg address,nextA;
12          string data;
13          cin>>address>>data>>nextA;
14          input[address]={data,nextA};
15      }
16      unordered_set<gg>us;
17      while(start1!=-1){
18          us.insert(start1);
19          start1=input[start1].second;
20      }
21      while(start2!=-1){
22          if(us.count(start2)){
23              cout<<setfill('0')<<setw(5)<<start2;
24              return 0;
25          }
26          start2=input[start2].second;
27      }
28      cout<<"-1";
29      return 0;
30  }
```

11.3 散列表

散列（hash），翻译的时候把它误认为成了人名，所以它又被音译成了哈希，你需要了解这两种说法是完全等价的。在计算机科学中，散列表（也称哈希表）是极其重要的一种数据结构，它是普通数组概念的推广。普通数组能够在 O(1) 时间内访问数组中的任意元素，散列表也提供一个数组，为每个可能的关键字保留一个位置，通过一个转换函数将关键字转换为一个它在数组中的下标，这个转换函数称为散列函数（或哈希函数）。理想情况下，也能够以 O(1) 的时间访问散列表内的任意元素。在程序设计竞赛和考试中，通常不关心散列表的底层实现，而把精力主要放在散列表的使用上。

11.3.1　引论

在讲解散列的具体思想之前，先来看一道题目，假设输入 n 个数字 A_0, A_1, …, A_{n-1}，其中 $0 < n$, $A_i < 10^5$，要求输出每个数字及其出现的次数。

针对这个问题，有一个简单粗暴的算法：遍历输入的每个数字，针对遍历到的当前数字，再次遍历输入序列，统计当前数字出现的次数。另外，在这个算法中，还需要注意如果当前数字已经统计过，那么不再进行重复统计，避免输出的数字出现重复。这个算法要使用嵌套循环，时间复杂度为 $O(n^2)$，当 n 达到 10^5 级别时，n^2 达到 10^{10} 级别，这显然是无法承受的。

那么如何优化上面的算法呢？采用一种以空间换时间的算法，建立一个长度为 10^5 的一维数组 hashTable，以数组下标代表一个数字，对应的数组元素表示该数字出现的次数。每读取一个输入的数字 A_i，都令 hashTable$[A_i]$ 递增 1 次，这样当读取完成时，数组 hashTable 中就记录了每个数字出现的次数，这时只需要遍历整个 hashTable 数组，就可以输出对应的结果。整个算法的实现代码可以是下面这样：

```
1   #include<bits/stdc++.h>
2   using namespace std;
3   using gg=long long;
4   int main(){
5       gg n,a;
6       cin>>n;                          //要输入 n 个数字
7       vector<gg>hashTable(1e5);        //建立长为 10^5 的一维数组
8       for(gg i=0;i<n;++i){
9           cin>>a;                      //读取输入的每个数字
10          ++hashTable[a];              //递增 hashTable 对应元素
11      }
12      for(LL i=0;i<hashTable.size();++i){
13          if(hashTable[i]>0){          //hashTable[i]>0 表示数字 i 在输入序
                                         列中出现过
14              cout<<i<<" "<<hashTable[i]<<"\n";  //输出数字及对应出现
                                                   次数
15          }
16      }
17      return 0;
18  }
```

如果输入为：

```
1   5
2   1 1 2 2 3
```

输出为：

```
1   1 2
```

```
2    2 2
3    3 1
```

这个算法时间复杂度为 $O(n + 10^5)$，达到了线性算法级别。

11.3.2　散列函数和冲突

上面的算法其实就用到了散列的思想，如果更改一下题目条件，你会体会得更加深刻。假设 n 依旧满足 $0 < n < 10^5$，但是输入的 n 个数字却满足 $0 < A_i < 10^{12}$，即输入数字可以达到 10^{12} 级别。这种情况下，上面的代码就不可能运行起来了。因为按照上面的算法，需要开辟一个长达 10^{12} 的一维数组，即使使用 vector 也无法定义这么大的数组。所以，如果还是想利用上面的算法思想，那么就需要对输入的数字压缩到一个可以接受的数字范围。散列思想就非常适合解决这个问题。

散列是一种压缩映射，它通常的核心思想是**将一种类型的关键字通过一个函数转换成一个整数，使得这个整数能够尽可能地表示这个关键字本身**。这个函数称为**散列函数**或**哈希函数**，转换成的整数称为该关键字的**散列值**或**哈希值**。

那么散列的作用是什么呢？

先考虑普通的一维数组，可以通过一个整数类型的下标访问到一维数组中的对应元素，这个元素可以是任意的类型。这实质上就实现了一种由整数下标到对应元素的一种映射。由于普通数组是计算机中元素访问速度最快的数据结构，访问操作的时间复杂度为 O(1)，因此普通数组实现的这种由整数下标到对应元素的映射表的访问速度也非常高效。

散列的目的也是实现一种这样的映射表，称之为**散列表**。散列表是普通数组概念的进一步推广，普通数组实现的是由整数下标到对应元素的一种映射，而散列表实现的是任意类型关键字到任意类型元素的一种映射。散列表底层实质上也是一个普通数组，它通过散列函数计算出关键字对应的元素在这个一维数组中的下标，称之为散列值，然后再通过这个散列值访问对应的元素。因此，如果散列函数的设计足够好的话，能够像普通数组那样以 O(1) 的时间复杂度，通过可能非整数类型的关键字访问到对应的元素。

那么对于关键字是一个整数 key 的情况，有哪些散列函数可以使用呢？最简单的散列函数设计方法是直接定址法，即把关键字不作任何变换，直接用作散列值，即 hash(key) = key，上一小节的算法就使用了这一思想。此外，最常用的散列函数设计方法是**除留余数法**，即将 key 对一个指定的数字 m 取余数作为散列值，即

$$hash(key) = key \bmod m$$

显然，即使 key 很大，转换成的散列值也不会超过 m。因此，**通常将 m 设置为散列表表长**。所以要解决上面提出的问题，可以将 m 设置为一维数组的长度 10^5，这样即使输入的数字高达 10^{12}，也可以得到不会超过 10^5 的散列值做数组下标。但这会造成另一个问题，输入的两个不相等的数字 key1 和 key2 可能会得到同一个散列值，这两个不同的数字可能会映射到同一个数组元素，即 hash(key1) == hash(key2)，这种情况称为**冲突**或**碰撞**。

设计的散列函数应该尽**可能避免冲突**的出现，为此，**散列表的表长通常设置为一个素数**。但是只能做到尽可能避免冲突，而不可能设计一个针对所有数据都不会产生冲突的散列函数。因此，针对可能出现的冲突，需要提供解决冲突的方法。下面介绍几种常见的冲突解决方法。

1．开放定址法

$$hash_i = (hash(key) + d_i) \bmod m$$

其中，hash(key) 为散列函数，m 为散列表长，d_i 为增量序列，i 为已发生冲突的次数。增量序列可有下列取法：

1）当 $d_i = 1, 2, \cdots, m-1$ 时，称为线性探测法。其相当于执行这样的操作：先得到正常的 hash(key) 值，如果散列表中该位置已被占用，就逐个检查散列表中由 hash(key) 对应的单元开始的相邻单元 $(hash(key) + 1) \mod m$, $(hash(key) + 2) \mod m$, $\cdots$, $(hash(key) + m-1) \mod m$，直到找到了没有被占用的单元，并将元素插入到该单元处。如果搜索完散列表所有位置，都没有找到没有被占用的单元，则插入操作失败。

2）当 $d_i = \pm 1^2, \pm 2^2, \cdots, \pm k^2 (k \leqslant m/2)$ 时，称为平方探测法。其相当于执行这样的操作：先得到正常的 hash(key) 值，如果散列表中该位置已被占用，就检查散列表中由 hash(key) 对应的单元开始的相应单元 $(hash(key) \pm 1^2) \mod m$, $(hash(key) \pm 2^2) \mod m$, $\cdots$, $(hash(key) \pm k^2) \mod m$，直到找到了没有被占用的单元，并将元素插入到该单元处。如果搜索完散列表所有位置，都没有找到没有被占用的单元，则插入操作失败。

2．再散列法

再散列法定义了多个散列函数，如果一个散列函数发生冲突，就逐一利用其他散列函数不断产生新的散列值，直到冲突不再发生。

3．链地址法

将散列到同一个存储位置的所有元素保存在一个链表中。当要访问一个元素时，先计算该元素的散列值，然后遍历其对应的单链表，查找相应的元素。

C++标准库中的无序容器底层就是用散列表实现的，而它解决冲突的方法就类似于链地址法。通常来讲，当需要使用散列表时，通常可以直接使用 C++标准库中的无序容器，这时一般不需要实现这些解决冲突的方法。

可以使用 C++标准库中的 unordered_map 容器解决在本小节开始时提出的问题，代码可以是这样的：

```
1    #include<bits/stdc++.h>
2    using namespace std;
3    using gg=long long;
4    int main(){
5        gg n,a;
6        cin>>n;                          //要输入 n 个数字
7        unordered_map<gg,gg>hashTable;   //利用 unordered_map 构建哈希表
8        for(gg i=0;i<n;++i){
9            cin>>a;                      //读取输入的每个数字
10           ++hashTable[a];              //递增 hashTable 对应元素
11       }
12       for(auto& i:hashTable){
13           cout<<i.first<<" "<<i.second<<"\n";
14       }
15       return 0;
16   }
```

如果输入为：

```
1   8
2   12345678910 12345678910 10987654321 10987654321 10987654321 1 1 2
```

输出为：

```
1   2 1
2   1 2
3   10987654321 3
4   12345678910 2
```

代码是不是非常简洁？通常当你想实现一个哈希表时，并不需要自己去实现一个哈希表，C++标准库中的无序关联容器就是哈希表的绝佳实现，但是令人遗憾的是，正如 7.6 节所介绍的，并不是任意类型都可以作为无序关联容器的关键字类型。请看下面这道例题。

例题 11-4 【CCF CSP-20191202】回收站选址

【题意概述】

给出 n 处尚待清理的垃圾位置的坐标 (x, y)，保证所有的 x、y 均为整数。希望建立回收站，如果回收站坐标为 (x, y)，要满足：

1）(x, y) 必须是整数坐标，且该处存在垃圾；

2）上下左右四个邻居位置，即 $(x, y+1)$、$(x, y-1)$、$(x-1, y)$ 和 $(x+1, y)$ 处，必须全部存在垃圾。

要对每个回收站进行评分，评分为在 $(x \pm 1, y \pm 1)$ 四个对角位置中存在垃圾的位置数量。要求输出 5 行，每行一个整数，依次表示得分为 0、1、2、3 和 4 的回收站选址个数。

【输入输出格式】

输入总共有 n+1 行。第 1 行包含一个正整数 n，表示已查明的垃圾点个数。接下来每行输入一个坐标，保证输入的 n 个坐标互不相同。

输出共 5 行，每行一个整数，依次表示得分为 0、1、2、3 和 4 的回收站选址个数。

【数据规模】

$$1 \leqslant n \leqslant 10^3, \ |x_i|, \ |y_i| \leqslant 10^9$$

【算法设计】

由于输入的坐标 (x, y) 均满足 $|x_i|$、$|y_i| \leqslant 10^9$，且 (x, y) 可为负数，不可能开辟一个二维数组来存储这些坐标。而且，由于输入坐标个数 n 满足 $1 \leqslant n \leqslant 10^3$，可以用一个哈希表来建立一种映射关系：将坐标映射到它的上下左右四个邻居位置存在垃圾的个数和四个对角位置中存在垃圾的个数。可以用 array<long long, 2>类型来表示坐标，自然希望能够使用无序关联容器来实现这样一种哈希表，但是这里有一个问题，无序关联容器要求关键字类型必须实现了一种默认的哈希函数，而 array<long long, 2>类型不满足这个要求，因此它不能作为无序关联容器的关键字类型。怎么办呢？下一小节会介绍自定义类型的默认哈希函数的实现方法，但这是可选的，你完全可以不浏览下一小节，这是因为有备选方法——用有序关联容器来替代无序关联容器。虽然有序关联容器底层并不是哈希表，性能也比无序关联容器差一些，但在大多数情况下，有序关联容器完全可以实现无序关联容器的功能，而且它的性能也是可以接受的。

因此可以使用 array<long long, 2>类型的坐标作为 map 的关键字，然后用另一个 array<long long, 2>存储坐标上下左右四个邻居位置存在垃圾的个数和四个对角位置中存在垃圾的个数，并把它作为 map 的值。这样就可以用一个 map<array<gg, 2>, array<gg, 2>>来存储一个坐标和其对应的要考虑的量了。

【C++代码】

```
1   #include<bits/stdc++.h>
2   using namespace std;
3   using gg=long long;  //类型别名
4   int main(){
5       ios::sync_with_stdio(false);
6       cin.tie(0);
7       //键为坐标,值对应该坐标上下左右四个邻居位置存在垃圾的个数和四个对角位
8       //置中存在垃圾的个数
9       map<array<gg,2>,array<gg,2>>m;
10      gg n;
11      array<gg,2>p;
12      cin>>n;
13      while(n--){
14          cin>>p[0]>>p[1];
15          //将当前坐标插入哈希表中,默认邻居位置和对角位置垃圾个数均为0
16          m.insert({p,{0,0}});
17          for(auto& i:m){
18              auto& p2=i.first;
19              if((abs(p[0]-p2[0])==1 and p[1]==p2[1]) or
20                  (p[0]==p2[0] and
21                   abs(p[1]-p2[1])==1)){   //邻居位置存在垃圾
22                  ++m[p][0];
23                  ++m[p2][0];
24              }else if(abs(p[0]-p2[0])==1 and abs(p[1]-p2[1])==1){
25                  //对角位置存在垃圾
26                  ++m[p][1];
27                  ++m[p2][1];
28              }
29          }
30      }
31      array<gg,5>ans{};           //存储最终结果
32      for(auto& i:m)
33          if(i.second[0]==4)       //当前坐标可以作为选址
34              ++ans[i.second[1]]; //递增其得分下的选址个数
35      for(auto i:ans)
36          cout<<i<<"\n";
37      return 0;
```

```
38    }
```

11.3.3 自定义无序关联容器的关键字哈希函数

无序关联容器（unordered_set 和 unordered_map）中的元素是采用哈希表对关键字进行排列的。那么无序关联容器是如何组织存储的元素的呢？

无序容器通过多个桶来存储元素，每个桶保存零个或多个元素。当要插入一个元素时，无序容器使用一个哈希函数计算该元素的哈希值，这个哈希值指示了要将元素插入到哪一个桶中；当要访问一个元素时，无序容器依旧要使用同样的哈希函数计算元素的哈希值，它指出要访问该元素，应该搜索哪个桶。所有关键字哈希值相同的元素都会存储在同一个桶中。因此，无序容器的性能依赖于哈希函数的质量以及桶的数量和大小。

对于相同的关键字，哈希函数必须总是产生相同的哈希值。理想情况下，哈希函数应该将每个特定的关键字映射到唯一的桶，每个桶中只保存零个或一个元素。也就是说，理想情况下，不会发生冲突。但是，这也仅仅是理想情况，发生冲突是难免的。如果发生冲突，无序容器将哈希值相同的关键字存储在一个桶中，如果一个桶中保存了多个元素，需要**顺序搜索**这些元素来查找想要的那个元素。

计算一个元素的哈希值和在桶中搜索通常都是很快的操作，但是如果冲突比较频繁，一个桶中保存了大量的关键字，那么查找一个特定元素就需要大量比较操作，无序容器的性能就会变得非常差。因此，应该尽可能地设计出冲突最少的哈希函数。

类似于有序容器，无序容器在创建对象时，可以向它传递函数对象作为额外的参数，这个函数对象定义了针对关键字类型对象的哈希函数，它应该返回一个整数值，笔者建议你返回一个 gg 类型的整数值：

```
unordered_set<Key,Hash>us;
unordered_map<Key,Value,Hash>um;
```

接下来仍以 11.3.2 节提出的例题 1-4 为例，具体讲解如何自定义无序关联容器的关键字哈希函数。希望使用 array<gg,2>类型作为无序关联容器的关键字，首先要思考如何设计一个好的哈希函数。正如前面所述，无序容器已经实现了解决冲突的方法，因此即使设计的哈希函数会产生冲突，也无需为此担心。但是设计的哈希函数越好，发生的冲突越少，无序容器的性能就会越好。

对于问题中的任意一个坐标 $P = (x, y)$ 来说，由于 $|x_i|$, $|y_i| \leqslant 10^9$，因此可以设计一个这样的哈希函数 $hash(P) = x \times 10^9 + y$，当然这个哈希函数并不是完美的哈希函数，它仍然会产生冲突。设计好哈希函数后，接下来具体去编码实现它，并将它传递给无序关联容器。

可以像 7.7 节那样传递函数对象类，代码如下：

```
1    struct arrayHash{
2      gg operator()(const array<gg,2>& p) const{return p[0]*1e9+
       p[1];}
3    };
```

那么可以像下面这样用 array<gg, 2>作为无序容器的关键字：

```
1    unordered_map<array<gg,2>,gg,arrayHash>um;
2    unordered_set<array<gg,2>,arrayHash>us;
```

可以用这种方法解决例题 1-4。

例题 11-4 【CCF CSP-20191202】回收站选址

【题意概述】

给出 n 处尚待清理的垃圾位置的坐标 (x, y)，保证所有的 x、y 均为整数。希望建立回收站，如果回收站坐标为 (x, y)，要满足：

1）(x, y) 必须是整数坐标，且该处存在垃圾；

2）上下左右四个邻居位置，即 $(x, y+1)$、$(x, y-1)$、$(x-1, y)$ 和 $(x+1, y)$ 处，必须全部存在垃圾。

要对每个回收站进行评分，评分为在 $(x\pm1, y\pm1)$ 四个对角位置中存在垃圾的位置数量。要求输出 5 行，每行一个整数，依次表示得分为 0、1、2、3 和 4 的回收站选址个数。

【输入输出格式】

输入总共有 n+1 行。第 1 行包含一个正整数 n，表示已查明的垃圾点个数。接下来每行输入一个坐标，保证输入的 n 个坐标互不相同。

输出共 5 行，每行一个整数，依次表示得分为 0、1、2、3 和 4 的回收站选址个数。

【数据规模】

$$1 \leqslant n \leqslant 10^3, |x_i|, |y_i| \leqslant 10^9$$

【C++代码】

```cpp
1    #include<bits/stdc++.h>
2    using namespace std;
3    using gg=long long;   //类型别名
4    using agg2=array<gg,2>;
5    struct arrayHash{   //自定义哈希函数
6        gg operator()(const agg2& p) const{return p[0]*1e9+p[1];}
7    };
8    int main(){
9        ios::sync_with_stdio(false);
10       cin.tie(0);
11       //键为坐标,值对应该坐标上下左右四个邻居位置存在垃圾的个数和四个对角位
12       //置中存在垃圾的个数
13       unordered_map<agg2,agg2,arrayHash>um;
14       gg n;
15       agg2 p;
16       cin>>n;
17       while(n--){
18           cin>>p[0]>>p[1];
19           //将当前坐标插入哈希表中,默认邻居位置和对角位置垃圾个数均为 0
20           um.insert({p,{0,0}});
21           for(auto& i:um){
22               auto& p2=i.first;
```

311

```
23              if((abs(p[0]-p2[0])==1 and p[1]==p2[1]) or
24                  (p[0]==p2[0] and
25                   abs(p[1]-p2[1])==1)){   //邻居位置存在垃圾
26                 ++um[p][0];
27                 ++um[p2][0];
28              } else if(abs(p[0]-p2[0])==1 and abs(p[1]-p2[1])==1){
29                 //对角位置存在垃圾
30                 ++um[p][1];
31                 ++um[p2][1];
32              }
33          }
34      }
35      array<gg,5>ans{};              //存储最终结果
36      for(auto& i:um)
37         if(i.second[0]==4)          //当前坐标可以作为选址
38            ++ans[i.second[1]];      //递增其得分下的选址个数
39      for(auto i:ans)
40         cout<<i<<"\n";
41      return 0;
42  }
```

由于无序关联容器内置了解决冲突的方法，因此哈希函数的设计只会影响程序的运行效率，不会影响程序的正确性。换言之，如果题目时间上限比较充裕，哈希函数随便返回一个任意值也是可以的。举个例子，如果将第 6 行代码中的 return 语句直接改成 "return 1"，程序依然能够通过全部测试样例，只不过程序的运行效率会大大降低。由于所有关键字返回的哈希值都是 1，它们都会被放到同一个桶中，无论是插入还是访问，都会顺序搜索桶中所有的关键字，这时的哈希表实质上已经退化成了一个普通链表，它在性能上的优势已经全部丧失了。

11.3.4 例题剖析

哈希表实质上也是一种"打表"方法，它的设计思想同样是以空间换时间。在程序设计竞赛和考试中，可以使用哈希表实现两种数据类型之间的映射关系。经过前几小节的讲解，实现两种数据类型之间的映射关系的方法通常有以下几种：数组、无序关联容器、有序关联容器。从性能上讲，数组优于无序关联容器，无序关联容器优于有序关联容器。笔者希望你能够按照下面的思考顺序决定使用哪种容器实现哈希表：

1）关键字是能够作为数组下标的较小的正整数（如 10^{12} 就不能成为数组下标，因为你无法开辟达到 10^{12} 级别的数组），使用数组（这里所说的数组包括 vector、array、C++内置数组、bitset）；

2）关键字不能作为数组下标，但能直接作为无序关联容器的键，用无序关联容器；

3）关键字不能作为无序关联容器的键，但能直接作为有序关联容器的键，用有序关联容器；

4）关键字不能直接作为数组下标、有序关联容器和无序关联容器的键，自定义该类型的

默认哈希函数并使用无序关联容器。这种情况极为少见。

接下来结合几道例题帮助你进一步理解哈希表的用法。

11.3.4.1　使用数组（包括 vector、array、C++内置数组）

例题 11-5　【PAT B-1021】各位数统计

【题意概述】

统计给定的正整数 N 中每种不同的各位数字出现的次数。

【输入输出格式】

输入 N。

对 N 中每一种不同的各位数字，以 "D:M" 的格式在一行中输出该位数字 D 及其在 N 中出现的次数 M。要求按 D 的升序输出。

【数据规模】

N 的位数不超过 1000。

【算法设计】

由于 N 位数最高可达到 1000 位，用 long long 类型存储不下，需要用 string 读入。定义一个长度为 10 的数组来构建哈希表，下标表示 0~9 这 10 个数字，对应元素表示该数字出现的次数。

【C++代码】

```cpp
1    #include<bits/stdc++.h>
2    using namespace std;
3    using gg=long long;
4    int main(){
5        ios::sync_with_stdio(false);
6        cin.tie(0);
7        array<gg,10>h{};
8        string s;
9        cin>>s;
10       for(char c:s){
11           ++h[c-'0'];
12       }
13       for(int i=0;i<h.size();++i){
14           if(h[i]>0){
15               cout<<i<<':'<<h[i]<<'\n';
16           }
17       }
18       return 0;
19   }
```

例题 11-6　【PAT A-1084、PAT B-1029】Broken Keyboard、旧键盘

【题意概述】

旧键盘上坏了几个键，于是在敲一段文字的时候，对应的字符就不会出现。现在给出应

313

该输入的一段文字以及实际被输入的文字，请你列出肯定坏掉的那些键。

【输入输出格式】

输入在两行中分别给出应该输入的文字、实际被输入的文字。每段文字是不超过 80 个字符的串，由字母 A~Z（包括大、小写）、数字 0~9 以及下划线"_"（代表空格）组成。题目保证两个字符串均非空。

按照发现顺序，在一行中输出坏掉的键。其中英文字母只输出大写，每个坏键只输出一次。题目保证至少有一个坏键。

【算法设计】

由于 ASCII 码共有 128 个字符，可以定义一个长为 128 的 vector，初始元素均初始化为 false。遍历第 2 个字符串，以其字符的大写形式作为数组下标，将对应元素置 true；然后遍历第 1 个字符串，如果其字符的大写形式对应的数组元素为 false，则进行输出，并将其字符的大写形式对应的数组元素置为 true，以确保后续不会再输出。

【C++代码】

```
1    #include<bits/stdc++.h>
2    using namespace std;
3    int main(){
4        ios::sync_with_stdio(false);
5        cin.tie(0);
6        string s1,s2;
7        cin>>s1>>s2;
8        vector<bool>h(128);                //哈希表
9        for(char c:s2)
10           h[toupper(c)]=true;
11       for(char c:s1){
12           if(not h[toupper(c)]){
13               cout<<(char)toupper(c);
14               h[toupper(c)]=true;        //保证坏掉的键只输出一次
15           }
16       }
17       return 0;
18   }
```

例题 11-7 【PAT B-1033】旧键盘打字

【题意概述】

旧键盘上坏了几个键，于是在敲一段文字的时候，对应的字符就不会出现。现在给出应该输入的一段文字以及坏掉的那些键，打出的结果文字会是怎样？

【输入输出格式】

输入在两行中分别给出坏掉的那些键、应该输入的文字。其中对应英文字母的坏键以大写给出。题目保证第 2 行输入的文字串非空。注意，加号"+"代表上档键，如果上档键坏掉了，那么大写的英文字母无法被打出。

314

在一行中输出能够被打出的结果文字。如果没有一个字符能被打出，则输出空行。

【算法设计】

由于 ASCII 码共有 128 个字符，可建立一个长度为 128 的数组 vector，表示相应位置的键是否已坏。遍历第 1 行字符串，将 vector 中坏掉的键对应的位置置 true。遍历第 2 行字符串，如果不是大写字母且对应键没有坏，则进行输出。注意，对于大写字母还需满足上档键"+"没有坏的条件才能输出。

【算法设计】

第 1 行字符串可能为空，要使用 getline 函数读入，不要用 cin。

【C++代码】

```
1   #include<bits/stdc++.h>
2   using namespace std;
3   int main(){
4       ios::sync_with_stdio(false);
5       cin.tie(0);
6       string s1,s2;
7       getline(cin,s1);
8       getline(cin,s2);
9       vector<bool>h(128);
10      for(char c:s1)
11          h[tolower(c)]=true;
12      for(char c:s2){
13          if(h[tolower(c)] or (isupper(c) and h['+']))
14              continue;
15          cout<<c;
16      }
17      return 0;
18  }
```

例题 11-8 【PAT A-1112】Stucked Keyboard

【题意概述】

在损坏的键盘上，某些键始终卡住。因此，当您键入一些句子时，与这些键相对应的字符将在屏幕上重复出现 k 次。现在在屏幕上给出了结果字符串，您应该列出所有可能的卡住的键以及原始字符串。请注意，可能有些字符被重复键入。每次按下时，固定的键将始终重复输出固定的 K 次。例如，当 K = 3 时，在字符串"thiiis iiisss a teeeeeest"中，知道键 i 和 e 可能卡住了，但是 s 即使有时重复出现也不会，那么原始的字符串可能就是"this isss a teest"。

【输入输出格式】

第一行给出一个正整数 K，它是固定键的输出重复次数。第二行包含屏幕上的结果字符串，该字符串仅可能包含{a~z}、{0~9}和"_"这些字符，确保该字符串为非空。

按检测到的顺序一行打印可能卡住的键，确保每个键仅打印一次。然后在下一行中打印原始字符串。确保至少有一个卡住的键。

315

【数据规模】

$1 \leqslant K \leqslant 100$，输入字符串最多有 1000 个字符。

【算法设计】

这道题处理起来稍微麻烦一些，定义一个长度为 128 的 gg 数组 h，下标表示字符，元素为 1 表示该字符是坏键，元素为 2 表示该字符是坏键且已被输出过，元素为-1 表示该字符不是坏键，元素为 0 表示该字符还没有遇到过。遍历输入的字符串，统计连续出现的重复字符的个数是否是 K 的整数倍，若不是表示该字符必然不是坏键；如果在输入的字符串中某字符连续出现的重复个数都是 K 的整数倍，那么该字符是坏键。注意，是坏键的条件比较苛刻，只要某字符有一次重复出现的个数不是 K 的整数倍，那么此键就不是坏键。

再次遍历输入的字符串，将 h 对应元素等于 1 的坏键进行输出。注意，同一个字符只能输出一次，且需按在字符串中出现的顺序进行输出。然后输出正确的字符串，每 K 个坏键输出一次，每一个良好的键都输出一次即可。

【C++代码】

```cpp
1   #include<bits/stdc++.h>
2   using namespace std;
3   using gg=long long;
4   int main(){
5       ios::sync_with_stdio(false);
6       cin.tie(0);
7       gg ki;
8       string si;
9       cin>>ki>>si;
10      array<gg,128>h{};
11      for(gg i=0;i<si.size();){
12          if(h[si[i]]!=-1){   //无需检测已确定不是坏键的字符
13              gg j=si.find_first_not_of(si[i],i+1);
14              if(j==-1){
15                  j=si.size();
16              }
17              h[si[i]]=(j-i)%ki!=0?-1:1;//检测重复次数是否为 ki 的倍数
18              i=j;
19          } else{
20              ++i;
21          }
22      }
23      string ans;
24      for(gg i=0;i<si.size();){
25          ans.push_back(si[i]);
26          if(h[si[i]]==-1){
27              ++i;
```

```
28              continue;
29          }
30          if(h[si[i]]==1){   //是坏键且未输出过
31              cout<<si[i];
32              h[si[i]]=2;
33          }
34          i+=ki;
35      }
36      cout<<"\n"<<ans;
37      return 0;
38  }
```

例题 11-9　【PAT B-1032】挖掘机技术哪家强

【输入输出格式】

输入在第 1 行给出一个正整数 N，即参赛人数。随后 N 行，每行给出一位参赛者的信息和成绩，包括其所代表的学校的编号（从 1 开始连续编号）及其比赛成绩（百分制），中间以空格分隔。

在一行中给出总得分最高的学校的编号及其总分，中间以空格分隔。题目保证答案唯一，没有并列。

【数据规模】

$$N \leqslant 10^5$$

【算法设计】

人数不会超过 10^5，且学校从 1 开始连续编号，可定义一个 10^5 大的数组做哈希表，所有元素初始化为 0。数组下标表示学校编号，元素内容表示成绩。将编号和成绩读入过程中，在相应的数组编号下进行加和，然后遍历整个数组找出最大成绩的学校编号即可。

【C++代码】

```cpp
1   #include<bits/stdc++.h>
2   using namespace std;
3   using gg=long long;
4   int main(){
5       ios::sync_with_stdio(false);
6       cin.tie(0);
7       array<gg,(gg)1e5+5>h{};
8       gg n;
9       cin>>n;
10      while(n--){
11          gg a,b;
12          cin>>a>>b;
13          h[a]+=b;
14      }
```

```
15      auto i=max_element(h.begin(),h.end());
16      cout<<(i-h.begin())<<' '<<*i;
17      return 0;
18  }
```

例题 11-10 【PAT B-1038】统计同成绩学生

【题意概述】

读入 N 名学生的成绩，将获得某一给定分数的学生人数输出。

【输入输出格式】

输入在第一行给出一个正整数 N，即学生总人数。随后一行给出 N 名学生的百分制整数成绩，中间以空格分隔。最后一行给出要查询的分数个数 K（不超过 N 的正整数），随后是 K 个分数，中间以空格分隔。

在一行中按查询顺序给出得分等于指定分数的学生人数，中间以空格分隔，但行末不得有多余空格。

【数据规模】

$$N \leqslant 10^5$$

【算法设计】

由于是百分制成绩，可以定义一个长度为 105 的数组做哈希表，数组下标当作成绩，数组元素表示获得该成绩的学生人数。将该数组初始化为 0 。在读入成绩的过程中，将相应成绩下标下的人数递增，查询时直接输出即可。

【C++代码】

```
1   #include<bits/stdc++.h>
2   using namespace std;
3   using gg=long long;
4   int main(){
5       ios::sync_with_stdio(false);
6       cin.tie(0);
7       array<gg,105>h{};
8       gg n,a;
9       cin>>n;
10      while(n--){
11          cin>>a;
12          ++h[a];
13      }
14      cin>>n;
15      for(int i=0;i<n;++i){
16          cin>>a;
17          cout<<(i==0?"":" ")<<h[a];
18      }
19      return 0;
```

```
20   }
```

例题 11-11 【PAT A-1092、PAT B-1039】To Buy or Not to Buy、到底买不买

【题意概述】

卖珠子的摊主有很多串五颜六色的珠串，但是不肯把任何一串拆散了卖。你要判断一下，某串珠子里是否包含了全部想要的珠子？如果是，那么计算有多少多余的珠子；如果不是，那么计算缺了多少珠子。为方便起见，使用[0~9]、[a~z]、[A~Z]范围内的字符来表示珠子的颜色。

【输入输出格式】

分别在两行中先后给出摊主的珠串和想要的珠串。

如果可以买，则在一行中输出"Yes"以及有多少多余的珠子；如果不可以买，则在一行中输出"No"以及缺了多少珠子。其间以 1 个空格分隔。

【数据规模】

珠串不超过 1000 个珠子。

【算法设计】

由于 ASCII 码只有 128 个，可以建立一个长度为 128 的数组做哈希表，元素均初始化为 0。遍历第一行字符串，将相应字符位置的元素值递增 1；遍历第二行字符串，将相应字符位置的元素值递减 1。那么在整个哈希表中所有正数元素之和即为多余的珠子，所有负数元素之和的绝对值则为缺少的珠子。

【C++代码】

```cpp
1    #include<bits/stdc++.h>
2    using namespace std;
3    using gg=long long;
4    int main(){
5        ios::sync_with_stdio(false);
6        cin.tie(0);
7        string s1,s2;
8        getline(cin,s1);
9        getline(cin,s2);
10       array<gg,128>h{};
11       for(char c:s1)
12           ++h[c];
13       for(char c:s2)
14           --h[c];
15       gg k1=0,k2=0;  //k1 记录多余的珠子数，k2 记录少的珠子数
16       for(int i:h){
17           i>0?k1+=i:k2-=i;
18       }
19       k2>0?cout<<"No "<<k2:cout<<"Yes "<<k1;
20       return 0;
```

```
21  }
```

11.3.4.2　使用 unordered_map

例题 11-12　【PAT A-1061、PAT B-1014】Dating、福尔摩斯的约会

【题意概述】

给出 4 个字符串，前面两字符串中第 1 对相同的大写英文字母（大小写有区分）在 26 个英文字母中排第几位，代表星期几，第 2 对相同的字符对应一天中第几个小时（一天的 0 点到 23 点由数字 0~9 以及大写字母 A~N 表示）；后面两字符串中第 1 对相同的英文字母出现在第几个位置（从 0 开始计数）上，代表第几分钟。要求输出时间。

【输入输出格式】

输入在 4 行中分别给出 4 个非空、不包含空格的字符串。

在一行中输出约会的时间，格式为"DAY HH:MM"，其中 DAY 是星期几的 3 字符缩写，即 MON 表示星期一，TUE 表示星期二，WED 表示星期三，THU 表示星期四，FRI 表示星期五，SAT 表示星期六，SUN 表示星期日。

【数据规模】

每个字符串长度均不超过 60。

【算法设计】

要实现两种映射关系：ABCDEFG 七个字符到星期 3 字符缩写的映射，0~9、A~N 这些字符到小时的映射。可以使用两个 unordered_map 来实现这两种映射。然后按要求进行操作：

1）由前两个字符串中第 1 组相同的大写字母字符确定星期，注意这组相同的大写字母必须是 A~G 七个字符中的一个。

2）符合第 1 个要求的字符找到之后，继续遍历前两个字符串，由前两个字符串中第 2 组相同的字符确定小时，注意这组相同的字符必须是 0~9、A~N 这 24 个字符中的一个（关于这一点题目中描述的不够清晰）。

3）由后两个字符串中第 1 组相同的英文字母的位置确定分钟。

【注意点】

小时和分钟都要有 2 位数字，不足要在高位补 0。

【C++代码】

```cpp
1   #include<bits/stdc++.h>
2   using namespace std;
3   using gg=long long;
4   int main(){
5       ios::sync_with_stdio(false);
6       cin.tie(0);
7       cout<<setfill('0');   //输出用字符 0 填充
8       //ABCDEFG 七个字符到星期的映射
9       unordered_map<char,string>week={
            {'A',"MON"},{'B',"TUE"},{'C',"WED"},{'D',"THU"},
10          {'E',"FRI"},{'F',"SAT"},{'G',"SUN"}};
11      //0~9、A~N 到小时的映射
```

```
12      unordered_map<char,gg>hour;
13      for(gg i=0;i<24;++i)
14          hour.insert({i<10?i+'0':i-10+'A',i});
15      string s1,s2;
16      cin>>s1>>s2;
17      for(gg i=0,c=0;i<min(s1.size(),s2.size());++i){
18          if(s1[i]==s2[i] and c==0 and week.count(s1[i])){
19              cout<<week[s1[i]]<<" ";
20              ++c;
21          }else if(s1[i]==s2[i] and c==1 and hour.count(s1[i])){
22              cout<<setw(2)<<hour[s1[i]]<<':';
23              ++c;
24          }
25      }
26      cin>>s1>>s2;
27      for(gg i=0,c=0;i<min(s1.size(),s2.size());++i){
28          if(s1[i]==s2[i] and isalpha(s1[i])){
29              cout<<setw(2)<<i;
30              break;
31          }
32      }
33      return 0;
}
```

例题 11-13　【PAT A-1054】The Dominant Color

【题意概述】

给定一幅分辨率为 M×N 的屏幕，要求你找出屏幕中的主色，主色应该占屏幕的一半以上。

【输入输出格式】

输入第一行给出两个正整数，分别是 M 和 N，即图像的分辨率。接下来 M 行，每行给出 N 个整数，表示屏幕中的一种颜色。

输出屏幕的主色。

【数据规模】

$$0 < M \leqslant 800,\ 0 < N \leqslant 600$$

【C++代码】

```
1   #include<bits/stdc++.h>
2   using namespace std;
3   using gg=long long;
4   int main(){
5       ios::sync_with_stdio(false);
```

321

```
6        cin.tie(0);
7        gg mi,ni,ai;
8        cin>>mi>>ni;
9        unordered_map<gg,gg>um;
10       for(gg i=0;i<mi*ni;++i){
11           cin>>ai;
12           ++um[ai];
13       }
14       for(auto& i:um){
15           if(i.second*2>mi*ni){
16               cout<<i.first;
17           }
18       }
19       return 0;
20   }
```

例题 11-14　【PAT A-1116、PAT B-1059】Come on! Let's C、C 语言竞赛

【题意概述】

比赛颁奖规则为：

1）冠军将赢得一份"Mystery Award"；

2）排名为素数的学生将赢得"Minion"；

3）其他人将得到"Chocolate"。

给定比赛的最终排名以及一系列参赛者的 ID，你要给出这些参赛者应该获得的奖品。

【输入输出格式】

输入第一行给出一个正整数 N，表示参赛者的总数。接下来 N 行组成比赛排名，每行给出一个参赛者的 ID。接着一行给出一个正整数 K，表示查询的个数。接下来 K 行，每行给出一个查询的 ID。

对每个要查询的 ID，在一行中按"ID: 奖品"格式输出结果，其中奖品是 Mystery Award、Minion 或者 Chocolate。如果所查 ID 根本不在排名里，打印"Are you kidding?"。如果该 ID 已经查过了（即奖品已经领过了），打印"ID: Checked"。

【数据规模】

$$0 < N \leqslant 10^4$$

【C++代码】

```
1    #include<bits/stdc++.h>
2    using namespace std;
3    using gg=long long;
4    bool isPrime(gg n){
5        for(gg i=2;i<=(gg)sqrt(n);++i)
6            if(n%i==0)
7                return false;
```

```
8        return true;
9    }
10   int main(){
11       ios::sync_with_stdio(false);
12       cin.tie(0);
13       gg ni,ki;
14       string si;
15       cin>>ni;
16       unordered_map<string,string>um;
17       for(gg i=1;i<=ni;++i){
18           cin>>si;
19           um[si]=i==1?"Mystery Award":isPrime(i)?"Minion":
             "Chocolate";
20       }
21       cin>>ki;
22       while(ki--){
23           cin>>si;
24           cout<<si<<":"<<(um.count(si)?um[si]:"Are you kidding?")
25               <<"\n";
26           if(um.count(si)){
27               um[si]="Checked";
28           }
29       }
30       return 0;
31   }
```

323

例题 11-15　【PAT B-1068】万绿丛中一点红

【题意概述】

给定一幅分辨率为 M×N 的屏幕，要求你找出万绿丛中的一点红，即有独一无二颜色的那个像素点，并且该点的颜色与其周围 8 个相邻像素的颜色差充分大。

【输入输出格式】

输入第一行给出 3 个正整数 M、N、TOL，M 和 N 即图像的分辨率，TOL 是所求像素点与相邻点的颜色差阈值，色差超过 TOL 的点才被考虑。随后 N 行，每行给出 M 个像素的颜色值，范围在 $[0,2^{24})$ 内。所有同行数字间用空格或 TAB 分开。

在一行中按照 "(x, y): color" 的格式输出所求像素点的位置以及颜色值，其中位置 x 和 y 分别是该像素在图像矩阵中的列、行编号（从 1 开始编号）。如果这样的点不唯一，则输出 "Not Unique"；如果这样的点不存在，则输出 "Not Exist"。

【数据规模】

$$0 < N, M \leqslant 1000$$

【注意点】

1）所求像素点必须满足像素点唯一且与周围的像素点（最多 8 个）的颜色差的绝对值超

过给定的 TOL，其中像素点唯一性的判断可以用 unordered_map 来实现。

2）N 为行数，M 为列数。输出时要以列编号在前、行编号在后的顺序输出，并且编号都从 1 开始。

3）边界上的像素也要进行统计，换言之，周围的点不一定必须有 8 个。

【C++代码】

```
1    #include<bits/stdc++.h>
2    using namespace std;
3    using gg=long long;
4    int main(){
5        ios::sync_with_stdio(false);
6        cin.tie(0);
7        gg mi,ni,ti,num=0;                  //num 负责统计满足条件的像素个数
8        cin>>mi>>ni>>ti;
9        gg p[ni][mi];
10       unordered_map<gg,gg>um;             //记录每个像素出现的次数
11       for(gg i=0;i<ni;++i){
12           for(gg j=0;j<mi;++j){
13               cin>>p[i][j];
14               ++um[p[i][j]];
15           }
16       }
17       array<gg,3>ans{};
18       for(gg i=0;i<ni;++i){
19           for(gg j=0;j<mi;++j){
20               if(um[p[i][j]]>1)           //该像素值出现多于一次，跳过
21                   continue;
22               for(gg k1=-1;k1<=1;++k1){   //遍历周围 8 个像素
23                   for(gg k2=-1;k2<=1;++k2){
24                       gg p1=i+k1,p2=j+k2;
25                       //是周围的点且像素差不大于 t，该点不满足条件
26                       if(p1>=0 and p1<ni and p2>=0 and p2<mi and
27                           (p1!=i or p2!=j) and
28                               abs(p[i][j]-p[p1][p2])<=ti){
29                               goto loop;
30                       }
31                   }
32               }
33               ans={j+1,i+1,p[i][j]};
34               ++num;
35           loop:;
```

```
36              }
37         }
38      num==0 ?
39         cout<<"Not Exist" :
40         num>1?cout<<"Not Unique" :
41                 cout<<'('<<ans[0]<<","<<ans[1]<<"):"<<ans[2];
42      return 0;
43  }
```

例题 11-16　【PAT A-1100、PAT B-1044】Mars Numbers、火星数字

【题意概述】

火星人是以十三进制计数的：

1）地球人的 0 被火星人称为 tret。

2）地球人数字 1~12 的火星文分别为：jan, feb, mar, apr, may, jun, jly, aug, sep, oct, nov, dec。

3）火星人将进位以后的 12 个高位数字分别称为：tam, hel, maa, huh, tou, kes, hei, elo, syy, lok, mer, jou。

例如，地球人的数字 29 翻译成火星文就是 hel mar，而火星文 elo nov 对应地球数字 115。为了方便交流，请你编写程序实现地球和火星数字之间的互译。

【输入输出格式】

输入第一行给出一个正整数 N，随后 N 行，每行给出一个 [0, 169) 区间内的数字，或者是地球文，或者是火星文。

对应输入的每一行，在一行中输出翻译后的另一种语言的数字。

【数据规模】

$$N < 100$$

【算法设计】

需要建立两种映射关系：火星文到地球文和地球文到火星文。火星文到地球文的映射关系可以使用 unordered_map<string, gg> 表示，地球文到火星文的映射关系可以使用 array<string, 13> 表示。然后判断输入的是数字还是字符串来判断要执行哪种转换，按要求输出即可。注意，输出火星文的时候需要判断的条件有些多，要细心编码，具体实现可以参考下面的代码。

【C++代码】

```
1   #include<bits/stdc++.h>
2   using namespace std;
3   using gg=long long;
4   int main(){
5       ios::sync_with_stdio(false);
6       cin.tie(0);
7       //数字到火星文低位的映射
8       array<string,13>low={"tret","jan","feb","mar","apr","may",
9                            "jun","jly","aug","sep","oct","nov",
                             "dec"};
```

325

```
10        //数字到火星文高位的映射
11        array<string,13>high={"tret","tam","hel","maa","huh",
12                              "tou","kes","hei","elo","syy",
13                              "lok","mer","jou"};
13        unordered_map<string,gg>temp;    //火星文到数字的映射
14        for(gg i=0;i<13;++i){
15            temp[low[i]]=i;
16            temp[high[i]]=i*13;
17        }
18        gg ni;
19        cin>>ni;
20        cin.get();                              //吸收空格字符
21        string digit="";
22        while(ni--){
23            getline(cin,digit);
24            if(isdigit(digit[0])){       //如果是数字
25                gg k=stoi(digit);
26                if(k/13!=0)                      //高位不为 0，输出高位
27                    cout<<high[k/13];
28                if(k/13!=0 && k%13!=0) //高位低位均不为 0，输出空格
29                    cout<<' ';
30                //高位为 0 或者高位不为 0 但低位为 0 时，输出低位
31                if(k/13==0 || k%13!=0)
32                    cout<<low[k%13];
33                cout<<'\n';                //换行
34            } else{                          //是火星文
35                gg k=0;
36                stringstream stream(digit);
37                while(stream>>digit)        //按空格键分割字符串
38                    k+=temp[digit];
39                cout<<k<<'\n';
40            }
41        }
42        return 0;
43    }
```

例题 11-17   【PAT A-1121、PAT B-1065】Damn Single、单身狗

【题意概述】

本题要求从上万人的大型派对中找出落单的客人。

【输入输出格式】

输入第一行给出一个正整数 N，是已知夫妻/伴侣的对数；随后 N 行，每行给出一对夫妻/伴侣。为方便起见，每人对应一个 ID 号，为 5 位数字（从 00000 到 99999），ID 间以空格分隔。之后给出一个正整数 M（≤10000），为参加派对的总人数；随后一行给出这 M 位客人的 ID，以空格分隔。题目保证无人重婚或脚踩两条船。

首先第一行输出落单客人的总人数，随后第二行按 ID 递增顺序列出落单的客人。ID 间用一个空格分隔，行的首尾不得有多余空格。

【数据规模】

$$0 < N \leqslant 50000,\ 0 < M \leqslant 10000$$

【算法设计】

可定义一个 unordered_map<gg, gg>um 来存储两个人的配偶关系。另外定义一个 set，在输入 M 位客人的过程中，如果该客人没有配偶，直接将 ID 号加入 set 中；如果有配偶，在 set 中查找是否包含其配偶的 ID，如果不包含，将该客人的 ID 号加入 set 中，如果包含，在 set 中删除其配偶的 ID。最后 set 中储存的就是落单的客人，输出即可。

【C++代码】

```
1   #include<bits/stdc++.h>
2   using namespace std;
3   using gg=long long;
4   int main(){
5       ios::sync_with_stdio(false);
6       cin.tie(0);
7       unordered_map<gg,gg>um;        //记录配偶 ID
8       gg ni,ai,bi;
9       cin>>ni;
10      while(ni--){
11          cin>>ai>>bi;
12          um[ai]=bi;
13          um[bi]=ai;
14      }
15      cin>>ni;
16      set<gg>s;                      //记录是否出现在派对上并排序
17      while(ni--){
18          cin>>ai;
19          if(not um.count(ai) or not s.count(um[ai])){
20              s.insert(ai);
21          } else{
22              s.erase(um[ai]);
23          }
24      }
25      cout<<s.size()<<'\n'<<setfill('0');
26      for(auto i=s.begin();i!=s.end();++i){
27          cout<<(i==s.begin()?"":" ")<<setw(5)<<*i;
```

```
28      }
29      return 0;
30  }
```

例题 11-18 【CCF CSP-20180302】碰撞的小球

【题意概述】

数轴上有一条长度为 L（L 为偶数)的线段，左端点在原点，右端点在坐标 L 处。有 n 个不计体积的小球在线段上，开始时所有的小球都处在偶数坐标上，速度方向向右，速度大小为 1 单位长度每秒。

当小球到达线段的端点（左端点或右端点）的时候，会立即向相反的方向移动，速度大小仍然为原来大小。当两个小球撞到一起的时候，两个小球会分别向与自己原来移动的方向相反的方向，以原来的速度大小继续移动。

现在，告诉你线段的长度 L、小球数量 n 以及 n 个小球的初始位置，请你计算 t 秒之后，各个小球的位置。

注意，因为所有小球的初始位置都为偶数，而且线段的长度为偶数，可以证明，不会有 3 个小球同时相撞，小球到达线段端点以及小球之间的碰撞时刻均为整数，同时也可以证明两个小球发生碰撞的位置一定是整数（但不一定是偶数）。

【输入输出格式】

输入的第一行包含 3 个整数 n、L、t，用空格分隔，分别表示小球的个数、线段长度和你需要计算 t 秒之后小球的位置。第二行包含 n 个整数 a_1, a_2, …, a_n，用空格分隔，表示初始时刻 n 个小球的位置。

输出一行包含 n 个整数，用空格分隔，第 i 个整数代表初始时刻位于 a_i 的小球在 t 秒之后的位置。

【数据规模】

$1 \leqslant n \leqslant 100$，$1 \leqslant t \leqslant 100$，$2 \leqslant L \leqslant 1000$，$0 < a_i < L$。L 为偶数。

【算法设计】

利用 vector<array<int, 2>>类型的变量 balls 记录小球信息，数组元素是一个二维的数组，分别记录小球所处位置和小球当前的运动方向(+1 表示小球向右运动，–1 表示小球向左运动，速度均为 1 个单位）。模拟每一秒的运动，遍历每个小球，那么小球在这一秒运动后的下一位置应该是 balls[i][0] + balls[i][1]。

关键问题在于如何判断小球是否应该更换方向？首先，当小球运动到 0 或 L 位置时，需要更换方向。那么如何判断有没有两个小球相撞呢？可以定义一个 unordered_map<gg, gg>类型的变量 um 做哈希表，存储每个小球运动到的位置。在计算出小球 i 下一秒运动到的位置 p_i 时，则将（p_i, i）做键值对插入到 um 中。这样当遍历到小球 j，且发现小球 j 下一秒运动到的位置 p_j 已经在 um 的键中时，说明小球 i 和小球 j 相撞了，这时将小球 i 和小球 j 均更换方向即可。

共需模拟 t 秒的运动，每秒需遍历 n 个小球，且需建立一个哈希表，由于哈希表的插入和查询的时间复杂度均为 O(1)，所以算法总的时间复杂度为 O(nt)。

【C++代码】

```
1    #include<bits/stdc++.h>
```

```
2    using namespace std;
3    using gg=long long;
4    int main(){
5        ios::sync_with_stdio(false);
6        cin.tie(0);
7        gg ni,li,ti;
8        cin>>ni>>li>>ti;
9        vector<array<int,2>>balls(ni);
10       for(gg i=0;i<ni;++i){
11           cin>>balls[i][0];              //记录小球初始位置
12           balls[i][1]=1;                 //默认向右运动
13       }
14       while(ti--){                       //模拟 ti 秒的运动
15           unordered_map<gg,gg>um;        //哈希表，记录小球运动到的位置
16           for(gg j=0;j<balls.size();++j){  //遍历所有小球
17               auto& i=balls[j];
18               i[0]+=i[1];                //运动到下一秒的位置
19               if(i[0]==0 or i[0]==li){   //运动到端点，更改方向
20                   i[1]=-i[1];
21               } else if(um.count(i[0])){   //与小球碰撞
22                   i[1]=-i[1];
23                   balls[um[i[0]]][1]=-balls[um[i[0]]][1];
24               }
25               um[i[0]]=j;
26           }
27       }
28       for(auto& i:balls){
29           cout<<i[0]<<" ";
30       }
31       return 0;
32   }
```

例题 11-19 【CCF CSP-20141201】门禁系统

【题意概述】

每位读者有一个编号，每条记录用读者的编号来表示。给出读者的来访记录，请问每一条记录中的读者是第几次出现。

【输入输出格式】

输入的第一行包含一个整数 n，表示涛涛的记录条数。第二行包含 n 个整数，依次表示涛涛的记录中每位读者的编号。

输出一行，包含 n 个整数，由空格分隔，依次表示每条记录中的读者编号是第几次出现。

【数据规模】

1≤n≤1000，读者的编号为不超过 n 的正整数。

【算法设计】

可以用 unordered_map 作为哈希表，将读者编号和目前的出现次数存储起来。每出现一次，递增其目前的出现次数并输出即可。

【C++代码】

```
1    #include<bits/stdc++.h>
2    using namespace std;
3    using gg=long long;
4    int main(){
5        ios::sync_with_stdio(false);
6        cin.tie(0);
7        gg ni,ai;
8        cin>>ni;
9        unordered_map<gg,gg>um;
10       while(ni--){
11           cin>>ai;
12           cout<<++um[ai]<<" ";
13       }
14       return 0;
15   }
```

例题 11-20 **【CCF CSP-20161203】权限查询**

【题意概述】

授权是各类业务系统不可缺少的组成部分，系统用户通过授权机制获得系统中各个模块的操作权限。

本题中的授权机制是这样设计的：每位用户具有若干角色，每种角色具有若干权限。例如，用户 david 具有 manager 角色，manager 角色有 crm:2 权限，则用户 david 具有 crm:2 权限，也就是 crm 类权限的第 2 等级的权限。

具体地，用户名和角色名称都是由小写字母组成的字符串，长度不超过 32。权限分为分等级权限和不分等级权限两大类。分等级权限由权限类名和权限等级构成，中间用冒号"："分隔。其中，权限类名也是由小写字母组成的字符串，长度不超过 32；权限等级是一位数字，从 0 到 9，数字越大表示权限等级越高。系统规定如果用户具有某类某一等级的权限，那么他也将自动具有该类更低等级的权限。例如，在上面的例子中，除 crm:2 外，用户 david 也具有 crm:1 和 crm:0 权限。不分等级权限在描述权限时只有权限类名，没有权限等级（也没有用于分隔的冒号）。

给出系统中用户、角色和权限的描述信息，你的程序需要回答多个关于用户和权限的查询。查询可分为以下几类：

1）不分等级权限的查询：如果权限本身是不分等级的，则查询时不指定等级，返回是否具有该权限。

2）分等级权限的带等级查询：如果权限本身分等级，查询也带等级，则返回是否具有该类的该等级权限。

3）分等级权限的不带等级查询：如果权限本身分等级，查询不带等级，则返回具有该类权限的等级；如果不具有该类的任何等级权限，则返回 false。

【输入输出格式】

输入第一行是一个正整数 p，表示不同的权限类别的数量。紧接着的 p 行称为 P 段，每行一个字符串，描述各个权限。对于分等级权限，格式为<category>:<level>，其中 category 是权限类名，level 是该类权限的最高等级。对于不分等级权限，字符串只包含权限类名。

接下来一行是一个正整数 r，表示不同的角色数量。紧接着的 r 行称为 R 段，每行描述一种角色，格式为<role> <s> <privilege 1> <privilege 2>…<privilege s>，其中 role 是角色名称，s 表示该角色具有多少种权限，后面 s 个字符串描述该角色具有的权限（格式同 P 段）。

接下来一行是一个正整数 u，表示用户数量。紧接着的 u 行称为 U 段，每行描述一个用户，格式为<user> <t> <role 1> <role 2>…<role t>，其中 user 是用户名，t 表示该用户具有多少种角色，后面 t 个字符串描述该用户具有的角色。

接下来一行是一个正整数 q，表示权限查询的数量。紧接着的 q 行称为 Q 段，每行描述一个授权查询，格式为<user> <privilege>，表示查询用户 user 是否具有 privilege 权限。如果查询的权限是分等级权限，则查询中的 privilege 可指定等级，表示查询该用户是否具有该等级的权限；也可以不指定等级，表示查询该用户具有该权限的等级。对于不分等级权限，只能查询该用户是否具有该权限，查询中不能指定等级。

输出共 q 行，每行为 false、true，或者一个数字。false 表示相应的用户不具有相应的权限，true 表示相应的用户具有相应的权限。对于分等级权限的不带等级查询，如果具有权限，则结果是一个数字，表示该用户具有该权限的（最高）等级。如果用户不存在，或者查询的权限没有定义，则应该返回 false。

【数据规模】

$1 \leq p, r, u \leq 100$，$1 \leq q \leq 10000$，每个用户具有的角色数不超过 10，每种角色具有的权限种类不超过 10。输入保证合法性，包括：

1）角色对应的权限列表（R 段）中的权限都是之前（P 段）出现过的，权限可以重复出现，如果带等级的权限重复出现，以等级最高的为准。

2）用户对应的角色列表（U 段）中的角色都是之前（R 段）出现过的，如果多个角色都具有某一分等级权限，以等级最高的为准。

3）查询（Q 段）中的用户名和权限类名不保证在之前（U 段和 P 段）出现过。

【算法设计】

首先用 unordered_map<string, gg> privileges 存储权限类名和对应的最高等级。注意，当没有权限等级时最高等级用-1 表示。接着用 unordered_map<string, unordered_map<string, gg>> roles 存储角色和对应的权限名及等级。最后用 unordered_map<string, unordered_map<string, gg>> users 存储用户和对应的权限名及等级。注意，这里在读取用户的角色时直接将角色所具有的权限与用户存储在一起。最后按要求查询即可。

【C++代码】

```cpp
1    #include<bits/stdc++.h>
2    using namespace std;
```

```cpp
3    using gg=long long;
4    pair<string,gg>split(const string& s){
5        gg i=s.find(':');
6        return make_pair(s.substr(0,i),i==-1?-1:stoll(s.substr
         (i+1)));
7    }
8    int main(){
9        ios::sync_with_stdio(false);
10       cin.tie(0);
11       gg pi,ri,ui,qi,ki;
12       string s1,s2;
13       cin>>pi;
14       unordered_map<string,gg>privileges;
15       while(pi--){
16           cin>>s1;
17           privileges.insert(split(s1));
18       }
19       cin>>ri;
20       unordered_map<string,unordered_map<string,gg>>roles,users;
21       while(ri--){
22           cin>>s1>>ki;
23           while(ki--){
24               cin>>s2;
25               auto p=split(s2);
26               if(not roles[s1].count(p.first)){
27                   roles[s1][p.first]=min(p.second,
                     privileges[p.first]);
28               } else if(p.second>roles[s1][p.first]){
29                   roles[s1][p.first]=min(privileges[p.first],
                     p.second);
30               }
31           }
32       }
33       cin>>ui;
34       while(ui--){
35           cin>>s1>>ki;
36           while(ki--){
37               cin>>s2;
38               for(auto& p:roles[s2]){
39                   if(not users[s1].count(p.first)){
40                       users[s1].insert(p);
```

```
41            } else if(p.second>users[s1][p.first]){
42                users[s1][p.first]=p.second;
43            }
44        }
45    }
46  }
47  cin>>qi;
48  while(qi--){
49      cin>>s1>>s2;
50      auto p=split(s2);
51      if(not users.count(s1) or not users[s1].count(p.first) or
52          p.second>users[s1][p.first]){
53          cout<<"false\n";
54      }else if(users[s1][p.first]!=-1 and p.second==-1){
55          cout<<users[s1][p.first]<<"\n";
56      } else{
57          cout<<"true\n";
58      }
59  }
60  return 0;
61 }
```

11.3.4.3 使用 unordered_set

还有一个问题要解释，哈希表通常用来实现两种数据类型之间的映射关系，那么 unordered_set 只包含关键字，它是不是不能用来实现哈希表了呢？答案是否定的。unordered_set 通常用来判断一个关键字是否出现过，这时它实现的其实就是一种关键字到 bool 类型的映射关系。当然，由于 unordered_set 只包含关键字，它能够实现的映射关系也只此一种。

例题 11-21 【PAT B-1005】继续(3n+1)猜想

【题意概述】

对任意一个正整数 n，如果它是偶数，那么把它砍掉一半；如果它是奇数，那么把(3n+1)砍掉一半。这样一直反复砍下去，最后一定在某一步得到 n=1。

对于正整数 n，记录下递推过程中遇到的每一个数，称这个过程中除 n 以外的所有数字都是被 n 覆盖的数。例如，对 n=3 进行验证的时候，需要计算 3、5、8、4、2、1，称 5、8、4、2 是被 3"覆盖"的数。如果 n 不能被数列中的其他数字所覆盖，称 n 是关键数。从大到小输出 K 个正整数 n 中所有的关键数。

【输入输出格式】

第 1 行给出一个正整数 K，第 2 行给出 K 个互不相同的待验证的正整数 n，数字间用空格隔开。

按从大到小的顺序输出关键数字。数字间用 1 个空格隔开，但一行中最后一个数字后没有空格。

【数据规模】

$$0 < K < 100, 1 < n \leqslant 100$$

【算法设计】

为了降低查找正整数 n 是否被覆盖的时间复杂度，可以定义一个从数字映射到 bool 类型的哈希表，来表示一个数字是否被覆盖。本题的 n 最大只有 100，似乎可以利用数组实现这样的哈希表。但要注意，题中给出的 n 虽然都在 100 以内，但是在计算过程中却有可能超出这个限制。例如，对于整数 99，所覆盖的数就有 149 这个超出了 100 的数，所以定义的数组长度不能在 100 左右，可以考虑定义成 10^5 大。

这里直接利用 unordered_set 实现这样的哈希表。针对每个正整数 n，将整个递推过程中覆盖的数都放到 unordered_set 中。要注意题目要求从大到小输出，所以可以在输入完成后对输入的整数从大到小排序，然后遍历一次将所有的关键数输出。

【C++代码】

```cpp
1   #include<bits/stdc++.h>
2   using namespace std;
3   using gg=long long;              //类型别名
4   int main(){
5       ios::sync_with_stdio(false);
6       cin.tie(0);
7       gg ni,ai;
8       unordered_set<gg>us;         //存储被覆盖的数
9       cin>>ni;
10      vector<gg>v;
11      while(ni--){
12          cin>>ai;
13          v.push_back(ai);
14          while(ai!=1){
15              if(ai%2==1)
16                  ai=ai*3+1;
17              ai/=2;
18              us.insert(ai);
19          }
20      }
21      sort(v.begin(),v.end(),greater<gg>());    //从大到小排序
22      bool first=true;    //标志是否是第一个输出的数字，控制输出空格
23      for(auto i:v){
24          if(not us.count(i)){     //i 是关键数
25              cout<<(first?"":" ")<<i;
26              first=false;
27          }
28      }
```

```
29        return 0;
30  }
```

例题 11-22 【PAT A-1124、PAT B-1069】Raffle for Weibo Followers、微博转发抽奖

【题意概述】

小明 PAT 考了满分，高兴之余决定发起微博转发抽奖活动，从转发的网友中按顺序每隔 N 个人就发出一个红包。请你编写程序帮助他确定中奖名单。

【输入输出格式】

输入第一行给出 3 个正整数 M、N 和 S，分别是转发的总量、小明决定的中奖间隔和第一位中奖者的序号（编号从 1 开始）。随后 M 行，顺序给出转发微博的网友的昵称（不超过 20 个字符、不包含空格回车的非空字符串）。注意，可能有人转发多次，但不能中奖多次。所以，如果处于当前中奖位置的网友已经中过奖，则跳过他顺次取下一位。

按照输入的顺序输出中奖名单，每个昵称占一行。如果没有人中奖，则输出"Keep going…"。

【数据规模】

$$0 < M \leq 1000$$

【算法设计】

使用 unordered_set<string>记录中过奖的网友昵称。注意，如果当前中奖位置的网友已经中过奖，则跳过他顺次取下一位。

【C++代码】

```cpp
1   #include<bits/stdc++.h>
2   using namespace std;
3   using gg=long long;
4   int main(){
5       ios::sync_with_stdio(false);
6       cin.tie(0);
7       gg mi,ni,si;
8       cin>>mi>>ni>>si;
9       vector<string>v(mi+1);
10      for(int i=1;i<v.size();++i)
11          cin>>v[i];
12      unordered_set<string>us;                    //标志一个人已中过奖
13      for(int i=si;i<v.size();i+=ni){
14          while(i<v.size() and us.count(v[i]))    //中过奖则顺取下一位
15              ++i;
16          if(i<v.size()){
17              cout<<v[i]<<'\n';
18              us.insert(v[i]);
19          }
20      }
```

```
21      if(us.empty())  //没有人中过奖
22          cout<<"Keep going…";
23      return 0;
24  }
```

例题 11-23 【PAT A-1149、PAT B-1090】Dangerous Goods Packaging、危险品装箱

【题意概述】

本题给定一张不相容物品的清单，需要你检查每一张集装箱货品清单，判断它们是否能装在同一只箱子里。

【输入输出格式】

输入第一行给出两个正整数：N 是成对的不相容物品的对数，M 是集装箱货品清单的单数。随后数据分两大块给出：第一块有 N 行，每行给出一对不相容的物品；第二块有 M 行，每行按照"K G[1] G[2] … G[K]"格式给出一箱货物的清单，其中 K 是物品件数，G[i]是物品的编号。简单起见，每件物品用一个 5 位数的编号代表。两个数字之间用空格分隔。

对每箱货物清单，判断是否可以安全运输。如果没有不相容物品，则在一行中输出"Yes"，否则输出"No"。

【数据规模】

$$N \leqslant 10^4, \; M \leqslant 10^2, \; K \leqslant 10^3$$

【算法设计】

可以先定义一个 unordered_map<gg,unordered_set<gg>>um 来存储不相容物品的清单，在读取每一张集装箱货品清单时，再定义一个 unordered_set<gg>us 来存储集装箱货品清单，然后遍历集装箱货品清单 us 中的每一个物品 i，在 um 中遍历物品 i 对应的不相容的物品 j，检查物品 j 在 us 中是否有出现，如果有出现则输出 No，如果遍历集装箱货品清单 s 后仍没有出现则输出 Yes。

【C++代码】

```cpp
1   #include<bits/stdc++.h>
2   using namespace std;
3   using gg=long long;
4   int main(){
5       ios::sync_with_stdio(false);
6       cin.tie(0);
7       gg ni,mi,ki,ai,bi;
8       cin>>ni>>mi;
9       //存储不相容的物品对
10      unordered_map<gg,unordered_set<gg>>um;
11      while(ni--){
12          cin>>ai>>bi;
13          um[ai].insert(bi);
14          um[bi].insert(ai);
```

336

```
15        }
16     while(mi--){
17         cin>>ki;
18         unordered_set<gg>us;
19         while(ki--){
20             cin>>ai;
21             us.insert(ai);
22         }
23         for(auto i:us){                //遍历货物清单
24             if(um.count(i)){           //有不相容的物品
25                 for(auto j:um[i]){     //遍历不相容的物品
26                     if(us.count(j)){   //不相容的物品在该箱中
27                         cout<<"No\n";
28                         goto loop;
29                     }
30                 }
31             }
32         }
33         cout<<"Yes\n";
34     loop:;
35     }
36     return 0;
37 }
```

11.3.4.4　使用有序关联容器

对于无法直接做无序关联容器的键的类型，可以考虑使用有序关联容器做哈希表。

例题 11-24　【CCF CSP-20140902】画图

【题意概述】

在一个定义了直角坐标系的纸上，画一个(x_1, y_1)到(x_2, y_2)的矩形，旨将横坐标范围从 x_1 到 x_2，纵坐标范围从 y_1 到 y_2 之间的区域涂上颜色。给出所有要画的矩形，请问总共有多少个单位的面积被涂上颜色。

【输入输出格式】

输入的第一行包含一个整数 n，表示要画的矩形的个数。接下来 n 行，每行 4 个非负整数，分别表示要画的矩形的左下角的横坐标与纵坐标以及右上角的横坐标与纵坐标。

输出一个整数，表示有多少个单位的面积被涂上颜色。

【数据规模】

$1 \leqslant n \leqslant 100$，横纵坐标均为[1, 100]之间的正整数。

【算法设计】

由于数据范围比较小，可以枚举矩形内所有的点，并放入一个哈希表中，由于哈希表可以自动去重，最后输出哈希表的长度即可。可以使用 array<gg,2>类型存储一个点，但这个类型不能作为无序关联容器的键，但可以直接作为有序关联容器的键，因此可以使用有序关联容器做哈希表。

【C++代码】

```
1   #include<bits/stdc++.h>
2   using namespace std;
3   using gg=long long;
4   int main(){
5       ios::sync_with_stdio(false);
6       cin.tie(0);
7       set<array<gg,2>>s;
8       gg ni,a,b,c,d;
9       cin>>ni;
10      while(ni--){
11          cin>>a>>b>>c>>d;
12          for(gg i=a;i<c;++i){
13              for(gg j=b;j<d;++j){
14                  s.insert({i,j});
15              }
16          }
17      }
18      cout<<s.size();
19      return 0;
20  }
```

11.4 例题与习题

本章主要介绍了顺序表、链表和散列表。表 11-1 列举了本章涉及到的所有例题，表 11-2 列举了一些习题。本章涉及的例题和习题都比较多，主要是可以用散列表求解的题目，难度并不大。

表 11-1 例题列表

编 号	题 号	标 题	备 注
例题 11-1	PAT A-1074、PAT B-1025	Reversing Linked List、反转链表	链表
例题 11-2	PAT A-1133、PAT B-1075	Splitting a Linked List、链表元素分类	链表
例题 11-3	PAT A-1032	Sharing	链表
例题 11-4	CCF CSP-20191202	回收站选址	散列表
例题 11-5	PAT B-1021	各位数统计	散列表
例题 11-6	PAT A-1084、PAT B-1029	Broken Keyboard、旧键盘	散列表
例题 11-7	PAT B-1033	旧键盘打字	散列表
例题 11-8	PAT A-1112	Stucked Keyboard	散列表

（续）

编　号	题　号	标　题	备　注
例题 11-9	PAT B-1032	挖掘机技术哪家强	散列表
例题 11-10	PAT B-1038	统计同成绩学生	散列表
例题 11-11	PAT A-1092、PAT B-1039	To Buy or Not to Buy、到底买不买	散列表
例题 11-12	PAT A-1061、PAT B-1014	Dating、福尔摩斯的约会	散列表
例题 11-13	PAT A-1054	The Dominant Color	散列表
例题 11-14	PAT A-1116、PAT B-1059	Come on! Let's C、C 语言竞赛	散列表
例题 11-15	PAT B-1068	万绿丛中一点红	散列表
例题 11-16	PAT A-1100、PAT B-1044	Mars Numbers、火星数字	散列表
例题 11-17	PAT A-1121、PAT B-1065	Damn Single、单身狗	散列表、set
例题 11-18	CCF CSP-20180302	碰撞的小球	散列表
例题 11-19	CCF CSP-20141201	门禁系统	散列表
例题 11-20	CCF CSP-20161203	权限查询	散列表
例题 11-21	PAT B-1005	继续(3n+1)猜想	散列表
例题 11-22	PAT A-1124、PAT B-1069	Raffle for Weibo Followers、微博转发抽奖	散列表
例题 11-23	PAT A-1149、PAT B-1090	Dangerous Goods Packaging、危险品装箱	散列表
例题 11-24	CCF CSP-20140902	画图	散列表

表 11-2　习题列表

编　号	题　号	标　题	备　注
习题 11-1	PAT A-1052	Linked List Sorting	链表
习题 11-2	PAT A-1097	Deduplication on a Linked List	链表
习题 11-3	PAT B-1041	考试座位号	散列表
习题 11-4	PAT B-1042	字符统计	散列表
习题 11-5	PAT B-1047	编程团体赛	散列表
习题 11-6	PAT B-1093	字符串 A+B	散列表
习题 11-7	PAT A-1035	Password	散列表
习题 11-8	PAT A-1039	Course List for Student	散列表
习题 11-9	PAT A-1041	Be Unique	散列表
习题 11-10	CCF CSP-20150302	数字排序	散列表
习题 11-11	CCF CSP-20200602	稀疏向量	散列表
习题 11-12	PAT A-1022	Digital Library	散列表、set
习题 11-13	PAT A-1129	Recommendation System	散列表、set
习题 11-14	PAT A-1050	String Subtraction	散列表
习题 11-15	PAT A-1144	The Missing Number	散列表

第12章 树

本章介绍树的一些相关知识。由于树这种数据结构本身就是递归定义的，因此经常会采用递归程序来实现树的一些相关操作。严格来说，这些递归程序往往都会使用分治的思想。在学习本章的过程中，你会遇到大量的递归程序，只要你多加练习，掌握这些递归程序是轻而易举的事。此外，通过大量编写递归程序，你一定能体会到递归程序的简洁凝练，从而爱上递归。

本章介绍的是树的一些基础知识，包括：

1）多叉树、二叉树以及它们的遍历方式——深度优先遍历和广度优先遍历。这两种遍历在算法领域中极为常用，你务必要掌握它们的思想和实现，这对后续学习非常有帮助。

2）几种特殊的树：完全二叉树、二叉查找树、并查集等。它们是树的变种，可以应用到不同的实际问题中。

3）两个有关树的常见问题：根据遍历序列创建二叉树问题以及最近公共祖先问题，并给出了解决办法和实现代码。

12.1 树与树的遍历

12.1.1 树的定义和基本概念

一棵树（Tree）是零个或多个结点的集合，称结点数目为 0 的树为**空树**。有多种方法定义一棵树，最经典的定义方法是用递归的方法定义，即一棵树要么是一棵空树，要么由根结点 root 和多棵**子树**组成，其中根结点 root 与每棵子树的根结点之间用一条**有向边**连接。子树也是一棵树，每棵子树的根结点称作 root 结点的子结点，root 结点称作子树根结点的父结点。图 12-1 展示了一棵用递归定义的树。

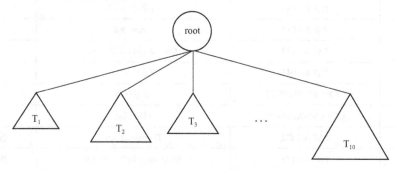

图 12-1 用递归定义的树

图 12-1 展示的树有一个根结点 root 和 10 棵子树 T_1, T_2, T_3, …, T_{10}，这 10 棵子树中，每棵子树也会有一个根结点和若干棵子树，所以称这种定义为递归定义。再举一个具体的树（见图 12-2），并讲解一些树的重要概念。

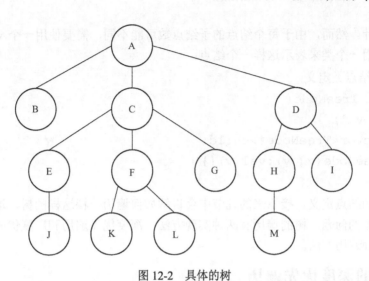

图 12-2　具体的树

图 12-2 表示的图形像不像一棵倒立的树？这种形状上的相似性正是树这种数据结构的命名来源。在图 12-2 列举的树中，结点 A 为整棵树的根结点，同时 A 有 3 棵子树，这 3 棵子树的根结点分别为 B、C、D。此外还需掌握以下概念：

1）父结点、子结点、兄弟结点：结点 A 是结点 B、C、D 的父结点，而结点 B、C、D 都是结点 A 的子结点。类似地，结点 D 是结点 H 的父结点，而结点 L 是结点 F 的子结点。注意，**树中一个结点只能有一个父结点，但可以有任意多个子结点**。父结点相同的结点互为兄弟结点。

2）叶子结点：叶子结点指的是那些没有子结点的结点。图 12-2 中，结点 B、J、K、L、M、G、I 都是叶子结点。

3）树的层次：称整棵树的根结点位于第 0 层，根结点的子结点位于第 1 层，以此类推。图 12-2 中，结点 A 位于第 0 层，结点 B、C、D 位于第 1 层，结点 E 位于第 2 层，结点 M 位于第 3 层。注意，不同书籍中对于树的层次的起始层次是第 0 层还是第 1 层的描述不尽相同，本书中在描述树的层次时，都以第 0 层为其起始层次，请你务必注意。

4）路径：从任意一个结点到另外一个结点所经过的结点组成的一个序列称为一条路径。严谨的数学描述是，从结点 n_1 到结点 n_k 的路径定义为 n_1, n_2, $\cdots$, n_k 的一个序列，使得对于 $1 \leq i < k$，n_i 是 n_{i+1} 的父结点。这个路径的长度为该路径上的边的条数，即 $k-1$。注意，在一棵树中从根结点到每个结点有且只有一条路径。例如，图 12-2 中，从根结点到结点 L 的路径为 A→C→F→L。

5）深度和高度：结点 n 的深度定义为从根结点到结点 n 的路径的长。显然，根结点的深度为 0。结点 n 的高是从 n 到一片树叶的最长路径的长。因此，所有叶子结点的高都是 0。一棵树的高等于它的根的高，一棵树的深度等于它的最深的树叶的深度。显然，树的深度和树的高度总是相等的。对于图 12-2 中的树，F 的深度为 2 而高为 1，D 的深度为 1 而高为 2，整棵树的高度和深度都为 3。

6）祖先结点和后裔结点：如果存在从 n_1 到 n_2 的一条路径，那么 n_1 是 n_2 的一个祖先结点，而 n_2 是 n_1 的一个后裔结点。图 12-2 中，结点 C 就是结点 L 的一个祖先结点，而结点 L 就是结点 C 的一个后裔结点。

那么如何定义一个树的结点呢？显然，树的结点中除了要存储数据以外，还要有一些指向子结点的指针。然而，由于每个结点的子结点数可能不同，需要使用一个 vector 来存储这些指针，可以用一个类来表示这样一个结点：

```
1    //树的结点类定义
2    struct TreeNode{
3        gg val;
4        vector<TreeNode*>child;
5        TreeNode(gg v):val(v){}
6    };
```

了解了树的结点定义，接下来的几节中会讲解如何遍历一棵这样的树，这是一个非常重要也是非常常见的问题。树的遍历有两种实现方法：深度优先遍历和广度优先遍历。你需要熟练掌握这两种遍历方法。

12.1.2　树的深度优先遍历

一般从树的根结点发起深度优先遍历。顾名思义，**深度优先遍历**（Depth First Search，DFS）会尽可能深地搜索树的分支，它总是会沿着从根结点到某个叶子结点的路径，按深度逐渐增加的次序遍历这条路径上的所有结点。深度优先遍历一般使用递归程序来实现。树的深度优先遍历一般分为两种：先访问结点 v，再递归遍历结点 v 的所有子树的遍历方式称为**先根遍历或前序遍历**；先递归遍历结点 v 的所有子树，再访问结点 v 的遍历方式称为**后根遍历或后序遍历**。遍历过程中，同一个结点只能被访问一次。

举个具体的例子，在图 12-3 表示的树中，执行先根遍历所访问的结点序列为 ABCEFDG。访问过程如下：

1）先访问根结点 A，发现 A 有 3 个未访问过的子结点 B、C、D；

2）访问结点 B，发现 B 没有子结点，返回到 B 的父结点 A；

3）A 以及它的子结点 B 已被访问过，访问 A 的子结点 C，发现 C 有 2 个未访问过的子结点 E、F；

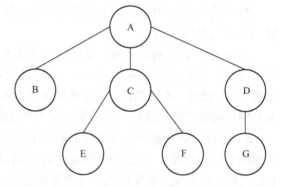

图 12-3　树的深度优先遍历示意图

4）访问结点 E，发现 E 没有子结点，返回到 E 的父结点 C；

5）C 以及它的子结点 E 已被访问过，访问 C 的子结点 F，发现 F 没有子结点，返回到 F 的父结点 C；

6）C 以及它的所有子结点都已被访问过，返回到 C 的父结点 A；

7）A 以及它的子结点 B、C 已被访问过，访问 A 的子结点 D，发现 D 有 1 个未访问过的子结点 G；

8）访问结点 G，发现 G 没有子结点，返回到 G 的父结点 D；

9）D 以及它的所有子结点都已被访问过，返回到 D 的父结点 A；

10）A 以及它的所有子结点都已被访问过，先根遍历结束。

设计一个递归程序来实现树的先根遍历。递归式为：要执行树的深度优先遍历，先访问树的根结点，再递归遍历根结点的所有子树；递归边界为：如果遍历的树是空树，直接返回。由此，树的先根遍历的代码可以是这样的：

```
1   //树的先根遍历
2   void preOrder(TreeNode* root){
3       if(not root)                //是空树直接返回
4           return;
5       cout<<root->val<<' ';       //访问根结点
6       for(auto i:root->child)     //递归遍历所有子树
7           preOrder(i);
8   }
```

你可以将第 5 行访问根结点的代码替换成任何你实际需要的代码。

树的后根遍历与先根遍历相对应，先根遍历是先访问结点 v，再递归遍历结点 v 的所有子树；而后根遍历是先递归遍历结点 v 的所有子树，再访问结点 v。在图 12-3 表示的树中，执行后根遍历所访问的结点序列为 BEFCGDA。访问过程如下：

1）先到达根结点 A（并未访问），发现 A 有 3 个未访问过的子结点 B、C、D；

2）到达结点 B，发现 B 没有子结点，访问 B 结点，然后返回到 B 的父结点 A；

3）A 的子结点 C、D 没有被访问过，到达 A 的子结点 C，发现 C 有 2 个未访问过的子结点 E、F；

4）到达结点 E，发现 E 没有子结点，访问 E 结点，然后返回到 E 的父结点 C；

5）C 的子结点 F 没有被访问过，到达结点 F，发现 F 没有子结点，访问结点 F，然后返回到 F 的父结点 C；

6）C 的所有子结点都已被访问过，访问结点 C，然后返回到 C 的父结点 A；

7）A 的子结点 D 没有被访问过，到达 A 的子结点 D，发现 D 有 1 个未访问过的子结点 G；

8）到达结点 G，发现 G 没有子结点，访问结点 G，然后返回到 G 的父结点 D；

9）D 的所有子结点都已被访问过，访问结点 D，然后返回到 D 的父结点 A；

10）A 的所有子结点都已被访问过，访问结点 A，后根遍历结束。

也可以设计一个递归程序来实现树的后根遍历，这个递归程序与树的先根遍历程序非常类似，事实上，它只不过是将树的先根遍历程序中访问根结点的代码移动到了递归遍历所有子树的代码之后：

```
1   //树的后根遍历
2   void postOrder(TreeNode* root){
3       if(not root)                //是空树直接返回
4           return;
5       for(auto i:root->child)     //递归遍历所有子树
6           postOrder(i);
7       cout<<root->val<<' ';       //访问根结点
8   }
```

12.1.3　树的广度优先遍历

树的广度优先遍历（Breadth First Search，BFS）又称**宽度优先遍历**或**层次遍历**。与深度优先遍历不同，广度优先遍历从根结点开始，按结点所处层次逐渐增加的次序遍历树的结点，结点层次越小越会先被访问，只有层次小的结点都被访问过之后才会访问层次大的结点。遍历过程中，同一个结点只能被访问一次。

举个具体的例子，在图 12-4 表示的树中，根结点 A 处于第 0 层，结点 B、C、D 处于第 1 层，结点 E、F、G 处于第 2 层，因此执行层次遍历所访问的结点序列为 ABCDEFG。这非常好理解是不是？但是层次遍历的实现要比深度优先遍历复杂。深度优先遍历可以使用递归程序实现，知道递归程序都隐式调用了系统栈，而层次遍历正好与之对应，它需要使用一个队列来实现。针对图 12-4 表示的树，广度优先遍历的实现过程如下：

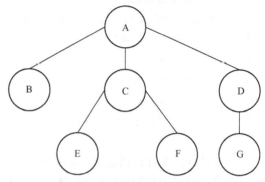

图 12-4 树的广度优先遍历示意图

1）将根结点 A 入队，队列中的结点依次为{A}；

2）队首结点 A 出队，发现 A 有 3 个子结点 B、C、D，将 B、C、D 入队，队列中的结点依次为{B, C, D}；

3）队首结点 B 出队，发现 B 没有子结点，无需入队，队列中的结点依次为{C, D}；

4）队首结点 C 出队，发现 C 有 2 个子结点 E、F，将 E、F 入队，队列中的结点依次为{D, E, F}；

5）队首结点 D 出队，发现 D 有 1 个子结点 G，将 G 入队，队列中的结点依次为{E, F, G}；

6）由于 E、F、G 均为叶子结点，依次出队，无需入队操作，队列为空，结束算法。

由此，树的层次遍历的代码可以是这样的：

```
1   //树的层次遍历
2   void levelOrder(TreeNode* root){
3       queue<TreeNode*>q;
4       q.push(root);
5       while(not q.empty()){
6           auto t=q.front();
7           q.pop();
8           cout<<t->val<<' ';        //访问队首结点
9           for(auto i:t->child)
10              q.push(i);
11      }
12  }
```

如果希望逐层处理树的不同结点，如在每层的结点输出之后加一个换行符，也就是说，针对图 12-4 表示的树，希望执行层次遍历的输出是：

```
1   A
2   B C D
3   E F G
```

可以将层次遍历的代码修改成:

```
1    //树的层次遍历
2    void levelOrder(TreeNode* root){
3        queue<TreeNode*>q;
4        q.push(root);
5        while(not q.empty()){
6            gg s=q.size();
7            while(s--){
8                auto t=q.front();
9                q.pop();
10               cout<<t->val<<(s==0?'\n':' ');
11               for(auto i:t->child)
12                   q.push(i);
13           }
14       }
15   }
```

上面的代码可以逐层处理树的不同结点,这种写法很重要,你需要记住它,因为经常需要逐层处理树的结点。

12.1.4 树的静态写法

类似于动态链表和静态链表,前面几节讲解的使用指针类型实现的结点定义方法称为树的结点的动态写法。树的结点定义还有一种静态写法,要使用这种静态写法,需要用一个数组 tree 将树的所有结点存储起来,这时 child 中存储的整型值就是子结点在数组 tree 中的下标。树的结点类定义的静态写法如下:

```
1    //树的结点类定义的静态写法
2    struct TreeNode{
3        gg val;
4        vector<gg>child;
5        TreeNode(gg v):val(v){}
6    };
```

类似于静态链表,笔者更建议你在程序设计竞赛和考试中使用树结点定义的静态写法。由于数组下标不可能为负数,可以用-1 表示该结点为空结点。那么树的遍历代码可以修改成:

```
1    TreeNode tree[MAX];
2    //树的先根遍历
3    void preOrder(gg root){
4        if(root==-1)    //是空树直接返回
5            return;
6        cout<<tree[root].value<<' ';    //访问根结点
7        for(auto i:tree[root].child)    //递归遍历所有子树
```

345

```
8              preOrder(i);
9      }
10  //树的后根遍历
11  void postOrder(gg root){
12      if(root==-1)                    //是空树直接返回
13          return;
14      for(auto i:tree[root].child)    //递归遍历所有子树
15          postOrder(i);
16      cout<<tree[root].value<<' ';    //访问根结点
17  }
18  //树的层次遍历
19  void levelOrder(gg root){
20      queue<gg>q;
21      q.push(root);
22      while(not q.empty()){
23          gg s=q.size();
24          while(s--){
25              auto t=q.front();
26              q.pop();
27              cout<<tree[t].val<<(s==0?'\n':' ');
28              for(auto i:tree[t].child)
29                  q.push(i);
30          }
31      }
32  }
```

12.1.5 例题剖析

例题 12-1 【PAT A-1004】Counting Leaves

【题意概述】

统计给出的树中每一层上的叶子结点数量。

【输入输出格式】

先给出两个非负整数 N、M，分别表示树中的结点数和非叶子结点的数量。接下来 M 行，每行输入为 "ID K ID[1] ID[2] … ID[K]" 的格式，其中 ID 表示非叶子结点编号，K 是其儿子结点的数量，接下来的 K 个 ID 表示这 K 个儿子结点编号。根结点的 ID 为 1。

输出每层的叶子结点数量，中间以空格分隔，但行尾不得有多余字符。

【数据规模】

$$0 < N < 100, \ M < N$$

【算法设计】

使用一个数组 tree 存储所有的结点，结点的 ID 可以直接使用数组下标表示，这样一个结点就不需要数据域了。因此，可以不用定义一个 TreeNode 类，直接使用一个存储着子结点指针的 vector 就可以表示一个结点。

可以分别通过深度优先遍历和广度优先遍历来解决本题，只需要对前面给出的代码模板进行适当修改即可。

【使用 DFS 的 C++代码】

```cpp
#include<bits/stdc++.h>
using namespace std;
using gg=long long;
vector<vector<gg>>tree(105);
gg ni,mi,ki;
vector<gg>ans;   //存储每层叶子结点数量
void preOrder(gg root,gg depth){
    if(ans.size()<=depth){
        ans.push_back(0);
    }
    if(tree[root].empty()){//是叶子结点，增加对应层次上叶子结点数量
        ++ans[depth];
    }
    for(auto i:tree[root]){
        preOrder(i,depth+1);
    }
}
int main(){
    ios::sync_with_stdio(false);
    cin.tie(0);
    cin>>ni>>mi;
    gg id1,id2;
    while(mi--){
        cin>>id1>>ki;
        while(ki--){
            cin>>id2;
            tree[id1].push_back(id2);
        }
    }
    preOrder(1,0);
    for(int i=0;i<ans.size();++i){
        cout<<(i==0?"":" ")<<ans[i];
    }
    return 0;
}
```

【使用 BFS 的 C++代码】

```cpp
1   #include<bits/stdc++.h>
2   using namespace std;
3   using gg=long long;
4   vector<vector<gg>>tree(105);
5   gg ni,mi,ki;
6   void levelOrder(gg root){
7       queue<gg>q;
8       q.push(root);
9       bool space=false;                   //标志是否输出空格
10      while(not q.empty()){
11          gg s=q.size(),ans=0;
12          while(s--){
13              auto t=q.front();
14              q.pop();
15              if(tree[t].empty()){        //是叶子结点
16                  ++ans;
17              }
18              for(auto i:tree[t]){
19                  q.push(i);
20              }
21          }
22          cout<<(space?" ":"")<<ans;
23          space=true;
24      }
25  }
26  int main(){
27      ios::sync_with_stdio(false);
28      cin.tie(0);
29      cin>>ni>>mi;
30      gg id1,id2;
31      while(mi--){
32          cin>>id1>>ki;
33          while(ki--){
34              cin>>id2;
35              tree[id1].push_back(id2);
36          }
37      }
38      levelOrder(1);
39      return 0;
40  }
```

348

可以对比一下使用 DFS 和使用 BFS 的代码，显然使用 DFS 的代码更为简单，但是它需要额外定义一个数组存储每层上的叶子结点数；BFS 的代码虽然略显复杂，但是它可以直接逐层对树的结点进行操作，因此无需额外定义存储每层上的叶子结点数的数组。

例题 12-2　**【PAT A-1079】** Total Sales of Supply Chain

【题意概述】

供应链是零售商、经销商和供应商构成的网络，每个人都参与将产品从供应商转移到客户的过程。从一个根供应商开始，链上的每个人都以价格 P 从一个供应商那里购买产品，然后以比 P 高出 R% 的价格出售或分发产品。只有零售商会面向顾客销售。假定供应链中的每个成员除根供应商外都只有一个供应商，并且没有供应周期。给出一条供应链，输出所有零售商的总销售额。

【输入输出格式】

第一行包含 3 个正数 N、P、R，分别表示供应链中成员的总数（所有结点的 ID 从 0 到 N−1 编号，根供应商的 ID 为 0）、根供应商给出的单价、每个经销商或零售商的价格上涨百分比。接下来 N 行，每行输入为 "ID K ID[1] ID[2] … ID[K]" 的格式，其中 ID 表示非叶子结点编号，K 是其儿子结点的数量，接下来的 K 个 ID 表示这 K 个儿子结点编号。如果 K 为 0，表示该结点是一个零售商，之后紧跟着一个数字，表示该零售商的销售额。

输出所有零售商的总销售额，保留一位小数。

【数据规模】

$$0 < N \leqslant 10^5$$

【算法设计】

使用一个数组 tree 存储所有的结点，结点的 ID 可以直接使用数组下标表示。然后只需通过一次遍历确定每个结点对应的单价，最后将结点的单价数组和销售量数组求内积即可得到总销售额。

同样，可以分别通过深度优先遍历和广度优先遍历来解决本题，只需要对前面给出的代码模板进行适当修改即可。

【使用 DFS 的 C++ 代码】

```
1   #include<bits/stdc++.h>
2   using namespace std;
3   using gg=long long;
4   const gg MAX=1e5+5;
5   vector<vector<gg>>tree(MAX);
6   vector<double>amount(MAX),price(MAX);
7   gg ni,ki,ai;
8   double ri;
9   void dfs(gg root){
10      for(gg i:tree[root]){
11          price[i]=price[root] *(1+ri);
12          dfs(i);
13      }
```

```
14  }
15  int main(){
16      ios::sync_with_stdio(false);
17      cin.tie(0);
18      cin>>ni>>price[0]>>ri;
19      ri/=100;
20      for(gg i=0;i<ni;++i){
21          cin>>ki;
22          if(ki==0){
23              cin>>amount[i];
24          }else{
25              while(ki--){
26                  cin>>ai;
27                  tree[i].push_back(ai);
28              }
29          }
30      }
31      dfs(0);
32      cout<<fixed<<setprecision(1)
33          <<inner_product(price.begin(),price.begin()+ni,
            amount.begin(),0.0);
34      return 0;
35  }
```

【使用 BFS 的 C++代码】

```
1   //广度优先遍历
2   #include<bits/stdc++.h>
3   using namespace std;
4   using gg=long long;
5   const gg MAX=1e5+5;
6   vector<vector<gg>>tree(MAX);
7   vector<double>amount(MAX),price(MAX);
8   gg ni,ki,ai;
9   double ri;
10  void bfs(gg root){
11      queue<gg>q;
12      q.push(root);
13      while(not q.empty()){
14          auto t=q.front();
15          q.pop();
```

```
16          for(auto i:tree[t]){
17              q.push(i);
18              price[i]=price[t]*(1+ri);
19          }
20      }
21  }
22  int main(){
23      ios::sync_with_stdio(false);
24      cin.tie(0);
25      cin>>ni>>price[0]>>ri;
26      ri/=100;
27      for(gg i=0;i<ni;++i){
28          cin>>ki;
29          if(ki==0){
30              cin>>amount[i];
31          }else{
32              while(ki--){
33                  cin>>ai;
34                  tree[i].push_back(ai);
35              }
36          }
37      }
38      bfs(0);
39      cout<<fixed<<setprecision(1)
40          <<inner_product(price.begin(),price.begin()+ni,
            amount.begin(),
41                          0.0);
42      return 0;
43  }
```

例题 12-3　【PAT A-1090】Highest Price in Supply Chain

【题意概述】

供应链是零售商、经销商和供应商构成的网络，每个人都参与将产品从供应商转移到客户的过程。从一个根供应商开始，链上的每个人都以价格 P 从一个供应商那里购买产品，然后以比 P 高出 R% 的价格出售或分发产品。只有零售商会面向顾客销售。假定供应链中的每个成员除根供应商外都只有一个供应商，并且没有供应周期。给出一条供应链，输出供应链上的最高单价。

【输入输出格式】

第一行包含 3 个正数 N、P、R，分别表示供应链中成员的总数（所有结点的 ID 从 0 到 N−1 编号）、根供应商给出的单价、每个经销商或零售商的价格上涨百分比。接下来一行给出

N 个正整数，其中第 i 个整数 S_i 表示第 i 个结点的父结点。如果 S_i 为-1，表示结点 i 是整个供应链的根结点。

输出供应链上的最高单价和单价为该最高单价的供应商个数，最高单价保留两位小数。

【数据规模】

$$0 < N \leqslant 10^5$$

【使用 DFS 的 C++代码】

```cpp
1   #include<bits/stdc++.h>
2   using namespace std;
3   using gg=long long;
4   const gg MAX=1e5+5;
5   vector<vector<gg>>tree(MAX);
6   vector<double>price(MAX);
7   gg ni,ai,maxNum=0;
8   double ri,pi,maxPrice=0;
9   void dfs(gg root){
10      if(price[root]>maxPrice){
11          maxPrice=price[root];
12          maxNum=1;
13      }else if(abs(maxPrice-price[root])<1e-6){
14          ++maxNum;
15      }
16      for(gg i:tree[root]){
17          price[i]=price[root]*(1+ri);
18          dfs(i);
19      }
20  }
21  int main(){
22      ios::sync_with_stdio(false);
23      cin.tie(0);
24      cin>>ni>>pi>>ri;
25      ri/=100;
26      gg root=-1;
27      for(gg i=0;i<ni;++i){
28          cin>>ai;
29          if(ai==-1){
30              root=i;
31              price[i]=pi;
32          }else{
33              tree[ai].push_back(i);
34          }
```

```
35        }
36        dfs(root);
37        cout<<fixed<<setprecision(2)<<maxPrice<<" "<<maxNum;
38        return 0;
39    }
```

【使用 BFS 的 C++代码】

```
1     #include<bits/stdc++.h>
2     using namespace std;
3     using gg=long long;
4     const gg MAX=1e5+5;
5     vector<vector<gg>>tree(MAX);
6     vector<double>price(MAX);
7     gg ni,ai,maxNum=0;
8     double ri,pi,maxPrice=0;
9     void bfs(gg root){
10        queue<gg>q;
11        q.push(root);
12        while(not q.empty()){
13            auto t=q.front();
14            q.pop();
15            if(price[t]>maxPrice){
16                maxPrice=price[t];
17                maxNum=1;
18            }else if(abs(maxPrice-price[t])<1e-6){
19                ++maxNum;
20            }
21            for(auto i:tree[t]){
22                q.push(i);
23                price[i]=price[t]*(1+ri);
24            }
25        }
26    }
27    int main(){
28        ios::sync_with_stdio(false);
29        cin.tie(0);
30        cin>>ni>>pi>>ri;
31        ri/=100;
32        gg root=-1;
33        for(gg i=0;i<ni;++i){
```

```
34          cin>>ai;
35          if(ai==-1){
36              root=i;
37              price[i]=pi;
38          }else{
39              tree[ai].push_back(i);
40          }
41      }
42      bfs(root);
43      cout<<fixed<<setprecision(2)<<maxPrice<<" "<<maxNum;
44      return 0;
45  }
```

12.2 二叉树与二叉树的遍历

12.2.1 二叉树的定义

上一节介绍了树的基本概念以及树的遍历方法，本节介绍一种特殊的树，在这种树中，每个结点最多只能有两个子结点，称这种树为二叉树（Binary Tree）。与之对应，称可能有两个以上子结点的树为多叉树。在程序设计竞赛和考试中，二叉树的考查频率远远高于多叉树，考查范围也更广。图 12-5 就展示了一棵二叉树。

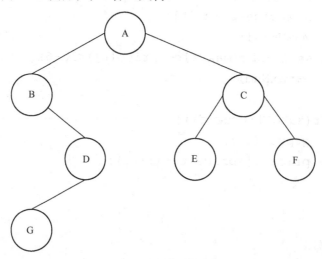

图 12-5 二叉树示意图

由于二叉树每个结点最多有两棵子树，一般会将这两棵子树区别开，分别称为左子树和右子树。相应地，子结点也被区分为左孩子结点和右孩子结点。例如，图 12-5 中，{B, D, G} 就是 A 的左子树，B 是 A 的左孩子结点；{D, G} 就是 B 的右子树，D 是 B 的右孩子结点。与树类似，同样可以给出一棵二叉树的递归定义方法，即一棵二叉树要么是一棵空树，要么由根结点 root、左子树、右子树组成，其中左子树和右子树都是二叉树。

那么如何定义一个二叉树的结点呢？由于每个结点最多有两个子结点，定义两个指针 left 和 right 分别指向左孩子结点和右孩子结点，如果子树为空，就将对应的指针置为空：

```
1   //二叉树的结点类定义
2   struct BTNode{
3       gg val;
4       BTNode *left,*right;
5       BTNode(gg v,BTNode* l=nullptr,BTNode* r=nullptr):val(v){}
6   };
```

12.2.2　二叉树的遍历

二叉树的深度优先遍历与树的深度优先遍历基本一致，只不过由于二叉树中最多有两棵子树，因此二叉树的深度优先遍历分为 3 种：

1）先根遍历：又称前序遍历，先访问根结点，再递归遍历左子树，最后递归遍历右子树。

2）中根遍历：又称中序遍历，先递归遍历左子树，再访问根结点，最后递归遍历右子树。

3）后根遍历：又称后序遍历，先递归遍历左子树，再递归遍历右子树，最后访问根结点。

对于图 12-5 表示的二叉树，先根遍历序列为 ABDGCEF、中根遍历序列为 BGDAECF、后根遍历序列为 GDBEFCA。你可以仿照着树的深度优先遍历过程去理解它们。

同样，可以设计递归程序来实现二叉树的 3 种深度优先遍历，它们的代码都极其相似，实际上这 3 种遍历方式的区别只在于访问根结点的代码的位置。下面是这 3 种遍历方式的实现代码：

```
1   //二叉树的先根遍历
2   void preOrder(BTNode* root){
3       if(not root)                  //是空树直接返回
4           return;
5       cout<<root->val<<' ';        //访问根结点
6       preOrder(root->left);        //递归遍历左子树
7       preOrder(root->right);       //递归遍历右子树
8   }
9   //二叉树的中根遍历
10  void inOrder(BTNode* root){
11      if(not root)                  //是空树直接返回
12          return;
13      inOrder(root->left);         //递归遍历左子树
14      cout<<root->val<<' ';        //访问根结点
15      inOrder(root->right);        //递归遍历右子树
16  }
17  //二叉树的后根遍历
18  void postOrder(BTNode* root){
19      if(not root)                  //是空树直接返回
```

```
20          return;
21      postOrder(root->left);        //递归遍历左子树
22      postOrder(root->right);       //递归遍历右子树
23      cout<<root->val<<' ';         //访问根结点
24  }
```

同样，二叉树也有广度优先遍历（层次遍历），对于图 12-5 表示的二叉树，层次遍历序列为 ABCDEFG。它的实现代码和树的层次遍历代码如出一辙：

```
1   //二叉树的层次遍历
2   void levelOrder(BTNode* root){
3       queue<BTNode*>q;
4       q.push(root);
5       while(not q.empty()){
6           gg s=q.size();
7           while(s--){
8               auto t=q.front();
9               q.pop();
10              cout<<t->val<<(s==0?'\n':' ');
11              if(t->left)
12                  q.push(t->left);
13              if(t->right)
14                  q.push(t->right);
15          }
16      }
17  }
```

12.2.3 二叉树的静态写法

类似于树，二叉树也有静态写法，用数组 tree 将二叉树的所有结点存储起来，并用-1 表示指向的结点为空结点，用 left 和 right 中存储的整型值表示子结点在数组 tree 中的下标。

```
1   //二叉树的结点类定义的静态写法
2   struct BTNode{
3       gg val,left,right;
4       TreeNode(gg v,gg left=-1,gg right=-1):val(v){}
5   };
```

在程序设计竞赛和考试中，二叉树的静态写法用得更多。静态写法中，二叉树的遍历代码可以修改成：

```
1   BTNode tree[MAX];
2   //二叉树的先根遍历
3   void preOrder(gg root){
4       if(root==-1)                    //是空树直接返回
```

```
5        return;
6        cout<<tree[root].val<<' ';          //访问根结点
7        preOrder(tree[root].left);          //递归遍历左子树
8        preOrder(tree[root].right);         //递归遍历右子树
9    }
10   //二叉树的中根遍历
11   void inOrder(gg root){
12       if(root==-1)                        //是空树直接返回
13           return;
14       inOrder(tree[root].left);           //递归遍历左子树
15       cout<<tree[root].val<<' ';          //访问根结点
16       inOrder(tree[root].right);          //递归遍历右子树
17   }
18   //二叉树的后根遍历
19   void postOrder(gg root){
20       if(root==-1)                        //是空树直接返回
21           return;
22       postOrder(tree[root].left);         //递归遍历左子树
23       postOrder(tree[root].right);        //递归遍历右子树
24       cout<<tree[root].val<<' ';          //访问根结点
25   }
26   //二叉树的层次遍历
27   void levelOrder(gg root){
28       queue<gg>q;
29       q.push(root);
30       while(not q.empty()){
31           gg s=q.size();
32           while(s--){
33               auto t=q.front();
34               q.pop();
35               cout<<tree[t].val<<(s==0?'\n':' ');
36               if(tree[t].left!=-1)
37                   q.push(tree[t].left);
38               if(tree[t].right!=-1)
39                   q.push(tree[t].right);
40           }
41       }
42   }
```

　　如果你仔细观察就能发现，动态写法和静态写法的代码差距不大，它们底层的算法逻辑都是一样的。只要你能够真正理解这些算法，无论是静态写法还是动态写法，都可以熟练地

357

写出来。因此，在之后的章节中，在讲解知识点时，没有特殊说明的情况下，都会以动态写法为例，而不再详细地给出静态写法。你可以尝试着在理解动态写法的基础上，自行编写对应的静态写法的代码。

12.2.4 例题剖析

例题 12-4 【PAT A-1102】Invert a Binary Tree

【题意概述】

给出 N 个结点的左右子树孩子结点的编号，将该树翻转（即每个结点的左右子树都做一次交换），输出翻转后的二叉树的层次遍历序列和中根遍历序列。

【输入输出格式】

输入第一行给出一个正整数 N，它是树中结点的总数，结点从 0 到 N-1 编号。接下来 N 行，每行对应一个从 0 到 N-1 的结点，并给出该结点左右子结点的索引。如果孩子结点不存在，索引为 "-"。

输出翻转后的二叉树的层次遍历序列和中根遍历序列。

【数据规模】

$$N \leqslant 10$$

【算法设计】

这道题用静态写法更方便。由于只需存储左右子结点，可以用 array<gg,2>类型来表示一个结点的子结点信息。要输出翻转之后的二叉树，可以在读取左右子树结点时先读入右子树，再读入左子树来实现翻转。主要问题在于如何找到根结点，很明显根结点不是任何结点的子树，可以定义一个长度为 N 的 bool 类型数组 f，元素均初始化为 false，然后在读取子树结点时，将 f 数组相应位置的元素设为 true，读取完成后遍历整个 f 数组，元素仍为 false 的下标即为根结点的编号。

【C++代码】

```
1   #include<bits/stdc++.h>
2   using namespace std;
3   using gg=long long;
4   const gg MAX=15;
5   gg ni;
6   vector<array<gg,2>>tree(MAX,{-1,-1});
7   void inOrder(gg root,gg& n){
8       if(root==-1)
9           return;
10      inOrder(tree[root][0],n);
11      cout<<root<<(++n==ni?"\n":" ");
12      inOrder(tree[root][1],n);
13  }
14  void levelOrder(gg root){
15      queue<gg>q;
16      q.push(root);
```

```
17      gg n=0;
18      while(not q.empty()){
19          auto t=q.front();
20          q.pop();
21          cout<<t<<(++n==ni?"\n":" ");
22          if(tree[t][0]!=-1)
23              q.push(tree[t][0]);
24          if(tree[t][1]!=-1)
25              q.push(tree[t][1]);
26      }
27  }
28  int main(){
29      ios::sync_with_stdio(false);
30      cin.tie(0);
31      cin>>ni;
32      string s1,s2;
33      vector<bool>f(ni);
34      for(gg i=0;i<ni;++i){
35          cin>>s1>>s2;
36          if(s1!="-"){
37              tree[i][1]=stoll(s1);
38              f[stoll(s1)]=true;
39          }
40          if(s2!="-"){
41              tree[i][0]=stoll(s2);
42              f[stoll(s2)]=true;
43          }
44      }
45      gg root=find(f.begin(),f.end(),false)-f.begin();
46      levelOrder(root);
47      gg n=0;
48      inOrder(root,n);
49      return 0;
50  }
```

例题 12-5　【PAT A-1130】Infix Expression

【题意概述】

给定一个二叉语法树，输出相应的中缀表达式，并用括号括起来以反映运算符的优先级。

【输入输出格式】

输入第一行给出一个正整数 N，它是语法树中结点的总数。接下来 N 行，每行以 "data

left_child right_child" 格式给出一个结点的信息，其中 data 是不超过 10 个字符的字符串，left_child 和 right_child 分别是该结点的左子对象和右子对象的索引。结点从 1 到 N 进行编号，空结点用 –1 表示。

在一行中打印中缀表达式，并用括号括起来以反映运算符的优先级。请注意，最终表达式必须没有多余的括号。任何符号之间都不能有空格。

【数据规模】

$$N \leqslant 20$$

【算法设计】

如何找到根结点呢？很明显根结点不是任何结点的子树，可以定义一个长度为 N 的 bool 类型数组 f，元素均初始化为 false，然后在读取子树结点时，将 f 数组相应位置的元素设为 true，读取完成后遍历整个 f 数组，元素仍为 false 的下标即为根结点的编号。

找到根结点之后，进行一次中根遍历，并注意一下输出即可。

【C++代码】

```cpp
1   #include<bits/stdc++.h>
2   using namespace std;
3   using gg=long long;
4   struct BTNode{
5       string val;
6       gg left,right;
7   };
8   vector<BTNode>tree(25);
9   void inOrder(gg root,gg r){
10      if(root==-1){
11          return;
12      }
13      if(tree[root].left==-1 and tree[root].right==-1){
14          cout<<tree[root].val;
15          return;
16      }
17      if(root!=r){   //最外层的表达式是没有括号的
18          cout<<"(";
19      }
20      inOrder(tree[root].left,r);
21      cout<<tree[root].val;
22      inOrder(tree[root].right,r);
23      if(root!=r){   //最外层的表达式是没有括号的
24          cout<<")";
25      }
26  }
27  int main(){
```

```
28       ios::sync_with_stdio(false);
29       cin.tie(0);
30       gg ni;
31       cin>>ni;
32       vector<bool>f(ni+1);
33       for(gg i=1;i<=ni;++i){
34           cin>>tree[i].val>>tree[i].left>>tree[i].right;
35           if(tree[i].left!=-1){
36               f[tree[i].left]=true;
37           }
38           if(tree[i].right!=-1){
39               f[tree[i].right]=true;
40           }
41       }
42       gg root=find(f.begin()+1,f.end(),false)-f.begin();
43       inOrder(root,root);
44       return 0;
45   }
```

12.3　完全二叉树

本节介绍一种特殊的二叉树——**完全二叉树**（Complete Binary Tree，CBT）。在介绍它之前，先来介绍**满二叉树**。满二叉树中，每一层的结点个数都达到了当层所能达到的最大结点数。图 12-6 就是一棵满二叉树。

完全二叉树的要求没有满二叉树那么严格，一棵二叉树如果是完全二叉树，需满足以下两个条件：

1）除最下面的一层以外，其余层的结点个数都达到了当层能达到的最大结点数；

2）最下面一层只从左至右连续存在若干结点。

图 12-7 就是一棵完全二叉树。

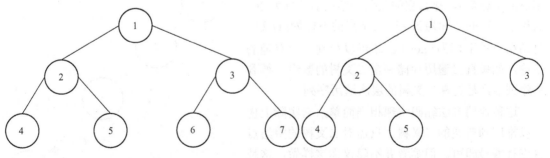

图 12-6　满二叉树示意图　　　　　图 12-7　完全二叉树示意图

完全二叉树中如果有空结点，那么这些结点都会集中在完全二叉树的最下面一层的右侧。显然，满二叉树是一种特殊的完全二叉树。如果将层数相同的完全二叉树和满二叉树结合起来看（你可以将图 12-6 和图 12-7 结合起来看），还可以得到关于完全二叉树的几个特殊性质：

1）如果按层次遍历的顺序用连续的自然数对完全二叉树和满二叉树进行编号，那么完全二叉树和满二叉树的对应位置的编号应该是完全一致的。

2）将根结点的编号设定为 1，那么对于编号为 k 的结点，如果存在左孩子结点，左孩子结点的编号为 2k；如果存在右孩子结点，右孩子结点的编号为 $2k+1$；父结点的编号为 $\lfloor k/2 \rfloor$；如果存在兄弟结点，兄弟结点的编号为 k xor 1。

根据完全二叉树的性质，如果将整棵树的结点存放在一个数组中，以刚刚讨论的编号作为结点在数组中的存放下标，那么直接通过这种下标之间的关系即可得到结点的子结点、父结点、兄弟结点。这种情况下，就无需再定义额外指向子结点的指针域，只需将结点的数据域存放到数组中即可。图 12-8 就显示了一棵完全二叉树的存储形式。

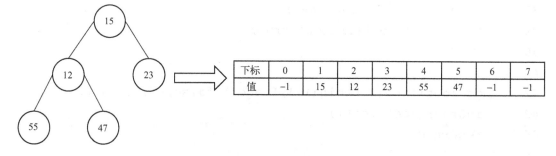

下标	0	1	2	3	4	5	6	7
值	−1	15	12	23	55	47	−1	−1

图 12-8　完全二叉树的存储形式

如图 12-8 所示，利用一个数组存储整棵完全二叉树，将根结点 15 存储到数组下标为 1 的位置，那么 15 的左孩子结点 12 和右孩子结点 23 就要分别存储到 $2\times1=2$ 和 $2\times1+1=3$ 的位置，而 12 的左孩子结点 55 和右孩子结点 47 就要分别存储到 $2\times2=4$ 和 $2\times2+1=5$ 的位置，依次类推，就可以把整棵树存储下来了。另外，对于空结点，可以使用任意一个树中不可能出现的值来表示，图 12-8 中使用了 −1 这个值，如果题目给出的树中结点值可以为 −1，那么 −1 这个值就不适用了，你要根据具体情况进行变通。这时只要得到任意一个结点在数组中的下标，立刻就能够求出这个结点的父结点、兄弟结点和子结点的下标。例如，对于下标为 2 的结点 12，它的父结点的下标为 $\lfloor 2/2 \rfloor=1$，兄弟结点的下标为 2 xor 1=3，左孩子结点和右孩子结点的下标分别为 $2\times2=4$ 和 $2\times2+1=5$。

总结来说，假设根结点的下标为 1，如果一个结点的下标是 i，那么它的左孩子结点的下标为 2i，右孩子结点的下标为 2i+1，父结点的下标为 $\lfloor i/2 \rfloor$，兄弟结点的下标为 i xor 1。还可以得到一个有趣的结论，**如果直接遍历存储完全二叉树的数组，得到的序列恰好是这棵二叉树的层次遍历序列。**

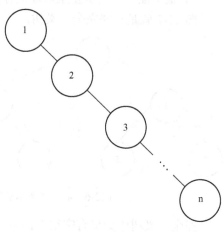

这种存储方法编码实现相当简单，它实际上也可以推广到普通的二叉树，只需对二叉树的空结点也进行编号即可。但笔者并不建议你这样做，这是因为这种存储方式会消耗巨大的空间。例如，对于图 12-9 这种退化成一条链表的二叉树来说，如果这棵树有 n 个结点，定义的数组大小就要达到 2^n 个，

图 12-9　退化成一条链表的二叉树

362

这种指数级增长的空间消耗是无法承受的。因此，**这种存储方法只适合存放完全二叉树，而很少用来存储普通的二叉树。**

关于完全二叉树，还有最后一个问题，即如何判断一棵二叉树是否为完全二叉树？仍然要从完全二叉树的性质入手。假设给定的二叉树有 N 个结点，给根结点编号为 1，并对整棵二叉树进行层次遍历，如果给定的二叉树是完全二叉树，那么遍历的结点编号必然会逐个覆盖 1~N 这 N 个数字。因此可以定义一个变量 i，让它枚举 1~N 这 N 个数字，然后对二叉树进行层次遍历，判断遍历的当前结点编号是否与 i 相等，即可判断这棵二叉树是否为完全二叉树。整个算法的代码可以是这样的：

```
1   //判断二叉树是否为完全二叉树
2   bool isCompleteTree(BTNode* root){
3       queue<pair<BTNode*,gg>>q;  //pair 的 second 成员存储结点编号
4       q.push({root,1});
5       for(gg i=1;not q.empty();++i){
6           auto t=q.front();
7           q.pop();
8           if(i!=t.second)
9               return false;
10          if(t.first->left!=nullptr)
11              q.push({t.first->left,t.second*2});
12          if(t.first->right!=nullptr)
13              q.push({t.first->right,t.second*2+1});
14      }
15      return true;
16  }
```

例题 12-6 【PAT A-1110】Complete Binary Tree

【题意概述】

判断给定的二叉树是否为完全二叉树。

【输入输出格式】

先给出一个正整数 N，表示树中的结点数，结点编号为 0~N−1。接下来 N 行，每行对应一个结点，并给出该结点左、右子结点的编号。如果编号为 "-"，表示子结点不存在。

如果是完全二叉树，则在一行中输出 "YES" 并打印最后一个结点的索引；如果不是完全二叉树，则输出 "NO" 并打印根结点的索引。

【数据规模】

$$0 < N \leqslant 20$$

【算法设计】

需要先确定根结点的编号。显然整棵树中，除了根结点以外，所有结点都有父结点。可以根据这个性质，针对每个结点提供一个 bool 变量，表示对应的结点有没有父结点。然后读取每个结点的左、右子结点的编号，将左、右子结点对应的 bool 变量置为 true。读取完成后，bool 变量仍为 false 的结点编号即为根结点的编号。

最后根据前面给出的方法去判断一棵树是否为完全二叉树即可。

【C++代码】

```cpp
1    #include<bits/stdc++.h>
2    using namespace std;
3    using gg=long long;
4    struct BTNode{
5        int left=-1,right=-1;
6    };
7    vector<bool>f(25);              //标记有无父结点
8    vector<BTNode>tree(25);
9    gg ni;
10   void isCompleteTree(gg root){
11       queue<array<gg,2>>q;       //array 元素分别表示结点下标、结点编号
12       q.push({root,1});
13       auto last=q.front();       //存放最后一个结点信息
14       for(gg i=1;!q.empty();++i){
15           last=q.front();
16           q.pop();
17           if(i!=last[1]){        //不是完全二叉树
18               cout<<"NO "<<root;
19               return;
20           }
21           if(tree[last[0]].left!=-1)
22               q.push({tree[last[0]].left,last[1]*2});
23           if(tree[last[0]].right!=-1)
24               q.push({tree[last[0]].right,last[1]*2+1});
25       }
26       cout<<"YES"<<last[0];//是完全二叉树，输出 YES 和最后一个结点下标
27   }
28   int main(){
29       ios::sync_with_stdio(false);
30       cin.tie(0);
31       cin>>ni;
32       string si;
33       for(gg i=0;i<ni;++i){
34           for(gg j=0;j<2;++j){
35               cin>>si;
36               if(si!="-"){
37                   gg t=stoll(si);
38                   j==0?tree[i].left=t:tree[i].right=t;
```

364

```
39                    f[t]=true;
40                }
41            }
42        }
43      gg root=find(f.begin(),f.begin()+ni,false)-f.begin();
44      isCompleteTree(root);
45      return 0;
46  }
```

12.4　二叉查找树

二叉查找树（Binary Search Tree，BST）又称二叉搜索树或二叉排序树，它也是一种特殊的二叉树，它的递归定义是一棵二叉查找树要么是一棵空树，要么由根结点、左子树、右子树组成，且满足下列性质：

1）若任意结点的左子树不空，则左子树上所有结点的值均小于或等于它的根结点的值；

2）若任意结点的右子树不空，则右子树上所有结点的值均大于它的根结点的值；

3）任意结点的左、右子树也分别为二叉查找树。

注意，与根结点数据域相等的结点究竟要插入到左子树还是右子树要根据具体的题目要求而定，本书中将这样的结点插入到左子树。图 12-10 展示了几种二叉查找树。

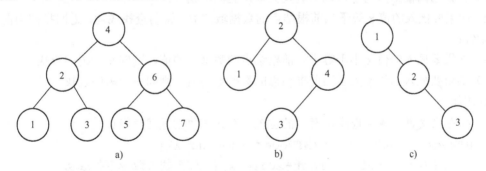

图 12-10　二叉查找树示意图

下面介绍一些二叉查找树最常用的操作：插入、查找。二叉查找树是一种特殊的二叉树，可以使用前面介绍的遍历方法进行遍历，这里就不再赘述了。

1. 插入

二叉查找树是递归定义的，也可以通过递归来实现插入操作。

1）如果要插入的值 x 小于等于当前根结点的数据域的值，则向左子树中插入；

2）如果要插入的值 x 大于当前根结点的数据域的值，则向右子树中插入；

3）如果当前根结点为空，说明当前根结点的位置就是要插入的位置，在此新建一个结点即可。

代码如下：

```
1   //向二叉查找树中插入元素 x
2   void insertElement(BTNode*& root,gg x){
```

```
3      if(not root){                          //根结点为空，新建一个结点
4         root=new BTNode(x);
5      }else if(x<=root->val){       //向左子树中插入
6         insertElement(root->left,x);
7      }else{                               //向右子树中插入
8         insertElement(root->right,x);
9      }
10  }
```

注意，由于可能要修改根结点（如果为空要新建一个结点），因此参数 root 要使用引用类型。实现了插入元素的算法之后，就可以通过不断调用该算法建立一个二叉查找树，就像下面的代码这样：

```
1    //建立一个有 5 个结点的二叉查找树
2    BTNode* head=nullptr;
3    for(int i=0;i<5;++i)
4       insertElement(head,0,5-i);
```

整个插入操作的时间复杂度为 O(h)，h 为二叉查找树的高。

2. 查找

查找操作与插入操作的实现如出一辙，只需要做略微修改即可。

1）如果当前根结点为空，说明查找失败，返回空指针；

2）如果要插入的值 x 等于当前根结点的数据域的值，说明查找成功，返回指向当前根结点的指针；

3）如果要插入的值 x 小于等于当前根结点的数据域的值，则向左子树中查找；

4）如果要插入的值 x 大于当前根结点的数据域的值，则向右子树中查找。

代码如下：

```
1    //在二叉查找树中查找元素 x 的位置，查找失败则返回空指针
2    BTNode* findElement(BTNode* root,gg x){
3       if(not root or root->val==x){  //查找失败或查找成功
4          return root;
5       }else if(x<=root->val){             //向左子树中查找
6          return findElement(root->left,x);
7       }else{                                   //向右子树中查找
8          return findElement(root->right,x);
9       }
10  }
```

整个查找操作的时间复杂度为 O(h)，h 为二叉查找树的高。

例题 12-7 【PAT A-1115】Counting Nodes in a BST

【题意概述】

将给定的数字序列逐个插入到一棵二叉查找树中，统计二叉查找树最下面两层的结点个数总和。

【输入输出格式】

先给出一个正整数 N，表示要插入数字的个数。接下来一行给出 N 个数字。

按"n1 + n2 = n"格式输出，其中 n1 表示最下面一层的结点个数，n2 表示倒数第 2 层的结点个数，n 表示两者之和。

【数据规模】

$$0 < N \leqslant 1000$$

【注意点】

输入的数字序列可能只有 1 个数字，即构建的二叉查找树可能只有 1 层，这时输出的"n1 + n2 = n"的格式中，n2 要表示成 0。

【算法设计】

将给定的数字逐个地插入到二叉查找树中，通过先根遍历统计每层结点的个数，然后按要求进行输出即可。

【C++代码】

```
1   #include<bits/stdc++.h>
2   using namespace std;
3   using gg=long long;
4   vector<gg>level;
5   struct BTNode{
6       gg val;
7       BTNode *left,*right;
8       BTNode(gg v,BTNode* l=nullptr,BTNode* r=nullptr) :
9           val(v),left(l),right(r){}
10  };
11  void insertElement(BTNode*& root,gg x){
12      if(not root){                //根结点为空，新建一个结点
13          root=new BTNode(x);
14      }else if(x<=root->val){      //向左子树中插入
15          insertElement(root->left,x);
16      }else{                       //向右子树中插入
17          insertElement(root->right,x);
18      }
19  }
20  void preOrder(BTNode* root,gg depth){
21      if(not root)
22          return;
23      if(level.size()<=depth)
24          level.push_back(0);
25      ++level[depth];
26      preOrder(root->left,depth+1);
27      preOrder(root->right,depth+1);
```

367

```
28    }
29    int main(){
30        ios::sync_with_stdio(false);
31        cin.tie(0);
32        BTNode* root=nullptr;
33        gg ni,ai;
34        cin>>ni;
35        while(ni--){
36            cin>>ai;
37            insertElement(root,ai);
38        }
39        preOrder(root,0);
40        gg k1=level.back(),k2=level.size()>1?level[level.size
          ()-2]:0;
41        cout<<k1<<"+"<<k2<<"="<<(k1+k2);
42        return 0;
43    }
```

　　另外，二叉查找树还有一个关键的性质，由于二叉查找树结点数据域满足左子树≤根结点<右子树，所以二叉查找树的中根遍历序列一定是按升序排列的。通过中根遍历序列是否按升序排列，可以判断一棵二叉树是否为二叉查找树。

12.5 根据遍历序列创建二叉树的问题

　　经过前面几节的学习，想必你已经掌握了二叉树的 4 种遍历方式：先根遍历、中根遍历、后根遍历、层次遍历。给你一棵任意的二叉树，你可以轻松地得到这棵树的任意一种遍历序列。那么试着将问题反过来，如果给你任意两种遍历序列，你能否构建一棵满足这给定遍历序列的二叉树呢？针对这个问题，有这样的结论：**只要给出中根遍历序列和其他任意一种遍历序列，就可以唯一确定一棵二叉树；否则只要给定的遍历序列中不包含中根遍历序列，对应的二叉树就不是唯一的。**笔者并不想花费过多笔墨去证明这个结论，你如果有兴趣可以查阅相关资料。本节的重点在于如何创建这样的二叉树。注意，**本节讨论的二叉树，结点数据域的值都是唯一的，不会出现重复。**

12.5.1 给出中根遍历序列和先根遍历序列，创建二叉树

　　以给出中根遍历序列和先根遍历序列为例，探讨如何创建二叉树。

　　需要研究一下中根遍历序列和先根遍历序列的特点。先根遍历的访问过程是"根结点→左子树→右子树"，因此先根遍历序列的第一个数字就表示根结点。中根遍历的访问过程是"左子树→根结点→右子树"，因此在先根遍历序列中得到了根结点之后，就可以在中根遍历序列中找到这个根结点的位置，那么就可以将左子树的遍历序列和右子树的遍历序列分隔开来。接下来就可以使用递归的思想，准确来说是分治的思想来解决这个问题。还记得分治思想的步骤吗？顺便可以复习一下：

1）分解：如前所述，可以在先根遍历序列中确定根结点，然后就可以在中根遍历序列中找到这个根结点的位置，接下来就可以将左子树的遍历序列和右子树的遍历序列分割出来。这时递归创建二叉树的问题就可以分解成两个子问题：递归创建左子树问题和递归创建右子树问题。

2）解决：这个分解过程一直递归进行下去，需要给出一个递归出口，那么什么时候子问题的规模足够小以致于可以直接求解了呢？显然，当分割出来的子树为空时，就可以直接返回了。

3）合并：要将子问题的解合并，并得到原问题的解。显然，只要让根结点的左孩子指针指向左子树的根结点，让根结点的右孩子指针指向右子树的根结点，就可以将两个子问题合并了。

事实上，这种分治思想在处理树这种数据结构时非常常见，因为树本身的定义就体现着分治的思想。希望你在思考树的有关问题时，能够多思考一下使用这种分治思想能不能解决问题。通过前面的理论探讨，你或许还是难以理解创建二叉树的过程，可以举一个具体的例子。假设给定的先根遍历序列为 1, 2, 3, 4, 5, 6，中根遍历序列为 3, 2, 4, 1, 6, 5，图 12-11 展示了创建二叉树的过程。

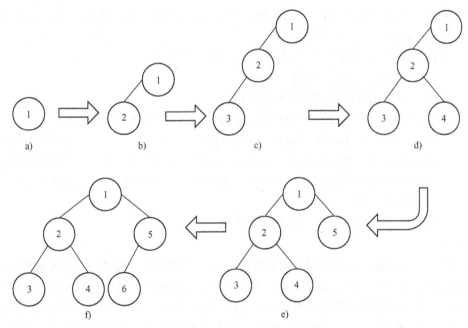

图 12-11 创建二叉树的过程

1）先根序列为 1, 2, 3, 4, 5, 6，中根序列为 3, 2, 4, 1, 6, 5。先根序列第一个数字 1 为根结点，那么中根序列中 1 左侧的序列 3, 2, 4 为左子树的中根序列，1 右侧的序列 6, 5 为右子树的中根序列。如图 12-11a 所示，创建根结点 1，然后递归创建左子树。

2）先根序列为 2, 3, 4，中根序列为 3, 2, 4。2 为根结点，3 为左子树的中根序列，4 为右子树的中根序列。如图 12-11b 所示，创建根结点 2，然后递归创建左子树。

3）先根序列为 3，中根序列为 3。3 为根结点，显然左子树和右子树的序列为空。创建根结点 3，而递归创建左子树和递归创建右子树都应该返回空，因此 3 的左右子树都为空，进行递归返回，返回到 3 的父结点 2，如图 12-11c 所示。

4）2 的左子树创建完毕，4 为右子树的中根序列，递归创建右子树。

5）先根序列为 4，中根序列为 4。4 为根结点，显然左子树和右子树都为空，创建根结点 4，进行递归返回，返回到 4 的父结点 2，如图 12-11d 所示。

6）2 的左右子树创建完毕，返回到 2 的父结点 1。

7）1 的左子树创建完毕，6，5 为右子树的中根序列，递归创建右子树。

8）先根序列为 5，6，中根序列为 6，5。5 为根结点，6 为左子树的中根序列，右子树的中根序列为空。如图 12-11e 所示，创建根结点 5，然后递归创建左子树。

9）先根序列为 6，中根序列为 6。6 为根结点，显然左子树和右子树都为空，如图 12-11f 所示，创建根结点 6，进行递归返回，返回到 6 的父结点 5。

10）5 的左子树创建完毕，右子树为空，返回到 5 的父结点 1。

11）1 的左右子树创建完毕，返回整棵树的根结点 1，程序终止。

整个过程的代码如下：

```
1    //由中根序列和先根序列创建二叉树
2    //pre 为先根序列，in 为中根序列，r 为根结点在 pre 中的下标
3    //[left,right]为当前创建的树的中根序列区间
4    BTNode* buildTree(vector<gg>& pre,vector<gg>& in,gg r,gg left,
     gg right){
5        if(left>right)    //序列为空，返回空指针
6            return nullptr;
7        //查找根结点在中根序列中的位置
8        gg i=find(in.begin(),in.end(),pre[r])-in.begin();
9        auto root=new BTNode(pre[r]);                //创建根结点
10       root->left=buildTree(pre,in,r+1,left,i-1);   //创建左子树
11       root->right=buildTree(pre,in,r+1+i-left,i+1,right);
         //创建右子树
12       return root;        //返回根结点
13   }
```

那再讨论一个问题，给出中根序列和先根序列，如何输出后根序列？你可能想先根据中根序列和先根序列创建一棵二叉树出来，然后在进行后根遍历，这当然是可行的。但只需开动一下脑筋，就可以得到更简单的方法——无需创建二叉树，直接从中根序列和先根序列得到后根序列。你仔细观察上面的代码，细心一些其实就能发现，上面的代码和先根遍历的代码极为相似，第 5、6 行代码对应先根遍历中负责处理空结点的代码，第 9 行代码对应于先根遍历访问根结点的代码，第 10、11 行代码分别对应于先根遍历中递归遍历左子树和递归遍历右子树的代码。

因此，上面的代码既然能够表现成先根遍历的步骤，自然就能表示成后根遍历的步骤。由于后根遍历的次序为"左子树→右子树→根结点"，只需在创建二叉树的代码中，将创建根结点的代码移动到创建左子树和创建右子树的代码之后，并进行适当修改即可：

```
1    //由中根序列和先根序列得到二叉树的后根序列
2    //pre 为先根序列，in 为中根序列，r 为根结点在 pre 中的下标
```

```
3     //[left,right]为当前创建的树的中根序列区间
4     void getPostFromPreIn(vector<gg>& pre,vector<gg>& in,gg r,gg
      left,gg right){
5       if(left>right)           //序列为空，直接返回
6          return;
7       //查找根结点在中根序列中的位置
8       gg i=find(in.begin(),in.end(),pre[r])-in.begin();
9       getPostFromPreIn(pre,in,r+1,left,i-1);    //递归遍历左子树
10      getPostFromPreIn(pre,in,r+1+i-left,i+1,right);
        //递归遍历右子树
11      cout<<pre[r]<<' ';    //输出后根序列
12    }
```

例题 12-8　【PAT A-1086】Tree Traversals Again

【题意概述】

可以用堆栈来实现有序二叉树遍历。例如，假设遍历 6
个结点的二叉树（结点的编号从 1 到 6），则堆栈操作为：
push(1); push(2); push(3); pop(); pop(); push(4); pop(); pop();
push(5); push(6); pop(); pop()。然后可以从此操作序列中生成
唯一的二叉树，如图 12-12 所示。你的任务是给出此树的后
根遍历序列。

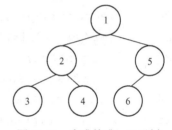

图 12-12　生成的唯一二叉树

【输入输出格式】

先给出一个正整数 N，表示二叉树中结点的总数。随后有 2N 行，每行以下格式描述
堆栈操作：“Push X”，其中 X 是被压入堆栈的结点的索引；“Pop”，表示从堆栈中弹出一个
结点。

在一行中打印二叉树的后根遍历序列。所有数字必须完全由一个空格分隔，并且行尾不
得有多余的空格。

【数据规模】

$$0 < N \leqslant 30$$

【算法设计】

入栈序列的先根遍历序列，出栈序列就是整棵二叉树的中根遍历序列，于是问题就变成
了如何根据一棵二叉树的先根遍历序列和中根遍历序列得出该树的后根遍历序列。按照前面
的讲解写出代码即可。

【C++代码】

```
1     #include<bits/stdc++.h>
2     using namespace std;
3     using gg=long long;
4     void getPostFromPreIn(vector<gg>& pre,vector<gg>& in,gg r,
      gg left,ggright){
```

```
5        if(left>right)   //序列为空，直接返回
6            return;
7        gg i=find(in.begin(),in.end(),pre[r])-in.begin();
8        getPostFromPreIn(pre,in,r+1,left,i-1);         //递归遍历左子树
9    getPostFromPreIn(pre,in,r+1+i-left,i+1,right);  //递归遍历右子树
10   //r==0 时为整棵树的根结点，后面不能有空格
11       cout<<pre[r]<<(r==0?"":" ");
12   }
13   int main(){
14       ios::sync_with_stdio(false);
15       cin.tie(0);
16       gg ni,ai;
17       cin>>ni;
18       string si;
19       stack<gg>st;
20       vector<gg>pre,in;
21       for(gg i=0;i<2*ni;++i){
22           cin>>si;
23           if(si=="Push"){
24               cin>>ai;
25               st.push(ai);
26               pre.push_back(ai);
27           }else{
28               in.push_back(st.top());
29               st.pop();
30           }
31       }
32       getPostFromPreIn(pre,in,0,0,in.size()-1);
33       return 0;
34   }
```

例题 12-9 【PAT A-1020】 Tree Traversals

【题意概述】

给出一棵二叉树的后根遍历序列和中根遍历序列，要求输出该树的层次遍历序列。

【输入输出格式】

第一行给出一个正整数 N，表示二叉树中结点的总数。随后第二行给出后根遍历序列，第三行给出中根遍历序列。

在一行中打印二叉树的层次遍历序列。所有数字必须完全由一个空格分隔，并且行尾不得有多余的空格。

【数据规模】

$$0 < N \leqslant 30$$

【算法设计】

　　建议你先通过前面的讨论，自行设计一下根据后根遍历序列和中根遍历序列重建二叉树的算法。

【C++代码】

```
1   #include<bits/stdc++.h>
2   using namespace std;
3   using gg=long long;
4   struct BTNode{
5       gg val;
6       BTNode *left,*right;
7       BTNode(gg v,BTNode* l=nullptr,BTNode* r=nullptr):val(v){}
8   };
9   BTNode* buildTree(vector<gg>& post,vector<gg>& in,gg r,gg left,
    gg right){
10      if(left>right)
11          return nullptr;
12      gg i=find(in.begin(),in.end(),post[r])-in.begin();
13      auto root=new BTNode(post[r]);
14      root->left=buildTree(post,in,r-1-(right-i),left,i-1);
15      root->right=buildTree(post,in,r-1,i+1,right);
16      return root;
17  }
18  void levelOrder(BTNode* root){
19      queue<BTNode*>q;
20      q.push(root);
21      bool space=false;
22      while(not q.empty()){
23          auto t=q.front();
24          q.pop();
25          cout<<(space?" ":"")<<t->val;
26          if(t->left)
27              q.push(t->left);
28          if(t->right)
29              q.push(t->right);
30          space=true;
31      }
32  }
33  int main(){
34      ios::sync_with_stdio(false);
```

```
35    cin.tie(0);
36    gg ni;
37    cin>>ni;
38    vector<gg>post(ni),in(ni);
39    for(gg i=0;i<ni;++i){
40        cin>>post[i];
41    }
42    for(gg i=0;i<ni;++i){
43        cin>>in[i];
44    }
45    levelOrder(buildTree(post,in,ni-1,0,ni-1));
46    return 0;
47 }
```

12.5.2 给出先根遍历序列，创建二叉查找树

如果只给出一棵二叉查找树的先根遍历序列或后根遍历序列或层序遍历序列，就可以将这棵二叉查找树创建出来。这是因为二叉查找树的中根序列必然是有序的，只需将给出的遍历序列进行排序即可得到该树的中根遍历序列，依据上一小节讨论的内容，就可以轻松地重建这棵树。这样做的话，虽然能够解决问题，但只要稍加思索，进行的排序操作是可以省略的。有更好的办法，无需构建中根序列就可以重建这棵二叉查找树。

同样，以给出先根遍历序列，创建二叉查找树为例。回忆一下上一小节使用先根序列和中根序列创建二叉树的核心思想，通过先根序列得到树的根结点，根据中根序列和根结点将左右子树分割开来。那么现在的情况是，有了二叉查找树的先根序列，就可以确定树的根结点，接下来的问题是如何分割左子树和右子树呢？这就要考虑二叉查找树的性质，如果树中结点数据域的值均唯一，那么二叉查找树左子树的所有结点的数据域必然小于根结点的数据域，右子树的所有结点的数据域必然大于根结点的数据域，因此，先根序列中第一个大于根结点数据域的结点即为右子树的根结点，由此便可分割出左子树和右子树。明确了这一点，代码就很好编写了。

```
1    //由先根序列创建二叉查找树
2    //pre为先根序列，[left,right]为当前创建的树的先根序列区间
3    BTNode* buildBST(vector<gg>& pre,gg left,gg right){
4        if(left>right)            //序列为空，返回空指针
5            return nullptr;
6        //查找右子树根结点在先根序列中的位置
7        gg i=find_if(pre.begin()+left,pre.begin()+right+1,
8                [&pre,left](gg a){returna>pre[left];})
                -pre.begin();
9        auto root=new BTNode(pre[left]);        //创建根结点
```

```
10      root->left=buildBST(pre,left+1,i-1);        //创建左子树
11      root->right=buildBST(pre,i,right);          //创建右子树
12      return root;          //返回根结点
13  }
```

同样，也可以根据二叉查找树的先根序列直接得到后根序列，代码如下：

```
1   //由二叉查找树的先根序列得到后根序列
2   //pre 为先根序列，[left,right]为当前创建的树的先根序列区间
3   void getPostFromBSTPre(vector<gg>& pre,gg left,gg right){
4     if(left>right)          //序列为空，直接返回
5         return;
6     //查找右子树根结点在先根序列中的位置
7     gg i=find_if(pre.begin()+left,pre.begin()+right+1,
8                 [&pre,left](gg a){returna>pre[left];})-
                    pre.begin();
9     getPostFromBSTPre(pre,left+1,i-1);        //递归遍历左子树
10    getPostFromBSTPre(pre,i,right);           //递归遍历右子树
11    cout<<pre[left]<<' ';
12  }
```

例题 12-10　【PAT A-1043】Is It a Binary Search Tree

【题意概述】

二叉查找树（BST）递归定义为具有以下属性的二叉树：

1）结点的左子树仅包含键值小于结点键值的结点；

2）结点的右子树仅包含键值大于或等于结点键值的结点；

3）左子树和右子树都必须也是二叉查找树。

如果交换每个结点的左右子树，那么生成的树称为 BST 的镜像树。现在给定一个整数序列，您应该确定它是 BST 的先根序列还是 BST 镜像树的先根序列。

【输入输出格式】

输入第一行包含一个正整数 N，然后在下一行中给出 N 个整数。一行中的所有数字都用空格分隔。

如果序列是 BST 或镜像树的先根序列，首先打印一行"YES"，然后在下一行中打印该树的后根序列；否则，打印一行"NO"。

【数据规模】

$$0 < N \leqslant 1000$$

【算法设计】

由于镜像树是交换了二叉查找树的左右子树，因此镜像树应该满足下列性质：

1）结点的左子树仅包含键值大于或等于结点键值的结点；

2）结点的右子树仅包含键值小于结点键值的结点；

3）左子树和右子树都必须也是镜像树。

前面讨论过如何根据二叉查找树的先根序列直接得到后根序列。要解决本题，还需要考

虑以下几个问题：

1）之前讨论的情况是针对树中结点数据域不会出现重复的情况，但本题会出现重复，因此，前面给出的代码要进行调整。调整的方式也很简单，对于二叉查找树而言，由于本题规定与根结点数据域相等的结点要归入右子树，因此，只需在查找右子树根结点在先根序列中的位置时，将"先根序列中第一个大于根结点数据域的结点即为右子树的根结点"，改为"先根序列中第一个大于或等于根结点数据域的结点即为右子树的根结点"，即可应对这种重复的情况。镜像树的构建方法可与之类比，笔者不多赘述。

2）还需讨论什么情况下，题目给出的先根序列无法构成二叉查找树或其镜像树。以二叉查找树为例，假定给出的先根序列为"8 6 8 5 10 9 11"（为了区分两个8，笔者在第2个8下面加了下划线），显然，根结点是8，那么右子树的根结点显然是8，那么序列"8 5 10 9 11"应该构成右子树。但显然这是不正确的，因为根结点数据域是8，而右子树竟然含有比8小的结点5，所以这个先根序列无法构成二叉查找树！因此，可以得出判定先根序列无法构成二叉查找树的方法：在找到右子树根结点的位置后，右子树所有结点的位置即可确定，如果右子树中有任何一个结点的数据域小于根结点，则该序列必然不能构成一棵二叉查找树，可在代码中提前返回，退出递归程序。镜像树的构建方法可与之类比，笔者不多赘述。

3）假设给定的序列可以构成二叉查找树或镜像树，如何确定给定的序列构成的究竟是二叉查找树还是镜像树呢？假设给出的序列长度为n，前面提到过，如果不能构成二叉查找树或镜像树，可以让程序提前结束递归，这种情况下得到的后根序列长度必然小于n。因此，可以按照二叉查找树和镜像树的性质，得到两个后根序列，其中肯定有一个序列长度小于n，一个序列长度等于n，只需输出长度等于n的后根序列即可。

【C++代码】

```
1    #include<bits/stdc++.h>
2    using namespace std;
3    using gg=long long;
4    void getPostFromBSTPre(vector<gg>& pre,gg left,gg right,
     vector<gg>& post,
5                         bool mirror){
6        if(left>right)
7          return;
8        //查找右子树根结点在先根序列中的位置
9        gg i=find_if(pre.begin()+left+1,pre.begin()+right+1,
10               [&pre,left,mirror](gg a){
11                   return mirror?a<pre[left]:a >= pre[left];
12               })-pre.begin();
13    //如果右子树中有任意一个结点不满足大于等于（二叉查找树）
14    //或小于（镜像树）根结点的性质，提前返回
15        if(any_of(pre.begin()+i,pre.begin()+right+1,
16               [&pre,left,mirror](gg a){
17                   return mirror?a>=pre[left]:a<pre[left];})){
18          return;
```

```
19          }
20          getPostFromBSTPre(pre,left+1,i-1,post,mirror);
21          getPostFromBSTPre(pre,i,right,post,mirror);
22          post.push_back(pre[left]);
23      }
24      int main(){
25          ios::sync_with_stdio(false);
26          cin.tie(0);
27          gg ni;
28          cin>>ni;
29          vector<gg>pre(ni),post1,post2;
30          for(gg& i:pre){
31              cin>>i;
32          }
33          getPostFromBSTPre(pre,0,ni-1,post1,true);
34          getPostFromBSTPre(pre,0,ni-1,post2,false);
35          if(post1.size()==ni or post2.size()==ni){
36              cout<<"YES\n";
37              auto& post=post1.size()==ni?post1:post2;
38              for(gg i=0;i<ni;++i){
39                  cout<<(i==0?"":" ")<<post[i];
40              }
41          }else{
42              cout<<"NO\n";
43          }
44          return 0;
45      }
```

12.5.3 给出中根遍历序列，创建形态固定的二叉查找树

对于形态固定，只需要向其中填充数据域的二叉查找树，只需给出中根遍历序列，那么
这棵二叉查找树就可以唯一确定，通过一次中根遍历就可以重建整棵树。下面通过几道例题
来说明实现的具体细节。

例题 12-11 【PAT A-1099】Build a Binary Search Tree

【题意概述】

给定二叉树的具体结构和一系列不同的整数，将这些整数填充到树中，以使生成的树是
一棵二叉查找树。输出该树的层次遍历序列。

【输入输出格式】

输入第一行给出一个正整数 N，它是树中结点的总数。结点从 0 到 N–1 编号，并且根结
点始终为 0。接下来 N 行，每行分别给出左孩子结点和右孩子结点的编号。用–1 代表空的孩
子结点。最后一行给出 N 个不同的整数。

输出这棵二叉查找树的层次遍历序列。

【数据规模】

$$N \leqslant 100$$

【算法设计】

这道题利用二叉树的静态写法显然会更好。由于给定的树是一棵二叉查找树，将给定的整数序列从小到大排序，就可以得出这棵二叉查找树的中根遍历序列。然后对整棵树进行中根遍历，遍历过程中将数字按顺序存入存储二叉树的数组，就能重建一棵二叉查找树。最后按照层次遍历输出即可。

【C++代码】

```cpp
1   #include<bits/stdc++.h>
2   using namespace std;
3   using gg=long long;
4   const gg MAX=105;
5   struct Node{
6       gg val,left=-1,right=-1;
7   };
8   vector<Node>tree(MAX);
9   vector<gg>in(MAX);
10  gg ni;
11  void inOrder(gg root,gg& p){
12      if(root==-1){
13          return;
14      }
15      inOrder(tree[root].left,p);
16      tree[root].val=in[p++];
17      inOrder(tree[root].right,p);
18  }
19  void levelOrder(gg root){
20      queue<gg>q;
21      q.push(root);
22      while(not q.empty()){
23          auto t=q.front();
24          q.pop();
25          cout<<(t==0?"":" ")<<tree[t].val;
26          if(tree[t].left!=-1)
27              q.push(tree[t].left);
28          if(tree[t].right!=-1)
29              q.push(tree[t].right);
30      }
31  }
```

```
32   int main(){
33       ios::sync_with_stdio(false);
34       cin.tie(0);
35       cin>>ni;
36       for(gg i=0;i<ni;++i){
37           cin>>tree[i].left>>tree[i].right;
38       }
39       for(gg i=0;i<ni;++i){
40           cin>>in[i];
41       }
42       sort(in.begin(),in.begin()+ni);
43       gg p=0;   //标记当前要处理的数字在中根序列中的下标
44       inOrder(0,p);
45       levelOrder(0);
46       return 0;
47   }
```

例题 12-12　【PAT A-1064】Complete Binary Search Tree

【题意概述】

对于一棵完全二叉查找树，如果给定一系列彼此不同的非负整数，则可以构造一棵唯一的树。输出这棵完全二叉查找树的层次遍历序列。

【输入输出格式】

输入第一行给出一个正整数 N，它是树中结点的总数。第二行给出 N 个不同的整数。

输出构造的完全二叉查找树的层次遍历序列。

【数据规模】

$$N \leqslant 1000$$

【算法设计】

如果一棵完全二叉查找树有 n 个结点，那么这棵完全二叉查找树的形态就是固定的（想一想为什么），因此仍然通过一次中根遍历就可以重建整棵完全二叉查找树。可以参考 12.3 节介绍的方法，用一个数组存放整棵树的结点。将根结点存放在下标为 1 的位置，如果一个结点的下标是 i，那么就将它的左孩子结点存放在下标为 2i 的位置，将它的右孩子结点存放在下标为 2i+1 的位置。用这种存储方法存放好整棵树后，直接遍历存储完全二叉查找树的数组，得到的序列恰好是这棵二叉树的层次遍历序列。

【C++代码】

```
1    #include<bits/stdc++.h>
2    using namespace std;
3    using gg=long long;
4    vector<gg>tree(1005),in(1005);
5    gg ni;
6    void inOrder(gg root,gg& p){
```

```
7        if(root>ni){
8            return;
9        }
10       inOrder(root*2,p);
11       tree[root]=in[p++];
12       inOrder(root*2+1,p);
13   }
14   int main(){
15       ios::sync_with_stdio(false);
16       cin.tie(0);
17       cin>>ni;
18       for(gg i=0;i<ni;++i){
19           cin>>in[i];
20       }
21       sort(in.begin(),in.begin()+ni);
22       gg p=0;   //标记当前要处理的数字在中根序列中的下标
23       inOrder(1,p);
24       for(gg i=1;i<=ni;++i){
25           cout<<(i==1?"":" ")<<tree[i];
26       }
27       return 0;
28   }
```

12.6 最近公共祖先问题

最近公共祖先（Lowest Common Ancestor，LCA）问题是指寻找两个结点所有公共祖先中距离这两个结点最近的祖先结点的问题。例如，图 12-13 中，结点 E 和结点 F 的最近公共祖先为结点 C，结点 E 和结点 G 的最近公共祖先为结点 A，结点 G 和结点 B 的最近公共祖先为结点 B。

给定一棵二叉树和任意两个结点，如何找到这两个结点的最近公共祖先呢？为了描述简便，可以设定二叉树的根结点为 root 结点，要查找的两个结点分别为 p 结点和 q 结点。本节讨论的二叉树和 p 结点、q 结点，满足以下约定：

1）二叉树中结点数据域的值都是唯一的，不会出现重复。

2）p 结点和 q 结点一定在树中。

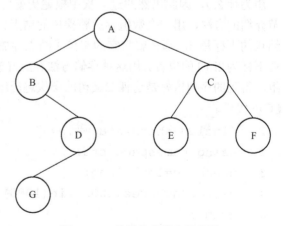

图 12-13 最近公共祖先示意图

3）非空结点与空结点的最近公共祖先为该非空结点。

关于最近公共祖先，可以得到这样一些结论：

1）如果 p 结点是 q 结点的祖先，那么 p 结点和 q 结点的最近公共祖先为 p 结点。

2）如果 q 结点是 p 结点的祖先，那么 p 结点和 q 结点的最近公共祖先为 q 结点。

3）否则，设 p 结点和 q 结点的最近公共祖先为 t 结点，那么：

a）p 结点和 q 结点必分居在 t 结点的不同子树中；

b）整棵二叉树中只有 t 结点满足"p 结点和 q 结点分居在该结点的不同子树中"的性质。

1）、2）很好理解，注意结论 3）是基于 p、q 均不是对方的祖先结点的前提下提出的。

通过反证法证明一下结论 3a）。假设 p 结点和 q 结点都在 t 结点的一棵子树中，不妨假定它们都在 t 结点的左子树中，由于 t 结点的左孩子结点只有 1 个，不可能同时既是 p 结点，又是 q 结点，不妨设 t 结点的左孩子结点为 s 结点，那么 p 结点和 q 结点必然是 s 结点的后裔结点，因此相比于 t 结点，s 结点是距离 p 结点和 q 结点更近的公共祖先，这与 t 结点是 p 结点和 q 结点的最近公共祖先的前提相违背。因此结论 3a）可证。

同样利用反证法来证明一下结论 3b）。假设存在与 t 结点不同的 s 结点满足"p 结点和 q 结点分居在该结点的不同子树中"的性质，那么 s 结点是 p 结点和 q 结点的祖先结点。由于 t 结点是 p 结点和 q 结点的最近公共祖先，那么 s 结点必然是 t 结点的祖先结点，因此以 t 结点为根结点的子树要么是 s 结点的左子树，要么是 s 结点的右子树，则 p 结点和 q 结点作为 t 结点的后裔结点，只能处于 s 结点的一棵子树中，这与前提条件相违背。因此结论 3b）可证。

与 12.5 节类似，分别讨论普通二叉树和二叉查找树的 LCA 问题的求解。

12.6.1 普通二叉树的最近公共祖先问题

本小节主要讨论 p 结点不是 q 结点的祖先，q 结点也不是 p 结点的祖先的情况。通过讨论过的结论 3），可以得到启发。可以分别递归遍历结点的左子树和右子树，如果子树中既不包含 p 结点也不包含 q 结点，返回空指针；如果子树中包含 p 结点和 q 结点中的某个结点，返回非空指针。这样递归遍历左子树和递归遍历右子树返回的结果都是非空指针的结点就是 p 结点和 q 结点的最近公共祖先结点。因此，解决最近公共祖先问题的代码可以是这样的：

```
1   //在普通二叉树中查找 p 和 q 的最近公共祖先
2   BTNode* LCA(BTNode* root,BTNode* p,BTNode* q){
3       if(not root)           //空树，返回空指针
4           return nullptr;
5       if(root==p or root==q)  //查找到 p 或 q，返回非空指针
6           return root;
7       //递归遍历左子树和右子树
8       BTNode *left=LCA(root->left,p,q),*right=LCA(root->right,
        p,q);
9       //left、right 都为空，说明树中没有 p 和 q，返回空指针
10      if(not left and not right)
11          return nullptr;
12      if(not left)        //left 为空，但 right 不为空，返回 right
13          return right;
```

```
14      if(not right)        //right 为空，但 left 不为空，返回 left
15         return left;
16      //left、right 都不为空，说明当前结点为最近公共祖先，返回当前结点的指针
17      return root;
18   }
```

可以将上面的代码进行简化：

```
1    //在普通二叉树中查找 p 和 q 的最近公共祖先
2    BTNode* LCA(BTNode* root,BTNode* p,BTNode* q){
3       if(not root or root==p or root==q)
4          return root;
5       BTNode *left=LCA(root->left,p,q),*right=LCA(root->right,
     p,q);
6       return not left?right:not right?left:root;
7    }
```

例题 12-13　【PAT A-1151】LCA in a Binary Tree

【题意概述】

在二叉树中查找两个结点的最近公共祖先结点。

【输入输出格式】

第一行给出两个正整数 M 和 N，分别表示要查找的结点对数和二叉树的结点总数。在随后的两行中，每行给出 N 个不同的整数，分别表示二叉树的中根遍历序列和先根遍历序列，所有整数都在 int 范围内。接下来的 M 行，每行包含一对要查找的结点 U 和结点 V。

对于每对给定的 U 结点和 V 结点，如果 U 和 V 的最近公共祖先结点为 A，则在一行中打印"LCA of U and V is A."。如果 A 是 U 和 V 中的一个结点，在一行中打印"X is an ancestor of Y."，其中 X 表示 A 结点，Y 是 U 和 V 中的另一个结点。如果在二叉树中找不到 U 或 V，则打印一行"ERROR: U is not found."或"ERROR: V is not found."或"ERROR: U and V are not found."。

【数据规模】

$$0 < M \leqslant 10^3,\ 0 < N \leqslant 10^4$$

【算法设计 1】

可以将输入的二叉树的所有结点存储在一个 unordered_set 中，方便后续查找 U 和 V 是否在二叉树中。然后根据给出的中根序列和先根序列创建一棵二叉树，在二叉树中查找 U 和 V 的最近公共祖先即可。

【C++代码 1】

```
1    #include<bits/stdc++.h>
2    using namespace std;
3    using gg=long long;
4    struct BTNode{
5       gg val;
6       BTNode *left,*right;
```

```
7      BTNode(gg v,BTNode* l=nullptr,BTNode* r=nullptr):val(v){}
8    };
9    BTNode* buildTree(vector<gg>& pre,vector<gg>& in,gg r,gg left,
     gg right){
10       if(left>right)    //序列为空，返回空指针
11          return nullptr;
12       gg i=find(in.begin(),in.end(),pre[r])-in.begin();
13       auto root=new BTNode(pre[r]);                  //创建根结点
14       root->left=buildTree(pre,in,r+1,left,i-1);   //创建左子树
15       root->right=buildTree(pre,in,r+1+i-left,i+1,right);
         //创建右子树
16       return root;        //返回根结点
17   }
18   BTNode* LCA(BTNode* root,gg p,gg q){
19       if(not root or root->val==p or root->val==q)
20          return root;
21       BTNode *left=LCA(root->left,p,q),*right=LCA(root->right,
         p,q);
22       return not left?right:not right?left:root;
23   }
24   int main(){
25       ios::sync_with_stdio(false);
26       cin.tie(0);
27       gg mi,ni,u,v;
28       cin>>mi>>ni;
29       vector<gg>pre(ni),in(ni);
30       for(gg i=0;i<ni;++i)
31          cin>>in[i];
32       for(gg i=0;i<ni;++i)
33          cin>>pre[i];
34       auto root=buildTree(pre,in,0,0,ni-1);
35       unordered_set<gg>us(in.begin(),in.end());
36       while(mi--){
37          cin>>u>>v;
38          bool f1=us.count(u),f2=us.count(v);
39          if(not f1 and not f2){
40             cout<<"ERROR:"<<u<<"and"<<v<<"are not found.\n";
41          }else if(not f1 or not f2){
42             cout<<"ERROR: "<<(not f1?u:v)<<" is not found.\n";
43          }else{
```

```
44              gg ans=LCA(root,u,v)->val;
45              if(ans==u or ans==v){
46                  cout<<(ans==u?u:v)<<"is an ancestor of"
47                      <<(ans==u?v:u)<<".\n";
48              }else{
49                  cout<<"LCA of"<<u<<"and"<<v<<"is"<<ans<<".\n";
50              }
51          }
52      }
53      return 0;
54  }
```

【算法设计 2】

代码 1 的确能解决本题，但有更好的方法。可以像根据先根序列、中根序列得到后根序列那样，把 buildTree 函数和 LCA 函数糅合在一起，在无需建树的情况下找出 U 和 V 的最近公共祖先。当然，这有一定难度，但是笔者还是强烈建议你自己手动编码实现一下，然后再看下面的解释和代码，这对提高你的编码能力有很大好处。

要将 buildTree 函数和 LCA 函数糅合在一起，还有一些地方需要注意。如果不再建树，那么就无法再使用空指针，由于输入的树的结点数据域都在 int 范围内，可以用 INT_MAX+1 替代空指针表示一个空结点。

另外，代码 1 的第 12 行，在中根序列中查找根结点的位置，由于结点数最多达到 10^4，所以每次查找的时间复杂度可以达到 10^4 级别，但是，如果将 buildTree 函数和 LCA 函数糅合在一起，由于要查找最近公共祖先的次数会达到 10^3 级别，那么第 12 行代码最多需要执行 10^3 次，单单第 12 行代码总计达到的时间复杂度就可以达到 10^7 级别，那么这样写一定会超时。所以需要将代码 1 中的 unordered_set 类型的 us 修改成 unordered_map 类型的 um，负责存储结点与其在中根序列中的位置，这样可以直接将第 12 行代码修改成 "gg i = um[pre[r]];"，每次执行的时间复杂度就可以降到常数级别，总计达到的时间复杂度就可以降低到 10^3 级别，同时 um 仍然可以兼顾查询 U、V 是否在二叉树中的功能，这样代码就不会超时了。另外，中根序列的作用是找到根结点在其中的位置，从而分割左子树和右子树，用 um 存储结点与其在中根序列中的位置之后，就不再需要额外开辟一个数组 in 来存储中根序列了。

【C++代码 2】

```
1   #include<bits/stdc++.h>
2   using namespace std;
3   using gg=long long;
4   const gg no=INT_MAX+1ll;    //表示空结点
5   unordered_map<gg,gg>um;     //存储结点与其在中根序列中的位置
6   gg LCA(vector<gg>& pre,gg r,gg left,gg right,gg p,gg q){
7       if(left>right)          //序列为空，返回空
8           return no;
9       if(pre[r]==p or pre[r]==q)
```

```
10          return pre[r];
11      gg i=um[pre[r]];
12      auto k1=LCA(pre,r+1,left,i-1,p,q),
13          k2=LCA(pre,r+1+i-left,i+1,right,p,q);
14      return k1==no?k2:k2==no?k1:pre[r];
15  }
16  int main(){
17      ios::sync_with_stdio(false);
18      cin.tie(0);
19      gg mi,ni,u,v;
20      cin>>mi>>ni;
21      vector<gg>pre(ni);
22      for(gg i=0;i<ni;++i){
23          cin>>u;
24          um[u]=i;
25      }
26      for(gg i=0;i<ni;++i)
27          cin>>pre[i];
28      while(mi--){
29          cin>>u>>v;
30          bool f1=um.count(u),f2=um.count(v);
31          if(not f1 and not f2){
32              cout<<"ERROR:"<<u<<"and"<<v<<"are not found.\n";
33          }else if(not f1 or not f2){
34              cout<<"ERROR: "<<(not f1?u:v)<<" is not found.\n";
35          }else{
36              gg ans=LCA(pre,0,0,ni-1,u,v);
37              if(ans==u or ans==v){
38                  cout<<(ans==u?u:v)<<"is an ancestor of"
39                      <<(ans==u?v:u)<<".\n";
40              }else{
41                  cout<<"LCA of"<<u<<"and"<<v<<"is"<<ans<<".\n";
42              }
43          }
44      }
45      return 0;
46  }
```

【算法设计 3】

代码优化到这里就结束了吗？不，还可以再进一步。算法的关键在于如果 p 结点和 q 结点分居在某个结点的两棵子树中，那么这个结点就是 p 结点和 q 结点的最近公共祖先结点。

可以通过 um 找到根结点在中根序列中的位置，不妨设为 i；也可以通过 um 找到 p 和 q 在中根序列中的位置，不妨设为 pi 和 qi。由于中根序列顺序为"左子树→根结点→右子树"，那么通过 pi、qi 在 i 的左侧还是右侧，就可以判断 p、q 在根结点的左子树还是右子树。可以按照下面的步骤进行：

1）如果 i==pi（i==qi），即根结点和 p（q）相同，直接返回根结点；

2）如果(i - pi) * (i - qi) < 0，即 p 和 q 一个在左子树，一个在右子树，此时根结点就是最近公共祖先，返回根结点；

3）如果 pi<i 且 qi<i，说明 p 和 q 都在左子树，向左子树中进行递归遍历；

4）如果 pi>i 且 qi>i，说明 p 和 q 都在右子树，向右子树中进行递归遍历。

其中 1）、2)判断条件可以合并成一行代码(i - pi) * (i - qi) <= 0。笔者建议你按这些步骤自行编码实现之后，再参考下面的代码。

【C++代码 3】

```
1   #include<bits/stdc++.h>
2   using namespace std;
3   using gg=long long;
4   unordered_map<gg,gg>um;    //存储结点与其在中根序列中的位置
5   gg LCA(vector<gg>& pre,gg r,gg left,gg right,gg p,gg q){
6       gg i=um[pre[r]],pi=um[p],qi=um[q];    //根结点、p、q 在中根序列中
                                                 的位置
7       return(i-pi)*(i-qi)<=0?pre[r]:pi<i?
8           LCA(pre,r+1,left,i-1,p,q):LCA(pre,r+1+i-left,i+1,
            right,p,q);
9   }
10  int main(){
11      ios::sync_with_stdio(false);
12      cin.tie(0);
13      gg mi,ni,u,v;
14      cin>>mi>>ni;
15      vector<gg>pre(ni);
16      for(gg i=0;i<ni;++i){
17          cin>>u;
18          um[u]=i;
19      }
20      for(gg i=0;i<ni;++i)
21          cin>>pre[i];
22      while(mi--){
23          cin>>u>>v;
24          bool f1=um.count(u),f2=um.count(v);
25          if(not f1 and not f2){
26              cout<<"ERROR:"<<u<<"and"<<v<<"are not found.\n";
```

```
27          }else if(not f1 or not f2){
28              cout<<"ERROR:"<<(not f1?u:v)<<"is not found.\n";
29          }else{
30              gg ans=LCA(pre,0,0,ni-1,u,v);
31              if(ans==u or ans==v){
32                  cout<<(ans==u?u:v)<<"is an ancestor of"
33                      <<(ans==u?v:u)<<".\n";
34              }else{
35                  cout<<"LCA of"<<u<<"and"<<v<<"is"<<ans<<".\n";
36              }
37          }
38      }
39      return 0;
40  }
```

12.6.2 二叉查找树的最近公共祖先问题

类似于 12.5 节，可以通过二叉查找树的特殊性质，进一步简化算法逻辑。依旧主要讨论 p 结点不是 q 结点的祖先，q 结点也不是 p 结点的祖先的情况。仔细思考一下，是怎么找到普通二叉树中 p 结点和 q 结点的最近公共祖先的呢？实际上，是通过这样的方法进行判断的：如果 p 结点和 q 结点分居在某个结点的两棵子树中，那么这个结点就是 p 结点和 q 结点的最近公共祖先结点。

由于普通二叉树的结点分布没有规律，因此要递归遍历左子树和右子树，才能进行判断。但是，利用二叉查找树的特殊性质，可以简化这种判断逻辑。二叉查找树左子树的所有结点的数据域必然小于根结点的数据域，右子树的所有结点的数据域必然大于根结点的数据域。因此，根据这个性质，假设遍历到的二叉查找树的当前结点为 k 结点，p 结点和 q 结点的最近公共祖先为 t 结点，可以得到下面的结论：

1）如果 p 结点和 q 结点的数据域都小于 k 结点的数据域，那么 t 结点必在 k 结点的左子树中，递归遍历左子树即可；

2）如果 p 结点和 q 结点的数据域都大于 k 结点的数据域，那么 t 结点必在 k 结点的右子树中，递归遍历右子树即可；

3）如果 k 结点的数据域在 p 结点和 q 结点的数据域之间，那么 p 结点和 q 结点必分居在 k 结点的两棵子树中，则 k 结点就是 p 结点和 q 结点的最近公共祖先结点，返回 k 结点即可。

那么可以得到下面的代码：

```
1   //在二叉查找树中查找 p 和 q 的最近公共祖先
2   BTNode* LCA(BTNode* root,BTNode* p,BTNode* q){
3       if(not root)                    //空树，返回空指针
4           return nullptr;
5       if(root==p or root==q)          //查找到 p 或 q，返回非空指针
6           return root;
```

```
7      if(p->val<root->val and q->val<root->val)
8          return LCA(root->left,p,q); //递归遍历左子树
9      if(p->val>root->val and q->val>root->val)
10         return LCA(root->right,p,q);//递归遍历右子树
11     return root;                        //root 结点就是最近公共祖先结点
12  }
```

同样，可以将上面的代码进行简化：

```
1   //在二叉查找树中查找 p 和 q 的最近公共祖先
2   BTNode* LCA(BTNode* root,BTNode* p,BTNode* q){
3       return(root->val-p->val)*(root->val-q->val)<=0 ?
4               root:LCA(p->val<root->val?root->left:root->right,
                p,q);
5   }
```

如果纸张足够宽，经过简化的代码完全可以用一行代码表示。你可以思考一下为什么这两份代码是等价的。

例题 12-14　【PAT A-1143】Lowest Common Ancestor

【题意概述】

在二叉查找树中查找两个结点的最近公共祖先结点。

【输入输出格式】

第一行给出两个正整数 M 和 N，分别表示要查的结点对数和二叉查找树的结点总数。在随后的一行中，给出 N 个不同的整数，表示二叉查找树的先根遍历序列，所有整数都在 int 范围内。接下来的 M 行，每行包含一对要查的结点 U 和结点 V。

对于每对给定的 U 结点和 V 结点，如果 U 和 V 的最近公共祖先结点为 A，则在一行中打印"LCA of U and V is A."。如果 A 是 U 和 V 中的一个结点，在一行中打印"X is an ancestor of Y."，其中 X 表示 A 结点，Y 是 U 和 V 中的另一个结点。如果在二叉查找树中找不到 U 或 V，则打印一行"ERROR: U is not found." 或"ERROR: V is not found." 或"ERROR: U and V are not found."。

【数据规模】

$$0 < M \leqslant 10^3, \ 0 < N \leqslant 10^4$$

【算法设计 1】

类似地，可以将输入的二叉查找树的所有结点存储在一个 unordered_set 中，方便后续查找 U 和 V 是否在二叉查找树中。然后根据给出的先根序列创建一棵二叉查找树，在二叉查找树中查找 U 和 V 的最近公共祖先即可。

【C++代码 1】

```
1   #include<bits/stdc++.h>
2   using namespace std;
3   using gg=long long;
4   struct BTNode{
5       gg val;
```

```
6        BTNode *left,*right;
7        BTNode(gg v,BTNode*l=nullptr,BTNode*r=nullptr):val(v){}
8    };
9    BTNode* buildBST(vector<gg>& pre,gg left,gg right){
10       if(left>right)
11           return nullptr;
12       gg i=find_if(pre.begin()+left,pre.begin()+right+1,
13                   [&pre,left](int a){return a>pre[left];})-
                     pre.begin();
14       auto root=new BTNode(pre[left]);
15       root->left=buildBST(pre,left+1,i-1);
16       root->right=buildBST(pre,i,right);
17       return root;
18   }
19   BTNode* LCA(BTNode* root,gg p,gg q){
20       return(root->val-p)*(root->val-q)<=0 ?
21               root:LCA(p<root->val?root->left:root->right,p,q);
22   }
23   int main(){
24       ios::sync_with_stdio(false);
25       cin.tie(0);
26       gg mi,ni,u,v;
27       cin>>mi>>ni;
28       vector<gg>pre(ni);
29       for(gg i=0; i<ni;++i)
30           cin>>pre[i];
31       auto root=buildBST(pre,0,ni-1);
32       unordered_set<gg>us(pre.begin(),pre.end());
33       while(mi--){
34           cin>>u>>v;
35           bool f1=us.count(u),f2=us.count(v);
36           if(not f1 and not f2){
37               cout<<"ERROR:"<<u<<"and"<<v<<"are not found.\n";
38           }else if(not f1 or not f2){
39               cout<<"ERROR:"<<(not f1?u:v)<<"is not found.\n";
40           }else{
41               gg ans=LCA(root,u,v)->val;
42               if(ans==u or ans==v){
43                   cout<<(ans==u?u:v)<<"is an ancestor of"
44                       <<(ans==u?v:u)<<".\n";
```

```
45              }else{
46                  cout<<"LCA of"<<u<<"and"<<v<<"is"<<ans<<".\n";
47              }
48          }
49      }
50      return 0;
51  }
```

【算法设计 2】

有更简洁的代码解决本题。

先考虑 p、q 均不是对方的祖先结点的情况，由于整棵二叉查找树中只有 p、q 的最近公共祖先结点满足"p 结点和 q 结点分居在不同子树中"的性质，因此遍历整个先根序列，满足"$(a-p)*(a-q)<0$"（假设 a 是当前遍历到的先根序列元素）的结点就是 p、q 的最近公共祖先结点。

再来考虑 p、q 是对方的祖先结点的情况。不妨假设 p 是 q 的祖先结点，如果遍历整个先根序列，就类似于再做一次先根遍历。先根遍历是一种深度优先遍历，在根结点到 q 结点的路径上，先根遍历会沿深度递增的顺序访问这条路径上的所有结点，因此先根遍历一定先访问 p 结点，再访问 q 结点。那么遍历整个先根序列，一定会先遇到 p 结点，后遇到 q 结点。因此 p、q 是对方的祖先结点，遍历整个先根序列，遇到与 p 或 q 相等的结点，这个结点一定是 p、q 的最近公共祖先结点。

下面给出参考代码。

【C++代码 2】

```
1   #include<bits/stdc++.h>
2   using namespace std;
3   using gg=long long;
4   int main(){
5       ios::sync_with_stdio(false);
6       cin.tie(0);
7       gg mi,ni,u,v;
8       cin>>mi>>ni;
9       vector<gg>pre(ni);
10      for(gg i=0;i<ni;++i)
11          cin>>pre[i];
12      unordered_set<gg>us(pre.begin(),pre.end());
13      while(mi--){
14          cin>>u>>v;
15          bool f1=us.count(u),f2=us.count(v);
16          if(not f1 and not f2){
17              cout<<"ERROR:"<<u<<"and"<<v<<"are not found.\n";
18          }else if(not f1 or not f2){
```

```
19          cout<<"ERROR:"<<(not f1?u:v)<<"is not found.\n";
20      }else{
21          gg ans=*find_if(pre.begin(),pre.end(),
22                          [u,v](gg a){return(a-u)*(a-v)<=0;});
23          if(ans==u or ans==v){
24              cout<<(ans==u?u:v)<<"is an ancestor of "
25                  <<(ans==u?v:u)<<".\n";
26          }else{
27              cout<<"LCA of"<<u<<"and"<<v<<"is"<<ans<<".\n";
28          }
29      }
30  }
31  return 0;
32 }
```

12.7 并查集

并查集是一种维护集合的数据结构，它的名字来源于合并（union）、查找(find)、集合（set）三个名词。并查集支持两种操作，这两种操作的效率都非常高：

1）快速地查询两个元素是否在一个集合中；

2）快速地合并两个元素所代表的不同集合。

如图 12-14 所示，并查集实际上是由多棵树组成的，注意，这些树不是二叉树。通常称由多棵树组成的数据结构为**森林**。在并查集中，每个集合对应一棵树，集合中的每个元素对应一个结点，这个集合的所有元素都会包含在这棵树中，树的根结点可以是集合中任意一个元素。那么如何实现并查集呢？

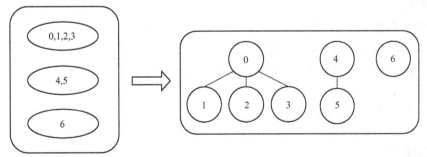

图 12-14　并查集示意图

你可能想用在 12.1.1 节介绍的多叉树的结点类 TreeNode 来实现，这是没有必要的。因为在并查集中，并不关心哪个结点是哪个结点的孩子结点，哪个结点是哪个结点的父亲结点，只需要让属于一个集合的结点维持一个树形结构就可以了。通常以树的根结点编号作为这棵树所对应的集合的标识，如果两个结点所在树的根结点是一样的，就认为这两个结点在一个集合中。

因此，通常用一个数组 ufs 来实现并查集。数组的下标表示结点的编号，所对应的数组元素的值作为这个结点的父结点。初始情况下，每个结点都是一个集合，即每个结点所在树的根结点都是它本身，有 ufs[i] == i。可以通过递归查找结点的父结点最终找到根结点。

```
1    vector<gg>ufs(MAX);    //并查集中共有 n 个结点
```

1. 初始化

并查集的初始化操作需要达到这样的效果：ufs[i] == i, $0 \leq i < n$，表示每个结点都是一棵树，各自代表一个单独的集合。可以用 C++标准库中的 iota 函数完成这一初始化操作：

```
1    //初始化并查集
2    void init(){ iota(ufs.begin(),ufs.end(),0);}
```

2. 查找

查找操作就是寻找给定结点所在树的根结点，这个根结点的编号就代表了该结点所在的集合。如前所说，可以递归查找结点的父结点，当发现 i == ufs[i] 时，那么该结点 i 就是根结点。

```
1    //查找结点所在树的根结点
2    gg findRoot(gg x){
3        if(ufs[x]==x)              //找到了根结点，直接返回
4            return x;
5        return findRoot(ufs[x]);   //递归查找父结点
6    }
```

3. 合并

合并操作一般是给定两个结点，将这两个结点所在集合合并为一个集合。这个操作可以按下面的步骤进行：

1) 对于给定的两个结点 a、b，调用 findRoot 函数分别找到它们所在树的根结点 ra、rb；

2) 如果 ra == rb，即 a、b 就在一个集合中，无需合并，直接返回；

3) 如果 ra != rb，即 a、b 不在一个集合中，直接令 ufs[ra] = rb，即让 rb 成为 ra 的父结点，就可以将以 ra 为根结点的树成为 rb 的子树，这样就完成了合并操作。

代码如下：

```
1    //合并两个结点所在集合
2    void unionSets(gg a,gg b){
3        gg ra=findRoot(a),rb=findRoot(b);
4        if(ra!=rb)
5            ufs[ra]=rb;
6    }
```

4. 路径压缩

查找操作是并查集中最常用的操作，希望这个操作效率尽可能地高。像刚刚给出的代码，它的确能够完成查找根结点的功能，但有时它的效率可能会很低。例如，如果频繁调用 unionSets 函数，那么整棵树可能就会退化成一个链表，这时查找操作的时间复杂度会变成 O(n)，由于该操作非常常用，这种时间复杂度是难以承受的。举个具体的例子，如果编写了下面的代码：

```
1    vector<gg>ufs(5);
```

```
2    iota(ufs.begin(),ufs.end(),0);
3    unionSets(4,3);
4    unionSets(3,2);
5    unionSets(2,1);
6    unionSets(1,0);
```

整棵树退化成如图 12-15 所示的链表。

这时查找根结点的效率就会非常低。如前所述，在并查集中，并不关心哪个结点是哪个结点的孩子结点，哪个结点是哪个结点的父亲结点。为了尽可能提高效率，自然希望让树中的所有结点的父结点都直接指向这棵树的根结点，这样后续的查找操作就能以 O(1) 的时间复杂度完成。那么要怎样实现呢？

只需要对 findRoot 函数进行适当修改就可以了。由于可以通过 findRoot 函数得到根结点，只需将调用 findRoot 函数过程中经过的所有结点的父结点全部改为根结点就可以了。代码可以是这样的：

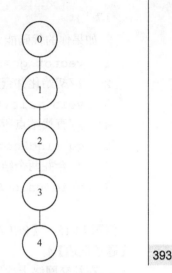

图 12-15 并查集退化成的链表

```
1    //查找结点所在树的根结点
2    gg findRoot(gg x){
3        if(ufs[x]==x)              //找到了根结点，直接返回
4            return x;
5        gg r=findRoot(ufs[x]);
6        ufs[x]=r;                  //将父结点更改为根结点
7        return r;
8    }
```

构建并查集的全部代码如下：

```
1    vector<gg>ufs(MAX);
2    //初始化并查集
3    void init(){ iota(ufs.begin(),ufs.end(),0);}
4    //查找结点所在树的根结点
5    gg findRoot(gg x){
6        if(ufs[x]==x)              //找到了根结点，直接返回
7            return x;
8        gg r=findRoot(ufs[x]);
9        ufs[x]=r;                  //将父结点更改为根结点
10       return r;
11   }
12   //合并两个结点所在集合
13   void unionSets(gg a,gg b){
14       gg ra=findRoot(a),rb=findRoot(b);
15       if(ra!=rb)
16           ufs[ra]=rb;
```

393

```
17  }
```

如果你的代码能力不错，还可以将上面的代码模板简化成：

```
1  vector<gg>ufs(MAX);
2  //初始化并查集
3  void init(){ iota(ufs.begin(),ufs.end(),0);}
4  //查找结点所在树的根结点
5  gg findRoot(gg x){return ufs[x]==x?x:ufs[x]=findRoot(ufs[x]);}
6  //合并两个结点所在集合
7  void unionSets(gg a,gg b){ufs[findRoot(a)]=findRoot(b);}
```

例题 12-15 【PAT A-1107】Social Clusters

【题意概述】

在社交网络上注册时，总是会要求指定兴趣爱好，以便找到一些具有相同兴趣爱好的潜在朋友。社会集群是一群有共同爱好的人，你需要找到所有群集。

【输入输出格式】

输入第一行包含一个正整数 N，即社交网络中的总人数，每个人从 1 到 N 编号。接下来 N 行，每行以 " $K_i : h_i[1] \ h_i[2] \cdots h_i[K_i]$ " 格式给出一个人的爱好列表，其中 K_i 是兴趣爱好的数量，$h_i[j]$ 是第 j 个爱好的索引。

首先在一行中打印网络中群集的总数。然后在第二行中，以非递增的顺序打印集群中的人数。数字之间用一个空格隔开，并且行尾不得有多余的空格。

【数据规模】

$$0 < N \leqslant 10^3$$

【算法设计】

利用 unordered_map<gg, gg>类型的变量 hobby 记录 i 号爱好与任意一个有该爱好的人的编号的对应关系。使用并查集，在读取数据过程中，如果发现当前的人的爱好 i 已在 hobby 中，表示 i 已经有人喜欢，就可以将当前的人和 hobby[i]合并为一个集合。读取数据完成后，定义一个数组 num，对于 1~N 每个人都进行一次++num[findFather[i]]，就可以统计出每个集合的人数了。

【C++代码】

```
1   #include<bits/stdc++.h>
2   using namespace std;
3   using gg=long long;
4   const gg MAX=1e3+5;
5   vector<gg>ufs(MAX),num(MAX);
6   void init(){ iota(ufs.begin(),ufs.end(),0);}
7   gg findRoot(gg x){return ufs[x]==x?x:ufs[x]=findRoot(ufs[x]);}
8   void unionSets(gg a,gg b){ufs[findRoot(a)]=findRoot(b);}
9   int main(){
10      ios::sync_with_stdio(false);
```

```
11      cin.tie(0);
12      gg ni,ki,ai;
13      char c;
14      cin>>ni;
15      unordered_map<gg,gg>hobby;
16      init();
17      for(gg i=1;i<=ni;++i){
18          cin>>ki>>c;
19          while(ki--){
20              cin>>ai;
21              if(hobby.count(ai)){
22                  unionSets(hobby[ai],i);
23              }else{
24                  hobby[ai]=i;
25              }
26          }
27      }
28      for(gg i=1;i<=ni;++i){
29          num[findRoot(i)]++;
30      }
31      sort(num.begin(),num.begin()+ni+2,greater<gg>());
32      gg n=find(num.begin(),num.begin()+ni+2,0)-num.begin();
33      cout<<n<<"\n";
34      for(gg i=0;i<n;++i){
35          cout<<(i==0?"":" ")<<num[i];
36      }
37      return 0;
38  }
```

例题 12-16 【PAT A-1118】Birds in Forest

【题意概述】

一些科学家为森林中成千上万的鸟类拍照。假设所有出现在同一张图片中的鸟都属于同一棵树。您应该帮助科学家计算森林中树木的最大数量，对于任何一对鸟类，判断它们是否在同一棵树上。

【输入输出格式】

输入第一行包含一个正整数 N，接下来 N 行，每行以"K B_1 B_2 … B_K"格式描述图片，其中 K 是这张图片中的鸟类数量，B_i 是鸟类的索引。可以确保所有图片中的鸟从 1 到不超过 10^4 连续编号。接下来一行给出一个正整数 Q，表示查询数量。接下来 Q 行，每行包含两只鸟的索引。

首先在一行中输出树的最大数量和鸟的数量。然后，对于每个查询，如果这两只鸟属于同一棵树，则在一行中打印 Yes；如果不是，则打印 No。

【数据规模】

$$0 < N \leqslant 10^4,\ 0 < Q \leqslant 10^4$$

【算法设计】

使用并查集，每个图片中出现的鸟都合并成一个集合，由于鸟的编号是从 1 连续编号的，其间没有断号，所有出现的鸟的最大编号即为鸟的数量。树的数量也就是集合的数量。可以通过遍历并查集的数组，找出满足条件 ufs[i]==i 的元素数量即为树的数量。最后测试两只鸟是否在一棵树上，只需检测这两只鸟是否在同一集合就可以了。

【C++代码】

```
1   #include<bits/stdc++.h>
2   using namespace std;
3   using gg=long long;
4   const gg MAX=1e4+5;
5   vector<gg>ufs(MAX),num(MAX);
6   void init(){ iota(ufs.begin(),ufs.end(),0);}
7   gg findRoot(gg x){return ufs[x]==x?x:ufs[x]=findRoot(ufs[x]);}
8   void unionSets(gg a,gg b){ufs[findRoot(a)]=findRoot(b);}
9   int main(){
10      ios::sync_with_stdio(false);
11      cin.tie(0);
12      gg ni,ki,ai,bi,treeNum=0,birdNum=0;
13      cin>>ni;
14      init();
15      while(ni--){
16          cin>>ki>>ai;
17          birdNum=max(birdNum,ai);
18          while(--ki){
19              cin>>bi;
20              unionSets(ai,bi);
21              birdNum=max(birdNum,bi);
22          }
23      }
24      for(gg i=1;i<=birdNum;++i){
25          if(i==ufs[i]){
26              ++treeNum;
27          }
28      }
29      cout<<treeNum<<" "<<birdNum<<"\n";
30      cin>>ki;
31      while(ki--){
```

```
32          cin>>ai>>bi;
33          cout<<(findRoot(ai)==findRoot(bi)?"Yes":"No")<<"\n";
34      }
35      return 0;
36 }
```

12.8 例题与习题

本章主要介绍了多种树形结构及其相关操作。表 12-1 列举了本章涉及的所有例题，表 12-2
列举了一些习题。

表 12-1 例题列表

编 号	题 号	标 题	备 注
例题 12-1	PAT A-1004	Counting Leaves	多叉树
例题 12-2	PAT A-1079	Total Sales of Supply Chain	多叉树
例题 12-3	PAT A-1090	Highest Price in Supply Chain	多叉树
例题 12-4	PAT A-1102	Invert a Binary Tree	二叉树
例题 12-5	PAT A-1130	Infix Expression	二叉树
例题 12-6	PAT A-1110	Complete Binary Tree	完全二叉树
例题 12-7	PAT A-1115	Counting Nodes in a BST	二叉查找树
例题 12-8	PAT A-1086	Tree Traversals Again	根据遍历序列创建二叉树
例题 12-9	PAT A-1020	Tree Traversals	根据遍历序列创建二叉树
例题 12-10	PAT A-1043	Is It a Binary Search Tree	根据遍历序列创建二叉查找树
例题 12-11	PAT A-1099	Build a Binary Search Tree	创建形态固定的二叉查找树
例题 12-12	PAT A-1064	Complete Binary Search Tree	创建形态固定的二叉查找树
例题 12-13	PAT A-1151	LCA in a Binary Tree	LCA 问题
例题 12-14	PAT A-1143	Lowest Common Ancestor	LCA 问题
例题 12-15	PAT A-1107	Social Clusters	并查集
例题 12-16	PAT A-1118	Birds in Forest	并查集

表 12-2 习题列表

编 号	题 号	标 题	备 注
习题 12-1	PAT A-1106	Lowest Price in Supply Chain	多叉树
习题 12-2	PAT A-1053	Path of Equal Weight	多叉树
习题 12-3	PAT A-1094	The Largest Generation	多叉树
习题 12-4	PAT A-1119	Pre- and Post-order Traversals	根据遍历序列创建二叉树
习题 12-5	PAT A-1127	ZigZagging on a Tree	根据遍历序列创建二叉树
习题 12-6	PAT A-1138	Postorder Traversal	根据遍历序列创建二叉树
习题 12-7	PAT A-1135	Is It a Red-Black Tree	根据遍历序列创建二叉树
习题 12-8	PAT A-1114	Family Property	并查集
习题 12-9	PAT A-1034	Head of a Gang	并查集

第 13 章　排序算法

经过前面的学习，相信你已经发现"排序"是多么重要的操作。也正是因为如此，绝大多数的编程语言都会在标准库中提供排序函数，如 C++的 sort 函数，并极尽可能地优化这个函数的性能。本章介绍的就是常用的排序算法，但本章着重讲解这些排序算法的原理，并不详细分析它们的时间复杂度，读者可以参考其他专业书籍获取具体的有关时间复杂度的分析过程。

为简单起见，本章涉及的范例都对 vector<gg>类型的元素进行从小到大排序。此外，为了着重于描述原理，给出的代码中会尽可能少地使用 C++标准库中已有的算法。在阅读本章的同时，你不妨思考一下，如果要对单链表排序，应该使用哪种排序算法？

你或许有疑问，既然标准库一般都会提供默认的排序函数，又何必再花时间研究排序算法的原理呢？原因很简单，排序是一种太过重要也太过基础的操作。你只有了解各类排序算法的原理，才能更好地进行排序操作。另外，一些稍微复杂的排序算法还会引入其他重要的算法作为核心操作，如快速排序引入的划分算法、归并排序引入的合并两个有序序列的算法、堆排序引入的二叉堆这种数据结构等，可以在理解排序算法的同时，了解熟悉这些算法的原理。更重要的是，这些排序算法还可以在算法设计思想这一层面上对你有所启迪。

13.1　插入类排序：插入排序、希尔排序

插入类排序的核心思想是将待排列元素划分为"已排序"和"未排序"两部分，每次从"未排序"的元素中选择一个插入到"已排序"的元素中。

13.1.1　插入排序

通过一个具体例子来体会插入排序（Insert Sort）的执行过程。假设要对包含 8 个关键字的序列{4，3，5，7，6，1，2，<u>4</u>}进行插入排序，注意为了区分序列中的两个"4"，对第二个 4 添加了下划线。

原始序列：4　3　5　7　6　1　2　<u>4</u>

第 1 趟排序，无已排序序列，插入 4，所以排序后的序列为：

4 ‖ 3　5　7　6　1　2　<u>4</u>

第 2 趟排序，向已排序序列中插入 3，3<4，所以排序后的序列为：

3　4 ‖ 5　7　6　1　2　<u>4</u>

第 3 趟排序，向已排序序列中插入 5，4<5，所以排序后的序列为：

3　4　5 ‖ 7　6　1　2　<u>4</u>

第 4 趟排序，向已排序序列中插入 7，5<7，所以排序后的序列为：

3　4　5　7 ‖ 6　1　2　<u>4</u>

第 5 趟排序，向已排序序列中插入 6，5<6<7，所以排序后的序列为：

3　4　5　6　7 ‖ 1　2　<u>4</u>

第 6 趟排序，向已排序序列中插入 1，1<3，所以排序后的序列为：

1 3 4 5 6 7 ‖ 2 <u>4</u>

第 7 趟排序，向已排序序列中插入 2，1<2<3，所以排序后的序列为：

1 2 3 4 5 6 7 ‖ <u>4</u>

第 8 趟排序，向已排序序列中插入 <u>4</u>，4==<u>4</u><5，所以排序后的序列为：

1 2 3 4 <u>4</u> 5 6 7

如前所述，插入排序的思想就是将待排列关键字划分为"已排序"和"未排序"两部分，每趟排序都将一个待排序关键字插入到"已排序"的关键字中。由此可以写出插入排序的代码：

```
1   void InsertSort(vector<gg>& v){
2       for(gg i=0;i<v.size();++i){
3           gg t=v[i],j;
4           for(j=i;j>=1 and v[j-1]>t;--j){
5               v[j]=v[j-1];
6           }
7           v[j]=t;
8       }
9   }
```

最好情况下，也就是输入数据已经预先排序，这时内层 for 循环总是立即判定条件不成立而终止，因此内层 for 循环实际的时间复杂度为 O(1)，插入排序总的时间复杂度为 O(n)。最坏情况下，也就是输入数据是逆序排列的，这时两层循环都花费最多 n 次迭代，时间复杂度为 $O(n^2)$。可以证明，插入排序在平均情况下的时间复杂度为 $O(n^2)$。

显然，插入排序的空间复杂度为 O(1)。

13.1.2　希尔排序

希尔排序（Shell Sort）的名称来源于它的发明者 Donald Shell，该算法是对插入排序的改进，使得算法能够在平均情况下的时间复杂度低于 $O(n^2)$。希尔排序中，每趟排序都会将原始序列分割成间隔为 h 的不同子序列，并通过插入排序对所有子序列进行排序，每趟排序所选取的间隔 h 是逐渐缩小的。最后一趟排序选取的间隔 h 一定是 1，这时其实相当于对原始序列进行一次插入排序。由于希尔排序的特点，它又称为缩小增量排序。

假设希尔排序执行 t 趟排序，每趟排序所使用的间隔为 $h_i(1 \leqslant i \leqslant t)$，那么就形成了一个增量序列 $h_1, h_2, \cdots, h_t$，只要保证 $h_t = 1$，任何增量序列都是可行的。增量序列的优劣程度会影响希尔排序的性能。如果待排序序列长度为 n，通常选取的比较好的增量序列为 $\lfloor n/2 \rfloor, \lfloor n/4 \rfloor, \cdots, \lfloor n/2^k \rfloor, \cdots, 2, 1$。

通过一个具体例子来体会希尔排序的执行过程。假设要对包含 8 个关键字的序列{4, 3, 5, 7, 6, 1, 2, <u>4</u>}进行希尔排序。

原始序列：4 3 5 7 6 1 2 <u>4</u>

第 1 趟排序，选取的增量为 4，那么分割出的子序列有：

子序列一：4　　　　　　6

子序列二：　3　　　　　　1

子序列三：   5   2

子序列四：   7   <u>4</u>

分别对这些子序列进行插入排序，可得到：

子序列一：4   6

子序列二：   1   3

子序列三：   2   5

子序列四：   <u>4</u>   7

一趟希尔排序结束，得到的序列为：

     4 1 2 <u>4</u> 6 3 5 7

第 2 趟排序，选取的增量为 2，那么分割出的子序列有：

子序列一：4   2   6   5

子序列二： 1   <u>4</u>   3   7

分别对这些子序列进行插入排序，可得到：

子序列一：2   4   5   6

子序列二： 1   3   <u>4</u>   7

一趟希尔排序结束，得到的序列为：

     2 1 4 3 5 <u>4</u> 6 7

第 3 趟排序，选取的增量为 1，对所有数据进行一次插入排序，得到的序列为：

     1 2 3 4 <u>4</u> 5 6 7

希尔排序结束。

由此可以写出希尔排序的代码，它与插入排序的代码非常相似，读者可类比记忆：

```
1    void ShellSort(vector<gg>& v){
2      for(gg inc=v.size()/2;inc>=1;inc/=2){
3        for(gg i=inc;i<v.size();++i){
4          gg t=v[i],j;
5          for(j=i;j>=inc and v[j-inc]>t;j-=inc){
6            v[j]=v[j-inc];
7          }
8          v[j]=t;
9        }
10     }
11   }
```

显然，希尔排序的空间复杂度为 O(1)。

希尔排序的时间复杂度与增量的选取方法有关，分析过程也很复杂，笔者就不详细介绍了。

13.2 选择类排序：选择排序、堆排序

选择类排序的工作原理是每次找出整个序列中第 i 小的关键字，并将它与位于第 i 个位置的关键字互换，这样进行 n 次操作之后，整个序列就有序了。

13.2.1 选择排序

选择排序（Select Sort）会把整个序列分成已排序部分和未排序部分，每趟排序都扫描未排序部分找出最小的关键字，并和未排序部分的第一个关键字互换。

通过一个具体例子来体会选择排序的执行过程。假设要对包含 8 个关键字的序列{4，3，5，7，6，1，2，4̲}进行选择排序。

原始序列：4 3 5 7 6 1 2 4̲

第 1 趟排序，无已排序序列，扫描整个序列，找到最小的关键字 1，将 1 和整个序列的第一个关键字互换，得到的结果为：

1 ‖ 3 5 7 6 4 2 4̲

第 2 趟排序，扫描待排序序列，找到最小的关键字 2，将 2 和待排序序列的第一个关键字互换，得到的结果为：

1 2 ‖ 5 7 6 4 3 4̲

第 3 趟排序，扫描待排序序列，找到最小的关键字 3，将 3 和待排序序列的第一个关键字互换，得到的结果为：

1 2 3 ‖ 7 6 4 5 4̲

第 4 趟排序，扫描待排序序列，找到最小的关键字 4，将 4 和待排序序列的第一个关键字互换，得到的结果为：

1 2 3 4 ‖ 6 7 5 4̲

第 5 趟排序，扫描待排序序列，找到最小的关键字 4，将 4̲ 和待排序序列的第一个关键字互换，得到的结果为：

1 2 3 4 4̲ ‖ 7 5 6

第 6 趟排序，扫描待排序序列，找到最小的关键字 5，将 5 和待排序序列的第一个关键字互换，得到的结果为：

1 2 3 4 4̲ 5 ‖ 7 6

第 7 趟排序，扫描待排序序列，找到最小的关键字 6，将 6 和待排序序列的第一个关键字互换，得到的结果为：

1 2 3 4 4̲ 5 6 ‖ 7

第 8 趟排序，扫描待排序序列，找到最小的关键字 7，将 7 和待排序序列的第一个关键字互换，得到的结果为：

1 2 3 4 4̲ 5 6 7

选择排序结束。

由此可以写出选择排序的代码：

```
1    void SelectSort(vector<gg>& v){
2        for(gg i=0;i<v.size();++i){
3            gg k=i;
4            for(gg j=i+1;j<v.size();++j){
5                if(v[j]<v[k]){
6                    k=j;
7                }
```

```
8              }
9              gg t=v[k];
10             v[k]=v[i];
11             v[i]=t;
12         }
13  }
```

若原始序列长度为 n，选择排序总会进行 n 趟排序，每趟排序总会扫描待排序序列中的所有数字，时间复杂度总是O(n^2)。

显然，选择排序的空间复杂度为O(1)。

13.2.2 堆排序

堆排序（Heap Sort）是对选择排序的改进，它通过引入二叉堆这种数据结构，将寻找待排序序列最小值操作的时间复杂度从O(n)降低到O(logn)。

先介绍一下二叉堆这种数据结构。二叉堆是一棵完全二叉树，并且满足：任何一个非叶子结点的值都不小于（或不大于）它的左右孩子结点的值。若父亲结点的值不小于孩子结点的值，把这样的二叉堆称为大根堆；反之，若父亲结点的值不大于孩子结点的值，把这样的二叉堆称为小根堆。根据二叉堆的定义，可以知道，大（小）根堆的根结点就是整个大（小）根堆所有结点中值最大（小）的结点，因此只需将一个待排序序列调整为一个二叉堆，就可以轻松地找到整个序列中的最大值或最小值。

那么最关键的操作就是，如何把一个待排序序列调整为一个二叉堆呢？接下来笔者会以大根堆为例讲解这一操作。

首先，由于二叉堆是一棵完全二叉树，可以用一个数组存储这个二叉堆。由于数组下标从 0 开始，将这棵完全二叉树的根结点的编号设定为 0，那么对于编号为 k 的结点，如果存在左孩子结点，左孩子结点的编号为 2k+1；如果存在右孩子结点，右孩子结点的编号为 2k+2。假设待排序序列为{4，3，5，7，6，1，2，4}，图 13-1 展示了该序列对应的完全二叉树表示。

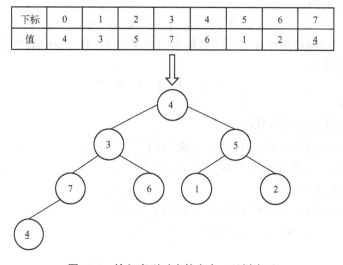

下标	0	1	2	3	4	5	6	7
值	4	3	5	7	6	1	2	4

图 13-1　输入序列对应的完全二叉树表示

下面讲解调整二叉堆以及堆排序的过程。

1. 建堆

将输入序列对应的完全二叉树调整为大根堆。调整的核心方法是**下滤**操作。下滤操作是指，对于不满足大根堆性质的结点，也就是说该结点的值小于任意一个孩子结点，就将该结点的值与较大的孩子结点的值进行交换。迭代进行这个过程，直到该结点到达的位置满足大根堆性质或到达叶子结点位置为止。从宏观上看，该结点会自上而下地到达其满足整个堆序的正确位置，因此称为下滤。

建堆的具体过程为：针对所有的非叶子结点，由按结点深度从大到小的顺序对每一个结点进行下滤操作。当所有结点调整完毕时，整棵完全二叉树就变成了大根堆。

具体而言，对于图 13-1，非叶子结点有 4、3、5、7，可以按 7、5、3、4 的顺序调整每一个不满足大根堆性质的结点。图 13-2 展示了建堆过程。

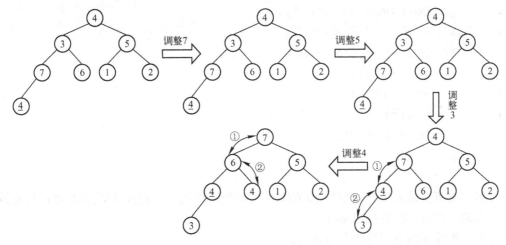

图 13-2 建堆过程

你要认识到，图 13-2 只是一种形式化的展示，实际上所有的操作都是在存储着待排序序列的数组上完成的。

2. 排序

建好堆以后，具体的排序过程与选择排序大同小异。由于堆顶结点存储着整个待排序序列中的最大关键字，每趟排序将堆顶结点与待排序序列的最后一个关键字进行交换，然后对堆顶结点进行下滤操作，保证堆顶结点满足大根堆性质，同时待排序序列关键字数量减少 1。当待排序关键字为空时，堆排序结束。

由此可以写出堆排序的代码：

```
1    void Down(vector<gg>& v,gg n,gg p){
2        gg t=v[p];
3        while(2*p+1<n){
4            gg child=2*p+1;
5            if(child+1<n and v[child]<v[child+1]){
6                ++child;
7            }
```

```
8              if(t<v[child]){
9                  v[p]=v[child];
10                 p=child;
11             }else{
12                 break;
13             }
14         }
15     v[p]=t;
16  }
17  void HeapSort(vector<gg>& v){
18      for(gg i=v.size()/2;i>=0;--i){
19          Down(v,v.size(),i);
20      }
21      for(gg i=v.size()-1;i>0;--i){
22          gg t=v[i];
23          v[i]=v[0];
24          v[0]=t;
25          Down(v,i,0);
26      }
27  }
```

堆排序将查找最大（小）值的操作的时间复杂度降低到O(logn)，但它仍然要进行 n 趟排序，所以总时间复杂度是O(nlogn)。

显然，堆排序的空间复杂度为O(1)。

C++标准库中的 priority_queue 就是大根堆的一种实现。此外，C++标准库还提供了各种有关大根堆操作的实现，这在 5.3.5 节已有介绍。如果你记不太清了，请马上回顾一下 5.3.5 节。只要熟练掌握了这些有关堆操作的泛型算法，那么在有关堆操作的题目中，就不必自行编码实现一个二叉堆了。接下来通过几道例题来帮助你回忆并进一步掌握这些泛型算法的用法。

例题 13-1　【PAT A-1147】Heaps

【题意概述】

判断给出的完全二叉树是否是一个堆，并输出该树的后根遍历序列。

【输入输出格式】

输入第一行给出两个正整数 M 和 N，分别表示要测试的树的数量以及每棵树中的关键字个数。接下来 M 行，每行包含 N 个不同的整数关键字，表示该完全二叉树的层次遍历序列。

针对每棵给出的完全二叉树，如果能构成大根堆，输出一行"Max Heap"；如果能构成小根堆，输出一行"Min Heap"；不能构成堆，输出一行"Not Heap"。在接下来一行给出该完全二叉树的后根遍历序列。数字之间用一个空格隔开，并且行尾不得有多余的空格。

【数据规模】

$$M \leqslant 100, 1 < N \leqslant 10^3$$

【算法设计】

利用 is_heap 泛型算法判断是否能构成一个二叉堆，然后输出该完全二叉树的后根遍历序列即可。

【C++代码】

```
1   #include <bits/stdc++.h>
2   using namespace std;
3   using gg=long long;
4   gg mi,ni;
5   void postOrder(vector<gg>& v,gg root,gg& num){
6       if(root>=v.size()){
7           return;
8       }
9       postOrder(v,root*2+1,num);
10      postOrder(v,root*2+2,num);
11      cout<<v[root]<<(num++<ni-1?" ":"\n");
12  }
13  int main(){
14      ios::sync_with_stdio(false);
15      cin.tie(0);
16      cin>>mi>>ni;
17      vector<gg>v(ni);
18      while(mi--){
19          for(gg& i:v){
20              cin>>i;
21          }
22          if(is_heap(v.begin(),v.end())){   //能构成大根堆
23              cout<<"Max Heap\n";
24          }else if(is_heap(v.begin(),v.end(),greater<gg>())){
            //能构成小根堆
25              cout<<"Min Heap\n";
26          }else{          //不能构成堆
27              cout<<"Not Heap\n";
28          }
29          gg num=0;       //记录输出到第几个数字了
30          postOrder(v,0,num);
31      }
32      return 0;
33  }
```

例题 13-2 【PAT A-1155】Heap Paths

【题意概述】

给出一棵完全二叉树，先输出从根结点到叶子结点的所有路径，然后判断给出的完全二叉树是否是一个堆。

【输入输出格式】

输入第一行给出一个正整数 N，表示树中的关键字个数。接下来一行给出 N 个不同的整数关键字，表示该完全二叉树的层次遍历序列。

针对给出的完全二叉树，输出从根结点到叶子结点的所有路径。注意，对于任意一个结点，要先输出该结点到其右子树中的叶子结点的路径，再输出该结点到其左子树中的叶子结点的路径。最后，如果能构成大根堆，输出一行"Max Heap"；如果能构成小根堆，输出一行"Min Heap"；不能构成堆，输出一行"Not Heap"。数字之间用一个空格隔开，并且行尾不得有多余的空格。

【数据规模】

$$1 < N \leqslant 10^3$$

【算法设计】

先利用 DFS 输出所有的路径，然后利用 is_heap 泛型算法判断是否能构成一个二叉堆即可。

【C++代码】

```
1    #include <bits/stdc++.h>
2    using namespace std;
3    using gg=long long;
4    vector<gg>path;   //存储路径
5    void dfs(vector<gg>& v,gg root){
6        if(root>=v.size()){
7            return;
8        }
9        if(root*2+1>=v.size()){        //是叶子结点
10           for(gg i:path){
11               cout<<i<<" ";
12           }
13           cout<<v[root]<<"\n";
14           return;
15       }
16       path.push_back(v[root]);
17       dfs(v,root*2+2);                //递归遍历右子树
18       dfs(v,root*2+1);                //递归遍历左子树
19       path.pop_back();
20   }
21   int main(){
22       ios::sync_with_stdio(false);
23       cin.tie(0);
```

```
24        gg ni;
25        cin>>ni;
26        vector<gg>v(ni);
27        for(gg& i:v){
28            cin>>i;
29        }
30        dfs(v,0);
31        if(is_heap(v.begin(),v.end())){   //能构成大根堆
32            cout<<"Max Heap\n";
33        }else if(is_heap(v.begin(),v.end(),greater<gg>())){
          //能构成小根堆
34            cout<<"Min Heap\n";
35        }else{   //不能构成堆
36            cout<<"Not Heap\n";
37        }
38        return 0;
39    }
```

407

13.3 交换类排序：冒泡排序、快速排序

交换类排序是通过交换逆序关键字进行排序的方法。什么是逆序关键字？对于待排序序列 S，如果 i < j 并且 S[i] > S[j]，那么 S[i] 与 S[j] 就是一对逆序关键字。显然，当序列中没有逆序关键字时，整个序列就是有序的。

13.3.1 冒泡排序

冒泡排序（Bubble Sort）的工作原理是每次检查相邻两个元素，如果前面的关键字大于后面的关键字，就将相邻两个关键字交换。由于在算法的执行过程中，较小的关键字就像是气泡般慢慢"浮"到数列的顶端，故叫作冒泡排序。当没有相邻的元素需要交换时，就说明序列中没有了逆序关键字，排序就完成了。冒泡排序中，每趟排序都会把待排序序列中的最大关键字交换至待排序序列的末端，因此每趟排序结束之后待排序序列的关键字个数都会减少 1，而冒泡排序的排序趟数最多不会超过原始序列的关键字个数。当然，为了尽可能早地结束算法，可以用"一趟排序中没有要交换的相邻逆序关键字"作为排序结束的标志。

通过一个具体例子来体会冒泡排序的执行过程。假设要对包含 8 个关键字的序列{4, 3, 5, 7, 6, 1, 2, 4̲}进行冒泡排序。

原始序列：4 3 5 7 6 1 2 4̲

第 1 趟排序，无已排序序列，扫描整个序列，要进行互换的相邻逆序对依次为 (4, 3), (7, 6), (7, 1), (7, 2), (7, 4̲)，得到的结果为：

$$3\ \ 4\ \ 5\ \ 6\ \ 1\ \ 2\ \ 4̲\ \|\ 7$$

第 2 趟排序，扫描待排序序列，要进行互换的相邻逆序对依次为 (6, 1), (6, 2), (6, 4̲)，得

到的结果为：

$$3 \quad 4 \quad 5 \quad 1 \quad 2 \quad \underline{4} \quad \| \quad 6 \quad 7$$

第 3 趟排序，扫描待排序序列，要进行互换的相邻逆序对依次为 (5, 1), (5, 2), (5, 4)，得到的结果为：

$$3 \quad 4 \quad 1 \quad 2 \quad \underline{4} \quad \| \quad 5 \quad 6 \quad 7$$

第 4 趟排序，扫描待排序序列，要进行互换的相邻逆序对依次为 (4, 1), (4, 2)，得到的结果为：

$$3 \quad 1 \quad 2 \quad \underline{4} \quad \| \quad 4 \quad 5 \quad 6 \quad 7$$

第 5 趟排序，扫描待排序序列，要进行互换的相邻逆序对依次为 (3, 1), (3, 2)，得到的结果为：

$$1 \quad 2 \quad 3 \quad \| \quad \underline{4} \quad 4 \quad 5 \quad 6 \quad 7$$

第 6 趟排序，扫描待排序序列，无要进行互换的相邻逆序对，终止算法。

冒泡排序结束。

由此可以写出冒泡排序的代码：

```
1    void BubbleSort(vector<gg>& v){
2        for(gg i=0;i<v.size();++i){
3            bool flag=true;   //标记是否有关键字交换
4            for(gg j=1;j<v.size()-i;++j){
5                if(v[j]<v[j-1]){
6                    flag=false;
7                    gg t=v[j];
8                    v[j]=v[j-1];
9                    v[j-1]=t;
10               }
11           }
12           if(flag){
13               break;
14           }
15       }
16   }
```

最好情况下，也就是输入数据已经预先排序，这时第 1 趟排序发现没有关键字需要交换之后就结束排序，因而冒泡排序总的时间复杂度为 O(n)。最坏情况下，也就是输入数据是逆序排列的，这时需要 n 趟排序，每趟排序的时间复杂度为 O(n)，总的时间复杂度为 O(n²)。可以证明，冒泡排序在平均情况下的时间复杂度为 O(n²)。

显然，冒泡排序的空间复杂度为 O(1)。

13.3.2 快速排序

顾名思义，快速排序（Quick Sort）是目前实践中最快的排序算法，它在越是接近无序的数据上性能表现越好。快速排序在平均情况下的时间复杂度是 O(nlogn)，在同是平均情况 O(nlogn) 时间复杂度的排序算法中，快速排序的常数因子最小。该算法之所以特别快，主要是由于非常精炼和高度优化的内部循环。但相应地，快速排序在越接近有序的数据上其性能越差，最坏情况下的时间复杂度为 $O(n^2)$，但经过稍许调整就可以避免这种情况的出现。通过将快速排序和堆排序相结合，由于堆排序具有 $O(nlogn)$ 最坏情况的运行时间，可以保证对几乎所有的输入都能达到不超过 $O(nlogn)$ 的时间复杂度，而这也是许多编程语言内置的排序算法的内部实现方法。

快速排序的思想非常经典，但并不易学，而它本身又非常重要，初次接触，你可能需要花费一些时间和精力去理解它，但是请相信我，这是值得的。

快速排序是一种应用分治思想的递归算法，要对序列 S 进行快速排序，具体的步骤如下：

1）如果 S 中的关键字个数为 0 或 1，不需排序，直接返回；

2）取 S 中任意一个关键字 v，称之为枢纽元；

3）将 S 中除了枢纽元 v 以外的其他关键字划分成两个序列 S_1 和 S_2，S_1 中的所有关键字都小于等于 v，S_2 中的所有关键字都大于等于 v；

4）递归排序 S_1 和 S_2。

快速排序的核心要点在于第 2）和第 3）步。关于枢纽元的选取方法有很多，为简单起见，每次排序都以序列的第一个关键字作为枢纽元[⊖]。接下来详细介绍第 3）步所涉及的算法，即划分（partition）算法。

如前所述，划分算法的目的就是将整个序列以枢纽元为基准划分成两个序列 S_1 和 S_2，S_1 中的所有关键字都小于等于枢纽元，S_2 中的所有关键字都大于等于枢纽元，划分完成后，枢纽元位于两个序列中间。如何实现这样的目的呢？这里要使用 two pointers 这种算法设计技巧，假设要对 [left, right] 区间内的序列 S，以 S[left] 为枢纽元进行划分，具体的步骤如下：

1）定义枢纽元 pivot = S[left]，以及两个指针 i = left, j = right，接下来要保证 i 经过的关键字都小于等于枢纽元，j 走过的关键字都大于等于枢纽元；

2）先对 j 进行操作，只要 i < j 且 S[j] ⩾ pivot，就将 j 不断左移。左移结束后，如果 i < j，说明 S[j] < pivot，这时要令 S[i] = S[j]，赋值结束后显然 S[i] < pivot，不妨直接让 i 右移一次；

3）对 i 进行操作，只要 i < j 且 S[i] ⩽ pivot，就将 i 不断右移。右移结束后，如果 i < j，说明 S[i] > pivot，这时要交换 S[j] = S[i]，交换结束后显然 S[j] > pivot，不妨直接让 j 右移一次；

4）针对 i 和 j 进行操作后，如果仍然满足 i < j，说明还有关键字没有被遍历，继续执行 2）步，否则执行 5）步；

5）将 S[i] 的值置为 pivot，就可以将枢纽元推送至两个序列之间。此时以位置 i 为界，就实现了划分序列的目的，算法结束。

整个划分算法的时间复杂度显然为 $O(n)$。

通过一个具体例子来体会划分算法的执行过程。假设要对包含 8 个关键字的序列 {4，3，5，7，6，1，2，4} 进行划分，图 13-3 显示了划分的过程。

划分算法实现之后，快速排序实质上就是不断递归调用划分算法的过程，由此可以写出快速排序的代码：

```
1    void QSort(vector<gg>& v,gg left,gg right){
2        if(left>=right)
```

⊖ 实践中，以序列第一个关键字作为枢纽元是不可取的，因为它非常容易产生一个糟糕的分割，从而影响整个算法的性能。这里只是为了讲解方便，才选择这种方法。

```
3              return;
4        gg pivot=v[left],i=left,j=right;
5        while(i<j){
6            while(i<j and v[j]>=pivot){
7                --j;
8            }
9            if(i<j){
10               v[i++]=v[j];
11           }
12           while(i<j and v[i]<=pivot){
13               ++i;
14           }
15           if(i<j){
16               v[j--]=v[i];
17           }
18       }
19       v[i]=pivot;
20       QSort(v,left,i-1);
21       QSort(v,i+1,right);
22   }
23   void QuickSort(vector<gg>& v){QSort(v,0,v.size()-1);}
```

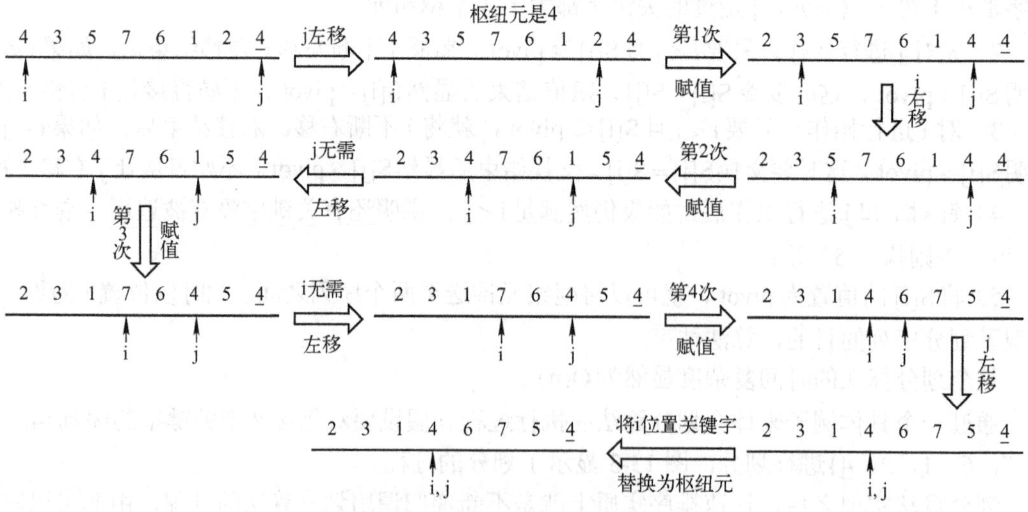

图 13-3　划分算法的执行过程示例

　　本小节只是实现了快速排序算法的"最简易"版本，实际上，有关快速排序算法实现细节的讨论非常多，而这些实现细节会不同程度地影响快速排序的性能，因此，快速排序的时间复杂度常需根据具体实现以及输入序列的特点而定。就本小节给出的快速排序的实现程序而言，它在平均情况下的时间复杂度要劣于 O(nlogn)，它的性能不如 13.2.2 节给出的堆排序程序，甚至不如 13.1.2 节给出的希尔排序程序。

C++标准库中的 partition 算法就是快速排序核心操作——划分算法的一种特殊实现。

13.4　归并类排序：归并排序

本节介绍归并排序（Merge Sort），与快速排序类似，归并排序也是一种应用分治思想的递归算法，要对序列 S 进行归并排序，具体的步骤如下：

1）如果 S 中的关键字个数为 0 或 1，不需排序，直接返回；

2）将 S 分为左半部分序列 S_1 和右半部分序列 S_2，对 S_1 和 S_2 分别进行归并排序；

3）将排序后两个有序序列 S_1 和 S_2 合并为一个有序序列 S。

归并排序的核心在于第 3）步，也就是将两个有序序列合并为一个有序序列。与快速排序的划分算法类似，归并排序的合并有序序列的算法也使用了 two pointers 的思想，针对两个有序序列 S_1 和 S_2，要合并为一个有序序列 S，首先需要额外开辟一个数组存储最终合并后的 S。定义 3 个指针 i、j、k，分别指向两个序列 S_1、S_2 和 S 中的第一个元素。不断比较 $S_1[i]$ 和 $S_2[j]$ 的大小，如果 $S_1[i] < S_2[j]$，令 $S[k] = S_1[i]$，并让 i 和 k 递增；否则令 $S[k] = S_2[j]$，并让 j 和 k 递增。重复这一操作直到序列 S_1 和 S_2 遍历完成。显然，假设 S_1 长度为 m，S_2 长度为 n，那么合并这两个序列的时间复杂度为 O(m + n)，这是一个线性算法。

实际上，归并排序每趟排序实现的效果是：先每 2 个关键字为一组进行排序，然后每 4 个关键字为一组进行排序……最后将整个序列排序。

由此可以写出归并排序的代码：

```
1    void Merge(vector<gg>& v,vector<gg>& a,gg left,gg mid,gg right){
2        for(gg i=left,j=mid+1,k=left;k<=right;++k){
3            if(i>mid){
4                a[k]=v[j++];
5            }else if(j>right){
6                a[k]=v[i++];
7            }else if(v[i]<v[j]){
8                a[k]=v[i++];
9            }else{
10               a[k]=v[j++];
11           }
12       }
13       for(int i=left;i<=right;++i){   //将合并后的有序序列拷贝回原数组
14           v[i]=a[i];
15       }
16   }
17   void MSort(vector<gg>& v,vector<gg>& a,gg left,gg right){
18       if(left>=right){                //待排序序列中只有 0 或 1 个关键字，
                                          不必排序，直接返回
19           return;
20       }
```

```
21        gg mid=(left+right)/2;        //中间位置
22        MSort(v,a,left,mid);          //递归排序左半部分
23        MSort(v,a,mid+1,right);       //递归排序右半部分
24        Merge(v,a,left,mid,right);    //合并两个有序序列
25    }
26    void MergeSort(vector<gg>& v){
27        vector<gg>a(v.size());        //合并两个有序序列时的输出序列
28        MSort(v,a,0,v.size()-1);
29    }
```

归并排序中，每次合并两个有序序列是一个线性算法，此外还需要进行递归调用，总的时间复杂度为 O(nlogn)。但由于合并两个已排序序列要额外开辟一个数组存储合并后的结果，因此空间复杂度为 O(n) ⊖。

C++标准库中的 merge、inplace_merge 算法就是归并排序核心操作——合并两个有序序列算法的实现。

例题 13-3 【PAT A-1029】Median

【题意概述】

给定两个递增的整数序列，找到它们的中位数。

【输入输出格式】

输入有两行，每行给出一个序列的信息。对于每个序列，第一个正整数 N 表示该序列的大小，然后是 N 个整数，中间用空格隔开。

在一行中输出这两个序列的中位数。

【数据规模】

$$0 < N \leqslant 2 \times 10^5$$

【算法设计】

可以使用 two pointers 解决这个问题。定义两个指针 i、j，都初始化为 0，分别指向两个序列 S_1 和 S_2 中的第一个元素。不断比较 $S_1[i]$ 和 $S_2[j]$ 的大小，如果 $S_1[i] < S_2[j]$，令 i 递增，否则令 j 递增。重复这一操作直到找到中位数。那么什么时候能找到中位数呢？假设 S_1 长度为 m，S_2 长度为 n，那么重复上述操作 $\lfloor (m+n+1)/2 \rfloor$ 次时，遇到的数字即为中位数（想一想为什么？）。

利用 two pointers 扫描两个序列的时间复杂度为 O(m+n) ⊖。

【C++代码】

```
1    #include <bits/stdc++.h>
2    using namespace std;
3    using gg=long long;
4    int main(){
5        ios::sync_with_stdio(false);
6        cin.tie(0);
```

⊖ 存在空间复杂度更低的归并排序算法，但这样的算法太过复杂也不实用。

⊖ 本题还有时间复杂度更优的 O(log(m+n)) 的解法，读者可以自行查阅相关资料。

```
7        gg ni;
8        cin>>ni;
9        vector<gg>s1(ni);
10       for(gg& i:s1){
11           cin>>i;
12       }
13       cin>>ni;
14       vector<gg>s2(ni);
15       for(gg& i:s2){
16           cin>>i;
17       }
18       gg k=(s1.size()+s2.size()+1)/2,ans;
19       for(gg i=0,j=0;k>0;--k){
20           gg a=i<s1.size()?s1[i]:INT_MAX,
21             b=j<s2.size()?s2[j]:INT_MAX;
22           if(a<b){
23               ans=s1[i++];
24           }else{
25               ans=s2[j++];
26           }
27       }
28       cout<<ans;
29       return 0;
30   }
```

13.5   例题剖析

例题 13-4   【PAT A-1089、PAT B-1035】Insert or Merge、插入与归并

【题意概述】

现给定原始序列和由某排序算法产生的中间序列，请你判断该算法究竟是插入排序还是归并排序。

【输入输出格式】

输入在第一行给出正整数 N，随后一行给出原始序列的 N 个整数，最后一行给出由某排序算法产生的中间序列。这里假设排序的目标序列是升序。数字间以空格分隔。

首先在第一行中输出"Insertion Sort"表示插入排序，或输出"Merge Sort"表示归并排序，然后在第二行中输出用该排序算法再迭代一轮的结果序列。题目保证每组测试的结果是唯一的。数字间以空格分隔，且行首尾不得有多余空格。

【数据规模】

$$0 < N \leqslant 100$$

【算法设计】

首先要明白插入排序和归并排序的特点。插入排序中第 i 趟排序实际上是将序列前 i 个关键字进行了排序；而归并排序实现的效果是：先每 2 个关键字为一组进行排序，然后每 4 个关键字为一组进行排序，接着每 8 个关键字为一组进行排序……最后将整个序列排序。所以可以根据这两个特点区分两种排序算法。

由于只需表示出每趟排序结果，那么在编码时不必真地去实现两种排序算法，可以直接使用 sort 函数对每趟需排序的元素进行排序。

【C++代码】

```
1    #include <bits/stdc++.h>
2    using namespace std;
3    using gg=long long;
4    int main(){
5        ios::sync_with_stdio(false);
6        cin.tie(0);
7        gg ni;
8        cin>>ni;
9        vector<gg>v1(ni),v2(ni);
10       for(gg& i:v1){
11           cin>>i;
12       }
13       for(gg& i:v2){
14           cin>>i;
15       }
16       vector<vector<gg>>inserts,merges; //存储排序的每趟结果
17       vector<gg>v=v1;
18       for(gg i=2;i<=ni;++i){                 //插入排序
19           sort(v.begin(),v.begin()+i);
20           inserts.push_back(v);
21       }
22       v=v1;
23       for(gg i=2;i<=ni;i*=2){                //归并排序
24           for(gg j=0;j<ni;j+=i){
25               sort(v.begin()+j,v.begin()+min(j+i,ni));
26           }
27           merges.push_back(v);
28       }
29       for(gg i=0;i<inserts.size();++i){ //确认是否是插入排序
30           if(inserts[i]==v2){
31               cout<<"Insertion Sort\n";
32               for(gg j=0;j<ni;++j){
```

```
33                 cout<<inserts[i+1][j]<<(j==ni-1?"\n":" ");
34             }
35             break;
36         }
37     }
38     for(gg i=0;i<merges.size();++i){   //确认是否是归并排序
39         if(merges[i]==v2){
40             cout<<"Merge Sort\n";
41             for(gg j=0;j<ni;++j){
42                 cout<<merges[i+1][j]<<(j==ni-1?"\n":" ");
43             }
44             break;
45         }
46     }
47     return 0;
48 }
```

例题 13-5　【PAT A-1098】Insertion or Heap Sort

【题意概述】

现给定原始序列和由某排序算法产生的中间序列，请你判断该算法究竟是插入排序还是堆排序。

【输入输出格式】

输入在第一行给出正整数 N，随后一行给出原始序列的 N 个整数，最后一行给出由某排序算法产生的中间序列。这里假设排序的目标序列是升序。数字间以空格分隔。

首先在第一行中输出"Insertion Sort"表示插入排序，或输出"Heap Sort"表示堆排序，然后在第二行中输出用该排序算法再迭代一轮的结果序列。题目保证每组测试的结果是唯一的。数字间以空格分隔，且行首尾不得有多余空格。

【数据规模】

$$0 < N \leqslant 100$$

【算法设计】

首先要明白插入排序和堆排序的特点。插入排序中第 i 趟排序实际上是将序列前 i 个关键字进行了排序；而堆排序首先会将整个序列调整为一个大根堆，接下来每趟排序会获取待排序序列中的最大值，并将该最大值放置到待排序序列末尾。所以可以根据这两个特点区分两种排序算法。

由于只需表示出每趟排序结果，那么在编码时不必真地去实现两种排序算法，可以直接使用 sort 函数对插入排序每趟需排序的元素进行排序，而堆排序的过程可以使用标准库中有关大根堆的泛型算法来实现。

【C++代码】

```
1   #include <bits/stdc++.h>
2   using namespace std;
```

```
3    using gg=long long;
4    int main(){
5        ios::sync_with_stdio(false);
6        cin.tie(0);
7        gg ni;
8        cin>>ni;
9        vector<gg>v1(ni),v2(ni);
10       for(gg& i:v1){
11           cin>>i;
12       }
13       for(gg& i:v2){
14           cin>>i;
15       }
16       vector<vector<gg>>inserts,heaps;   //存储排序的每趟结果
17       vector<gg>v=v1;
18       for(gg i=2;i<=ni;++i){              //插入排序
19           sort(v.begin(),v.begin()+i);
20           inserts.push_back(v);
21       }
22       v=v1;
23       make_heap(v.begin(),v.end());
24       for(gg i=0;i<ni;++i){              //堆排序
25           pop_heap(v.begin(),v.begin()+ni-i);
26           heaps.push_back(v);
27       }
28       for(gg i=0;i<inserts.size();++i){ //确认是否是插入排序
29           if(inserts[i]==v2){
30               cout<<"Insertion Sort\n";
31               for(gg j=0;j<ni;++j){
32                   cout<<inserts[i+1][j]<<(j==ni-1?"\n":"");
33               }
34               break;
35           }
36       }
37       for(gg i=0;i<heaps.size();++i){    //确认是否是堆排序
38           if(heaps[i]==v2){
39               cout<<"Heap Sort\n";
40               for(gg j=0;j<ni;++j){
41                   cout<<heaps[i+1][j]<<(j==ni-1?"\n":" ");
42               }
```

```
43              break;
44          }
45      }
46      return 0;
47 }
```

13.6 例题

本章介绍了各类排序算法，表 13-1 列举了本章涉及的所有例题。

表 13-1 例题列表

编 号	题 号	标 题	备 注
例题 13-1	PAT A-1147	Heaps	堆排序
例题 13-2	PAT A-1155	Heap Paths	堆排序
例题 13-3	PAT A-1029	Median	two pointers
例题 13-4	PAT A-1089、PAT B-1035	Insert or Merge、插入与归并	插入排序、归并排序
例题 13-5	PAT A-1098	Insertion or Heap Sort	插入排序、堆排序

第 14 章　图

什么是图？简单来说，图就是地图，平时生活中接触过的地铁线路图、高铁线路图、世界地图等都可以抽象称为图。显然，图有非常广泛的应用场景。因此，有关图的问题和算法非常多。本章讨论图的一些基本概念和基础问题，包括：

1）图的存储方法；
2）图的遍历方式；
3）无向图的连通分量分解问题；
4）拓扑排序；
5）最短路径问题；
6）最小生成树。

14.1　图的基本概念和存储方法

14.1.1　图的基本概念

一个图 G = (V, E) 由**顶点集 V** 和**边集 E** 组成。有时也把边称作**弧**，通常用边连接的两个顶点组成的点对来表示边，那么每一条边就是一个点对 (v, w)，其中 v, w∈V。图可以分为**有向图**和**无向图**，如图 14-1 所示。

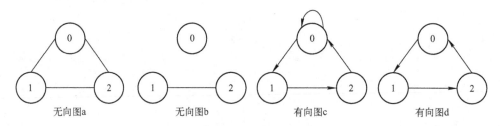

图 14-1　有向图和无向图

有向图中边是有方向的，如果存在一条边 (v, w)，不存在边 (w, v)，那么你只能从顶点 v 出发达顶点 w，而不能从顶点 w 出发到达顶点 v。例如，在图 14-1 的有向图 d 中，你可以从顶点 0 到达顶点 1，但不能从顶点 1 到达顶点 0。无向图中边是没有方向的，只要存在一条边 (v, w)，你就既可以从顶点 v 出发到达顶点 w，也可以从顶点 w 出发到达顶点 v。例如，在图 14-1 的无向图 a 中，你既可以从顶点 0 到达顶点 1，也可以从顶点 1 到达顶点 0。通常会用有向图中的两条对称的边 (v, w)、(w, v) 表示无向图中的一条边 (v, w)。有时候边除了连接的两个顶点外还具有第三种成分，称作**权值**，它通常表示两个顶点之间的距离或者从一个顶点到达另一个顶点所需的时间等。边上有权值的图称为**有权图**；边上没有权值的图称为**无权图**。

在无向图中，顶点的**度**是指和该顶点相连的边的条数。例如，图 14-1 的无向图 b 中，顶点 1、2 的度数为 1，顶点 0 的度数为 0。在有向图中，顶点发出的边的条数称为该顶点的**出度**，顶点接入的边的条数称为该顶点的**入度**。例如，图 14-1 的有向图 d 中，顶点 0 的出度为 2，入度为 0；顶点 1 的出度为 1，入度为 1。

图中的一条**路径**是指一个顶点序列 $w_1, w_2, \cdots, w_n$，使得 $(w_i, w_{i+1}) \in E, 1 \leqslant i < n$，这样一条路径的长度为该路径上的边数或边的权值之和。例如，顶点序列 0, 1, 2 就可以表示图 14-1 的有向图 d 中的一条路径，它的长度为 2。如果路径中不包含边，那么路径的长为 0，这是定义特殊情形的一种便捷方法。如果图含有一条从一个顶点到它自身的边 (v, v)，那么路径 v, v 叫作**自环**。例如，图 14-1 的有向图 c 中就存在一个自环 0, 0。要讨论的图一般是无自环的。一条**简单路径**是指这样一条路径，路径上的所有顶点都是互异的，但是第一个顶点和最后一个顶点可以相同，也可以不同。例如，图 14-1 的有向图 c 中，路径 2, 0, 1 就是一条简单路径，但路径 2, 0, 0, 1 不是简单路径。

有向图中的**圈**或**环**是满足第一个顶点和最后一个顶点相同且长至少为 1 的一条路径，如果该路径是简单路径，那么这个圈就是**简单圈**。例如，图 14-1 的有向图 c 中，路径 0, 1, 2, 0 就是一个简单圈。对于无向图中的圈，要求圈的边是互异的。具体来说，无向图中的路径 u, v, u 不应该被认为是圈，因为 (u, v) 和 (v, u) 是同一条边。例如，图 14-1 的无向图 a 中，路径 0, 1, 0 就不是圈，但路径 0, 1, 2, 0 是圈。如果一个有向图没有圈，则称其为**无圈图**。一个有向无圈图有时也简称为 **DAG**，图 14-1 的有向图 d 就是一个 DAG。

每一对顶点间都存在一条边的图称为**完全图**。假设完全图中有 n 个顶点，那么如果完全图是无向图，则图中的边数为 n(n − 1) / 2；如果完全图是有向图，图中的边数则为 n(n − 1)。边数接近于或等于完全图的图称为**稠密图**；反之，边数远远少于完全图的图称为**稀疏图**。

如果在一个无向图中从每一个顶点到每个其他顶点都存在一条路径，则称该无向图为**连通图**。图 14-1 的无向图 a 就是一个连通图，但无向图 b 不是连通图。如果在一个有向图中从每一个顶点到每个其他顶点都存在一条路径，则称该有向图为**强连通图**。图 14-1 的有向图 c 就是一个强连通图，但有向图 d 不是强连通图。

14.1.2　图的存储方法

那么如何存储一个图呢？通常有两种方法存储图：邻接矩阵和邻接表。

邻接矩阵使用一个二维数组 G 来表示图，这个二维数组的两个长度都等于图中的顶点数。对于无权图，如果存在边 (u, v)，则 $G[u][v] = \text{true}$，否则 $G[u][v] = \text{false}$。对于有权图，如果存在边 (u, v) 且边 (v, u) 上的权值为 w，则 $G[u][v] = w$，否则 $G[u][v] = \infty$（实际编码中 ∞ 可以用图中不可能出现的权值来表示）。图 14-2 展示了一个图对应的邻接矩阵表示。

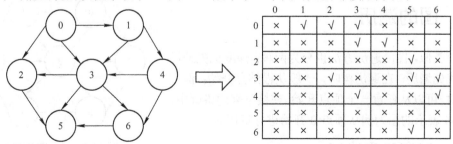

图 14-2　图对应的邻接矩阵表示

邻接矩阵表示的优点是无论是理解还是编码都非常容易，缺点是空间需求太大，空间复

杂度达到 $O(|V|^2)$，如果图是稀疏图，即图中边数不多，这就会造成大量的空间浪费。此外，正如 2.9.4 节所提到的那样，程序中能够开辟的数组是不能无限大的，如果图中顶点非常多，很有可能你根本就无法建立一个邻接矩阵。因此，笔者建议，**只有当图中顶点数量在 10^3 数量级及以下的情况下，才能使用邻接矩阵**。

相比于邻接矩阵，使用邻接表存储图的情况更加常见。针对每一个顶点，邻接表使用一个表来存放该顶点所有相邻的顶点，通常用 vector 来实现这样的表，此时的空间复杂度就会降低到 $O(|E|+|V|)$。图 14-3 展示了一个图对应的邻接表表示。

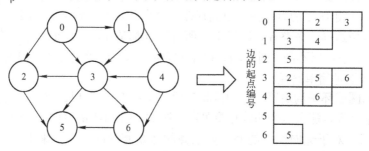

图 14-3　图对应的邻接表表示

对于无权图，由于只需要存储顶点所有相邻的顶点编号，因此邻接表内的元素类型可以直接定义为 gg 类型，那么整个图可以定义成：

```
1    vector<vector<gg>>graph(MAX);
```

如果还需要存储边的权值或其他信息，可以定义一个新的 Edge 类存放这些信息，并把邻接表内的元素类型定义为 Edge 类型：

```
1    struct Edge{
2        gg to;              //边的终点编号
3        gg cost;            //边的权值
4        Edge(gg t,gg c):to(t),cost(c){}
5    };
6    vector<vector<Edge>>graph(MAX);
```

那么当需要向图中添加边时，如向 graph 中添加权值为 6 的边 (2, 3)，代码可以这样写：

```
1    graph[2].push_back(Edge(3,6));
```

一般情况下，都会选择使用邻接表来存储图。

14.2 图的遍历

与树类似，图的遍历方法也分为两种：深度优先遍历和广度优先遍历。在遍历树时，一般从根结点开始；但在遍历图时，可以从任意一个顶点开始。在接下来的讲解中，以图 14-4 表示的图为例从顶点 0 开始进行遍历。

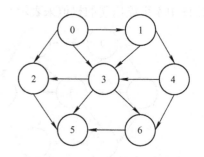

图 14-4　一个图的表示

14.2.1 深度优先遍历

从顶点 0 开始对图 14-4 表示的图进行深度优先遍历，步骤如下：

1）访问顶点 0，目前已访问过的顶点序列为{0}，发现顶点 0 有 3 个未访问过的邻接顶点 1、2、3，对顶点 1 进行深度优先遍历；

2）访问顶点 1，目前已访问过的顶点序列为{0, 1}，发现顶点 1 有 2 个未访问过的邻接顶点 3、4，对顶点 3 进行深度优先遍历；

3）访问顶点 3，目前已访问过的顶点序列为{0, 1, 3}，发现顶点 3 有 3 个未访问过的邻接顶点 2、5、6，对顶点 2 进行深度优先遍历；

4）访问顶点 2，目前已访问过的顶点序列为{0, 1, 3, 2}，发现顶点 2 有 1 个未访问过的邻接顶点 5，对顶点 5 进行深度优先遍历；

5）访问顶点 5，目前已访问过的顶点序列为{0, 1, 3, 2, 5}，发现顶点 5 没有邻接顶点，返回到顶点 2；

6）目前已访问过的顶点序列为{0, 1, 3, 2, 5}，发现顶点 2 没有未访问过的邻接顶点，返回顶点 3；

7）目前已访问过的顶点序列为{0, 1, 3, 2, 5}，发现顶点 3 有 1 个未访问过的邻接顶点 6，对顶点 6 进行深度优先遍历；

8）访问顶点 6，目前已访问过的顶点序列为{0, 1, 3, 2, 5, 6}，发现顶点 6 没有未访问过的邻接顶点，返回顶点 3；

9）目前已访问过的顶点序列为{0, 1, 3, 2, 5, 6}，发现顶点 3 没有未访问过的邻接顶点，返回顶点 1；

10）目前已访问过的顶点序列为{0, 1, 3, 2, 5, 6}，发现顶点 1 有 1 个未访问过的邻接顶点 4，对顶点 4 进行深度优先遍历；

11）访问顶点 4，目前已访问过的顶点序列为{0, 1, 3, 2, 5, 6, 4}，发现顶点 4 没有未访问过的邻接顶点，返回顶点 1；

12）目前已访问过的顶点序列为{0, 1, 3, 2, 5, 6, 4}，发现顶点 1 没有未访问过的邻接顶点，返回顶点 0；

13）目前已访问过的顶点序列为{0, 1, 3, 2, 5, 6, 4}，发现顶点 0 没有未访问过的邻接顶点，深度优先遍历结束。

图的深度优先遍历与树的深度优先遍历是类似的，但它们也有区别。由于图中可能有圈，因此需要定义一个额外的 bool 数组 visit 来表示顶点是否已被访问，以免顶点被重复访问。图的深度优先遍历的代码如下：

```
1    vector<vector<gg>>graph(MAX);
2    vector<bool>visit(MAX);
3    //图的深度优先遍历
4    void dfs(gg v){
5        visit[v]=true;
6        cout<<v<<' ';  //访问 v
7        for(gg i:graph[v]){
8            if(not visit[i]){
9                dfs(i);
10           }
```

```
11        }
12   }
```

14.2.2　广度优先遍历

图的广度优先遍历也要使用一个队列。从顶点 0 开始对图 14-4 表示的图进行广度优先遍历，步骤如下：

1）将顶点 0 入队，此时入过队的顶点有 {0}。

2）顶点 0 出队，访问顶点 0，发现顶点 0 有 3 个未入过队的邻接顶点 1、2、3，将 1、2、3 依次入队，此时队列中的顶点有 {1, 2, 3}，入过队的顶点有 {0, 1, 2, 3}。

3）顶点 1 出队，访问顶点 1，发现顶点 1 有 1 个未入过队的邻接顶点 4，将顶点 4 入队，此时队列中的顶点有 {2, 3, 4,}，入过队的顶点有 {0, 1, 2, 3, 4,}。

4）顶点 2 出队，访问顶点 2，发现顶点 2 有 1 个未入过队的邻接顶点 5，将顶点 5 入队，此时队列中的顶点有 {3, 4, 5}，入过队的顶点有 {0, 1, 2, 3, 4, 5}。

5）顶点 3 出队，访问顶点 3，发现顶点 3 有 1 个未入过队的邻接顶点 6，将顶点 6 入队，此时队列中的顶点有 {4, 5, 6}，入过队的顶点有 {0, 1, 2, 3, 4, 5, 6}。

6）顶点 4 出队，访问顶点 4，发现顶点 4 没有未入过队的顶点，此时队列中的顶点有 {5, 6}，入过队的顶点有 {0, 1, 2, 3, 4, 5, 6}。

7）顶点 5 出队，访问顶点 5，发现顶点 5 没有未入过队的顶点，此时队列中的顶点有 {6}，入过队的顶点有 {0, 1, 2, 3, 4, 5, 6}。

8）顶点 6 出队，访问顶点 6，发现顶点 6 没有未入过队的顶点，此时队列中的顶点为空，广度优先遍历结束。

同样，由于图中可能有圈，因此需要定义一个额外的 bool 数组 inQueue 来表示顶点是否已入过队，以免顶点重复入队，使得顶点重复被访问。图的广度优先遍历的代码如下：

```
1    vector<vector<gg>>graph(MAX);
2    //图的广度优先遍历
3    void bfs(int v){
4        vector<bool>inQueue(n);
5        queue<gg>q;
6        q.push(v);
7        inQueue[v]=true;
8        while(not q.empty()){
9            v=q.front();
10           q.pop();
11           cout<<v<<' ';    //访问顶点 v
12           for(gg i:graph[v]){
13               if(not inQueue[i]){
14                   q.push(i);
15                   inQueue[i]=true;
16               }
```

```
17          }
18      }
19  }
```

例题 14-1 【CCF CSP-20170904】通信网络

【题意概述】

某国的军队由 N 个部门组成，为了提高安全性，部门之间建立了 M 条通路，每条通路只能单向传递信息，即一条从部门 a 到部门 b 的通路只能由 a 向 b 传递信息。信息可以通过中转的方式进行传递，即如果 a 能将信息传递到 b，b 又能将信息传递到 c，则 a 能将信息传递到 c。一条信息可能通过多次中转最终到达目的地。

由于保密工作做得很好，并不是所有部门之间都互相知道彼此的存在。只有当两个部门之间可以直接或间接传递信息时，他们才彼此知道对方的存在。部门之间不会把自己知道哪些部门告诉其他部门。

现在请问，有多少个部门知道所有 N 个部门的存在。或者说，有多少个部门所知道的部门数量（包括自己）正好是 N。

【输入输出格式】

输入的第一行包含两个整数 N 和 M，分别表示部门的数量和单向通路的数量。所有部门从 1 到 N 编号。接下来 M 行，每行两个整数 a 和 b，表示部门 a 到部门 b 有一条单向通路。

输出一行，包含一个整数，表示答案。

【数据规模】

$$0 < N \leqslant 1000, \ 0 < M \leqslant 10^4$$

【算法设计】

由于部门数量最多只有 1000，完全可以用暴力搜索的方法。维护一个 bool 型二维数组 know，表示两个部门之间是否互相知晓另一个部门的存在。从每一个部门所代表的点 s 都发起一次遍历，对于遍历到的点 v，都置 know[s][v]=know[v][s]=true，表示 s 与 v 所代表的两个部门之间互相知晓另一个部门的存在。所有的点都发起一次深度优先遍历之后，如果点 v 下 know[v]数组中有 N 个为 true 的元素，则该点为知道所有其他部门存在的点。统计出所有这样的点的数量即可。

每次遍历的时间复杂度为 O(N)，每一个点都要发起一次遍历，所以整个算法的时间复杂度为 $O(N^2)$。

下面的代码采用了深度优先遍历的方式，你可以尝试实现采用广度优先遍历的代码。

【C++代码】

```cpp
1   #include<bits/stdc++.h>
2   using namespace std;
3   using gg=long long;
4   const gg MAX=1005;
5   gg ni,mi;
6   vector<vector<gg>>graph(MAX);
7   vector<vector<bool>>know(MAX,vector<bool>(MAX));
8   vector<bool>visit(MAX);
```

```
9   void dfs(gg v,gg s){
10      visit[v]=true;
11      know[s][v]=know[v][s]=true;
12      for(gg i:graph[v]){
13          if(not visit[i]){
14              dfs(i,s);
15          }
16      }
17  }
18  int main(){
19      ios::sync_with_stdio(false);
20      cin.tie(0);
21      cin>>ni>>mi;
22      while(mi--){
23          gg ai,bi;
24          cin>>ai>>bi;
25          graph[ai].push_back(bi);
26      }
27      for(gg i=1;i<=ni;++i){
28          fill(visit.begin()+1,visit.begin()+ni+1,false);
29          dfs(i,i);
30      }
31      gg ans=0;
32      for(gg i=1;i<=ni;++i){
33          if(count(know[i].begin()+1,know[i].begin()+ni+1,
            true)==ni){
34              ans++;
35          }
36      }
37      cout<<ans;
38      return 0;
39  }
```

14.3 无向图的连通分量分解问题

如果无向图是不连通的，那么这个图一定可以分解为多个连通子图，称这些连通子图为原图的连通分量。图 14-5 就将一个不连通的无向图分解为两个连通分量。

要将无向图的连通分量分解，通常由两种方法：深度（广度）优先遍历和并查集。

对于无向图来说，如果图是连通图，那么一次 DFS 或者 BFS 一定可以遍历图中所有的顶点。如果图不是连通图，那么每次执行 DFS 或者 BFS 一定能遍历该图的一个连通分量中的所有顶点。因此，可以通过多次执行 DFS 或者 BFS 来求出无向图的所有连通分量。实践中，一般使用 DFS，因为 DFS 代码更简洁。

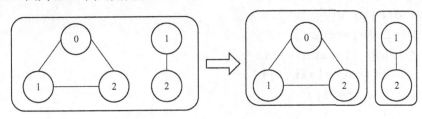

图 14-5　无向图的连通分量分解

另一种方法是使用并查集。初始情况下，每个顶点代表一个集合。在读取边的两个端点时，将两个端点所在的集合合并，当所有边读取完毕后，并查集中的每个集合就对应于一个连通分量。

由于前面已经讲解过 DFS 和并查集的代码，本节就不再赘述了。下面通过例题帮助你掌握这两种方法的编码实现。

例题 14-2　【PAT A-1013】Battle Over Cities

【题意概述】

在战争中，所有城市都必须通过高速公路连接起来。如果一个城市被敌人占领，则经过该城市的所有高速公路都将关闭。必须立即知道是否需要增加其他高速公路以保持其余城市的连通性。给出标记了所有剩余高速公路的城市地图，您应该告诉需要快速修复的高速公路数量。

【输入输出格式】

输入第一行给出 3 个正整数 N、M 和 K，分别是顶点总数、边的总数、查询总数。接下来 M 行，每行通过给出两个顶点的编号，表示这两个顶点之间存在一条边。接下来一行，每行给出 K 个整数，代表关注的城市。

对于最后一行的每个城市，如果该城市被敌人占领，输出为了保持剩余城市连通需要增加高速公路的数量。

【数据规模】

$$0 < N < 1000$$

【算法设计】

题目的实际含义是：给定一个无向图，当删除其中一个顶点时，会把跟这个顶点有关的边全部删除，问要保持其余的顶点依旧连通，至少需要增加几条边。

怎么计算呢？可以这样思考，当删除其中一个顶点及其相关的边之后，计算出剩下的图的连通分量，每两个连通分量之后只要增加一条边，那么这两个连通分量就互相连通，也就是成为一个连通分量。那么增加的边的总数就应该是连通分量的数量减去 1。可以利用 DFS 和并查集计算连通分量的个数。

【C++代码 1——DFS】

```
1    #include<bits/stdc++.h>
2    using namespace std;
3    using gg=long long;
```

```
4    const gg MAX=1005;
5    vector<vector<gg>>graph(MAX);
6    vector<bool>visit(MAX);
7    void dfs(gg v){
8        visit[v]=true;
9        for(gg i:graph[v]){
10           if(not visit[i]){
11               dfs(i);
12           }
13       }
14   }
15   int main(){
16       ios::sync_with_stdio(false);
17       cin.tie(0);
18       gg ni,mi,ki,ai,bi;
19       cin>>ni>>mi>>ki;
20       for(gg i=0;i<mi;++i){
21           cin>>ai>>bi;
22           graph[ai].push_back(bi);
23           graph[bi].push_back(ai);
24       }
25       while(ki--){
26           cin>>ai;
27           fill(visit.begin(),visit.begin()+ni+1,false);
28           visit[ai]=true;
29           gg num=0;
30           for(gg i=1;i<=ni;++i){
31               if(not visit[i]){
32                   ++num;
33                   dfs(i);
34               }
35           }
36           cout<<num-1<<"\n";
37       }
38       return 0;
39   }
```

【C++代码2——并查集】

```
1    #include<bits/stdc++.h>
2    using namespace std;
3    using gg=long long;
4    const gg MAX=1005;
```

```
5    vector<gg>ufs(MAX);
6    void init(){iota(ufs.begin(),ufs.end(),0);}
7    gg findRoot(gg x){return ufs[x]==x?x:ufs[x]=findRoot(ufs[x]);}
8    void unionSets(gg a,gg b){ufs[findRoot(a)]=findRoot(b);}
9    int main(){
10       ios::sync_with_stdio(false);
11       cin.tie(0);
12       gg ni,mi,ki,ai;
13       cin>>ni>>mi>>ki;
14       vector<array<gg,2>>edges(mi);
15       for(auto& e:edges){
16           cin>>e[0]>>e[1];
17       }
18       while(ki--){
19           cin>>ai;
20           init();
21           for(auto& e:edges){
22               if(e[0]!=ai and e[1]!=ai){   //边的两端点都不是 ai,
                                                //可以进行合并
23                   unionSets(e[0],e[1]);
24               }
25           }
26           gg num=0;                         //记录连通分量的数量
27           for(gg i=1;i<=ni;++i){            //计算不包括 ai 的集合个数
28               if(i!=ai and i==ufs[i]){
29                   ++num;
30               }
31           }
32           cout<<num-1<<"\n";
33       }
34       return 0;
35   }
```

14.4 拓扑排序

拓扑排序是对 DAG（即有向无环图）的顶点序列的一种排序，使得如果存在一条从 v_i 到 v_j 的路径，那么在排序中 v_j 就出现在 v_i 的后面。拓扑排序有非常广泛的应用场景，如对于大学的课程先修结构，课程 v 必须在课程 w 选修前修完，这种关系就可以用有向边 (v, w) 表示。只有当某一门课没有先修课程或是所有先修课程都已经学习完毕时，才可以选修这门课。拓扑排序形成的拓扑序列就是不破坏这样的课程先修要求的任意的课程序列。

那么如何编码实现这样的拓扑排序呢？显然，图中如果有环，那么对于环上的两个顶点

v 和 w，v 先于 w，w 又先于 v，这时进行拓扑排序是不可能的。此外，拓扑序列是不唯一的。
例如，对于图 14-6 所示的图中，序列 {0, 1, 4, 3, 2, 6, 5} 和序列 {0, 1, 4, 3, 6, 2, 5} 都是合理
的拓扑序列。

一个简单的求拓扑排序的算法是每次找出任意一个
入度为 0 的顶点，将该顶点加入拓扑序列中，并将它及
其边一起从图中删除，重复这一操作，直至所有顶点都
被加入拓扑序列中。如果剩余的所有顶点入度均不为 0，
则说明这些顶点之间形成了一个环。因此，拓扑排序还
可以用来判断图中有没有环。

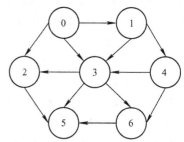

图 14-6　能进行拓扑排序的 DAG

具体来说，用一个数组 degree 来表示每个顶点的入
度，用一个数组 top 存储最终得到的拓扑序列，然后定义
一个队列负责存放还未放入拓扑序列的入度为 0 的顶点。算法的执行步骤如下：

1）扫描整个 degree 数组，将入度为 0 的顶点编号放入队列中。

2）将队首顶点 v 出队，并放入 top 中。将所有与 v 邻接的顶点的入度均减 1，同时检查
与 v 邻接的顶点 w 入度是否变为 0，如果变成了 0 则将 w 放入队列中。

3）重复步骤 2）直至队列为空。如果队列为空时，top 中存放的顶点个数与图的顶点个数
不等，则说明图中有圈。

代码如下：

```
1    //拓扑排序，返回值表示图中是否有圈
2    //拓扑排序结束后，top 中存放拓扑序列，degree 存储各顶点的入度
3    vector<vector<gg>>graph(MAX);
4    vector<gg>top(MAX),degree(MAX);
5    bool topSort(){
6        queue<gg>q;                    //存储入度为 0 的顶点
7        for(gg i=0;i<ni;++i){          //将入度为 0 的顶点放入队列中
8            if(degree[i]==0){
9                q.push(i);
10           }
11       }
12       while(!q.empty()){
13           gg p=q.front();
14           q.pop();
15           top.push_back(p);
16           for(gg i:graph[p]){        //遍历该顶点的邻接顶点
17               if(--degree[i]==0){    //减少邻接顶点的入度，如果入度为 0
18                   q.push(i);         //压入队列
19               }
20           }
21       }
22       return top.size()==ni;
```

```
23   }
```

例题 14-3 【PAT A-1146】Topological Order

【题意概述】

给出一个图以及 K 个顶点序列，判断每个序列是否能够构成该图的一个拓扑序列。

【输入输出格式】

输入第一行给出两个正整数 N（图中顶点的数量）和 M（有向边的数量）。接着 M 行，每行给出一条边的起点和终点。顶点从 1 到 N 编号。接下来一行给出一个正整数 K。接下来 K 行，每行给出一组所有顶点的排列。一行中的所有数字都用空格分隔。

在一行中打印所有与"不是拓扑序列"相对应的查询索引。索引从 0 开始。所有数字都用空格隔开，并且行的开头或结尾不得有多余的空格。题目保证至少有一个答案。

【数据规模】

$$N \leqslant 10^3, M \leqslant 10^4, K \leqslant 100$$

【算法设计】

用邻接表存储该有向图，将每个顶点的入度保存在 degree 数组中。如何判断给出的序列是否为拓扑序列呢？可以按照给定的拓扑序列次序逐一判断序列中的顶点，如果当前顶点的入度不为 0，则表示该序列不是拓扑序列；如果为 0，则将它所有能到达的顶点的入度−1。如此循环判断直至序列中所有顶点都判断过即可。

【C++代码】

```cpp
1    #include<bits/stdc++.h>
2    using namespace std;
3    using gg=long long;
4    const gg MAX=1005;
5    gg ni,mi,ki;
6    vector<vector<gg>>graph(MAX);
7    vector<gg>top(MAX),degree(MAX);
8    bool isTopSort(){
9        vector<gg>temp(degree.begin(),degree.begin()+ni+1);
         //拷贝入度
10       for(gg i=0;i<ni;++i){
11           if(temp[top[i]]!=0){        //入度不为 0，返回 false
12               return false;
13           }
14           for(gg j:graph[top[i]]){    //遍历该顶点的邻接顶点
15               --temp[j];
16           }
17       }
18       return true;
19   }
20   int main(){
```

```
21      ios::sync_with_stdio(false);
22      cin.tie(0);
23      cin>>ni>>mi;
24      while(mi--){
25          gg ai,bi;
26          cin>>ai>>bi;
27          graph[ai].push_back(bi);
28          ++degree[bi];
29      }
30      cin>>ki;
31      vector<gg>ans;
32      for(gg i=0;i<ki;++i){
33          for(gg j=0;j<ni;++j){
34              cin>>top[j];
35          }
36          if(not isTopSort()){
37              ans.push_back(i);
38          }
39      }
40      for(gg i=0;i<ans.size();++i){
41          cout<<ans[i]<<(i==ans.size()-1?"\n":" ");
42      }
43      return 0;
44  }
```

14.5 最短路径问题

最短路径问题是图论中的经典问题，目前针对不同类型的图以及关于最短路径的不同要求，已经有多种成熟的算法。最短路径问题可以分为单源最短路径问题和每对顶点间最短路径问题，其中单源最短路径就是指给定一个图 G = (V, E) 以及一个特定顶点 s 作为输入，找出从 s 到 G 中所有其他顶点的最短路径，而每对顶点间最短路径问题就是指找出 G 中所有顶点对之间的最短路径。显然可以通过运行 |V| 次单源最短路径算法求解所有顶点对最短路径问题，但是有更快的算法。表 14-1 展示了针对不同类型的图的最短路径问题的求解算法。

表 14-1 针对不同类型的图的最短路径问题的求解算法

最短路径问题	图的性质	边的权值特点	求解算法
单源最短路径	无权图	图的所有边上都没有权值	BFS 算法
	非负权图	图的所有边上的权值都是非负的	Dijkstra 算法
	含负权图	图的所有边上的权值可以有负值	Bellman-Ford 算法
每对顶点间最短路径	任意图	图的所有边上的权值可以有负值，也可以没有	Floyd 算法

本节主要介绍针对无权图和非负权图的单源最短路径问题的求解算法：BFS 算法和 Dijkstra 算法。

14.5.1 针对无权图单源最短路径的 BFS 算法

由于无权图中的边没有权值，此时路径的长度为路径上边的数量。这种情况下，你完全可以认为所有的边的权值都是 1。可以利用 BFS 算法求解无权图的单源最短路径问题。

图 14-7 展示了一个无权有向图，假设要求解从 2 号顶点到达其他所有顶点的最短路径长度。2 号顶点也通常称为源点。首先 2 号顶点到其本身的通过的最短边数为 0，可以将这个信息做一个标记，得到图 14-8。

接着寻找从 2 号顶点通过 1 条边能够到达的所有顶点，显然，2 号顶点可以通过 1 条边到达 0 号和 5 号顶点，将这个信息标记到图 14-9 中。

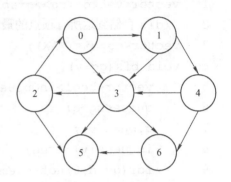

图 14-7 一个无权有向图

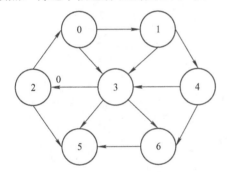

图 14-8 标记通过 0 条边可以到达的顶点之后的图

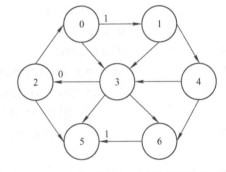

图 14-9 标记通过 1 条边可以到达的顶点之后的图

接着寻找从 2 号顶点通过 2 条边能够到达的所有顶点，这相当于寻找从 0 号和 5 号顶点通过 1 条边能够到达的所有顶点。显然，2 号顶点可以通过 2 条边到达 1 号和 3 号顶点，将这个信息标记到图 14-10 中。

接着寻找从 2 号顶点通过 3 条边能够到达的所有顶点，这相当于寻找从 1 号和 3 号顶点通过 1 条边能够到达的所有顶点。显然，2 号顶点可以通过 3 条边到达 4 号和 6 号顶点，将这个信息标记到图 14-11 中。

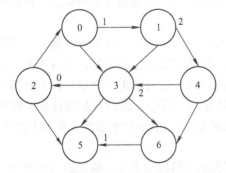

图 14-10 标记通过 2 条边可以到达的顶点之后的图

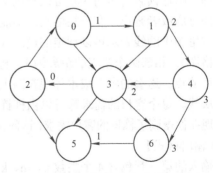

图 14-11 标记通过 3 条边可以到达的顶点之后的图

至此，从 2 号顶点到达所有顶点的最短路径长度均已求出，算法结束。

实际上，该算法就是从 2 号顶点发起一次广度优先遍历，并按层处理顶点，距 2 号顶点近的顶点先被求解，而距离较远的顶点后被求解。假设 2 号顶点处于第 0 层，那么 2 号顶点到达其他所有顶点的最短路径长度恰好是该顶点所处的层号。整个算法的代码可以是这样的：

```
1   vector<vector<gg>>graph(MAX);
2   //dis 存储到达所有顶点的最短路径长度
3   vector<gg>dis(MAX);
4   void bfs(gg v){
5       vector<bool>inQueue(MAX);
6       queue<gg>q;
7       q.push(v);
8       inQueue[v]=true;
9       for(gg d=0;not q.empty();++d){
10          gg s=q.size();
11          for(gg i=0;i<s;++i){
12              v=q.front();
13              q.pop();
14              dis[v]=d;
15              for(gg i:graph[v]){
16                  if(not inQueue[i]){
17                      q.push(i);
18                      inQueue[i]=true;
19                  }
20              }
21          }
22      }
23  }
```

例题 14-4 【CCF CSP-20140904】最优配餐

【题意概述】

栋栋的连锁店所在的区域可以看成是一个 n×n 的方格图，方格格点上的位置上可能包含栋栋的分店或者客户，有一些格点是不能经过的。

方格图中的线表示可以行走的道路（即可以向左、向右、向上、向下走一格，但不能越出方格图），相邻两个格点的距离为 1。栋栋要送餐必须走可以行走的道路，而且不能经过红色标注的点。送餐的主要成本体现在路上所花的时间，每一份餐每走一个单位的距离需要花费 1 块钱。每个客户的需求都可以由栋栋的任意分店配送，每个分店没有配送总量的限制。

现在你得到了栋栋的客户需求，请问在最优的送餐方式下，送这些餐需要花费多大的成本。

【输入输出格式】

输入的第一行包含 4 个整数 n、m、k、d，分别表示方格图的大小、栋栋的分店数量、客户的数量、不能经过的点的数量。接下来 m 行，每行两个整数，表示栋栋的一个分店在方格图中的横坐标和纵坐标。接下来 k 行，每行 3 个整数，分别表示每个客户在方格图中的横坐标、纵坐标和订餐的量（注意，可能有多个客户在方格图中的同一个位置）。接下来 d 行，每行两个整数，分别表示每个不能经过的点的横坐标和纵坐标。

输出一个整数，表示最优送餐方式下所需要花费的成本。

【数据规模】

$$1 \leqslant n \leqslant 1000, 1 \leqslant m, k, d \leqslant n^2$$

【算法设计】

这是一道求无向图多源点最短路径问题，可以利用 BFS 算法进行求解。可以将给定的几个源点一起压入队列中，同时进行广度优先遍历，遇到客户位置时则将花费进行加和，遍历完成时即可得到最终结果。

【C++代码】

```
1    #include<bits/stdc++.h>
2    using namespace std;
3    using gg=long long;
4    using agg2=array<gg,2>;
5    const gg MAX=1005;
6    //相应graph元素值<0、==0、>0分别表示不能通过位置、能通过位置、客户位置
7    vector<vector<gg>>graph(MAX,vector<gg>(MAX));
8    vector<vector<bool>>inQueue(MAX,vector<bool>(MAX));
9    vector<agg2>dire{{0,1},{0,-1},{-1,0},{1,0}};  //四个方向
10   int main(){
11       ios::sync_with_stdio(false);
12       cin.tie(0);
13       gg ni,mi,ki,di,ai,bi,ci;
14       cin>>ni>>mi>>ki>>di;
15       queue<agg2>q;
16       while(mi--){
17           cin>>ai>>bi;
18           q.push({ai,bi});   //将源点入队
19           inQueue[ai][bi]=true;
20       }
21       while(ki--){
22           cin>>ai>>bi>>ci;
23           graph[ai][bi]+=ci;    //同一个位置可以有多个客户，使用+=,
                                     而不是直接赋值
24       }
25       while(di--){
26           cin>>ai>>bi;
27           graph[ai][bi]=-1;     //不能通过的位置置-1
28       }
```

```
29    gg ans=0;
30    for(gg d=0;not q.empty();++d){
31        gg s=q.size();
32        for(gg i=0;i<s;++i){
33            auto v=q.front();
34            q.pop();
35            if(graph[v[0]][v[1]]>0){
36                ans+=d*graph[v[0]][v[1]];
37            }
38            for(auto& i:dire){
39                gg nx=v[0]+i[0],ny=v[1]+i[1];   //下一个到达的位置
40                if(nx>0 and nx<=ni and ny>0 and ny<=ni and
41                    graph[nx][ny]!=-1 and not inQueue[nx][ny]){
42                    q.push({nx,ny});
43                    inQueue[nx][ny]=true;
44                }
45            }
46        }
47    }
48    cout<<ans;
49    return 0;
50 }
51
```

14.5.2　针对正权图单源最短路径的 Dijkstra 算法

本小节介绍大名鼎鼎的 Dijkstra 算法，它是一个典型的贪婪算法。该算法将所有的顶点划分为两个顶点集合——S_{known} 和 $S_{unknown}$。其中，S_{known} 是所有已确定最短路径的顶点集合，$S_{unknown}$ 是尚未确定最短路径的顶点集合。此外，Dijkstra 算法通常还使用一个 dis 数组记录从源点到所有顶点的最短路径长度。

初始时，所有顶点都置于 $S_{unknown}$ 集合中，dis 数组中除源点 s 对应的值外所有值均为无穷大，显然源点 s 对应的 dis 数组中的数值应为 0。Dijkstra 算法按阶段进行，每阶段从 $S_{unknown}$ 中取出一个顶点 v，v 在 $S_{unknown}$ 集合的所有顶点中具有最小的 dis 值。将 v 加入到 $S_{unknown}$ 集合中，并更新 v 所邻接的顶点的 dis 值。更新的具体操作是，对于顶点 v 所能到达的顶点 w，如果 $dis_w > dis_v + d_{v,w}$，那么就置 $dis_w = dis_v + d_{v,w}$。

由于每个阶段都会取出一个顶点 v，并将其从 $S_{unknown}$ 加入到 S_{known} 中，这样的阶段进行 |V| 次，即可求出从源点 s 到达所有顶点的最短路径长度。

以上是 Dijkstra 算法的流程简介。图 14-12 展示了一个源点为 0 号顶点的通过 Dijkstra 算法求解最短路径的具体示例。

了解了 Dijkstra 算法的原理之后，在编写代码之前，还需思考一个问题，如何在 $S_{unknown}$ 集合中找出使 dis 值最小的顶点呢？当然可以扫描 $S_{unknown}$ 集合中的所有顶点，然后找到使 dis

值最小的顶点，但是这样做的时间复杂度是线性的，可以利用优先级队列对这一操作进行优化。可以用一个优先级队列存储所有 $S_{unknown}$ 集合的顶点编号及其对应的 dis 值，由于优先级队列实际上是一个二叉堆，就可以让其队首元素总是令 dis 值最小的顶点。这样在 $S_{unknown}$ 集合中找出使 dis 值最小的顶点的操作的时间复杂度可以优化到对数级别。

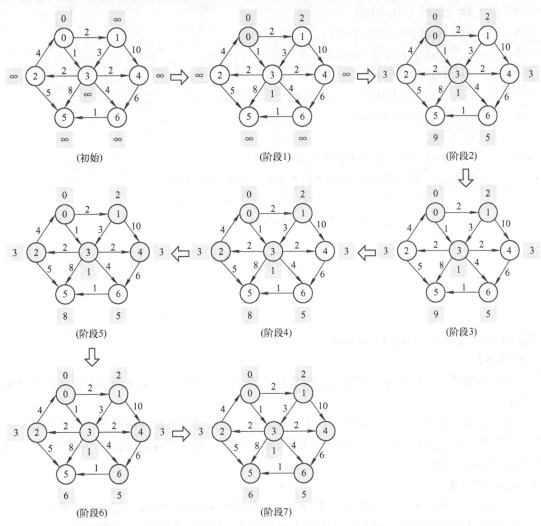

图 14-12　源点为 0 号顶点的通过 Dijkstra 算法求解最短路径的具体示例

Dijkstra 算法的代码可以是这样的：

```
1   using agg2=array<gg,2>;
2   struct Edge{
3       gg to;  //边的终点编号
4       gg cost;  //边的权值
5       Edge(gg t,gg c):to(t),cost(c){}
6   };
7   vector<vector<Edge>>graph(MAX);
8   vector<gg>dis(MAX,INT_MAX);
```

```
9    void Dijkstra(gg s){
10       //agg2的第0个元素存储dis值，第1个元素存储顶点编号
11       priority_queue<agg2,vector<agg2>,greater<agg2>>pq;
12       dis[s]=0;
13       pq.push({0,s});
14       while(!pq.empty()){
15           auto p=pq.top();
16           pq.pop();
17           if(dis[p[0]]!=p[1]){
18               continue;
19           }
20           for(auto& e:graph[p[1]]){
21               if(dis[e.to]>dis[p[1]]+e.cost){
22                   dis[e.to]=dis[p[1]]+e.cost;
23                   pq.push({dis[e.to],e.to});
24               }
25           }
26       }
27    }
```

例题 14-5 【PAT A-1072】Gas Station

【题意概述】

希望加油站与任何房屋之间的最小距离尽可能远，但同时也必须保证所有房屋都在其服务范围内。

现在给出了城市地图和加油站的几个候选位置，你需要给出加油站的最佳修建位置。如果有多个解，请输出到达所有房屋的平均距离最小的解。如果这样的解仍然不是唯一的，请输出索引号最小的解。

【输入输出格式】

输入第一行包含 4 个正整数 N、M、K、D，分别表示房屋的数量、加油站的数量、连接房屋和加油站的道路数量以及加油站的最大服务范围。因此，假设所有房屋的编号为 1~N，所有候选位置的编号为 G1~GM。接下来 K 行，每行以 "P1 P2 Dist" 格式描述一条道路，其中 P1 和 P2 是道路的两端房屋或加油站编号，Dist 是道路的长度。

在输出第一行中打印最佳加油站位置的索引号。在第一行中，打印该加油站与所有房屋之间的最小距离和平均距离。行中的数字必须用空格隔开，并且精确到小数点后一位。如果解不存在，只需输出 "No Solution"。

【数据规模】

$$N \leqslant 10^3, M \leqslant 10, K \leqslant 10^4$$

【算法设计】

首先，加油站按 G1、G2 等形式编号，可以把加油站的编号映射为 N+1、N+2 等。由于加油站最多有 10 个，可以对每一个加油站都使用一次 Dijkstra 算法，求出该加油站到所有房

屋的最短距离，然后计算该加油站到房屋的最近距离、最远距离和平均距离。忽略最远距离大于服务范围的加油站。然后，更新与所有房屋之间的最小距离和平均距离，找出符合要求的加油站即可。

【C++代码】

```
1   #include<bits/stdc++.h>
2   using namespace std;
3   using gg=long long;
4   const gg MAX=1050;
5   using agg2=array<gg,2>;
6   struct Edge{
7       gg to,cost;
8       Edge(gg t,gg c):to(t),cost(c){}
9   };
10  vector<vector<Edge>>graph(MAX);
11  vector<gg>dis(MAX);
12  gg ni,mi,ki,di;
13  gg getNum(const string& s){   //将 Gi 加油站映射为 N+i 号顶点
14      return s[0]=='G'?stoll(s.substr(1))+ni:stoll(s);
15  }
16  void Dijkstra(gg s){
17      fill(dis.begin(),dis.end(),INT_MAX);
18      priority_queue<agg2,vector<agg2>,greater<agg2>>pq;
19      dis[s]=0;
20      pq.push({0,s});
21      while(!pq.empty()){
22          auto p=pq.top();
23          pq.pop();
24          if(dis[p[1]]!=p[0]){
25              continue;
26          }
27          for(auto& e:graph[p[1]]){
28              if(dis[e.to]>p[0]+e.cost){
29                  dis[e.to]=p[0]+e.cost;
30                  pq.push({dis[e.to],e.to});
31              }
32          }
33      }
34  }
35  int main(){
36      ios::sync_with_stdio(false);
```

437

```
37      cin.tie(0);
38      cin>>ni>>mi>>ki>>di;
39      while(ki--){
40          string s1,s2;
41          gg ci;
42          cin>>s1>>s2>>ci;
43          gg k1=getNum(s1),k2=getNum(s2);
44          graph[k1].push_back(Edge(k2,ci));
45          graph[k2].push_back(Edge(k1,ci));
46      }
47      gg ans=-1,mind=0;
48      double avgd=INT_MAX;
49      for(gg i=1;i<=mi;++i){
50          Dijkstra(ni+i);
51          //计算最近距离、最远距离、平均距离
52          gg curmind=*min_element(dis.begin()+1,dis.begin()+ni+1),
53              curmaxd=*max_element(dis.begin()+1,dis.begin()+ni+1);
54          double curavgd =
55              accumulate(dis.begin()+1,dis.begin()+ni+1,0)*1.0/ni;
56          //更新相关信息
57          if(curmaxd<=di and
58              (curmind>mind or(curmind==mind and curavgd<avgd))){
59              ans=i;
60              mind=curmind;
61              avgd=curavgd;
62          }
63      }
64      if(ans==-1){
65          cout<<"No Solution";
66      }else{
67          cout<<"G"<<ans<<"\n"
68              <<fixed<<setprecision(1)<<mind*1.0<<" "<<
                setprecision(1)
69              <<avgd;
70      }
71      return 0;
72  }
```

Dijkstra 算法非常重要，针对该算法也有许多经典的变形。胡凡的《算法笔记》针对该算法以及相关变形已经进行了非常经典而详细的总结，这些总结实属不刊之论，笔者在此强烈建议读者浏览该书的对应章节，以此加深对 Dijkstra 算法的理解。

14.6　最小生成树

还要讨论一个问题，如何在一个无向连通图中找到一棵最小生成树。什么是最小生成树呢？先讨论一下什么是生成树。假设一个无向图有 n 个顶点，那么为了保证这个无向图连通，显然至少需要 n−1 条边。生成树就是要在这个无向连通图中找到 n−1 条边，删去其他所有的边，这个无向图依然保持连通。如果边上有权值，那么使得边的权值之和最小的生成树就是最小生成树。图 14-13 就展示了一个图的最小生成树。

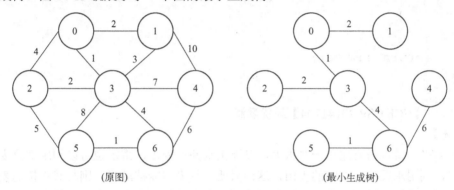

（原图）　　　　　　　　　　　（最小生成树）

图 14-13　最小生成树示例

求解最小生成树的算法一般有两种：Prim 算法和 Kruskal 算法。本节主要讲解 Kruskal 算法，因为它的思想和代码实现都更简单。

Kruskal 算法中需要使用并查集，初始状态下，Kruskal 算法不考虑图中的所有的边，每个顶点自成一个集合。它的执行步骤是：

1）先将所有的边按权值从小到大排序。

2）遍历所有的边，假设当前访问的边的两个端点为 u 和 v，如果 u 和 v 没有在一个集合中，将该边作为最小生成树的一条边，并将 u 和 v 所在的集合合并成一个集合；如果 u 和 v 本身就在一个集合中，直接忽略这条边即可。

如果执行完 Kruskal 算法，发现最小生成树中的边少于 n−1 条，说明原图不连通。

Kruskal 算法的代码如下：

```
1   struct Edge{  //边的类，存储两个端点u,v和边的权值cost
2       gg u,v,cost;
3       Edge(gg up,gg vp,gg cp):u(up),v(vp),cost(cp){}
4   };
5   vector<Edge>edges;          //存储所有的边
6   vector<gg>ufs(MAX);         //并查集
7   gg findRoot(gg x){return ufs[x]==x?x:ufs[x]=findRoot(ufs[x]);}
8   //Kruskal算法，返回最小生成树的边权之和
9   gg Kruskal(){
10      iota(ufs.begin(),ufs.end(),0);   //初始化并查集
11      gg sumCost=0;               //存储整棵最小生成树的各边权值之和
```

439

```
12      sort(edges.begin(),edges.end(),
13          [](const Edge& e1,const Edge& e2){return e1.cost<
            e2.cost;});
14      for(auto& e:edges){
15          gg ua=findRoot(e.u),ub=findRoot(e.v);
16          if(ua!=ub){
17              sumCost+=e.cost;
18              ufs[ua]=ub;
19          }
20      }
21      return sumCost;
22  }
```

例题 14-6 【CCF CSP-20141204】最优灌溉

【题意概述】

为了灌溉，雷雷需要建立一些水渠，以连接水井和麦田，雷雷也可以利用部分麦田作为"中转站"，利用水渠连接不同的麦田，这样只要一片麦田能被灌溉，则与其连接的麦田也能被灌溉。现在雷雷知道哪些麦田之间可以建设水渠和建设每条水渠所需要的费用（注意不是所有麦田之间都可以建立水渠），请问灌溉所有麦田最少需要多少费用来修建水渠。

【输入输出格式】

输入的第一行包含两个正整数 n 和 m，分别表示麦田的片数和雷雷可以建立的水渠的数量。麦田使用 1~n 依次标号。接下来 m 行，每行包含 3 个整数 a_i、b_i、c_i，表示第 a_i 片麦田与第 b_i 片麦田之间可以建立一条水渠，所需要的费用为 c_i。

输出一行，包含一个整数，表示灌溉所有麦田所需要的最小费用。

【数据规模】

$$1 \leqslant n \leqslant 10^3, 1 \leqslant m \leqslant 10^5$$

【算法设计】

本题是一道求解最小生成树的模板题，使用 Kruskal 算法求解即可。

【C++代码】

```
1   #include<bits/stdc++.h>
2   using namespace std;
3   using gg=long long;
4   const gg MAX=1005;
5   struct Edge{
6       gg u,v,cost;
7       Edge(gg up,gg vp,gg cp):u(up),v(vp),cost(cp){}
8   };
9   vector<Edge>edges;
10  vector<gg>ufs(MAX);
11  gg findRoot(gg x){return ufs[x]==x?x:ufs[x]=findRoot(ufs[x]);}
```

```
12  gg Kruskal(){
13      iota(ufs.begin(),ufs.end(),0);
14      gg sumCost=0;
15      sort(edges.begin(),edges.end(),
16          [](const Edge& e1,const Edge& e2){return e1.cost<
            e2.cost;});
17      for(auto& e:edges){
18          gg ua=findRoot(e.u),ub=findRoot(e.v);
19          if(ua!=ub){
20              sumCost+=e.cost;
21              ufs[ua]=ub;
22          }
23      }
24      return sumCost;
25  }
26  int main(){
27      ios::sync_with_stdio(false);
28      cin.tie(0);
29      gg ni,mi;
30      cin>>ni>>mi;
31      while(mi--){
32          gg ai,bi,ci;
33          cin>>ai>>bi>>ci;
34          edges.push_back(Edge(ai,bi,ci));
35      }
36      cout<<Kruskal();
37      return 0;
38  }
```

441

例题 14-7　【CCF CSP-20170304】地铁修建

【题意概述】

A 市有 n 个交通枢纽，其中 1 号和 n 号非常重要，为了加强运输能力，A 市决定在 1 号到 n 号枢纽间修建一条地铁。地铁由很多段隧道组成，每段隧道连接两个交通枢纽。经过勘探，有 m 段隧道作为候选，两个交通枢纽之间最多只有一条候选的隧道，没有隧道两端连接着同一个交通枢纽。现在有 n 家隧道施工的公司，每段候选的隧道只能由一家公司施工，每家公司施工需要的天数一致。而每家公司最多只能修建一条候选隧道，所有公司同时开始施工。作为项目负责人，你获得了候选隧道的信息，现在你可以按自己的想法选择一部分隧道进行施工，请问修建整条地铁最少需要多少天。

【输入输出格式】

输入的第 1 行包含两个整数 n 和 m，用一个空格分隔，分别表示交通枢纽的数量和候选隧道的数量。输入第 2 行到第 m+1 行，每行包含 3 个整数 a、b、c，表示枢纽 a 和枢纽 b 之间可以修建一条隧道，需要的时间为 c 天。

输出一个整数，即修建整条地铁线路最少需要的天数。

【数据规模】

$$1 \leqslant n \leqslant 10^5,\ 1 \leqslant m \leqslant 2 \times 10^5,\ 1 \leqslant a,b \leqslant n,\ 1 \leqslant c \leqslant 10^5$$

【算法设计】

本题实际上是一道求解最小生成树的最长边问题，只不过这道题不需要生成整棵最小生成树，只需要保证 1 号结点和 n 号结点是连通的，也就是 1 号结点和 n 号结点属于并查集的同一个集合即可结束算法。

【C++代码】

```
1   #include<bits/stdc++.h>
2   using namespace std;
3   using gg=long long;
4   struct Edge{                    //边的类，存储两个端点 u,v 和边的权值 cost
5       gg u,v,cost;
6       Edge(gg up,gg vp,gg cp):u(up),v(vp),cost(cp){}
7   };
8   vector<Edge>edges;              //存储所有的边
9   vector<gg>ufs(1e5+5);          //并查集
10  gg findRoot(gg x){return ufs[x]==x?x:ufs[x]=findRoot(ufs[x]);}
11  int main(){
12      ios::sync_with_stdio(false);
13      cin.tie(0);
14      gg ni,mi;
15      cin>>ni>>mi;
16      while(mi--){
17          gg ai,bi,ci;
18          cin>>ai>>bi>>ci;
19          edges.push_back(Edge(ai,bi,ci));
20      }
21      iota(ufs.begin(),ufs.end(),0);
22      gg cost=0;                  //存储最长边的长度
23      sort(edges.begin(),edges.end(),
24          [](const Edge& e1,const Edge& e2){return
    e1.cost<e2.cost;});
25      for(gg i=0;i<edges.size() and findRoot(1)!=findRoot(ni);
    ++i){
26          gg ua=findRoot(edges[i].u),ub=findRoot(edges[i].v);
27          if(ua!=ub){
```

```
28              cost=max(cost,edges[i].cost);   //更新最长边
29              ufs[ua]=ub;
30         }
31    }
32    cout<<cost;
33    return 0;
34 }
```

14.7 复杂问题的判定

图是常用而复杂的数据结构，除了前面几节探讨的问题以外，还有各种各样复杂的问题。初学阶段，你无需掌握这些复杂问题的具体解法，但可以利用现有的知识，针对题目中有关该问题的描述，判定给定的图是否属于该问题或该问题是否有解，这样的判定问题通常是比较简单的。

例题 14-8　【PAT A-1134】Vertex Cover

【题意概述】

图的顶点覆盖是指这样的一个顶点集合，它能够使得图的每条边均至少包含该顶点集合中的一个顶点。现在给定多个顶点集合，您应该确定它们中的每一个是否满足顶点覆盖的性质。

【输入输出格式】

输入第一行给出两个正整数 N 和 M，分别是顶点和边的总数。接下来 M 行，每行通过给出两个顶点的编号，表示这两个顶点之间存在一条边。接下来一行给出一个正整数 K，表示有 K 个查询。接下来 K 行，每行以"N_v v_1 $v_2 \cdots v_{N_v}$"的格式表示一个顶点集合，其中 N_v 是集合中顶点的数目，而 v_i 是顶点的索引。

针对每个查询，如果给定的顶点集合满足顶点覆盖的性质，输出一行"Yes"，否则输出一行"No"。

【数据规模】

$$0 < N, M \leqslant 10^4,\ 0 < K \leqslant 100$$

【算法设计】

利用一个 vector<array<gg,2>>edges 将所有的边记录下来。针对每个查询，将该查询给出的所有顶点编号存储在一个 unordered_set 中，遍历 edges，查看是否每条边都至少有一个顶点在 unordered_set 中，即可判断该顶点集合是否满足顶点覆盖的性质。

【C++代码】

```
1    #include<bits/stdc++.h>
2    using namespace std;
3    using gg=long long;
4    int main(){
5        ios::sync_with_stdio(false);
6        cin.tie(0);
7        gg ni,mi,ki,ti,ai;
8        cin>>ni>>mi;
```

443

```
9       vector<array<gg,2>>edges(mi);
10      for(auto& e:edges){
11          cin>>e[0]>>e[1];
12      }
13      cin>>ki;
14      while(ki--){
15          cin>>ti;
16          unordered_set<gg>us;
17          while(ti--){
18              cin>>ai;
19              us.insert(ai);
20          }
21          for(auto& e:edges){
22              if(not us.count(e[0]) and not us.count(e[1])){
23                  cout<<"No\n";
24                  goto loop;
25              }
26          }
27          cout<<"Yes\n";
28      loop:;
29      }
30      return 0;
31  }
```

例题 14-9 【PAT A-1154】Vertex Coloring

【题意概述】

适当的顶点着色是用颜色标记图的顶点，这样共享相同边的两个顶点都不会具有相同的颜色。最多使用 k 种颜色的着色称为（适当）k 着色。你需要确定给定的颜色是否是正确的 k 着色。

【输入输出格式】

输入第一行给出两个正整数 N 和 M，分别是顶点和边的总数。接下来 M 行，每行通过给出两个顶点的编号，表示这两个顶点之间存在一条边。接下来一行给出一个正整数 K，表示有 K 个查询。接下来 K 行，每行给出 N 个整数，其中第 i 个整数表示顶点 i 的颜色。顶点从 0 到 N-1 编号。

对于每个查询，如果它是某个正确的 k 着色，则输出一行"k-coloring"，否则输出一行"No"。

【数据规模】

$$0 < N, M \leqslant 10^4, \ 0 < K \leqslant 100$$

【算法设计】

利用一个 vector<array<gg,2>>edges 将所有边的两个端点记录下来。针对每个查询，将该查询给出的所有颜色存储在一个 unordered_set 中，并记录下每个顶点对应的颜色。遍历 edges，查看是否每条边的两个端点对应着不同的颜色，即可判断该颜色集合是否是正确的 k 着色。

【C++代码】

```cpp
#include<bits/stdc++.h>
using namespace std;
using gg=long long;
int main(){
    ios::sync_with_stdio(false);
    cin.tie(0);
    gg ni,mi,ki;
    cin>>ni>>mi;
    vector<array<gg,2>>edges(mi);
    for(auto& e:edges){
        cin>>e[0]>>e[1];
    }
    cin>>ki;
    vector<gg>colors(ni);
    while(ki--){
        unordered_set<gg>us;
        for(gg i=0;i<ni;++i){
            cin>>colors[i];
            us.insert(colors[i]);
        }
        for(auto& e:edges){
            if(colors[e[0]]==colors[e[1]]){
                cout<<"No\n";
                goto loop;
            }
        }
        cout<<us.size()<<"-coloring\n";
    loop:;
    }
    return 0;
}
```

例题 14-10　【PAT A-1122】Hamiltonian Cycle

【题意概述】

哈密顿环是指一个包含图中所有顶点的简单环。在此问题中，你需要确定给定的环是否为哈密顿环。

【输入输出格式】

输入第一行包含两个正整数 N 和 M，分别表示无向图的顶点个数和边的条数。接下来 M

行，每行通过给出两个顶点的编号，表示这两个顶点之间存在一条边。其中顶点从 1 到 N 编号。接下来一行给出一个正整数 K，表示查询的数量。然后是 K 行查询，每行以" n V_1 V_2 ···V_n "的格式给出一个环上的所有顶点。

对于每个查询，如果给出的环确实是一个哈密顿环，则在一行中打印 "YES"，否则打印 "NO"。

【数据规模】

$$2 < N \leqslant 200$$

【算法设计】

一个序列是哈密顿环必须满足下列条件，缺一不可：

1）必须能构成一个环，也就是说首尾顶点必须相同；

2）必须经过图中所有顶点；

3）除了首尾顶点可以相同外，其余顶点在环中只能出现 1 次。

逐一判断这些条件即可。

【C++代码】

```
1    #include<bits/stdc++.h>
2    using namespace std;
3    using gg=long long;
4    int main(){
5        ios::sync_with_stdio(false);
6        cin.tie(0);
7        gg ni,mi,ki;
8        cin>>ni>>mi;
9        vector<vector<bool>>graph(ni+1,vector<bool>(ni+1));
10       while(mi--){
11           gg ai,bi;
12           cin>>ai>>bi;
13           graph[ai][bi]=graph[bi][ai]=true;
14       }
15       cin>>mi;
16       while(mi--){
17           bool ans=true;              //标记是否是哈密顿环
18           cin>>ki;
19           vector<gg>v(ki);
20           unordered_set<gg>us;        //记录环中出现的顶点编号
21           for(gg& i:v){
22               cin>>i;
23               us.insert(i);
24           }
25           if(ki!=ni+1 or v[0]!=v.back() or us.size()!=ni){
26               ans=false;
```

```
27            }
28        //判断环中每两个相邻顶点之间是否有边
29        for(gg i=0;i<ki-1;++i){
30            if(not graph[v[i]][v[i+1]]){
31                ans=false;
32            }
33        }
34        cout<<(ans?"YES":"NO")<<"\n";
35    }
36    return 0;
37 }
```

例题 14-11 【PAT A-1126】Eulerian Path

【题意概述】

本题描述的是欧拉路径问题。判断一个图是 Eulerian、Semi-Eulerian 或者 Non-Eulerian 的方法如下：

1）Eulerian：图连通且每个顶点度数均为偶数。

2）Semi-Eulerian：图连通且只有两个顶点度数是奇数，其余均为偶数。

3）Non-Eulerian：既不是 Eulerian 又不是 Semi-Eulerian。

【输入输出格式】

输入第一行包含两个正整数 N 和 M，分别表示无向图的顶点个数和边的条数。接下来 M 行，每行通过给出两个顶点的编号，表示这两个顶点之间存在一条边。其中顶点从 1 到 N 编号。

输出第一行先输出所有顶点的度数，第二行给出该图是 Eulerian、Semi-Eulerian 或者 Non-Eulerian 中的哪一种。

【数据规模】

$$N \leqslant 500$$

【算法设计】

先要判断给定的图是不是连通图，方法有两种：并查集、DFS。如果使用并查集只需再开一个数组存储每个顶点的度数即可，不必存储整个图；如果使用 DFS 就需要存储整个图，对于此题最好使用邻接表来存储，因为给定的图是无向图，邻接表中每个顶点下存储的顶点个数即为该顶点的度数。

【注意点】

如果一个图是 Eulerian、Semi-Eulerian，那么它必须先是一个连通图，所以不要忘记判断图是否连通。

【C++代码】

```
1  #include<bits/stdc++.h>
2  using namespace std;
3  using gg=long long;
4  const gg MAX=505;
```

```
5   vector<vector<gg>>graph(505);
6   vector<bool>visit(505);
7   void dfs(gg v){
8       visit[v]=true;
9       for(gg i:graph[v]){
10          if(not visit[i]){
11              dfs(i);
12          }
13      }
14  }
15  int main(){
16      ios::sync_with_stdio(false);
17      cin.tie(0);
18      gg ni,mi;
19      cin>>ni>>mi;
20      while(mi--){
21          gg ai,bi;
22          cin>>ai>>bi;
23          graph[ai].push_back(bi);
24          graph[bi].push_back(ai);
25      }
26      dfs(1);
27      gg vis=count(visit.begin()+1,visit.begin()+ni+1,false),
28        num=count_if(graph.begin()+1,graph.begin()+ni+1,
29                     [](vector<gg>&a){return a.size()%2==1;});
30      for(gg i=1;i<=ni;++i){
31          cout<<graph[i].size()<<(i==ni?"\n":" ");
32      }
33      cout<<((vis!=0 or(num!=0 and num!=2)?
34              "Non-Eulerian" :
35              num==0?"Eulerian":"Semi-Eulerian");
36      return 0;
37  }
```

14.8 例题与习题

本章主要介绍了有关图的各类问题和解决算法。表 14-2 列举了本章涉及的所有例题，表 14-3 列举了一些习题。对于 Dijkstra 算法的习题，笔者建议你阅读完胡凡的《算法笔记》对应章节之后再完成。

表 14-2　例题列表

编　号	题　号	标　题	备　注
例题 14-1	CCF CSP-20170904	通信网络	图的遍历
例题 14-2	PAT A-1013	Battle Over Cities	无向图的连通分量分解
例题 14-3	PAT A-1146	Topological Order	拓扑排序
例题 14-4	CCF CSP-20140904	最优配餐	BFS 最短路径
例题 14-5	PAT A-1072	Gas Station	Dijkstra 算法
例题 14-6	CCF CSP-20141204	最优灌溉	最小生成树
例题 14-7	CCF CSP-20170304	地铁修建	最小生成树
例题 14-8	PAT A-1134	Vertex Cover	顶点覆盖
例题 14-9	PAT A-1154	Vertex Coloring	k 着色问题
例题 14-10	PAT A-1122	Hamiltonian Cycle	哈密顿环
例题 14-11	PAT A-1126	Eulerian Path	欧拉路径

表 14-3　习题列表

编　号	题　号	标　题	备　注
习题 14-1	PAT A-1076	Forwards on Weibo	图的遍历
习题 14-2	PAT A-1139	First Contact	图的遍历
习题 14-3	PAT A-1021	Deepest Root	无向图的连通分量分解
习题 14-4	PAT A-1003	Emergency	Dijkstra 算法
习题 14-5	PAT A-1030	Travel Plan	Dijkstra 算法
习题 14-6	PAT A-1087	All Roads Lead to Rome	Dijkstra 算法
习题 14-7	PAT A-1111	Online Map	Dijkstra 算法
习题 14-8	PAT A-1018	Public Bike Management	Dijkstra 算法
习题 14-9	PAT A-1131	Subway Map	BFS 最短路径
习题 14-10	PAT A-1142	Maximal Clique	最大集群问题
习题 14-11	PAT A-1150	Travelling Salesman Problem	巡回收货商问题

449

第5部分 C++标准库进阶

在第2部分，介绍了大量的 C++标准库设施，这些标准库设施不是彼此孤立的，将它们结合起来使用，将产生非常显著的效果，使你能够以简洁的代码解决复杂的模拟问题。第15章将这些复杂的模拟题目分门别类，并介绍如何结合使用不同的 C++标准库设施解决它们的办法。

在第16章，主要介绍在 C++11 之后的 C++14 和 C++17 引入的一些新特性，这些新特性虽然通常带有语法糖的性质，学习这些新特性的成本并不高，但它们能让你的代码变得更"清爽"。

第 15 章　复杂模拟

本章没有太多新的知识点，主要以复杂的模拟题目为主，并介绍如何结合使用不同的 C++ 标准库设施解决它们的办法。对于这样的复杂模拟题，只参考笔者的代码是绝对不够的，必须多思考、多练习、多编码。除此以外，没有什么捷径可走。

15.1　成绩统计

本节主要介绍与成绩统计相关的模拟题，这类问题的求解通常需要将 unordered_map、vector、sort 等 C++标准库设施结合起来使用。

例题 15-1　【PAT B-1058】选择题

【输入输出格式】

输入在第一行给出两个正整数 N 和 M，分别是学生人数和多选题的个数。随后 M 行，每行顺次给出一道题的满分值（不超过 5 的正整数）、选项个数（不少于 2 且不超过 5 的正整数）、正确选项个数（不超过选项个数的正整数）、所有正确选项。注意，每题的选项从小写英文字母 a 开始顺次排列，各项间以 1 个空格分隔。最后 N 行，每行给出一个学生的答题情况，其每题答案格式为"（选中的选项个数　选项 1 ……）"，按题目顺序给出。注意，题目保证学生的答题情况是合法的，即不存在选中的选项数超过实际选项数的情况。

按照输入的顺序给出每个学生的得分，每个分数占一行。注意，判题时只有选择全部正确才能得到该题的分数。最后一行输出错得最多的题目的错误次数和编号（题目按照输入的顺序从 1 开始编号）。如果有并列，则按编号递增顺序输出。数字间用空格分隔，行首尾不得有多余空格。如果所有题目都没有人错，则在最后一行输出"Too simple"。

【数据规模】

$$N \leqslant 1000, M \leqslant 100$$

【算法设计】

首先定义一个 Problem 类，包含以下数据成员：该题分数 score、正确答案 choice、选错的学生数量 num。读取题目的正确选项时，将所有正确选项存储在 string 类型的 choice 中，然后在读取学生选项的过程中，也利用 string 将学生的选项存储起来并与 choice 做比较，如果完全相同则正确，否则错误。然后使用 max_element 函数获取题目错误最多的人数。最后遍历所有题目，将错误人数与之相同的题目编号输出。

本题是一个稍微复杂的模拟题，输入数据的处理也是一个难点。结合笔者的代码来看相信能够让你有所收获。

【C++代码】

```
1    #include<bits/stdc++.h>
2    using namespace std;
3    using gg=long long;
4    struct Problem{
```

```
5        gg score,num;              //题目分数、错误人数
6        string choice;             //正确选项
7        Problem(gg s):score(s),num(0),choice(""){}
8     };
9     int main(){
10       ios::sync_with_stdio(false);
11       cin.tie(0);
12       vector<Problem>problems;
13       gg n,m,a,b,c;
14       cin>>n>>m;
15       string s;
16       for(int i=0;i<m;++i){
17           cin>>a>>b>>c;
18           problems.push_back(Problem(a));
19           while(c--){              //读取每个选项
20               cin>>s;
21               problems.back().choice+=s;
22           }
23       }
24       for(int i=0;i<n;++i){
25           gg score=0;
26           for(int j=0;j<m;++j){
27               cin>>s;              //读取题目的选项个数(没有用，略过)
28               string t;
29               do{                  //读取学生全部选项
30                   cin>>s;
31                   t.push_back(s[0]);
32               }while(s.back()!=')');
33               if(t==problems[j].choice){  //和正确选项相同，得分
34                   score+=problems[j].score;
35               }else{               //错误选项，递增该题错误次数
36                   ++problems[j].num;
37               }
38           }
39           cout<<score<<'\n';      //输出学生分数
40       }
41       gg Max=
42       max_element(problems.begin(),problems.end(),
43                   [](Problem& p1,Problem& p2){return
                        p1.num<p2.num;})
```

```
44              ->num;              //获取最大的题目错误次数
45     if(Max==0){                  //没有错误的题目
46         cout<<"Too simple";
47     }else{
48         cout<<Max;
49         //按编号递增顺序输出所有错误次数最多的题目
50         for(auto i=0;i<problems.size();++i){
51             if(problems[i].num==Max){
52                 cout<<' '<<i+1;
53             }
54         }
55     }
56     return 0;
57 }
```

例题 15-2　【PAT B-1073】多选题常见计分法

【题意概述】

批改多选题有很多不同的计分方法。有一种最常见的计分方法是：如果考生选择了部分正确选项，并且没有选择任何错误选项，则得到 50%分数；如果考生选择了任何一个错误的选项，则不能得分。本题就请你写个程序帮助老师批改多选题，并且指出哪道题的哪个选项错的人最多。

【输入输出格式】

输入在第一行给出两个正整数 N（≤1000）和 M（≤100），分别是学生人数和多选题的个数。随后 M 行，每行顺次给出一道的满分值（不超过 5 的正整数）、选项个数（不少于 2 且不超过 5 的正整数）、正确选项个数（不超过选项个数的正整数）、所有正确选项。注意，每题的选项从小写英文字母 a 开始顺次排列，各项间以 1 个空格分隔。最后 N 行，每行给出一个学生的答题情况，其每题答案格式为"(选中的选项个数 选项 1 ……)"，按题目顺序给出。注意，题目保证学生的答题情况是合法的，即不存在选中的选项数超过实际选项数的情况。

按照输入的顺序给出每个学生的得分，每个分数占一行，输出小数点后 1 位。最后输出错得最多的题目选项的信息，格式为"错误次数 题目编号（题目按照输入的顺序从 1 开始编号）-选项号"。如果有并列，则每行一个选项，按题目编号递增顺序输出，再并列则按选项号递增顺序输出。行首尾不得有多余空格。如果所有题目都没有人错，则在最后一行输出"Too simple"。

【数据规模】

$$0 < N \leqslant 1000, \ 0 < M \leqslant 100$$

【算法设计】

本题是 PAT B-1058 选择题的加强版。可以使用下面的算法来解决本题：

1）用 pair<int,char>来存储错误选项信息，其 first 成员记录错误的题目编号，second 成员记录错误的选项。注意，pair 类型自定义的"<"运算符先比较 first 成员，如果相等比较 second 成员。然后以 pair<int,char>为键，错误次数为值，建立一个 map。由于 map 会按键排序，那么整个 map 中就会按题目编号递增、选项字符的 ASCII 码递增顺序存储元素，方便后续输出结果。

2）定义一个 Problem 类，包含以下数据成员：该题分数 score、正确答案 chioce（用 vector 存储）。

3）注意，在读取学生选项时，错选选项、漏选选项都是错误的选项，都要进行累加。那么需要两个循环，一个循环负责查找正确选项中没有的学生选项，即寻找错误选项；一个循环负责查找学生选项中没有的正确选项，即寻找漏选选项。

4）最后先使用 max_element 函数得到选项最大的错误次数，然后遍历 map，输出与该最大错误次数相等的题号和选项。

【C++代码】

```
1    #include<bits/stdc++.h>
2    using namespace std;
3    using gg=long long;
4    struct Problem{
5        gg score;                          //题目分数
6        string choice;                     //正确选项
7        Problem(gg si):score(si),choice(""){}
8    };
9    int main(){
10       ios::sync_with_stdio(false);
11       cin.tie(0);
12       cout<<fixed<<setprecision(1);  //保留一位小数
13       vector<Problem>problems;
14       gg ni,mi,ai,bi,ci;
15       cin>>ni>>mi;
16       string si;
17       for(int i=0;i<mi;++i){
18           cin>>ai>>bi>>ci;
19           problems.push_back(Problem(ai));
20           while(ci--){                    //读取每个选项
21               cin>>si;
22               problems.back().choice+=si;
23           }
24       }
25       map<pair<gg,char>,gg>num;
26       for(int i=0;i<ni;++i){
27           double score=0.0;
28           for(int j=0;j<mi;++j){
29               string t;                   //存储学生的具体选项
30               cin>>si;                    //读取题目的选项个数（没有用，略过）
```

```
31          bool w=true;              //有没有错选的选项
32          do{                       //读取学生全部选项
33              cin>>si;
34              if(problems[j].choice.find(si[0])==-1){//错误选项
35                  ++num[{j+1,si[0]}];
36                  w=false;
37              }
38              t.push_back(si[0]);
39          }while(si.back()!=')');
40          if(w)                     //没有错选的选项，计算分值
41              score+=
42                  problems[j].score/(problems[j].choice==t?
                    1.0:2.0);
43          for(char ci:problems[j].choice){//漏选选项也是错误的选项
44              if(t.find(ci)==-1)
45                  ++num[{j+1,ci}];
46          }
47      }
48      cout<<score<<'\n';            //输出学生分数
49  }
50  using ppgc=pair<pair<gg,char>,gg>;
51  if(num.empty()){                  //没有错误的选项
52      cout<<"Too simple";
53  }else{
54      //获取最大的选项错误次数
55      gg Max=max_element(num.begin(),num.end(),
56                          [](const ppgc& p1,const ppgc& p2){
57                              return p1.second<p2.second;
58                          })
59                  ->second;
60      for(const auto& p:num){
61          if(p.second==Max){
62              cout<<Max<<' '<<p.first.first<<'-'<<
                p.first.second
63                  <<'\n';
64          }
65      }
66  }
67  return 0;
68 }
```

例题 15-3 【PAT A-1137、PAT B-1080】Final Grading、MOOC 总评成绩

【题意概述】

学生想要获得一张合格证书，必须首先获得不少于 200 分的在线编程作业分，然后总评获得不少于 60 分（满分 100）。总评成绩的计算公式如下：

$$G = \begin{cases} G_{mid-term} \times 40\% + G_{final} \times 60\%, & G_{mid-term} > G_{final} \\ G_{final}, & G_{mid-term} \leq G_{final} \end{cases}$$

$G_{mid-term}$ 和 G_{final} 分别为学生的期中成绩和期末成绩。

【输入输出格式】

输入在第一行给出 3 个整数，分别是 P（做了在线编程作业的学生数）、M（参加了期中考试的学生数）、N（参加了期末考试的学生数）。每个数都不超过 10000。接下来有 3 块输入，第一块包含 P 个在线编程成绩 G_p，第二块包含 M 个期中考试成绩 $G_{mid-term}$，第三块包含 N 个期末考试成绩 G_{final}。每个成绩占一行，格式为"学生学号 分数"，其中学生学号为不超过 20 个字符的英文字母和数字，分数是非负整数（编程总分最高为 900 分，期中和期末的最高分为 100 分）。

打印出获得合格证书的学生名单。每个学生占一行，格式为"学生学号 G_p $G_{mid-term}$ G_{final} G"。如果有的成绩不存在（如某人没参加期中考试），则在相应的位置输出"-1"。输出顺序为按照总评分数（四舍五入精确到整数）递减，若有并列，则按学号递增。题目保证学号没有重复，且至少存在 1 个合格的学生。

【数据规模】

$$P, M, N \leq 10^4$$

【算法设计】

先定义一个 Student 类，负责存储学生的相关信息：学号、编程作业分、期中成绩、期末成绩、总评成绩。由于编程作业分、期中成绩、期末成绩是分 3 块输入的，需要将一个学生的这 3 种成绩赋给一个学生对象，因此要建立学生学号与这些成绩的映射关系，可以定义一个 unordered_map<string, Student>类型变量 um 负责表示这种映射关系。读取学生信息时，编程作业分低于 200 的学生直接忽略。

将所有学生信息读入之后，为了方便后续的排序操作，需要将 um 中的学生对象拷贝到一个 vector 中，注意拷贝的时候可以顺便计算总评成绩，并只将总评成绩不低于 60 分的学生对象拷贝到 vector。然后按要求排序输出即可。

【C++代码】

```cpp
1   #include<bits/stdc++.h>
2   using namespace std;
3   using gg=long long;
4   struct Student{   //学生类，成绩均初始化为-1
5       string id;
6       //p,m,f,total 分别为编程作业分、期中成绩、期末成绩、总评成绩
7       gg p=-1,m=-1,f=-1,total=0;
8   };
```

```
9    int main(){
10       ios::sync_with_stdio(false);
11       cin.tie(0);
12       gg pi,mi,ni,grade;
13       cin>>pi>>mi>>ni;
14       string id;
15       unordered_map<string,Student>um;//存储学生 id 到学生成绩的映射
16       for(int i=0;i<pi;++i){
17           cin>>id>>grade;
18           if(grade>=200){          //只统计编程作业分>=200 的学生
19               um[id].p=grade;
20           }
21       }
22       for(int i=0;i<mi+ni;++i){
23           cin>>id>>grade;
24           if(um.count(id)){         //um 中包含该学生 id,说明该学生编程作
                                          业分>=200
25               i<mi?um[id].m=grade:um[id].f=grade;
26           }
27       }
28       vector<Student>v;
29       for(auto& u:um){  //将编程作业分>=200 的学生迁移至 vector 中
30           auto& s=u.second;
31           //计算总评成绩
32           s.total=round(s.m>s.f?s.m*0.4+s.f*0.6:s.f*1.0);
33           if(s.total>=60){          //只统计总评成绩>=60 的学生
34               v.push_back(u.second);
35               v.back().id=u.first;
36           }
37       }
38       //按总评成绩从高到低、学号从小到大的顺序排序
39       sort(v.begin(),v.end(),[](const Student& s1,const Student&
         s2){
40           return tie(s2.total,s1.id)<tie(s1.total,s2.id);
41       });
42       for(auto& s:v){               //输出
43           cout<<s.id<<' '<<s.p<<' '<<s.m<<' '<<s.f<<' '<<s.total
44               <<'\n';
45       }
46       return 0;
```

457

```
47    }
```

例题 15-4   【PAT A-1141、PAT B-1085】PAT Ranking of Institutions、PAT 单位排行

【输入输出格式】

输入第一行给出一个正整数 N，即考生人数。随后 N 行，每行按"准考证号 得分 学校"格式给出一个考生的信息。其中，准考证号是由 6 个字符组成的字符串，其首字母表示考试的级别：B 代表乙级，A 代表甲级，T 代表顶级；得分是[0, 100]区间内的整数；学校是由不超过 6 个英文字母组成的单位码（大小写无关）。注意，题目保证每个考生的准考证号是不同的。

首先在一行中输出单位个数。随后按"排名 学校 加权总分 考生人数"格式非降序输出单位的排行榜，其中排名是该单位的排名（从 1 开始），学校是全部按小写字母输出的单位码，加权总分定义为乙级总分/1.5 +甲级总分+顶级总分×1.5 的整数部分，考生人数是属于该单位的考生的总人数。学校首先按加权总分降序排行。如有并列，则应对应相同的排名，并按考生人数升序输出。如果仍然并列，则按单位码的字典序升序输出。

【数据规模】

$$N \leqslant 10^5$$

【算法设计】

先定义一个 School 类，负责存储学校的相关信息：单位码、加权总分、考生人数。由于考生是分开输入的，需要将同一个学校的不同考生的信息累加到同一个学校的信息中，因此要建立学生准考证号到学校信息的映射关系，可以定义一个 unordered_map<string, School>类型变量 um 负责表示这种映射关系。

将所有考生信息读入之后，为了方便后续的排序操作，需要将 um 中的学生对象拷贝到一个 vector 中，注意拷贝的时候可以顺便计算加权总分。然后按要求排序输出即可。

【注意点】

1）题目中要求只保留加权总分的整数部分，用了保证计算结果尽可能精确，可以用 double 来存储分数，一定要在所有分数累加完毕后，再进行向下取整！

2）加权总分一致的应有相同排名，排名计算方法可见代码。

【C++代码】

```cpp
1    #include<bits/stdc++.h>
2    using namespace std;
3    using gg=long long;
4    struct School{
5        string id;          //单位码
6        gg num=0;           //人数
7        double total=0.0;   //总分
8    };
9    int main(){
10       ios::sync_with_stdio(false);
11       cin.tie(0);
12       gg ni;
13       cin>>ni;
```

```
14      unordered_map<string,School>um;     //存储学校 id 和学校信息
                                                  的映射关系
15      while(ni--){
16          string id1,id2;
17          double score;
18          cin>>id1>>score>>id2;
19          for(char& c:id2)      //将学校 id 转换成小写字母
20              c=tolower(c);
21          um[id2].total+=id1[0]=='T' ?
22                              score*1.5 :
23                              id1[0]=='B'?score/1.5:score*1.0;
24          ++um[id2].num;
25          um[id2].id=id2;
26      }
27      vector<School>schools;
28      for(auto& u:um){
29          u.second.total=floor(u.second.total);  //总分向下取整
30          schools.push_back(u.second);
31      }
32      sort(schools.begin(),schools.end(),
33          [](const School& s1,const School& s2){
34              return tie(s2.total,s1.num,s1.id)<tie(s1.total,
                s2.num,s2.id);
35          }); //排序
36      cout<<schools.size()<<'\n';
37      for(gg i=0,r=1;i<schools.size();++i){
38          auto& s=schools[i];
39          if(i>0 and s.total!=schools[i-1].total)  //计算排名
40              r=i+1;
41          cout<<r<<' '<<s.id<<' '<<s.total<<' '<<s.num<<'\n';
42      }
43      return 0;
44  }
```

15.2 记录匹配

本节主要介绍与记录匹配相关的模拟题，这类问题涉及的记录通常和时间有关，并分成两种类型，两个记录的类型必须相匹配才能构成一个配对良好的记录对。这类问题通常要统计这种配对良好的记录对的相关信息。

例题 15-5　【PAT A-1016】Phone Bills

【题意概述】

给定一组电话记录，需要输出每个人每月的账单。

【输入输出格式】

输入的第一行给出 24 个正整数，分别表示 00:00~01:00、01:00~02:00、…、23:00~24:00 这一天中每个小时的电话费率，单位为美分/分钟。第二行给出一个正整数 N，表示电话记录的条数。接下来 N 行，每行按"姓名　月：日：时：分 on-line/off-line"的格式给出一条电话记录的信息。注意，将一个客户的电话记录按时间顺序排序后，每条电话记录应与下一条记录配对。第一条记录为"on-line"，第二条记录为"off-line"，则这两条记录称为配对。任何未配对的电话记录都必须被忽略。题目保证：所有日期都将在一个月内；输入中至少有一个呼叫配对良好；同一客户的两个记录时间不同；使用 24 小时制记录时间。

为每个客户打印电话费账单。账单必须按客户姓名的字母顺序打印。对于每个客户，首先在第一行中打印客户名称和账单月份；然后在呼叫的每个时间段中，在一行中打印开始和结束时间和日期、持续时间（以分钟为单位）、呼叫费用，呼叫必须按时间顺序列出；最后一行打印该客户该月的总费用。

【数据规模】

$$N \leqslant 1000$$

【算法设计】

题目编码可能比较麻烦，但算法应该不难想。

首先定义一个 Time 类负责表示一条电话记录，数据成员包括 month（月份）、day（日期）、hour（小时）、minute（分钟）、time（表示距 0 日 0 时 0 分的分钟数）以及 onoff（为 0 表示 on-line；为 1 表示 off-line）

由于要求按客户姓名的字母顺序打印，可以使用 map<string, vector<Time>>将客户姓名及其电话记录对应存储起来。读取完所有的电话记录后，逐一处理每个客户，将客户的电话记录进行排序，然后遍历这些电话记录，如果发现一条记录为 off-line 而上一条记录恰好为 on-line，那么这两条记录就是配对良好的，需要进行统计。关键在于如何统计配对的电话记录对之间的持续时间和呼叫费用？

假设配对良好的两条电话记录分别为 t_1 和 t_2，t_1 的时间早于 t_2 的时间。对于持续时间，可以记录每一条电话记录距该月 0 日 0 时 0 分的分钟数，以 t_1 为例，计算方法为 $t_1.day \times 24 \times 60 + t_1.hour \times 60 + t_1.minute$，那么 t_1 和 t_2 之间的间隔时间就是 $t_2.time - t_1.time$。

求呼叫费用就显得更麻烦些，但原理和求持续时间一致。同样可以记录从 0 日 0 时 0 分到 t_1 和 t_2 的呼叫费用，那么用 t_2 的呼叫费用减去 t_1 的呼叫费用就是 t_1 和 t_2 之间的呼叫费用了。所以问题就变成了如何统计从 0 日 0 时 0 分到一条电话记录的呼叫费用？同样以 t_1 为例，从 0 日 0 时 0 分到 t_1 的呼叫费用可以表示为 $t_1.day \times$ 呼叫一天的电话费用 $+ \sum\limits_{i=1}^{t_1.hour}$ 第 i 个小时的费率 $\times 60 + t_1.minute \times$ 第 i+1 个小时的费率。因此可以记录一下前缀和，将每个小时所需电话费用累加起来并记录在一个数组中，就可以轻松地计算出从 0 日 0 时 0 分到 t_1 的呼叫费用了。

【注意点】

1）如果某一个人虽然有账单，但是没有找到有效的通话记录，这个人的账单不予输出。

2）输入的一天内各个小时段的话费单位是美分/分钟，所以在计算的时候一个小时的话费要乘上 60，另外输出费用要按美元计算，所以要除以 100，不妨在输入一天内各个小时段的话费时就直接进行除以 100 的操作。

3）输出月、日、时、分都必须有两位数字，不够的要在高位补 0。

【C++代码】

```cpp
1    #include<bits/stdc++.h>
2    using namespace std;
3    using gg=long long;
4    struct Time{
5        //月日时分、onoff 表示是否在线、time 表示距 0 日 0 时 0 分的分钟数
6        gg month,day,hour,minute,onoff,time;
7        Time(gg m,gg d,gg h,gg mi,gg of):
8            month(m),day(d),hour(h),minute(mi),onoff(of){
9            time=day*24*60+hour*60+minute;
10       }
11   };
12   array<double,25>price,sumPrice;
13   double compute(const Time& t){//计算当前时间到 0 日 0 时 0 分所用话费
14       return sumPrice.back()*t.day+sumPrice[t.hour]+
15               price[t.hour+1]*t.minute;
16   }
17   int main(){
18       ios::sync_with_stdio(false);
19       cin.tie(0);
20       for(gg i=1;i<=24;++i){
21           cin>>price[i];
22           price[i]/=100.0;   //将单位变为美元/分钟
23           //计算从 0 时到 i 时的电话费用
24           sumPrice[i]=sumPrice[i-1]+price[i]*60;
25       }
26       gg ni;
27       cin>>ni;
28       map<string,vector<Time>>bills;
29       while(ni--){
30           string s1,s2;
31           gg m,d,h,mi;
32           char c;
33           cin>>s1>>m>>c>>d>>c>>h>>c>>mi>>s2;
34           bills[s1].push_back(Time(m,d,h,mi,s2=="on-line"?0:1));
35       }
36       cout<<setfill('0')<<fixed<<setprecision(2);   //高位补 0，保留
```

461

两位小数

```
37    for(auto& bill:bills){
38        const string& name=bill.first;
39        auto& b=bill.second;
40        //按时间顺序排序所有电话记录
41        sort(b.begin(),b.end(),
42            [](const Time& t1,const Time& t2){return t1.time<
               t2.time;});
43        double sum=0;
44        bool out=false;            //标记名字和月份是否已输出过
45        for(gg i=1;i<b.size();++i){
46            if(b[i].onoff==1 and b[i-1].onoff==0){
47                if(not out){        //输出名字和月份
48                    cout<<name<<" "<<setw(2)<<b[i].month<<"\n";
49                    out=true;
50                }
51                double temp=compute(b[i])-compute(b[i-1]);
                  //计算呼叫费用
52                sum+=temp;
53                cout<<setw(2)<<b[i-1].day<<":"<<setw(2)
54                    <<b[i-1].hour<<":"<<setw(2)<<b[i-1].minute
55                    <<" "<<setw(2)<<b[i].day<<":"<<setw(2)
56                    <<b[i].hour<<":"<<setw(2)<<b[i].minute<<" "
57                    <<b[i].time-b[i-1].time<<"$"<<temp<<"\n";
58            }
59        }
60        if(out){
61            cout<<"Total amount:$"<<sum<<"\n";
62        }
63    }
64    return 0;
65 }
```

例题 15-6 【PAT A-1095】Cars on Campus
【输入输出格式】

输入的第一行给出两个正整数 N 和 K，分别表示停车记录的条数和查询的个数。接下来 N 行，每行按"车牌号 时间 状态"的格式给出一条停车记录的信息。其中，时间以"HH:MM:SS"的格式给出；状态为"in"表示该车停入停车场，为"out"表示该车驶出停车场。注意，将一辆车的停车记录按时间顺序排序后，每条停车记录应与下一条记录配对。第一条记录为"in"，第二条记录为"out"，则这两条记录称为配对。任何未配对的停车记录都必须被忽略。接下来 K 行，每行按"HH:MM:SS"的格式给出一个时间，要求查询该时间上停车场内的车辆数。题目保证：所有时间都在一天内；输入中至少有一对记录配对良好；同一辆车的两个记录时间不同；使用 24 小时制记录时间；查询的时间按升序排列。

针对每个查询输出一行，表示该查询时间上停车场内的车辆数。输出的最后一行应给出停车时间最长的汽车的车牌号以及相应的时间长度。如果这样的汽车不是唯一的，则将其所有车牌号按字母顺序输出，并以空格隔开。

【数据规模】

$$N \leqslant 10^4, K \leqslant 8 \times 10^4$$

【算法设计】

首先定义一个类 Record 存储车牌号、时间、进入停车场还是开出停车场的信息。然后在读取数据的时候使用 unordered_map<string,vector<Record>>allRecords 来存储车牌号和其对应的记录，遍历 allRecords，对其对应的记录按时间排序，找出匹配的合法的停入开出记录，并存储在 vector<Record> validRecords 中作为合法记录，在遍历过程中可顺便找出进入停车场时间最长的车和对应的停放时间。

最后遍历 validRecords 找出相应时间点停车场停放的车辆数。注意，由于输入的查询时间是按时间升序排序的，为降低时间复杂度，每次查询可以从上次查询到的最后一个 validRecords 的索引位置开始查询，保证查询时的时间复杂度为 O(n)，而不用每次都从头查起。

【注意点】

1)查询时，如果查询的时间点恰好有车辆进入开出，也要被统计在内。例如，查询 06:30:50 停车场中的车辆数时，在 06:30:50 时间点恰好 ZA3Q625 车进入停车场，那么这辆车也要被统计在 06:30:50 停车场中的车辆中。

2)计算每辆车在停车场的停放时间时，要统计总的停放时间。例如，JH007BD 在 05:10:33 到 12:23:42 停放了:07:13:09，在 18:00:01 到 18:07:01 停放了 00:07:00，故其在停车场停放时间为 07:20:09。

3）输出时时分秒要保证有两位数字，不够在高位补 0。

4）停放时间最长的车牌号要按字典序升序排序。

【C++代码】

```
1    #include<bits/stdc++.h>
2    using namespace std;
3    using gg=long long;
4    using Record=pair<gg,string>;
5    int main(){
6        ios::sync_with_stdio(false);
7        cin.tie(0);
8        gg ni,ki;
9        cin>>ni>>ki;
10       string id,status;
11       gg h,m,s;
```

```
12      char c;
13      unordered_map<string,vector<Record>>allRecords;
14      for(gg i=0;i<ni;++i){
15          cin>>id>>h>>c>>m>>c>>s>>status;
16          allRecords[id].push_back({h*60*60+m*60+s,status});
17      }
18      gg maxTime=0;
19      set<string>ids;
20      vector<Record>validRecords;
21      for(auto& record:allRecords){
22          id=record.first;
23          auto& r=record.second;
24          sort(r.begin(),r.end());
25          gg t=0;
26          for(gg i=1;i<r.size();++i){
27              if(r[i].second=="out" and r[i-1].second=="in"){
28                  validRecords.push_back(r[i-1]);
29                  validRecords.push_back(r[i]);
30                  t+=r[i].first-r[i-1].first;
31              }
32          }
33          if(t>maxTime){
34              ids.clear();
35              ids.insert(id);
36              maxTime=t;
37          }else if(t==maxTime){
38              ids.insert(id);
39          }
40      }
41      sort(validRecords.begin(),validRecords.end());
42      gg ans=0,i=0;
43      while(ki--){
44          cin>>h>>c>>m>>c>>s;
45          gg t=h*60*60+m*60+s;
46          while(i<validRecords.size() and validRecords[i].first
            <=t){
47              validRecords[i].second=="in"?++ans:--ans;
48              ++i;
49          }
50          cout<<ans<<"\n";
```

```
51        }
52    for(auto id:ids){
53        cout<<id<<" ";
54    }
55    cout<<setfill('0')<<setw(2)<<maxTime/3600<<":"<<setw(2)
56        <<maxTime%3600/60<<":"<<setw(2)<<maxTime%60;
57    return 0;
58 }
```

15.3　与优先级相关的模拟

有一类题目通常需要你按照某种给定的优先级对给出的数据进行模拟操作，如先处理时间早的，如果时间相同先处理编号小的数据。这类题目通常不会按它所要求的优先级顺序给出数据，这时就需要你根据题目要求的优先级对这些数据进行排序。对于这类题目，可以使用 C++ 标准库中的优先级队列或有序关联容器（set、map），以题目要求的优先级设计关键字，即可自动实现按优先级处理的功能。笔者通过下面这道例题讲解具体的方法。

例题 15-7　【CCF CSP-20170902】公共钥匙盒

【题意概述】

有一个学校的老师共用 N 个教室，按照规定，所有的钥匙都必须放在公共钥匙盒里，老师不能带钥匙回家。每次老师上课前，都从公共钥匙盒里找到自己上课的教室的钥匙去开门，上完课后，再将钥匙放回到钥匙盒中。

钥匙盒一共有 N 个挂钩，从左到右排成一排，用来挂 N 个教室的钥匙。每串钥匙没有固定的悬挂位置，但钥匙上有标识，所以老师们不会弄混钥匙。每次取钥匙的时候，老师们都会找到自己所需要的钥匙将其取走，而不会移动其他钥匙。每次还钥匙的时候，还钥匙的老师会找到最左边的空的挂钩，将钥匙挂在这个挂钩上。如果有多位老师还钥匙，则他们按钥匙编号从小到大的顺序还。如果同一时刻既有老师还钥匙又有老师取钥匙，则老师们会先将钥匙全还回去再取出。

开始的时候钥匙是按编号从小到大的顺序放在钥匙盒里的。有 K 位老师要上课，给出每位老师所需要的钥匙、开始上课的时间和上课的时长，假设下课时间就是还钥匙时间，请问最终钥匙盒里面钥匙的顺序是怎样的？

【输入输出格式】

输入的第一行包含两个整数 N、K。接下来 K 行，每行 3 个整数，分别表示一位老师要使用的钥匙编号、开始上课的时间和上课的时长。可能有多位老师使用同一把钥匙，但是老师使用钥匙的时间不会重叠。保证输入数据满足输入格式，不用检查数据合法性。

输出一行，包含 N 个整数，相邻整数间用一个空格分隔，依次表示每个挂钩上挂的钥匙编号。

【数据规模】

$$1 \leqslant N, K \leqslant 1000$$

【算法设计】

可以设计一个 Key 类表示取还钥匙的操作，Key 类的数据成员需要包含 num（表示钥匙编号）、time（表示该操作进行的时间）、flag（flag=0 表示还钥匙；flag=1 表示取钥匙）。那么操作执行的优先级是：

1）time 小的操作优先；

2）time 相同的，先还钥匙（flag=0）再取钥匙（flag=1）；

3）time 和 flag 相同的，先执行钥匙编号小的操作。

这样的优先级可以通过重载 Key 类的小于运算符实现，然后使用优先级队列或有序关联容器处理即可。

【使用 priority_queue 的 C++代码】

```
1    #include<bits/stdc++.h>
2    using namespace std;
3    using gg=long long;
4    struct Key{   //钥匙编号，取/还时间，flag=0 表示还，flag=1 表示取
5        gg num,time,flag;
6        Key(gg n,gg t,gg f):num(n),time(t),flag(f){}
7    };
8    //优先级：时间小、先还后取、编号小的优先
9    bool operator<(const Key& k1,const Key& k2){
10       return tie(k1.time,k1.flag,k1.num)>tie(k2.time,k2.flag,
         k2.num);
11   }
12   int main(){
13       ios::sync_with_stdio(false);
14       cin.tie(0);
15       gg ni,ki,wi,si,ci;
16       cin>>ni>>ki;
17       vector<gg>v(ni);                  //存储挂钩上所有钥匙编号
18       iota(v.begin(),v.end(),1);        //初始时挂钩上钥匙编号为1~N
19       priority_queue<Key>pq;
20       while(ki--){
21           cin>>wi>>si>>ci;
22           pq.push(Key(wi,si,1));         //取钥匙
23           pq.push(Key(wi,si+ci,0));      //还钥匙
24       }
25       while(not pq.empty()){
26           auto k=pq.top();
27           pq.pop();
28           if(k.flag==1){                 //取钥匙
29               *find(v.begin(),v.end(),k.num)=-1;  //置为-1 表示该挂
                                                     钩没有放钥匙
30           }else{   //还钥匙
```

```
31        *find(v.begin(),v.end(),-1)=k.num;    //找到最左边的空的
                                                   挂钩放钥匙
32        }
33    }
34    for(gg i:v){
35        cout<<i<<" ";
36    }
37    return 0;
38 }
```

【使用 set 的 C++代码】

```
1   #include<bits/stdc++.h>
2   using namespace std;
3   using gg=long long;
4   struct Key{   //钥匙编号，取/还时间，flag=0 表示还，flag=1 表示取
5       gg num,time,flag;
6       Key(gg n,gg t,gg f):num(n),time(t),flag(f){}
7   };
8   //优先级：时间小、先还后取、编号小的优先
9   bool operator<(const Key& k1,const Key& k2){
10      return tie(k1.time,k1.flag,k1.num)<tie(k2.time,k2.flag,
        k2.num);
11  }
12  int main(){
13      ios::sync_with_stdio(false);
14      cin.tie(0);
15      gg ni,ki,wi,si,ci;
16      cin>>ni>>ki;
17      vector<gg>v(ni);                    //存储挂钩上所有钥匙编号
18      iota(v.begin(),v.end(),1);          //初始时挂钩上钥匙编号为 1~N
19      set<Key>s;
20      while(ki--){
21          cin>>wi>>si>>ci;
22          s.insert(Key(wi,si,1));         //取钥匙
23          s.insert(Key(wi,si+ci,0));      //还钥匙
24      }
25      for(auto& k:s){
26          if(k.flag==1){                  //取钥匙
27              *find(v.begin(),v.end(),k.num)=-1;  //置为 -1 表示该挂
                                                     钩没有放钥匙
28          }else{                          //还钥匙
```

467

```
29              *find(v.begin(),v.end(),-1)=k.num;    //找到最左边的空的
                                                              挂钩放钥匙
30          }
31      }
32      for(gg i:v){
33          cout<<i<<" ";
34      }
35      return 0;
36  }
```

【使用 map 的 C++代码】

```
1   #include<bits/stdc++.h>
2   using namespace std;
3   using gg=long long;
4   int main(){
5       ios::sync_with_stdio(false);
6       cin.tie(0);
7       gg ni,ki,wi,si,ci;
8       cin>>ni>>ki;
9       vector<gg>v(ni);                  //存储挂钩上所有钥匙编号
10      iota(v.begin(),v.end(),1);        //初始时挂钩上钥匙编号为1~N
11      map<gg,map<gg,set<gg>>>keys;
12      while(ki--){
13          cin>>wi>>si>>ci;
14          keys[si][1].insert(wi);       //取钥匙
15          keys[si+ci][0].insert(wi);   //还钥匙
16      }
17      for(auto& i:keys){
18          for(auto& j:i.second){
19              for(auto k:j.second){
20                  if(j.first==0){        //还钥匙
21                      *find(v.begin(),v.end(),-1)=k;
22                  }else{                 //取钥匙
23                      *find(v.begin(),v.end(),k)=-1;
24                  }
25              }
26          }
27      }
28      for(gg i:v){
29          cout<<i<<" ";
30      }
```

```
31      return 0;
32  }
```

通过观察上面的 3 份代码，可以发现使用 priority_queue、set、map 处理操作的逻辑实质上是一样的，都是通过这些标准库设施的"有序性"实现了按照题目要求的优先级处理操作的目的。在解决类似的题目时，在这 3 种标准库设施中进行选择时，通常来讲并没有太大的优劣差别，只需要选择你最熟悉的一种即可。但需要注意以下几点：

1）priority_queue 总是会把"<"运算得到的**最大元素**放于队首。因此，重载小于运算符中的比较逻辑应该和想实现的比较规则正好相反。

2）set 会对容器中的"相等元素"去重，换言之，你在使用 set 时，需要保证插入到 set 中的元素各不相同或即使有相等的元素，set 的去重特性也不会对结果造成任何不良影响。

3）map 的编码实现要更复杂一些，它通常通过嵌套的 map 来实现题目中要求的优先级。例如，本题中，要求实现的优先级需要考虑 3 个方面：时间、取/还操作、钥匙编号。最外层的 map 以时间为键，保证时间小的位于 map 容器前列；内层的 map 以取/还操作（1/0）为键，保证还操作位于取操作前面；最内层是一个 set，将钥匙编号从小到大排序。在解决类似的有优先级要求的题目时，使用 map 所消耗的内存会更少，但使用 map 编码通常会比使用 priority_queue 和 set 更困难一些。

接下来笔者还会讲解几道例题，但不会再一一分别列出使用这 3 种标准库设施的代码了。你可以尝试着自己写出这 3 种代码。

例题 15-8 【PAT A-1014】Waiting in Line

【题意概述】

有 N 个服务窗口，每个窗口前最多可以排 M 个顾客。有一条黄线将顾客分为两部分，排队规则如下：

1）如果有的窗口前排队人数不满 M 人，也就是说，黄线内人数不满 N×M 个，则后续的顾客会选择到人数最少的窗口前排队，如果人数最少的窗口有多个，顾客会选择编号最小的窗口排队；

2）如果所有窗口都排满 M 人，也就是说，黄线内人数达到 N×M 个，则后续的顾客只能到黄线外等候，直到有顾客业务处理完毕离开，即黄线内人数少于 N×M 个时，才能按照规则 1）到黄线内排队；

3）第 i 名顾客业务的处理时间为 $Time_i$；

4）假设所有顾客均于早上 8:00 到达；

5）如果顾客在 17:00 前还没有接受服务，则该顾客不能再接受服务。

【输入输出格式】

输入的第一行包含 4 个整数 N、M、K、Q，分别表示窗口数量、每个窗口排队人数上限、顾客数量、查询数量。第二行给出 K 个正整数，表示每名顾客所需的业务处理时间。第三行给出 Q 个正整数，表示 Q 个顾客编号。

输出 Q 行，每行输出对应查询顾客业务处理完毕的时间。注意，如果顾客在 17:00 前还没有接受服务，则该顾客不能再接受服务，这时需输出一行"Sorry"。

【数据规模】

$$N \leqslant 20, M \leqslant 10, K \leqslant 1000, Q \leqslant 1000$$

【算法设计】

需要用一个数组 peopleNum 存储每个窗口前排队的人数。用一个数组 time 存储每个窗口前排队的最后一名顾客业务处理完毕的时间，注意该时间正好应该是后续排在该顾客之后的顾客业务处理的开始时间。用一个数组 ans 存储每名顾客处理完业务的时间，要注意，由于顾客可能无法接受服务，可以将 ans 中的元素全部初始化为 INT_MAX，默认该顾客不能接受服务，对于可以接受服务的顾客，修改 ans 中对应的值；对于不能接受服务的顾客，保持初始值不变。

可以设计一个 Customer 类表示一个顾客的相关信息：顾客编号 num、结束服务的时间 endTime、服务窗口编号 w。使用一个优先级队列存储所有位于黄线内的顾客信息，注意需让结束服务时间早的顾客位于队首。如果黄线内顾客人数达到上限，就要从队列中弹出一个顾客，让他处理完业务。找出目前排队人数最少且编号最小的窗口，让新顾客在该窗口下排队。按照题目要求进行模拟即可。

【注意点】

注意是开始服务时间超过 17:00 的顾客不能被服务，换句话说，即使结束服务时间超过 17:00，只要开始时间在 17:00 前依然可以接受服务。

【C++代码】

```
1    #include<bits/stdc++.h>
2    using namespace std;
3    using gg=long long;
4    struct Customer{
5        gg endTime,num,w;   //结束服务的时间、顾客编号、服务窗口编号
6        Customer(gg e,gg n,gg ww):endTime(e),num(n),w(ww){}
7    };
8    bool operator<(const Customer& c1,const Customer& c2){
9        return tie(c1.endTime,c1.w)>tie(c2.endTime,c2.w);
10   }
11   int main(){
12       ios::sync_with_stdio(false);
13       cin.tie(0);
14       gg ni,mi,ki,qi,ai,endTime=17*60;
15       cin>>ni>>mi>>ki>>qi;
16       vector<gg>ans(ki,INT_MAX);   //INT_MAX 默认为该顾客没有接受服务
17       //目前排在黄线内的所有顾客信息
18       priority_queue<Customer>customers;
19       //peopleNum 存储每个窗口的排队人数
20       //time 存储每个窗口排在最后的人处理完业务的时间
21       vector<gg>peopleNum(ni),time(ni,8*60);
22       for(gg i=0;i<ki;++i){
23           cin>>ai;   //读取顾客需要的服务时间
24           //黄线内人数达到上限，从队列中弹出一个顾客
25           if(customers.size()==ni*mi){
```

```
26              auto c=customers.top();
27              customers.pop();
28              peopleNum[c.w]--;
29          }
30          gg j=
31              min_element(peopleNum.begin(),peopleNum.end())-
                peopleNum.begin();
32          peopleNum[j]++;
33          if(time[j]>=endTime){   //开始服务时间超过17:00，该顾客
                                    不能被服务
34              continue;
35          }
36          time[j]+=ai;
37          customers.push(Customer(time[j],i,j));
38          ans[i]=time[j];
39      }
40      for(gg i=0;i<qi;++i){
41          cin>>ai;
42          if(ans[ai-1]==INT_MAX){
43              cout<<"Sorry\n";
44          }else{
45              cout<<setfill('0')<<setw(2)<<ans[ai-1]/60<<":"
46                  <<setw(2)<<ans[ai-1]%60<<"\n";
47          }
48      }
49      return 0;
50  }
51
```

例题 15-9　【PAT A-1017】Queueing at Bank

【题意概述】

有 N 个服务窗口，K 名客户。有一条黄线将客户等候区分为两部分。所有客户都必须在黄线后面排队等候，直到轮到他/她有可用的窗口。现在给定每个客户的到达时间和业务处理时间，输出所有客户的平均等待时间。注意，银行开业时间为 8:00，关闭时间为 17:00，如果客户到达时间早于 8:00，也需等待到 8:00 银行上班时才能接受服务；如果客户到达时间晚于17:00，那么该客户不能接受服务，也不能被计入平均等待时间的统计中。

【输入输出格式】

输入第一行包含两个正整数 N、K，分别表示客户总数、窗口数。接下来 N 行，按"到达时间 业务处理时间"的格式给出一名客户的信息，其中到达时间以"HH:MM:SS" 24 小时计时的格式给出。

输出所有客户的平均等待时间（以分钟为单位），保留一位小数。

【数据规模】

$$N \leqslant 10^4, K \leqslant 100$$

【算法设计】

为了方便比较和计算，可以先将所有的时间转换成以秒为单位的整数。

定义两个优先级队列 windows 和 customers：windows 模拟窗口的行为，初始化为 K 个值为 8:00 的元素，表示 K 个窗口均从 8:00 开始营业，队首元素为处理完业务时间最早，也就是空闲时间最早的窗口；customers 模拟客户的行为，每个元素包含到达时间和业务处理时间两个信息，队首元素为到达时间最早的客户，注意，到达时间晚于 17:00 的客户不放入 customers 中。

使用一个变量 time 记录所有客户等待时间之和。不断从 customers 队首弹出元素，针对当前出队的客户，从 windows 中出队一个窗口，如果窗口的空闲时间大于当前客户的到达时间，说明该客户需要等待，将等待时间累加入 time 中，然后更新当前窗口的空闲时间，并放入 windows 中。

处理完所有客户后，time 中就记录着所有客户等待时间之和，但要注意这是以秒为单位的，要除以 60 转换成以分钟为单位。

【C++代码】

```cpp
1    #include<bits/stdc++.h>
2    using namespace std;
3    using gg=long long;
4    using agg2=array<gg,2>;
5    int main(){
6        ios::sync_with_stdio(false);
7        cin.tie(0);
8        gg ni,ki;
9        cin>>ni>>ki;
10       gg startTime=8*60*60,endTime=17*60*60;
11       priority_queue<gg,vector<gg>,greater<gg>>windows;
12       priority_queue<agg2,vector<agg2>,greater<agg2>>customers;
13       for(gg i=0;i<ki;++i){
14           windows.push(startTime);
15       }
16       while(ni--){
17           gg h,m,s,p;
18           char c;
19           cin>>h>>c>>m>>c>>s>>p;
20           gg arriveTime=h*60*60+m*60+s;
21           if(arriveTime>endTime){
22               continue;
23           }
```

```
24          customers.push({arriveTime,p*60});
25      }
26      gg time=0,num=customers.size();
27      while(not customers.empty()){
28          auto c=customers.top();
29          customers.pop();
30          gg t=windows.top();
31          windows.pop();
32          if(t>c[0]){
33              time+=t-c[0];
34          }
35          windows.push(max(c[0],t)+c[1]);
36      }
37      cout<<fixed<<setprecision(1)<<time/60.0/num;
38      return 0;
39  }
```

例题 15-10　【PAT A-1026】Table Tennis

【题意概述】

一个乒乓球俱乐部向公众共提供 K 张球台。如果球员到达时有空闲的球台，将为球员分配编号最小的球台。如果所有球台都被占用，球员将不得不在队列中等待。注意，每对球员最多可以占据球台 2h。你需要每个球员的等待时间，并计算每张球台当天服务的球员数量。

使这一球台分配过程更为复杂的是，俱乐部为 VIP 会员保留了一些球台。一旦有 VIP 球台空闲出来，如果等待队列中有 VIP 球员，那么这张球台将优先分配给等待队列中的第一个 VIP 球员；如果等待队列中没有 VIP 球员，那么这张球台将分配给等待队列中的第一个普通球员。另一方面，如果等待队列中有 VIP 球员，但没有空闲的 VIP 球台，则可以将空闲的普通球台分配给这个 VIP 球员。

【输入输出格式】

输入第一行包含一个整数 N，表示球员总数。接下来的 N 行，每行按"HH:MM:SS P VIP"的格式给出一个球员的信息："HH:MM:SS"表示该球员的到达时间；P 表示球员所需占据球台的时间（以分钟为单位）；VIP 为 1 表示该球员是 VIP 球员，VIP 为 0 表示该球员不是 VIP 球员。俱乐部开放时间是在 08:00:00 和 21:00:00 之间。输入数据保证不会有两个球员同时到达俱乐部，且保证球员到达时间在 08:00:00 和 21:00:00 之间。接下来一行包含两个正整数 K、M，分别表示球台总数和 VIP 球台总数。最后一行给出 M 个正整数，表示 M 个 VIP 球台的编号。

首先以示例显示的格式，每行打印一个球员的到达时间、服务时间和等待时间信息。请注意，球员信息必须按服务时间的时间顺序输出，等待时间必须四舍五入为整数（以分钟为单位）。最后一行打印每张球台所服务的球员数量。如果一个球员在俱乐部关闭时间之前无法获得一张球台，则不打印其信息，也不对该球员进行统计。

【数据规模】

$$N \leqslant 10^4, \ M < K \leqslant 100$$

【算法设计】

本题应该是 PAT 题集的模拟题中最复杂、难度最高、注意点最多的一道题了。建议读者先不要看笔者的讲解，尝试着独立完成本题，这对提高编码能力有很大的好处。下面介绍解题的方法。

为了计算和比较简便，将所有时间均转换成以秒为单位。

先确定所需使用的类和数据结构。

定义一个 Player 类存储球员的相关信息，其包含以下几种数据成员：arrive（存储到达时间）、server（所需占据球台的时间）、vip（为 1 表示该球员是 VIP 球员；为 0 表示该球员不是 VIP 球员）。然后定义一个 vector<Player>players 变量将所有球员的信息存储起来，并在之后的代码中不再改动 players。这时，就可以将球员在 players 中的下标作为该球员的编号，以这个编号来唯一指代一个球员。

定义一个 Action 类来存储球员和球台之间的关系，Action 类包含以下几种数据成员：tableNum（表示球台编号）、playerNum（表示球员编号）、time（表示时间）。Action 类有什么含义？可以对 K 张球台从 0 到 K−1 进行编号（注意，题目描述中是从 1 到 K 进行编号的，因此读取输入数据时要进行一些改动），那么如果 tableNum==−1，表示 playerNum 号球员于 time 时间到达，需分配空闲球台；如果 tableNum!=−1，表示 playerNum 号球员占据了 tableNum 号球台，在 time 时间会离开，注意这时 tableNum 号球台就空闲出来了，可以接待新的球员。

可以将 Action 对象放入优先级队列中，并通过重载小于运算符确保队首元素总是当前队列中 time 最小的元素。那么就可以通过优先级队列直接把球员到达时间和球台的空闲时间（即球员离开时间）按时间顺序糅合在一起，不用自己编码进行烦琐的时间比较了。

在模拟过程中对于 VIP 乒乓球台，如果等待序列中存在 VIP 球员，需要从等待序列中找出 VIP 球员将这一球台分配给他，并将其从等待序列中移除，这涉及到从容器中间的删除操作，实现这种操作最合适的容器莫过于 stl 中的 list，所以可以定义了两个 list 容器 waitPlayers、waitVipPlayers 分别存储等待的所有球员序列和等待的 vip 球员序列。初始状态下，两个序列均为空。

另外，对于 VIP 球员，如果有空闲的 VIP 球台，则优先使用编号最小的 VIP 球台，否则使用编号最小的空闲普通球台。可以定义两个 set 容器 freeTables、freeVipTables 分别存储空闲的所有球台序列、空闲的 VIP 球台序列。初始状态下，freeTables 存储所有的球台编号，freeVipTables 存储所有的 VIP 球台编号，即初始状态下所有球台都处于空闲状态。注意，set 会自动对元素排序，因此 set 的首元素就是容器中编号最小的元素，这就可以避免烦琐的查找操作了。

类和数据结构设计好之后，就可以设计算法了。

在读入球员信息时直接将 Players 编号和对应的到达时间以及−1 号球台构成的 Action 对象压入优先级队列，利用球台编号是不是−1 可以区分当前编号的 Players 是否需要分配球台。接着，不断弹出优先级队列队首元素，判断弹出的队首元素的球台编号是否为−1，并执行以下操作：

1）球台编号为−1，数据成员 time 代表球员的到达时间，需要分配球台。通过 freeTables 是否为空来判断有无空闲的球台。如果 freeTables 为空，即没有空闲的球台，将该球员编号插入到 waitPlayers 末尾，如果该球员为 VIP 球员，还需将该球员编号插入到 waitVipPlayers

末尾；如果 freeTables 不为空，即有空闲的球台，要分两种情况：

a）如果该球员为 VIP 球员，并且有空闲的 VIP 球台（判断方法是判断 freeVipTables 是否为空），由于 freeVipTables 的首元素就是编号最小的 VIP 球台编号，直接将 freeVipTables 的首元素分配给该球员，并将该球台编号从 freeVipTables 和 freeTables 中删除。然后将该球员编号、选取的球台编号以及球员离开时间压入优先级队列。

b）如果该球员不是 VIP 球员或者该球员是 VIP 球员但没有空闲的 VIP 球台，需要为他分配编号最小的普通球台。将 freeTables 的首元素分配给该球员并从 freeTables 中删除。当然 freeTables 的首元素恰好是 VIP 球台，还需从 freeVipTables 中删除。然后将该球员编号、选取的球台编号以及球员离开时间压入优先级队列。

2）球台编号不为−1，数据成员 time 代表球员的离开时间，占据的球台可以释放。通过 waitPlayers 是否为空来判断有无球员等待分配球台。如果 waitPlayers 为空，该球台可以闲置，将该球台编号插入到 freeTables 中，如果该球台为 VIP 球台，还需将该球台编号插入到 freeVipTables 中；如果 waitPlayers 不为空，即有球员等待分配球台，分两种情况：

a）如果该球台是 VIP 球台，并且有 VIP 球员等待分配球台（判断方法是判断 waitVipPlayers 是否为空），直接将该球台分配给 waitVipPlayers 中的第一个球员，并将该球员编号从 waitPlayers 和 waitVipPlayers 中删除，然后将该球员编号、选取的球台编号以及离开时间压入优先级队列。

b）如果该球台不是 VIP 球台或者是 VIP 球台但没有 VIP 球员等待，将该球台分配给 waitPlayers 中的第一个球员，并将该球员编号从 waitPlayers 中删除，然后将该运动员编号、选取的球台编号以及离开时间压入优先级队列。

重复以上操作直至优先级队列为空即可。

【注意点】

1）球员占用球台的时间不能超过 2h，超过 2h 也要按 2h 计算。

2）如果有空闲的 VIP 球台，VIP 球员总是优先选择编号最小的 VIP 球台，如果没有空闲的 VIP 球台才会考虑普通球台。

3）普通球员也可以占用 VIP 球台，当有多个球台空闲时选择编号最小的球台。或者说，在普通球员眼里，是没有 VIP 与非 VIP 球台区别的

4）等待时间四舍五入，即 30s 要进位成 1min，可以利用库函数中的 round 函数四舍五入取整。

5）如果 21:00 前还没有找到球台，该球员不计入统计中。

【C++代码】

```
1    #include<bits/stdc++.h>
2    using namespace std;
3    using gg=long long;
4    struct Player{              //球员
5        gg arrive,server,vip;   //到达时间、打球所需时间、是否为VIP
6        Player(gg a,gg s,gg v):arrive(a),server(s),vip(v){}
7    };
8    struct Action{
```

```
9       gg tableNum,playerNum,time;
10      Action(gg t,gg p,gg ti):tableNum(t),playerNum(p),time(ti){}
11  };
12  bool operator<(const Action& a1,const Action& a2){return
    a1.time>a2.time;}
13  void output(gg time){          //打印时间
14      cout<<setfill('0')<<setw(2)<<time/3600<<":"<<setw(2)
15          <<time%3600/60<<":"<<setw(2)<<time%60<<" ";
16  }
17  int main(){
18      ios::sync_with_stdio(false);
19      cin.tie(0);
20      gg ni,ki,mi,ai;
21      cin>>ni;
22      gg endTime=21*3600;
23      vector<Player>players;
24      priority_queue<Action>actions;
25      for(gg i=0;i<ni;++i){
26          gg h,m,s,p,vip;
27          char c;
28          cin>>h>>c>>m>>c>>s>>p>>vip;
29          //注意，打球时间超过 2 小时，按 2 小时计！
30          players.push_back(
31              Player(h*3600+m*60+s,min(p,120ll)*60,vip));
32          actions.push(Action(-1,i,players[i].arrive));
33      }
34      cin>>ki>>mi;
35      vector<gg>ans(ki);         //存储每个球台接待的次数
36      vector<bool>vip(ki);       //球台是否为 VIP 球台
37      while(mi--){
38          cin>>ai;
39          vip[ai-1]=true;        //球台从 0~ki-1 编号
40      }
41      set<gg>freeTables,freeVipTables;        //空闲的所有球台、空闲的
                                                  VIP 球台
42      list<gg>waitPlayers,waitVipPlayers;     //等待的所有球员、等待的
                                                  VIP 球员
43      //初始时所有球台均闲置
44      for(gg i=0;i<ki;++i){
45          freeTables.insert(i);
```

```
46          if(vip[i]){
47              freeVipTables.insert(i);
48          }
49      }
50      while(not actions.empty()){
51          auto a=actions.top();
52          actions.pop();
53          if(a.time>=endTime){//超过营业时间，不再接待球员，跳出循环
54              break;
55          }
56          if(a.tableNum==-1){   //需为球员分配空闲球台
57              if(freeTables.empty()){//没有空闲球台，该球员加入等待队列
58                  waitPlayers.push_back(a.playerNum);
59                  if(players[a.playerNum].vip){
60                      waitVipPlayers.push_back(a.playerNum);
61                  }
62              }else{                //有空闲球台
63                  gg num=-1;        //存储分配的球台编号
64                  //是 VIP 球员且有空闲的 VIP 球台，分配编号最小的 VIP 球台
65                  if(players[a.playerNum].vip and not
                    freeVipTables.empty()){
66                      num=*freeVipTables.begin();
67                      freeVipTables.erase(num);
68                      freeTables.erase(num);
69                  }else{
70                      //不是 VIP 球员或是 VIP 球员但没有空闲的 VIP 球台，
                        分配普通球台
71                      num=*freeTables.begin();
72                      freeTables.erase(num);
73                      if(freeVipTables.count(num)){
74                          freeVipTables.erase(num);
75                      }
76                  }
77                  actions.push(Action(num,a.playerNum,
78                                      a.time+players[a.playerNum].
                                      server));
79                  ++ans[num];
80                  output(a.time);
81                  output(a.time);
82                  cout<<"0\n";
```

```
83                    }
84           }else{                          //球员离开，释放球台
85              if(waitPlayers.empty()){    //没有等待的球员，球台闲置
86                  freeTables.insert(a.tableNum);
87                  if(vip[a.tableNum]){
88                      freeVipTables.insert(a.tableNum);
89                  }
90              }else{                       //有等待的球员
91                  gg num=-1;        //存储将该球台分配给的球员编号
92                  //是VIP球台且有VIP球员等待，分配给队列首位的VIP球员
93                  if(vip[a.tableNum] and not waitVipPlayers.
94                  empty()){
                        num=waitVipPlayers.front();
95                      waitVipPlayers.pop_front();
96                      waitPlayers.erase(
97                          find(waitPlayers.begin(),
                            waitPlayers.end(),num));
98                  }else{
99  //不是VIP球台或是VIP球台但没有VIP球员等待，分配给队列首位的普通球员
100                     num=waitPlayers.front();
101                     waitPlayers.pop_front();
102                     auto i=
103                         find(waitVipPlayers.begin(),
                            waitVipPlayers.end(),num);
104                     if(i!=waitVipPlayers.end()){
105                         waitVipPlayers.erase(i);
106                     }
107                 }
108                 actions.push(
109                     Action(a.tableNum,num,a.time+
                        players[num].server));
110                 ++ans[a.tableNum];
111                 output(players[num].arrive);
112                 output(a.time);
113                 cout<<round((a.time-players[num].arrive)/60.0)
                        <<"\n";
114             }
115         }
116     }
117     for(gg i=0;i<ki;++i){    //输出所有球台接待的次数
```

```
118          cout<<(i==0?"":" ")<<ans[i];
119      }
120      return 0;
121  }
```

15.4　字符串处理进阶——正则表达式

C++的 string 类型提供了大量的字符串处理操作，但这还远远不能满足需求。你或许觉得 C++的 string 类型提供的操作已经足够多了，但事实或许恰好相反，C++的 string 甚至没有提供字符串分割（split）、替换（replace）、连接（join）等非常常用的操作。本节介绍的正则表达式是对 string 类型的一个很好的补充。

正则表达式是一种描述字符序列的方法，是一种极其强大的字符串处理工具。它使用单个字符串来描述、匹配一系列符合某个句法规则的字符串。在很多文本编辑器里，正则表达式通常用来检索、替换那些符合某个模式的文本。

熟练掌握正则表达式能够让你更轻松地进行复杂的字符串处理，重要的是，许多与文本处理相关的软件，也提供了正则表达式匹配和替换的功能，如 Word 的通配符匹配、VSCode 的正则表达式查找和替换等。此外，正则表达式的模式匹配符号在所有提供了正则表达式库的编程语言以及文本处理软件中几乎通用。这就意味着，本节介绍的正则表达式的相关知识，不仅可以在 C++以外的其他编程语言中使用，还可以在支持正则表达式匹配和替换功能的文本处理软件中使用！

因此，笔者强烈建议你熟练掌握本节介绍的内容，当然要做到这一点并不容易，因为正则表达式提供的符号非常多，且极易写错。但笔者相信通过进行大量的练习，你一定可以掌握好它。

最后，笔者还要提到一点，无论是正则表达式本身，还是 C++提供的正则表达式库，它们的功能都非常丰富和强大，本节介绍的内容只是非常基础的内容，如果你有兴趣了解更多有关正则表达式的知识，可以自行查阅相关资料。

15.4.1　正则表达式匹配符号简介

本小节介绍正则表达式匹配的相关符号，这些内容并不依赖于 C++语言，换句话说，本小节介绍的内容几乎在所有支持正则表达式的编程语言和文本处理软件中都适用。

正则表达式的核心在于用一个字符串（模式串）来描述、匹配一系列符合某个句法规则的字符串（待匹配串）。注意，为了与正文相区别，笔者会对本小节中所有使用到的模式串都添加下画线。

正则表达式中可以包含普通或者特殊字符。绝大部分普通字符，如"<u>A</u>""<u>a</u>""<u>0</u>"，都是最简单的正则表达式，它们就匹配自身。可以在正则表达式中把普通字符拼接起来，如"<u>last</u>"就可以匹配字符"last"。带给正则表达式灵活性的是特殊字符，如"<u>*</u>""<u>?</u>""<u>+</u>""<u>[0-9]</u>""<u>[a-z]</u>"等，特殊字符可以影响它旁边的正则表达式的解释。举几个例子，模式串"<u>[0-9]</u>"可以匹配 0 到 9 这 10 个数字中任意一个数字；模式串"<u>[a-z]</u>"可以匹配 a 到 z 这 26 个小写英文字母中任意一个字母；模式串"<u>[+-][1-9].[0-9]+E[+-][0-9]+</u>"可以匹配整数部分只有 1 位，小数部分至少有 1 位的科学计数法表示形式，如"+1.23400E-03"。表 15-1 列举了正则表达式中常用的

479

特殊字符，并进行了简要的解释[一]。

表 15-1 正则表达式中常用的特殊字符[一]

模式串	意　义	例　子
.	匹配除换行符之外的任何单个字符	"." 可以匹配 "1" "a" "A"
*	匹配前面的子表达式零次或多次，尽量多地匹配字符串	"zo*" 能匹配 "z" "zo" 以及 "zoo"
+	匹配前面的子表达式一次或多次，尽可能多地匹配字符串	"zo+" 能匹配 "zo" 以及 "zoo"，但不能匹配 "z"
?	匹配前面的子表达式零次或一次，尽可能多地匹配字符串	"zo?" 能匹配 "z" 以及 "zo"，但不能匹配 "zoo"
^	匹配字符串的开头	
$	匹配字符串尾或者换行符的前一个字符	
{n}	n 是一个非负整数。匹配前面的子表达式 n 次	"a{3}" 将匹配 "aaa"，但是不能匹配 "aa" 和 "aaaa"
{n,}	n 是一个非负整数。匹配前面的子表达式至少 n 次	"a{3,}" 将匹配 "aaa" "aaaa"，但是不能匹配 "aa"
{m,n}	m 和 n 均为非负整数，其中 m≤n。匹配前面的子表达式最少 m 次且最多 n 次	"a{3,5}" 可以匹配 "aaa" "aaaa" 和 "aaaaa"，但不能匹配 "aa" 和 "aaaaaa"
?	当该字符紧跟在任何一个其他重复修饰符（*、+、?、{n}、{n,m}）后面时，匹配模式是非贪婪的。非贪婪模式尽可能少地匹配所搜索的字符串，而默认的贪婪模式则尽可能多地匹配所搜索的字符串	对于待匹配串 "abbb"，"ab*" 会匹配 "abbb"，但 "ab*?" 会匹配 "a"；"ab+" 会匹配 "abbb"，但 "ab+?" 会匹配 "ab"；"ab?" 会匹配 "ab"，但 "ab??" 会匹配 "a"；"ab{1,3}" 会匹配 "abbb"，但 "ab{1,3}?" 会匹配 "ab"
\	转义特殊字符，去除之后字符的特殊含义	"\." 只匹配 "."，而不能再匹配 "1" "a" "A"
[]	用于表示一个字符集合。在一个集合中： 1）字符可以单独列出，比如 "[amk]" 可以匹配 "a" "m" 或者 "k"。 2）可以表示字符范围，通过 "-" 将两个字符连起来。比如 "[a-z]" 将匹配任何小写英文字母，"[0-9]" 将匹配任意一位数字，"[A-Z]" 将匹配任意大写英文字母，"[0-5][0-9]" 将匹配从 "00" 到 "59" 的两位数字。注意，如果 "-" 进行了转义（如 "[a\-z]"）或者 "-" 的位置在首位或者末尾（如 "[-a]" 或 "[a-]"），这时 "-" 就只表示普通字符 "-"。 3）特殊字符在集合中，会失去它的特殊含义。比如 "[(+*)]" 只会匹配 "(" "+" "*" ")" 这几个字符。 4）不在集合范围内的字符可以通过 "取反" 来进行匹配。如果集合首字符是 "^"，所有不在集合内的字符将会被匹配，比如 "[^5]" 将匹配除了 "5" 以外的所有字符，"[^^]" 将匹配除了 "^" 以外的所有字符。"^" 如果不在集合首位，就没有特殊含义	
|	假设 A 和 B 可以是任意正则表达式，"A|B" 匹配 A 或者 B。扫描目标字符串时，"|" 分隔开的正则表达式从左到右进行匹配，当一个正则表达式被完全匹配时，这个分支就被接受。意思就是说，一旦 A 匹配成功，B 就不再进行匹配，即便 B 能产生一个更好的匹配	"z|food" 能匹配 "z" 或 "food"
(pattern)	匹配括号内的子表达式 pattern，匹配完成后，pattern 匹配的字符串可以被获取	"do(es)?" 可以匹配 "does" 中的 "do" 和 "does"
\b	匹配一个单词边界	"er\b" 可以匹配 "never" 中的 "er"，但不能匹配 "verb" 中的 "er"
\B	匹配非单词边界	"er\B" 能匹配 "verb" 中的 "er"，但不能匹配 "never" 中的 "er"
\d	匹配一个数字字符，等价于 "[0-9]"	
\D	匹配一个非数字字符，等价于 "[^0-9]"	
\s	匹配任何空白字符	
\S	匹配任何非空白字符	
\w	匹配包括下画线的任何单词字符，等价于 "[A-Za-z0-9_]"	
\W	匹配任何非单词字符，等价于 "[^A-Za-z0-9_]"	

⊖ 笔者建议你在浏览表 15-1 时，可以用搜索引擎搜索一下 "在线正则表达式测试网站"，这样的网站有很多，然后一边浏览一边自己测试一下正则表达式匹配的结果，这可以加深你对正则表达式的理解。当然，如果你手边恰好有支持正则表达式匹配功能的软件，用这样的软件也可以。

⊖ 表 15-1 参考了正则表达式的维基百科和 python 正则表达式库的官方文档，可参考链接 https://zh.wikipedia.org/wiki/%E6%AD%A3%E5%88%99%E8%A1%A8%E8%BE%BE%E5%BC%8F、https://docs.python.org/zh-cn/3/library/re.html。

15.4.2 C++的正则表达式库——regex

C++标准库中与正则表达式相关的组件都包含在头文件 regex 中,其中的核心是 regex 类。regex 类表示一个正则表达式。表 15-2 列出了 regex 支持的操作。

表 15-2 regex 类的操作

操　　作	解　　释
regex r(re) regex r(re, f= regex::ECMAScript)	re 表示一个正则表达式,它可以是一个 string、一个表示字符范围的迭代器对或是一对花括号包围的字符列表。f 是指出正则表达式对象如何处理的标志。f 常用的值可由下面列出的值来设置。如果未指定 f,其默认值为 regex::ECMAScript
r=re	将 r 中的正则表达式替换为 re。re 表示一个正则表达式,它可以是另一个 regex 对象、一个 string 或是一对花括号包围的字符列表
定义 regex 时指定的标志	
regex::icase	在匹配过程中忽略大小写
regex::nosubs	不保存匹配的子表达式
regex::ECMAScript	使用 ECMA-262 指定的语法

在 C++语言中,通常需要将一个正则表达式存储在一个字符串字面值常量中再赋值给 regex 对象,一般来讲直接将写好的正则表达式用双引号引起来即可,但有一点例外,这也是用 C++编写正则表达式尤其要注意的,就是转义字符的撰写。

正则表达式中,用一个"\"来去掉后面字符的特殊含义,由于"\"也是 C++中的一个特殊字符,在字符串字面值常量中必须连续使用两个"\"来告诉编译器,想要一个普通"\"字符。例如,为了表示与"."(一个英文句点)匹配的正则表达式,C++中必须写成"\\.",第一个"\"去掉之后紧跟的"\"的特殊含义,即正则表达式字符串为"\.",第二个"\"则表示在正则表达式中去掉"."的特殊含义。同样,要匹配"*",C++中的模式串应该写成"*";要匹配"?",C++中的模式串应该写成"\\?";要匹配一个"\",C++中的模式串应该写成"\\\\"。总之,正则表达式里的一个"\",要用 C++字面值常量中的两个"\"表示。

C++的正则表达式库提供的功能非常丰富,笔者只介绍其中最重要的 3 种操作:匹配、查找和替换。

15.4.3 C++正则表达式的匹配、查找、替换

C++提供了 regex_match 函数实现正则表达式的匹配功能,提供了 regex_search 函数实现正则表达式的查找功能,提供了 regex_replace 函数实现正则表达式的替换功能。表 15-3 详细介绍了这些函数的功能和参数。

例题 15-11 【CCF CSP-20140903】字符串匹配

【题意概述】

给出一个字符串和多行文字,在这些文字中找到字符串出现的那些行。程序还需支持大小写敏感选项:当选项打开时,表示同一个字母的大写和小写看作不同的字符;当选项关闭时,表示同一个字母的大写和小写看作相同的字符。

【输入输出格式】

输入的第一行包含一个字符串 S,由大小写英文字母组成。第二行包含一个数字,表示大小写敏感的选项,当数字为 0 时表示大小写不敏感,当数字为 1 时表示大小写敏感。第三

481

行包含一个整数 n，表示给出的文字的行数。接下来 n 行，每行包含一个字符串，字符串由大小写英文字母组成，不含空格和其他字符。

表 15-3　regex_match、regex_search、regex_replace 函数

函数或参数	解　释
regex_match	如果整个输入序列与表达式匹配，则返回 true，否则返回 false
regex_search	如果输入序列中一个子串与表达式匹配，则返回 true，否则返回 false
regex_replace	如果输入序列的子串与表达式匹配，则用替换字符串对这样的子串进行替换。默认情况下，会替换所有匹配的子串
regex_search 和 regex_match 的参数	
seq, r seq, m, r	在字符序列 seq 中查找 regex 对象 r 中的正则表达式。seq 可以是一个 string、表示范围的一对迭代器。m 是一个 match 对象（通常为 smatch 类型，之后会介绍），用来保存匹配结果的相关细节
regex_replace 的参数	
seq, r, fmt	seq 是一个 string。遍历 seq，用 regex_search 查找与 regex 对象 r 匹配的子串。使用格式字符串 fmt 将匹配的子串进行替换。返回替换之后得到的字符串

输出多行，每行包含一个字符串，按出现的顺序依次给出那些包含了字符串 S 的行。

【数据规模】

$1 \leqslant n \leqslant 100$，字符串长度不超过 100。

【算法设计】

需要判断 S 是否是输入的字符串的子串，同时要根据输入的选项确定是否需要对大小写不敏感。当然可以通过 string 类型内置的成员函数来解题，但编码过于烦琐。使用正则表达式会显得相当简洁。

首先根据输入的选项来确定 regex 的构造函数中的标志参数是否需要置为 icase 即可实现是否需要进行大小写敏感匹配的功能，然后直接利用字符串 S 构造一个正则表达式，最后利用 regex_search 函数即可判断 S 是否为输入字符串的子串。

【C++代码】

```
1    #include<bits/stdc++.h>
2    using namespace std;
3    using gg=long long;
4    int main(){
5        ios::sync_with_stdio(false);
6        cin.tie(0);
7        gg ni,mi;
8        string si;
9        cin>>si;
10       cin>>mi>>ni;
11       regex r(si,mi==0?regex::icase:regex::ECMAScript);
12       while(cin>>si){
13           if(regex_search(si,r)){
14               cout<<si<<"\n";
```

```
15            }
16        }
17        return 0;
18    }
```

例题 15-12 【PAT A-1108、PAT B-1054】Finding Average、求平均值

【题意概述】

给定 N 个实数，计算它们的平均值。但复杂的是有些输入数据可能是非法的。一个"合法"的输入是 [−1000,1000] 区间内的实数，并且最多精确到小数点后 2 位。当你计算平均值的时候，不能把那些非法的数据算在内。

【输入输出格式】

输入第一行给出一个正整数 N，随后一行给出 N 个实数，数字间以一个空格分隔。

对每个非法输入，在一行中输出"ERROR: X is not a legal number"，其中 X 是输入。最后在一行中输出结果"The average of K numbers is Y"，其中 K 是合法输入的个数，Y 是它们的平均值，精确到小数点后 2 位。如果平均值无法计算，则用 Undefined 替换 Y。如果 K 为 1，则输出"The average of 1 number is Y"。

【数据规模】

$$N \leqslant 100$$

【算法设计】

难点在于如何判断输入数据是否合法，可以通过设计一个正则表达式来实现这种判断功能。满足合法输入数据的正则表达式为"[+-]?\d+(\.\d{0,2})?"，下面详细解释这个正则表达式的含义：

1) "[+-]?"匹配一个"+""-"或者空字符串；

2) "\d+"匹配一个或多个数字；

3) "\."匹配一个字符"."；

4) "\d{0,2}"匹配 0 个、1 个或 2 个数字；

5) "(\.\d{0,2})?"匹配一个空字符串，或者一个"."以及 0 个、1 个或 2 个数字。

所以，整个正则表达式"[+-]?\d+(\.\d{0,2})?"匹配的是这样一系列字符串：字符串开始可以有一个正号或负号（也可以没有），接着是多个数字，接下来是小数点，小数点后最多跟两个数字（小数部分也可以没有）。

如果正则表达式匹配成功，那么输入的字符串一定是一个实数，将其转换成 double 类型，判断值是否在[−1000,1000]之间即可。

【C++代码】

```cpp
1    #include<bits/stdc++.h>
2    using namespace std;
3    using gg=long long;
4    int main(){
5        ios::sync_with_stdio(false);
6        cin.tie(0);
7        gg ni,num=0;
```

483

```
8       cin>>ni;
9       string si;
10      double sum=0;
11      regex r("[+-]?\\d+(\\.\\d{0,2})?");
12      while(ni--){
13          cin>>si;
14          if(not regex_match(si,r) or stod(si)>1000 or stod(si)<
            -1000){
15              cout<<"ERROR:"<<si<<" is not a legal number\n";
16          }else{
17              ++num;
18              sum+=stod(si);
19          }
20      }
21      cout<<fixed<<setprecision(2);
22      if(num==0){
23          cout<<"The average of 0 numbers is Undefined";
24      }else if(num==1){
25          cout<<"The average of 1 number is "<<sum;
26      }else{
27          cout<<"The average of"<<num<<"numbers is"<<sum/num;
28      }
29      return 0;
30  }
```

正如前面所提到的,正则表达式还有一个更加强大的功能,它可以捕获匹配的子串。这通常通过“()”模式串和 smatch 类型来实现。

通常把一个“()”构成的表达式称为子表达式,例如,“(\d+)”就是表达式“(\d+)\.(\d+)”的一个子表达式,表示多个数字。smatch 是一个容器类型,它存储的元素类型是 ssub_match,负责保存子表达式匹配的结果,它通常会传递给 regex_serach 或 regex_match 函数做参数。smatch 对象除了提供匹配整体的相关信息外,还提供访问每个子表达式匹配结果的能力。子表达式的匹配结果是按位置来访问的。第一个子匹配位置为 0,表示整个模式对应的匹配,然后按子表达式在整个表达式中出现的顺序给出每个子表达式对应的匹配。表 15-4 列举了 smatch 类型支持的操作。

表 15-4   smatch 类型支持的操作

操　作	功　能
m.ready()	如果已经通过调用 regex_serach 或 regex_match 设置了 m,则返回 true,否则返回 false。如果 ready 返回 false,则对 m 进行操作是未定义的
m.size()	返回 m 中存储的元素数量
m.empty()	返回 m.size()==0
m.prefix()	表示当前匹配之前的序列
m.suffix()	表示当前匹配之后的序列
m.length(n)	第 n 个匹配的子表达式的大小
m.position(n)	第 n 个子表达式距序列开始的距离
m.str(n)	第 n 个子表达式匹配的 string
m[n]	对应第 n 个子表达式的 ssub_match 对象
m.begin(),m.end()	表示 m 中 sub_match 元素范围的迭代器

举个例子，假设待匹配串为"3.14"，模式串为"(\d+)\.(\d+)"，如果将匹配结果存储在 smatch 类型的对象 result 中，那么该对象会有 3 个元素，其中 result[0] 将保存 "3.14"，result[1] 将保存 "3"，result[2] 将保存 "14"。

那么 C++ 中如何利用 smatch 类型来存储匹配结果？很简单，表 15-3 中提到，regex_match 和 regex_search 函数可以接受这样一组参数：seq, m, r，其中 m 就是一个匹配对象，其类型就可以是 smatch 类型。所以，只要先定义一个 smatch 类型的对象，然后将该对象传递给 regex_match 和 regex_search 函数，函数执行完毕后，这个 smatch 类型的对象就会保存匹配的结果。下面的代码就展示了用 smatch 捕获匹配子串的方法（注意，正则表达式模式串中的一个 "\"，在 C++ 字符串字面值常量中要用两个 "\" 来表示）：

```
1    #include<bits/stdc++.h>
2    using namespace std;
3    using gg=long long;
4    int main(){
5        ios::sync_with_stdio(false);
6        cin.tie(0);
7        string text;
8        cin>>text;
9        regex r("(\\d+)\\.(\\d+)");
10       smatch result;
11       if(regex_match(text,result,r)){
12           cout<<result[0]<<"\n"<<result[1]<<"\n"<<result[2]<<
             "\n";
13       }
14       return 0;
15   }
```

如果输入为：

```
1    3.14
```

则输出为：

```
1    3.14
2    3
3    14
```

同样，regex_replace 函数也可以对子表达式进行特定的操作。举个例子，如何将字符串 "123-456-789" 变成 "789-123-456" 呢？这可以通过设计 regex_replace 函数所接受的第 3 个参数 fmt 来实现。在参数 fmt 中，可以将 "$" 符号和一个非负整数连接起来，来表示匹配的子串。例如，fmt 中 "$1" 表示匹配的第 1 个子串，"$4" 表示匹配的第 4 个子串。特殊的是，"$0" 表示匹配的整个字符串。下面的代码展示了它的用法：

```
1    #include<bits/stdc++.h>
2    using namespace std;
3    using gg=long long;
```

```
4    int main(){
5        ios::sync_with_stdio(false);
6        cin.tie(0);
7        string text;
8        cin>>text;
9        regex r("(\\d+)-(\\d+)-(\\d+)");
10       smatch result;
11       cout<<regex_replace(text,r,"$3-$1-$2");
12       return 0;
13   }
```

如果输入为：

```
1    123-456-789
```

则输出为：

```
1    789-123-456
```

例题 15-13 【PAT A-1073、PAT B-1024】Scientific Notation、科学计数法

【题意概述】

科学计数法是科学家用来表示很大或很小的数字的一种方便的方法，其满足正则表达式"[+-][1-9].[0-9]+E[+-][0-9]+"，即数字的整数部分只有 1 位，小数部分至少有 1 位，该数字及其指数部分的正负号即使对正数也必定明确给出。

现以科学计数法的格式给出实数 A，请编写程序按普通数字表示法输出 A，并保证所有有效位都被保留。

【输入输出格式】

输入只有一行，给出一个以科学计数法表示的实数 A。

在一行中按普通数字表示法输出 A，并保证所有有效位都被保留，包括末尾的 0。

【数据规模】

实数 A 的存储长度不超过 9999 字节，且其指数的绝对值不超过 9999。

【算法设计】

如果仅使用 string，代码将极为复杂。由于题目已经给出了输入满足的正则表达式，可以在这个表达式的基础上构建子表达式，并将需要的部分用 smatch 从输入字符串上截取下来，代码会非常简单。构建了子表达式之后的正则表达式为"([+-])([1-9]).([0-9]+)E([+-])([0-9]+)"，下表以样例为例展示了每个子表达式对应的子字符串。

([+-])([1-9]).([0-9]+)E([+-])([0-9]+)	1	2	3	4	5
	[+-]	[1-9]	[0-9]+	[+-]	[0-9]+
+1.23400E-03	+	1	23400	-	03
-1.2E+10	-	1	2	+	10

将对应的子字符串截取下来之后，根据 4 号子表达式的正负以及 5 号子表达式的大小确定输出的小数点位置即可。具体实现可见代码。

注意，由于题目保证"数字的整数部分只有 1 位，小数部分至少有 1 位，该数字及其指

数部分的正负号即使对正数也必定明确给出"，因此每个子表达式对应的子字符串必不为空，无须再对此进行判断。

【C++代码】

```cpp
1    #include<bits/stdc++.h>
2    using namespace std;
3    using gg=long long;
4    int main(){
5        ios::sync_with_stdio(false);
6        cin.tie(0);
7        regex r("([+-])([1-9]).([0-9]+)E([+-])([0-9]+)");
8        string si;
9        cin>>si;
10       smatch result;
11       regex_match(si,result,r);
12       if(result.str(1)=="-"){        //输入是负数要输出负号
13           cout<<result[1];
14       }
15       gg n=stoll(result.str(5)); //获取指数的值
16       if(result.str(4)=="-"){//小数点要左移 n 位，要在小数点后补 n-1 个 0
17           cout<<"0."<<string(n-1,'0')<<result[2]<<result[3];
18       }else if(n<result.length(3)){
19   //小数点右移的位数不超过 3 号子串长度，将 3 号子串用小数点分隔开进行输出
20           cout<<result[2]<<result.str(3).substr(0,n)<<"."<<
             result.str(3).substr(n);
21       }else if(n==result.length(3)){
22           //小数点右移的位数等于 3 号子字符串长度，小数点无须输出
23           cout<<result[2]<<result[3];
24       }else{
25           //小数点右移的位数超过 3 号子串长度，在 3 号子串后补 0
26           cout<<result[2]<<result[3]<<string(n-result.length(3),
             '0');
27       }
28       return 0;
29   }
```

例题 15-14　【CCF CSP-20180303】URL 映射

【题意概述】

　　本题中 URL 映射功能的配置由若干条 URL 映射规则组成。当一个请求到达时，URL 映射功能会将请求中的 URL 地址按照配置的先后顺序逐一与这些规则进行匹配。当遇到第一条完全匹配的规则时，匹配成功，得到匹配的规则以及匹配的参数。若不能匹配任何一条规则，

则匹配失败。

本题输入的 URL 地址是以斜杠"/"作为分隔符的路径，保证以斜杠开头，其他合法字符还包括大小写英文字母、阿拉伯数字、减号、下画线和小数点。例如，"/person/123/"是一个合法的 URL 地址，而"/person/123?"则不合法（存在不合法的字符问号"?"）。另外，英文字母区分大小写，因此"/case/"和"/CAse/"是不同的 URL 地址。

对于 URL 映射规则，同样是以斜杠开始。除了可以是正常的 URL 地址外，还可以包含参数，有以下 3 种：

1）字符串<str>：用于匹配一段字符串，注意字符串里不能包含斜杠。例如，abcde0123。

2）整数<int>：用于匹配一个不带符号的整数，全部由阿拉伯数字组成。例如，01234。

3）路径<path>：用于匹配一段字符串，字符串可以包含斜杠。例如，abcd/0123/。

以上 3 种参数都必须匹配非空的字符串。简便起见，题目规定规则中<str>和<int>前面一定是斜杠，后面要么是斜杠，要么是规则的结束（也就是该参数是规则的最后一部分）；而<path>的前面一定是斜杠，后面一定是规则的结束。无论是 URL 地址还是规则，都不会出现连续的斜杠。

【输入输出格式】

输入第一行是两个正整数 n 和 m，分别表示 URL 映射的规则条数和待处理的 URL 地址个数，中间用一个空格字符分隔。接下来 n 行，每行按匹配的先后顺序描述 URL 映射规则的配置信息：包含两个字符串 p 和 r，其中 p 表示 URL 匹配的规则，r 表示这条 URL 匹配的名字。两个字符串都非空，且不包含空格字符，两者中间用一个空格字符分隔。接下来 m 行，每行描述一个待处理的 URL 地址，字符串中不包含空格字符。

输出共 m 行，每行表示一个 URL 地址的匹配结果。如果匹配成功，则输出对应的匹配规则的名字。同时，如果规则中有参数，则在同一行内依次输出匹配后的参数。注意，整数参数输出时要把前导零去掉。相邻两项之间用一个空格字符分隔。如果匹配失败，则输出 404。

【数据规模】

$1 \leqslant n \leqslant 100, 1 \leqslant m \leqslant 100$，所有输入行的长度不超过 100 个字符（不包含换行符）。保证输入的规则都是合法的。

【算法设计】

1）<int>表示 1 个或多个数字，可以用正则表达式"(\d+)"表示；

2）<str>表示 1 个或多个非"/"字符，可以用正则表达式"([^/]+)"表示；

3）<path>表示 1 个或多个任意字符，可以用正则表达式"(.+)"表示。

可以利用正则表达式将<int>、<str>、<path>替换为对应的正则表达式字符串。将给定的多条规则按输入顺序存储在 vector<pair<regex, string >>rules 中。

对于 URL 地址，按规则的输入顺序与多条规则逐一匹配，若能成功匹配，则输出对应的匹配字符元组。

【注意点】

整数参数输出时要把前导零去掉。

【C++代码】

```cpp
1   #include<bits/stdc++.h>
2   using namespace std;
```

```
3    using gg=long long;
4    int main(){
5        ios::sync_with_stdio(false);
6        cin.tie(0);
7        gg ni,mi;
8        cin>>ni>>mi;
9        vector<pair<regex,string>>rules;
10       string si,pi;
11       for(gg i=0;i<ni;++i){
12           cin>>si>>pi;
13           si=regex_replace(si,regex("<int>"),"(\\d+)");
14           si=regex_replace(si,regex("<str>"),"([^/]+)");
15           si=regex_replace(si,regex("<path>"),"(.+)");
16           rules.push_back({regex(si),pi});
17       }
18       smatch result;
19       while(mi--){
20           cin>>si;
21           for(auto& i:rules){
22               if(regex_match(si,result,i.first)){
23                   cout<<i.second;
24                   for(gg j=1;j<result.size();++j){
25                       regex_match(result.str(j),regex("\\d+"))?
26                           cout<<" "<<stoll(result.str(j)):
27                           cout<<" "<<result[j];
28                   }
29                   cout<<"\n";
30                   goto loop;
31               }
32           }
33           cout<<"404\n";
34       loop:;
35       }
36       return 0;
37   }
```

例题 15-15　【CCF CSP-20170303】Markdown

【题意概述】

　　本题要求由你来编写一个 Markdown 的转换工具，完成 Markdown 文本到 HTML 代码的转换工作。简单起见，本题定义的 Markdown 语法规则和转换规则描述如下：

1）区块：区块是文档的顶级结构。本题的 Markdown 语法有 3 种区块格式。在输入中，相邻两个区块之间用一个或多个空行分隔。输出时删除所有分隔区块的空行。

a）段落：一般情况下，连续多行输入构成一个段落。段落的转换规则是在段落的第一行行首插入"<p>"，在最后一行行末插入"</p>"。

b）标题：每个标题区块只有一行，由若干个"#"开头，接着一个或多个空格，然后是标题内容，直到行末。"#"的个数决定了标题的等级。转换时，"# Heading"转换为"<h1>Heading</h1>"，"## Heading"转换为"<h2>Heading</h2>"，以此类推。标题等级最深为 6。

c）无序列表：无序列表由若干行组成，每行由"*"开头，接着一个或多个空格，然后是列表项目的文字，直到行末。转换时，在最开始插入一行"<ul>"，最后插入一行"</ul>"；对于每行，"* Item"转换为"<li>Item</li>"。本题中的无序列表只有一层，不会出现缩进的情况。

2）行内：对于区块中的内容，有以下两种行内结构。

a）强调："_Text_"转换为"Text"。强调不会出现嵌套，每行中"_"的个数一定是偶数，且不会连续相邻。注意，"_Text_"的前后不一定是空格字符。

b）超级链接："[Text](Link)"转换为"<a href="Link">Text</a>"。超级链接和强调可以相互嵌套，但每种格式不会超过一层。

【输入输出格式】

输入由若干行组成，表示一个用本题规定的 Markdown 语法撰写的文档。

输出由若干行组成，表示输入的 Markdown 文档转换成的 HTML 代码。

【数据规模】

本题的测试点满足以下条件：

1）本题每个测试点的输入数据所包含的行数都不超过 100，每行字符的个数（包括行末换行符）都不超过 100。

2）除了换行符之外，所有字符都是 ASCII 码 32~126 的可打印字符。

3）每行行首和行末都不会出现空格字符。

4）输入数据除了 Markdown 语法所需，内容中不会出现#、*、_、[、]、(、)、<、>、&这些字符。

5）所有测试点均符合题目所规定的 Markdown 语法，不需要考虑语法错误的情况。

【算法设计】

每两个区块之间用一个或多个空行分隔，可以先逐行读取全部的输入字符串，遇到一个空行就代表一个区块已读取完毕，将这个区块中的所有字符串放到一个 vector<string>类型的变量中，然后将每一个读取的区块放到 vector<vector<string>>input 变量中。然后针对每一个区块内的字符串进行操作。

接下来详细解释一下用到的正则表达式。

1）无序列表语法可使用正则表达式"^* +(.*)$"匹配，替换为字符串"<li>$1</li>"：

a）"^"匹配输入字符串的开始位置；

b）"*"匹配字符"*"；

c）" +"（加号前有一个空格字符）匹配一个或多个空格字符；

d）".*"匹配任意个非换行符字符；

e）"$" 匹配输入字符串的结束位置。

2）强调语法可使用正则表达式 "_(.*?)_"（起始和结束位置各有一个下画线字符）匹配，替换为字符串 "$1"：

a）"_" 匹配下画线字符；

b）".*?" 匹配任意多个非换行符字符，注意这里匹配方式是非贪婪匹配，即尽可能少地匹配字符。

3）超级链接语法可使用正则表达式 "\[(.*?)\]\((.*?)\)" 匹配，替换为字符串 "<a href=\"$2\">$1</a>"：

a）"\[" 匹配字符 "["；

b）".*?" 匹配任意多个非换行符字符，注意这里匹配方式是非贪婪匹配，即尽可能少地匹配字符；

c）"\]" 匹配字符 "]"；

d）"\(" 匹配字符 "("；

e）"\)" 匹配字符 ")"。

4）以一级标题为例，一级标题语法可使用正则表达式 "^# +(.*)$" 匹配，替换为字符串 "<h1>$1</h1>"：

a）"^" 匹配输入字符串的开始位置；

b）"#" 匹配字符 "#"；

c）" +"（加号前有一个空格字符）匹配一个或多个空格字符；

d）".*" 匹配任意个非换行符字符；

e）"$" 匹配输入字符串的结束位置。

正则表达式编写好后，利用 regex_replace 函数进行替换即可。但是要注意，无序列表区块首尾要添加 "<ul>" 和 "</ul>"，段落区块首尾要添加 "<p>" 和 "</p>"。

另外，要注意 C++ 字符串字面值常量中，要用两个 "\" 表示正则表达式中的一个 "\"。

【C++代码】

```
1   #include<bits/stdc++.h>
2   using namespace std;
3   using gg=long long;
4   int main(){
5       ios::sync_with_stdio(false);
6       cin.tie(0);
7       string line;
8       vector<vector<string>>input{{}};
9       while(getline(cin,line)){
10          if(line.empty()){
11              input.push_back({});
12          }else{
13              input.back().push_back(line);
14          }
15      }
```

491

```
16      vector<pair<regex,string>>r{
17          {regex("^\\*+(.*)$"),"<li>$1</li>"}, //无序列表
18          {regex("_(.*?)_"),"<em>$1</em>"},    //强调
19          {regex("\\[(.*?)\\]\\((.*?)\\)"),"<a href=
            \"$2\">$1</a>"}       //超链接
20      };
21      for(gg i=1;i<=6;++i){    //6种等级标题
22          r.push_back({regex("^"+string(i,'#')+"+(.*)$"),
23                      "<h"+to_string(i)+">$1</h"+to_string(i)+
                        ">"});
24      }
25      for(auto& i:input){
26          if(i.empty()){         //空区块，略过
27              continue;
28          }
29          //type为0/1/2分别表示无序列表、标题、段落
30          gg type=i[0][0]=='*'?0:i[0][0]=='#'?1:2;
31          cout<<(type==0?"<ul>\n":type==2?"<p>":"");
32          for(gg j=0;j<i.size();++j){
33              for(auto& k:r){
34                  i[j]=regex_replace(i[j],k.first,k.second);
35              }
36              cout<<i[j]<<(j==i.size()-1?"":"\n");
37          }
28          cout<<(type==0?"\n</ul>":type==2?"</p>":"")<<"\n";
39      }
40      return 0;
41  }
```

15.4.4 regex 迭代器

有时可能需要逐一遍历待匹配串中与某个模式串匹配的所有子串，这种情况下如果仅使用 regex_search 函数，代码就显得比较丑陋了。C++提供了 regex 迭代器类型 sregex_iterator 来获得所有匹配的子串，它被绑定到一个输入序列和一个 regex 对象上。初学阶段，你可以认为 sregex_iterator 指向的就是调用 regex_search 函数，匹配成功后得到的 smatch 对象。这种迭代器操作如表 15-5 所示。

表 15-5　sregex_iterator 迭代器支持的操作

操　作	解　释
sregex_iterator it(b, e, r)	一个 sregex_iterator，遍历迭代器 b 和 e 表示的 string，定位到输入中第一个匹配的位置
sregex_iterator e	e 是一个空的 sregex_iterator，可以当作尾后迭代器使用
*it it->	根据最后一个调用 regex_search 的结果，返回一个 smatch 对象的引用或一个指向 smatch 对象的指针
++it it++	从输入序列当前匹配位置开始调用 regex_search，it 会指向下一个匹配成功的位置或尾后迭代器

由于 sregex_iterator 指向的就是 smatch 对象，因此获取了匹配成功的 sregex_iterator，你就可以通过这个迭代器调用表 15-4 中列举的 smatch 对象支持的操作。在 4.9.5 节，介绍了如何利用 stringstream 来分割字符串，下面的代码展示了如何使用 sregex_iterator 来分割字符串。

```cpp
1   #include<bits/stdc++.h>
2   using namespace std;
3   using gg=long long;
4   //按字符串 c 分割字符串 s，默认按非单词字符分割字符串
5   vector<string>split(const string& s,string c="\\W+"){
6       vector<string>ans;
7       regex r(c);
8       for(sregex_iterator it(s.begin(),s.end(),r),e;it!=e;++it){
9           ans.push_back(it->prefix());
10          if(next(it)==e){   //it 已经是最后一个匹配位置
11              ans.push_back(it->suffix());
12              return ans;
13          }
14      }
15      return{s};
16  }
17  int main(){
18      ios::sync_with_stdio(false);
19      cin.tie(0);
20      string input;
21      getline(cin,input);
22      auto ans=split(input);
23      for(auto s:ans){
24          cout<<s<<"\n";
25      }
26      return 0;
27  }
```

493

如果输入为：

```
1   ab c  de
```

输出为：

```
1   a
2   b
3   c
4   d
5   e
```

例题 15-16　【CCF CSP-20150903】模板生成系统

【题意概述】

　　模板是包含特殊标记的文本。成成用到的模板只包含一种特殊标记，格式为{{ VAR }}，其中 VAR 是一个变量。该标记在模板生成时会被变量 VAR 的值所替代。例如，如果变量 name = "Tom"，则{{ name }}会生成 Tom。具体的规则如下：

　　1）变量名由大小写字母、数字和下画线（ _ ）构成，且第一个字符不是数字，长度不超过 16 个字符。

　　2）变量名是大小写敏感的，如 Name 和 name 是两个不同的变量。

　　3）变量的值是字符串。

　　4）如果标记中的变量没有定义，则生成空串，相当于把标记从模板中删除。

　　5）模板不递归生成。也就是说，如果变量的值中包含形如{{ VAR }}的内容，不再做进一步的替换。

【输入输出格式】

　　输入的第一行包含两个整数 m 和 n，分别表示模板的行数和模板生成时给出的变量个数。接下来 m 行，每行是一个字符串，表示模板。接下来 n 行，每行表示一个变量和它的值，中间用一个空格分隔。值是字符串，用双引号引起来，内容可包含除双引号以外的任意可打印 ASCII 字符。

　　输出包含若干行，表示模板生成的结果。

【数据规模】

　　$0 \leq m, n \leq 100$，本题的测试点满足以下条件：

　　1）输入的模板每行长度不超过 80 个字符（不包含换行符）。

　　2）输入保证模板中所有以"{{"开始的子串都是合法的标记，开始是两个左大括号和一个空格，然后是变量名，结尾是一个空格和两个右大括号。

　　3）输入中所有变量的值字符串长度不超过 100 个字符（不包括双引号）。

　　4）保证输入的所有变量的名字各不相同。

【算法设计】

　　首先将 HTML 文本逐行读取到 vector<string>中，接着将标记的变量名和值进行分割并存储到 unordered_map<string,string>中。遍历输入的每行字符串，由于无须递归进行匹配，可以利用 sregex_iterator 搜索所有匹配的子串，然后将其替换即可。

【C++代码】

```
1    #include<bits/stdc++.h>
2    using namespace std;
3    using gg=long long;
4    int main(){
5        ios::sync_with_stdio(false);
6        cin.tie(0);
7        gg ni,mi;
8        cin>>ni>>mi;
9        string line;
10       vector<string>input(ni);
11       cin.get();                      //吸收换行符
12       for(gg i=0;i<ni;++i){           //读取输入
```

494

```
13        getline(cin,input[i]);
14    }
15    unordered_map<string,string>um;
16    smatch result;
17    regex r("([^]+)+\"(.+)\"");
18    while(mi--){
19        getline(cin,line);
20        if(regex_search(line,result,r)){   //分割变量名和值
21            um[result.str(1)]=result.str(2);
22        }
23    }
24    r="\\{\\{(.*?)\\}\\}";
25    for(auto& i:input){
26        for(sregex_iterator it(i.begin(),i.end(),r),e;it!=e;
          ++it){
27            cout<<it->prefix()<<um[it->str(1)];
28            if(next(it)==e){ //到达最后一个匹配位置
29                cout<<it->suffix()<<"\n";
30                goto loop;
31            }
32        }
33        cout<<i<<"\n";
34    loop:;
35    }
36    return 0;
37 }
```

15.5 例题和习题

本章主要介绍了各类模拟问题及其求解方法。表 15-6 列举了本章涉及的所有例题，表 15-7 列举了一些习题。

表 15-6 例题列表

编　号	题　号	标　题	备　注
例题 15-1	PAT B-1058	选择题	成绩统计
例题 15-2	PAT B-1073	多选题常见计分法	成绩统计
例题 15-3	PAT A-1137、PAT B-1080	Final Grading、MOOC 总评成绩	成绩统计
例题 15-4	PAT A-1141、PAT B-1085	PAT Ranking of Institutions、PAT 单位排行	成绩统计
例题 15-5	PAT A-1016	Phone Bills	记录匹配
例题 15-6	PAT A-1095	Cars on Campus	记录匹配

（续）

编　号	题　号	标　题	备　注
例题 15-7	CCF CSP-20170902	公共钥匙盒	与优先级有关的模拟
例题 15-8	PAT A-1014	Waiting in Line	与优先级有关的模拟
例题 15-9	PAT A-1017	Queueing at Bank	与优先级有关的模拟
例题 15-10	PAT A-1026	Table Tennis	与优先级有关的模拟
例题 15-11	CCF CSP-20140903	字符串匹配	正则表达式
例题 15-12	PAT A-1108、PAT B-1054	Finding Average、求平均值	正则表达式
例题 15-13	PAT A-1073、PAT B-1024	Scientific Notation、科学计数法	正则表达式
例题 15-14	CCF CSP-20180303	URL 映射	正则表达式
例题 15-15	CCF CSP-20170303	Markdown	正则表达式
例题 15-16	CCF CSP-20150903	模板生成系统	正则表达式

表 15-7　习题列表

编　号	题　号	标　题	备　注
习题 15-1	PAT A-1012	The Best Rank	成绩统计
习题 15-2	PAT A-1075	PAT Judge	成绩统计
习题 15-3	PAT A-1153、PAT B-1095	Decode Registration Card of PAT、解码 PAT 准考证	成绩统计

第16章 C++14 和 C++17

C++11 是 C++标准委员会在 2011 年推出的一个新标准，如果你是通过本书才开始接触 C++11 的一些特性的话，你学习的其实已经是十年前的 C++特性了。但你不必为此过于沮丧，因为在 C++11 之后的两个新标准 C++14、C++17 只是对 C++11 标准进行了一些"小修小补"，它们并不是像 C++11 相对于 C++98 那样引入了革命性的更新，所以 C++14、C++17 的学习成本是比较低的。本章就列举 C++14、C++17 中引入的一些新特性，如果程序设计竞赛和考试的编译器支持 C++14 或 C++17，应用这些特性一般能够让你在考试中的代码更简洁、编码更"爽"。另外，C++标准的特性是向后兼容的，也就是说，C++14 兼容 C++11，C++17 兼容 C++14。

再次重申，本书并不是专门讲解 C++11 以后 C++新特性的书籍，本书介绍的 C++新特性只是为了让你在程序设计竞赛和考试中能够更快速、更准确地编写代码，因此本书并未介绍诸如智能指针、移动语义、右值语义、完美转发等 C++11 以后引入的核心特性。如果你对此有兴趣，可自行查阅相关资料。

16.1 C++14

C++14 引入的新特性比较少，你需要保证在运行本节的程序时，你使用的编译器支持 C++14。

16.1.1 泛型的 lambda

C++11 中，经常将 lambda 表达式和泛型算法组合在一起使用。最典型的例子，就是排序。举个例子，可以用一个 array<gg, 2>类型来表示一个二维坐标点，array 的第一个、第二个元素分别表示 x、y 的坐标。假设在一个 vector 中存储了 n 个坐标点，希望先按 y 的坐标从小到大排序，再按 x 的坐标从小到大排序，应该怎么做呢？C++11 中，代码可以是这样的：

```
1    #include<bits/stdc++.h>
2    using namespace std;
3    using gg=long long;
4    int main(){
5        vector<array<gg,2>>v{{4,4},{2,3},{3,4},{4,5},{1,2},{3,3}};
6        sort(v.begin(),v.end(),[](const array<gg,2>& a,const
     array<gg,2>& b){
7            return tie(a[1],a[0])<tie(b[1],b[0]);
8        });
9        for(auto& k:v){
10           cout<<"("<<k[0]<<","<<k[1]<<")";
11       }
```

```
12      return 0;
13  }
```

输出为：

```
1   (1,2)(2,3)(3,3)(3,4)(4,4)(4,5)
```

显然，lambda 表达式的参数类型太长了。C++14 中，可以将 lambda 表达式的参数类型替换为 auto，它将根据传入的实参自动推导出该参数的实际类型：

```
1   #include<bits/stdc++.h>
2   using namespace std;
3   using gg=long long;
4   int main(){
5       vector<array<gg,2>>v{{4,4},{2,3},{3,4},{4,5},{1,2},{3,3}};
6       sort(v.begin(),v.end(),[](const auto& a,const auto& b){
7           return tie(a[1],a[0])<tie(b[1],b[0]);
8       });
9       for(auto& k:v){
10          cout<<"("<<k[0]<<","<<k[1]<<")";
11      }
12      return 0;
13  }
```

输出为：

```
1   (1,2)(2,3)(3,3)(3,4)(4,4)(4,5)
```

16.1.2 lambda 表达式的初始化捕获

假设要解决这样一个问题：有一个数组 v，由用户输入一个下标 i（假设输入的 i 合法），想查找在 v[i] 右侧与 v[i] 的值相等的元素的下标。这时使用 find_if 泛型算法是一个不错的选择。问题是如何在传递给 find_if 函数的 lambda 表达式中捕获 v[i] 这个值呢？在 C++11 标准下，你只能这样实现：

```
1   #include<bits/stdc++.h>
2   using namespace std;
3   using gg=long long;
4   int main(){
5       ios::sync_with_stdio(false);
6       cin.tie(0);
7       vector<gg>v{1,2,3,4,5,1,2,3,4,5};
8       gg i;
9       cin>>i;
10      cout<<(find_if(v.begin()+i+1,v.end(),
11               [&v,i](int a){return a==v[i];})-
12           v.begin());
```

```
13      return 0;
14  }
```

若输入为：

```
1   3
```

输出为：

```
1   8
```

注意，你无法在 lambda 表达式内直接捕获 v[i]，这是无法通过编译的。但在 C++14 标准下，可以这样实现：

```
1   #include<bits/stdc++.h>
2   using namespace std;
3   using gg=long long;
4   int main(){
5       ios::sync_with_stdio(false);
6       cin.tie(0);
7       vector<gg>v{1,2,3,4,5,1,2,3,4,5};
8       gg i;
9       cin>>i;
10      cout<<(find_if(v.begin()+i+1,v.end(),
11              [p=v[i]](int a){return a==p;})-
12          v.begin());
13      return 0;
14  }
```

若输入为：

```
1   3
```

输出为：

```
1   8
```

在捕获列表中定义了一个新的变量 p，并利用 v[i] 的值对其进行初始化，之后便可以在 lambda 表达式中使用 p 这个变量了，这种捕获方式称为"初始化捕获"。

16.1.3　函数的返回类型自动推导

C++14 中，auto 还可以用作函数的返回值类型，这时编译器将根据函数的具体返回值自动推导函数的实际返回类型。显然，如果函数有多个返回值，需要保证函数的这些返回值能够推导出同样的类型。例如：

```
1   #include<bits/stdc++.h>
2   using namespace std;
3   using gg=long long;
4   auto f(const string& s){
5       vector<gg>v;
```

499

```
6        for(char c:s){
7            v.push_back(c-'0');
8        }
9        return v;
10   }
11   int main(){
12       for(auto& k:f("1234567890")){
13           cout<<k<<' ';
14       }
15       return 0;
16   }
```

输出为：

```
1    1 2 3 4 5 6 7 8 9 0
```

16.2 C++17

相比于 C++14，C++17 引入的新特性就比较多了。笔者挑选了其中几种比较常用的特性，虽然这些特性仍然只是语法糖的性质，但掌握它们会让你的代码风格发生很大的改变。如果你学习过 Python 语言，你会有一种 C++语法在向 Python 靠拢的感觉。相信我，一旦你掌握了这些特性的用法，就不会再情愿回到 C++17 以前的标准了。你需要保证在运行本章的程序时，你使用的编译器支持 C++17。你需要保证在运行本节的程序时，你使用的编译器支持 C++17。

16.2.1 结构化绑定

结构化绑定声明会将标识符列表 "[ ]" 中的所有标识符作为新的变量名，并将它们绑定到表达式所指代的对象的各个子对象或元素，它的具体语法形式是：

auto [标识符]=表达式；

auto& [标识符]=表达式；

标识符的数量必须等于表达式内子对象或元素的数量。 结构化绑定声明主要可以绑定到3 种表达式上。

1. C++内置数组和 array 容器

直接来看一个具体的例子：

```
1    #include<bits/stdc++.h>
2    using namespace std;
3    using gg=long long;
4    int main(){
5        gg a[]={1,2,3};
6        auto [k1,k2,k3]=a;
```

```
7       cout<<k1<<' '<<k2<<' '<<k3<<'\n';
8       array<gg,4>b={4,5,6,7};
9       auto& [a1,a2,a3,a4]=b;
10      cout<<a1<<' '<<a2<<' '<<a3<<' '<<a4<<'\n';
11      return 0;
12  }
```

输出为：

```
1   1 2 3
2   4 5 6 7
```

理解了结构化绑定的用法了吗？结构化绑定会为"[ ]"中的所有标识符创建一个个新的变量，并逐一用等号右侧表达式内的元素对这些变量进行初始化且自动推导出它们的类型。如果 auto 后面紧跟"&"，则"[ ]"中的标识符均为引用变量，并逐一绑定到表达式内的元素，一旦对某个标识符的值进行修改，则表达式内的对应元素的值也会被修改，反之亦然；如果 auto 后面没有"&"，则把表达式内的元素的值逐一拷贝给标识符，这些标识符和表达式内的元素是彼此独立的，修改标识符的值不会影响表达式内对应元素的值，反之亦然。你也可以在 auto 前加 const 限定符，这时所有的标识符的值均不能被修改。

2．pair 和 tuple

结构化绑定还可以应用到 pair 和 tuple 上。在本书前面的章节中，一直在使用".first"和".second"获取 pair 的成员，用"get<i>()"获取 tuple 的成员，这些语法如此丑陋，相信你和我一样对它们深恶痛绝。现在可以使用结构化绑定来获取 pair 和 tuple 的成员，这样的语法非常简洁：

```
1   #include<bits/stdc++.h>
2   using namespace std;
3   using gg=long long;
4   int main(){
5       pair<string,gg>p{"abc",321};
6       const auto& [p1,p2]=p;
7       cout<<p1<<' '<<p2<<'\n';
8       tuple<gg,double,string>t{1,3.14159,"abcde"};
9       const auto& [t1,t2,t3]=t;
10      cout<<t1<<' '<<t2<<' '<<t3<<'\n';
11      return 0;
12  }
```

输出为：

```
1   abc 321
2   1 3.14159 abcde
```

由于 unordered_map 和 map 的元素类型就是 pair，可以把结构化绑定和范围 for 循环结合起来，以一种更加简洁的方式来遍历 unordered_map 和 map：

```
1   #include<bits/stdc++.h>
```

501

```
2    using namespace std;
3    using gg=long long;
4    int main(){
5        map<string,double>m{{"pi",3.14159},{"e",2.718281},
         {"sqrt2",1.414213}};
6        for(const auto& [k,v]:m){
7            cout<<k<<"->"<<v<<'\n';
8        }
9        return 0;
10   }
```

输出为：

```
1    e->2.71828
2    pi->3.14159
3    sqrt2->1.41421
```

3. 自定义类的对象

还可以把结构化绑定应用到自定义的类的对象，绑定时会按类内数据成员的声明顺序将标识符逐一绑定到对象的数据成员。例如：

```
1    #include<bits/stdc++.h>
2    using namespace std;
3    using gg=long long;
4    struct T{
5        gg a=100;
6        double b=3.14159;
7        string c="abc";
8    };
9    int main(){
10       T t;
11       auto [i,j,k]=t;
12       cout<<i<<' '<<j<<' '<<k;
13       return 0;
14   }
```

输出为：

```
1    100 3.14159 abc
```

16.2.2 gcd 和 lcm

C++17 引入了 gcd 和 lcm 函数，gcd 函数可以计算两个整数的最大公约数，lcm 函数可以计算两个整数的最小公倍数。注意，你传递给 gcd 和 lcm 函数的两个参数必须都是整数类型。这意味着如果评测器支持 C++17 标准，就无需手动实现欧几里得算法了。例如：

```
1    #include<bits/stdc++.h>
```

```
2    using namespace std;
3    using gg=long long;
4    int main(){
5        gg m,n;
6        cin>>m>>n;
7        cout<<"gcd(m,n)="<<gcd(m,n)<<'\n'<<"lcm(m,n)="<<lcm(m,n)
             <<'\n';
8        return 0;
9    }
```

如果输入为：

```
1    2147483648 21474836
```

输出为：

```
1    gcd(m,n)=4
2    lcm(m,n)=11529214788370432
```

16.2.3　类模板参数推导

在 C++17 以前，必须显式地指定类模板的所有模板参数类型，就像下面这样：

```
1    vector<gg>v{1,2,3};
2    list<double>lst{1.0,2.0,3.0};
3    pair<gg,string>p{1,"123"};
```

C++ 17 放宽了这一约束，如果构造函数能够推导出所有模板参数，则可以跳过显式定义模板参数，于是在 C++17 标准下，可以这样定义类模板：

```
1    vector v{1,2,3};
2    list lst{1.0,2.0,3.0};
3    pair p{1,"123"};
```

下面是一个可执行的程序：

```
1    #include<bits/stdc++.h>
2    using namespace std;
3    using gg=long long;
4    int main(){
5        ios::sync_with_stdio(false);
6        cin.tie(0);
7        vector v{1,2,3};
8        list lst{1.0,2.0,3.0};
9        pair p{1,"123"};
10       for(auto i:v){
11           cout<<i<<" ";
12       }
13       cout<<"\n";
```

503

```
14    for(auto i:lst){
15        cout<<i<<" ";
16    }
17    cout<<"\n";
18    const auto& [i,j]=p;    //这里使用了结构化绑定
19    cout<<i<<" "<<j<<"\n";
20    return 0;
21 }
```

输出为：

```
1    1 2 3
2    1 2 3
3    1 123
```

16.2.4 if 语句的初始化器

C++17 允许在 if 的条件中定义并初始化一个变量，这个变量在整个 if 语句中均可访问，当 if 语句结束后就被销毁。它的语法是：

```
if(定义并初始化一个变量;判断条件){
    //if 语句内要执行的语句
}
```

举个具体的例子，假设要读取一行字符串，如果这个字符串中有空格字符，输出"With spaces"，否则输出"No spaces"。代码可以这样写：

```
1    #include<bits/stdc++.h>
2    using namespace std;
3    using gg=long long;
4    int main(){
5        string s;
6        getline(cin,s);
7        if(gg i=s.find(' ');i==-1){
8            cout<<"No spaces";
9        }else{
10           cout<<"With spaces";
11       }
12       return 0;
13   }
```

如果输入为：

```
1    abc  bcd
```

输出为：

```
1    With spaces
```

16.2.5　optional

先来看一个具体的应用场景，编写一个函数，给出两个二维坐标点，要求返回这两个点构成的直线斜率。首先要认识到一点，如果这两个点的横坐标一致，那么斜率是不存在的。该如何表示这种不存在的情况呢？通常，有两种方法。

第一种方法是返回一个非常大或者非常小的数，这个数一般是实际情况下不可能出现的数，用它来表示这种值不存在的状态。在前面的章节中经常看到这种表示方法。但这种方法是有风险的，很多情况下，你难以确保实际情况中这个数字不出现。

第二种方法是返回一个 pair<T, bool>，T 成员表示返回的斜率，bool 成员表示这个斜率是否真的存在。这种方法可以确保"万无一失"，如 map 的 insert 函数返回的就是这样一个 pair 类型，但这样的代码会显得比较臃肿和丑陋。

C++17 引入了 optional 来解决这个问题。optional 负责管理一个值，这个值既可以存在也可以不存在。optional 是一个类模板，你需要为它提供一个类型信息，表示它容纳的值的类型。optional 支持的操作如表 16-1 所示。

505

表 16-1　optional 支持的操作

操　　作	功　　能
opt=v	用 v 对 opt 容纳的值进行赋值
opt.has_value()	检查 opt 是否含值
opt.value()	返回 opt 所含值的引用，调用该函数时你需要保证 opt 是有值的
opt.value_or(v)	若 opt 含有值则返回其所含的值，否则返回 v
opt.reset()	销毁 opt 所含的值，将 opt 置为不含值状态
make_optional(v)	返回含有值 v 的 optional 对象

下面的代码展示了 optional 的用法：

```
1    #include<bits/stdc++.h>
2    using namespace std;
3    using gg=long long;
4    int main(){
5       optional<gg>opt;        //opt 不含值
6       if(opt){                //相当于 if(opt.has_value())
7          cout<<opt.value()<<'\n';
8       }else{
9          cout<<"no value\n";
10      }
11      opt=2;                  //opt 含有值 2
12      cout<<opt.value()<<'\n';
13      opt.reset();            //opt 现在不含值
14      cout<<opt.value_or(-1)<<'\n';
15      return 0;
```

```
16  }
```

输出为：

```
1  no value
2  2
3  -1
```

于是可以用 optional 做返回值类型，编写一个返回直线斜率的函数：

```
1   #include<bits/stdc++.h>
2   using namespace std;
3   using gg=long long;
4   optional<double>getSlope(const array<gg,2>& a,const
    array<gg,2>& b){
5       if(a[0]==b[0])
6           return{};
7       return(b[1]-a[1])*1.0/(b[0]-a[0]);
8   }
9   int main(){
10      array<gg,2>a,b;
11      cin>>a[0]>>a[1]>>b[0]>>b[1];
12      auto slope=getSlope(a,b);
13      if(slope){
14          cout<<slope.value()<<'\n';
15      }else{
16          cout<<"no slope\n";
17      }
18      return 0;
19  }
```

如果输入为：

```
1  1 1 2 2
```

输出为：

```
1  1
```

如果输入为：

```
1  1 1 1 2
```

输出为：

```
1  no slope
```

参 考 文 献

[1] LIPPMAN S B, LAJOIE J, MOO B E. C++ Primer[M]. 王刚, 杨巨峰, 译. 5 版. 北京: 电子工业出版社, 2013.

[2] CORMEN T H, LEISERSON C E, RIVEST R L, et al. 算法导论: 原书第 3 版[M]. 殷建平, 徐云, 王刚, 等译. 北京: 机械工业出版社, 2013.

[3] WEISS M A. 数据结构与算法分析(Java 语言描述): 原书第 3 版[M]. 冯舜玺, 陈越, 译. 北京: 机械工业出版社, 2016.

[4] MEYERS S. Effective Modern C++[M]. 高博, 译. 北京: 中国电力出版社, 2018.

[5] 刘汝佳. 算法竞赛入门经典[M]. 2 版. 北京: 清华大学出版社, 2014.

[6] 秋叶拓哉, 岩田阳一, 北川宜稔. 挑战程序设计竞赛[M]. 巫泽俊, 庄俊元, 李津羽, 译. 2 版. 北京: 人民邮电出版社, 2013.

[7] 胡凡, 曾磊. 算法笔记[M]. 北京: 机械工业出版社, 2016.